인공지능 시대의

회전기기 진단

전원신호 분석 기법을 활용

정재천 저

도서출판 GS인터비전

머리말

앨빈 토플러는 저서 "부의 미래"에서, 농경사회로부터 산업화사회를 거쳐 지식사회를 한 세대 만에 이룩한 한국을 자신의 이론을 뒷받침하는 대표적인 사례로 소개하고 있다. 뿐만 아니라 자크 아탈리 등의 미래학자 역시 한국의 역동적 에너지, 이루고자 하는 강한 욕구를 높이 평가하면서 자신들의 미래 예측에 대한 실증 자료로 사용하고 있다. 이쯤 되면 우리가 엄청난 강연료를 지불하고 미래학자들을 초청할 것이 아니라 그들의 이론을 입증하는 테스트 벤치를 제공한 사례비를 받아야겠다는 엉뚱한 생각도 든다. 한국과 같이 강렬한 에너지를 가지고 산업화와 근대화를 이룩한 사례는 어디에도 없기 때문이다.

그러나 2010년대 이후 우리는 새로운 도전에 직면하게 되었다. 제조업 분야에 집중된 새로운 물결이 창조경제를 기반으로 제 4차 산업혁명 이라는 디지털 혁명으로 우리에게 다가오고 있다. 경제 개발 5개년 계획으로 상징되는 우리나라의 산업화 역사가 이제 성숙기를 넘어 진화기에 다다랐고 우리는 GDP 기준 세계 12위의 경제대국이 되었다, 반도체, 자동차, 조선과 반도체, 에너지, IT로 대표되는 세계 일류상품도 갖게 되었다. 인구수와 국토 면적에 비례하여 볼 때, 세계와 경쟁할 수 있는 사업 분야가 이렇게 많은 나라도 찾아보기 힘들 것이다

문제는 산업화 초기에 건설되었던 각종 플랜트의 많은 설비가 노후와 단계에 진입했고 설계 수명을 초과하고 있어 정비 비용 또한 급격하게 증가하는 추세에 있다는 것이다. 전 세계적으로도 설비의 노후화는 중요한 관심사가 되고 있으며 전기 설비의 상태감시 및 진단과 관련한 기준과 규격인 ISO20958-1,2가 제정되어 활용되고 있다. 이 규격은 전기 설비의 이상상태를 전원 신호분석을 통해 감시하고 진단하는 기술에 관한 것으로, 예방정비를 위한 설비진단 기술로 활용토록 권고하고 있다. 국내에서도 전류신호 분석 장비가 보급되어 활용도가 높아지고 있다. 그러나 장비의 운영을 담당할 전문적인 기술 인력이 없어 기술 도입의 효과가 미미하다는 현장의 목소리도 함께 높아지고 있다. 다행한 것은 그간의 정보통신과 컴퓨터 기술의 발달이 우리에게 인공지능의 도입이라는 새로운 가능성을 열어주고 있다는 사실이다. 이 중심에 디지털 변환과 혁명이라는 물결이 있다. 앨빈 토플러가 강조했던 지식사회를 데이터를 중심으로 형성한다는 계획이 착착 진행되고 있는 것이다.

이 책의 주제인 “전원 신호분석을 통한 설비관리와 에너지 절감”은 기계설비에 대한 기본적 지식과, 전기공학적 지식, 그리고 신호처리 기술 등 다양한 기술이 융합되어 있다. 하지만 국내외를 막론하고 전원 신호분석 기술을 단일 학제 기술의 융합을 통해 풀어낸 참고 교재가 많지 않아 아쉬운 점이 있었다. 누군가 핵심사항을 일목요연하게 정리한다면 관련분야에 대한 접근이 쉽겠다는 생각이 들어 저술 작업에 직접 나서게 되었다. 이 책에서 소개하는 기술 중 저자에 의해 새로 발표되는 것은 거의 없다. 마치 어릴적 크리스마스 때마다 받곤 했던 종합선물세트와 같이 여기저기 산재해 있던 기술들을 주어 담았을 뿐이다. 평소에 학생들과 공부하면서 강조하는 점은 지식의 깊이와 넓이, 그리고 속도다. 여기서 지식의 속도란, 빠르게 바뀌는 기술을 따라가지 않으면 어제의 기술은 더 이상 활용이 곤란한 박물관 신세가 되기 쉽다는 점에서 무시할 수 없다. 그렇지만 단순히 관련 기술을 나열하는데 그쳐서는 곤란하다. 기계, 전기, 전자 등 단일기술들을 융합하고 또한 각 분야기술의 전문적인 깊이까지도 확보해야 하며, 불과 십년 전에도 예상치 못했던 인공지능 언어의 이용과 같은, 새로운 기법을 받아들이고 그 변화의 속도까지도 따라잡는 일이 2020년에는 필요하다. 하지만 이 일은 쉽지 않았다. 그럼에도 불구하고 짧은 지식과 일천한 경험을 이용하여 어떻게 하면 회전기기 진단을 손쉽게 할 수 있을까 하는데 골몰하였다.

이공지능의 응용이라는 새로운 분야에 대한 깊이 있는 설명은 전문분야에 계신 분들에게 의지하도록 하고, 필자는 인공지능이 회전기기를 포함한 설비관리에 어떻게 적용될 수 있을 것인지를 PHM 기술을 통해 소개하는 것으로 마무리 하였다. PHM은 설비 건전성을 사전에 예측 진단하여 수명을 관리하는 기술이다. 그러나 저자의 PHM 분야 전문성이 부족하고, 또한 이 분야에 대한 기술의 발전속도가 매우 빠르기 때문에 학생들과 공부했던 몇 개의 사례만을 소개하는데 그치는 점이 아쉽다. 누군가 인공지능과 전원신호 분석기법을 결합한 새로운 형태의 시스템과 알고리즘을 소개한다면 매우 가치 있을 것으로 생각한다. 모쪼록 이 책이 인공지능 기술을 이용하여 회전기기를 전원신호 관찰을 통해 간편히 관리할 수 있다는 자신감을 얻는 출발점이 되기를 바란다.

2020년 입춘을 지나며,
금당 정재천

차 례

설비 진단을 위한 전력 신호 분석 기술의 개요

1

“내게 능력 주시는 자 안에서 내가 모든 것을 할 수 있느니라.”

(빌립보서 4장 13절)

1.1 전원 신호분석 기술의 특징

1.1.1 자연을 지키는 기술

날씨 이변으로 인해 한겨울에도 반팔을 입고 거리를 다니는 젊은이 사진이 신문에 게재되곤 한다. 기상학자들이 진단한 바에 따르면 화석연료를 사용하는 각종 자동차, 난방유의 연소 과정에서 배출된 가스들이 도시 상공에 머물면서 일종의 열(熱)섬 현상을 일으켜 겨울답지 않은 겨울을 맞고 있다는 것이다. 인간은 자연을 파괴하고 자연은 인간의 생존을 방해하는 끊임없는 악순환의 고리에 빠져든 것은 아닌지, 자연의 자정능력에 따른 역습이 공포로 다가오고 있다. 한겨울 한강의 얼음을 잘라 빙고(氷庫)에 넣었다가 한여름 화채에 띄웠던 선조들의 이야기는 호랑이 담배 피우던 시절의 전설이 되어 버렸고 한겨울에도 눈을 구경하기 힘드니 냉장고 없이도 여름철 얼음을 즐겼던 선조들의 지혜를 다시 되살리기 위해서는 인간의 자원 절약과 환경 보호가 절대적으로 필요하지 않을까?

걷기 운동과 관련한 기사가 거의 매일 게재되어도 자동차를 타고 다니지 않는 우리의 생활은 상상할 수도 없으니, 새로운 자원 절약과 환경 보호거리를 찾을 수밖에 없을 것 같다. 최근 전기 자동차가 본격적으로 활성화 되고 있다. 이 새로운 자동차는 전동기와 배터리를 달고 다니는 환경 친화적인 자동차이다. 이처럼 전동기의 새로운 활용 영역은 점점 넓어지고 있으며 가정과 산업체에서 필수 불가결한 동력원으로 사용되고 있다. 그렇다면 환경 보호거리를 이 전동기에서 찾아보면 어떠할까? 다음의 내용에 주목해 보자.

우리나라 전체 에너지의 20퍼센트를 소모하는 주 소비처는 바로 전동기다. 또한 전체 전기 에너지의 54% 정도가 전동기에서 소비된다. 미국의 조사 결과[1-2], 산업체에 설치된 전동기는 평

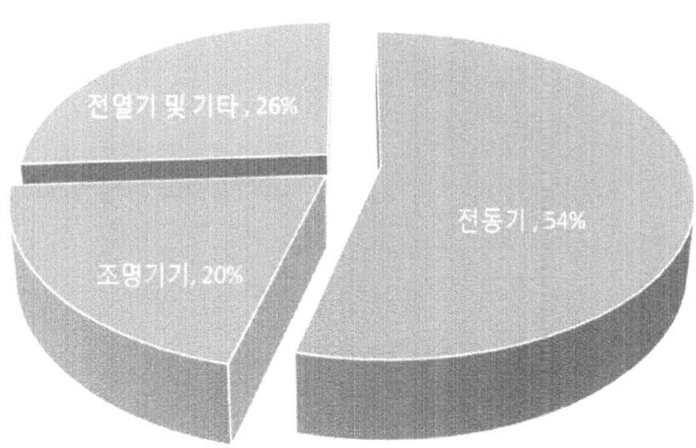

그림 1-1 국내 전력소비분포

균 67% 의 효율로 운전되고 있는 것으로 조사되고 있으며 국내 전동기의 경우도 이와 유사한 효율을 보일 것으로 판단된다. 이 수치를 이용하여 어느 정도의 전기가 낭비되고 있는지를 계산하면 다음과 같다.

우리나라 발전설비 용량 : 124,392,200 Kw
- **발전용량 대비 전력 낭비량** : 124,392,200 x 67% x 54% = 45,005,097 Kw [1]

즉, 26.8%의 전기가 전동기에서 올바로 쓰이지 못하고 있으며 이는 1,400 Mw급 신형 원자력 발전소 32기에 해당하는 엄청난 용량이다. 좀 더 실감나게 표현하기 위해 2018년 전기 한전의 전력 매출액을 기준으로 한 전기 요금을 계산해 보면 다음과 같다.

2018년 한전 전기판매 매출액 : 606,276억원 [2]
2018년 산업용 전기판매 매출액 : 311,914억원 [2]
2018년 전동기에서 낭비된 전기요금 : 168,109억원 [3][1)]

이와 같이, 전동기를 잘 관리하고 운영하면 전기소비를 획기적으로 줄일 수 있다. 산업자원부와 에너지관리공단에서는 에너지절약형 제품의 보급확대를 위해 에너지 소비효율 등급표시제도, 에너지 절약마크제도, 고효율에너지 기자재 인증제도, 건물에너지 효율등급 인증제도 등 4가지의 에너지효율제도를 운영하고 있다. 에너지 소비효율 등급표시제도는 제품의 에너지소비효율 또는 에너지 사용량에 따라 1~5등급으로 구분하여 표시하도록 하고 있으며, 최저효율기준은 최소한의 효율기준을 설정하여 관리하는 제도로서 개선되지 않은 제품에 대하여는 발견 즉시 생산자와 판매자에게 유통 금지토록 하고 있다. 참고로 에너지 소비효율 1등급제품은 5등급보다 30~40% 에너지가 절감된다.

미국은 1992년 11월에 발효된 EPACT(환경 보호법령, Environment Protection Act) '92을 통해 국내에서 생산되어 시판되거나 수출되는 모든 모터의 효율이 NEMA MG1 1993 chart 12-10을 만족하도록 규정하고 있다. 미국 에너지성(DOE)이 작성한 모터 도전 프로그램(Motor Challenge program)은 2010년까지 산업분야에서 약1000억 킬로와트-시의 전력을 절약하는 국가적 전략을 수립 시행하고 있으며 효과적인 효율관리를 위해 미국전력연구소(EPRI)와 공동으로 모터-마스터+ 프로그램을 개발하여 산업분야에서 활용토록 하고 있기도 하다.

그렇다면 전기소비를 줄이는 것과 환경보호와는 어떠한 상관관계가 있을까? 우리나라는 석탄

1) 강도현, 전동기 고효율화에 의한 발전설비 절감, 전기저널, 2018. 6. 8일자를 기준으로 필자 계산

화력발전소에서 전체 발전량의 52.4%를 생산한다. 이는 환경을 생각해 전기차를 이용한다고 해도 이산화탄소 배출량 규제는 피해 나갈 수 없다는 얘기다. 석탄화력은 미세먼지와 초미세먼지 오염원이기도 하다. 신재생 에너지의 도입을 통해 탈원전 정책을 성공시켜 환경과 안전을 지키겠다는 현재의 정부정책은 그러나 이산화탄소와 미세/초미세 먼지를 늘리는 석탄화력발전소 의존도를 높여, 오히려 환경오염을 가중시키고 있다. 그러나 석탄화력발전소를 단기간에 줄이기도 어려운 현 시점에서 이러한 환경문제를 줄이는 해결책은 전기사용량 절감과 탈원전 정책의 폐기다. 하지만 정부의 탈원전 정책이 고수되는 한, 무조건 전기 사용량을 줄이는 것만이 이산화탄소 문제와 미세/초미세 먼지라는 환경오염 문제를 원천적으로 해결하는 지름길이다.

1.1.2 위험한 것을 안전한 것으로 바꾸는 기술

안전이란 위험이나 손상으로부터 자유로운 상태를 말한다. 그렇다면 전원 신호분석 기술은 무엇을 위험으로부터 안전한 것으로 바꿀 수 있는가?

필자가 처음 이 기술을 개발하게 된 동기는 선배의 현장 체험담으로부터 시작되었다. 당시 탄광의 현대화 작업의 하나로 시작된 SCADA(원방감시제어) 설비를 제작, 납품하던 선배는 전국 탄광의 낙후 현실을 목격하게 되었다. 현재는 산업합리화에 의해 거의 폐광 상태가 되었지만 90년대 초만 해도 일부 탄광에서는 무연탄을 채굴하고 있었다. 채굴 환경이라는 것이 워낙 열악해 지하 2킬로미터 정도에서 작업하는 채탄장이 많았다고 한다. 이 지하 갱도에 공기를 공급하는 설비는 두 대의 송풍기뿐. 만일 송풍기가 정지될 경우, 일정시간 이후에는 공기가 희박해져 숨이 막힐 위험이 있는 그 곳 막장에는 탄부들이 있다. 따라서 어떠한 경우에도 탄부가 작업하는 도중에는 송풍기가 완전하게 동작되어야 하는 것은 필수적이다. 그러나 워낙 땅 속 깊이 설치된 송풍기를 24시간 감시하는 것은 보통 문제가 아니다. 그래서 아이디어 차원에서 나온 것이 바로 전류를 감시하는 것. 물론 전류의 실효치나 순시치는 SCADA 설비가 감시하고 있으므로, 새로운 개념을 도입해 위험하지 않은 환경에서 탄부들이 작업할 수 있도록 해주자는 매우 휴머니즘(?)적인 차원에서 본 기술에 대한 조사와 개발 활동이 시작되었다.

전동기를 잘 관리하고 운영하는 기법을 개발하는 것
이것이 전원 신호분석 기술의 목적이자 목표다.

1.2 전원 신호분석 기술을 이용한 전동기의 관리와 운영

그렇다면 어떻게 전동기를 관리하고 운영하여야 할까? 감시와 분석, 진단이라는 틀에 맞추어 관리와 운영을 하면 어떨까? 전동기가 제 성능을 내지 못하는 것은, 처음부터 올바른 전동기가 설치되지 않았거나, 아니면 고장이 발생했거나 하는 두 가지 측면을 고려할 수 있다. 올바른 전동기가 설치되지 않은 경우는 용량 산정을 다시 하여 최적의 정격 전동기를 설치함으로써 해결할 수 있다. 또한 부하가 당초 예상한 것보다 작게 유지되는 경우 역시 전동기를 교체하거나 전동기의 제어 방식을 변경하여 최적의 효율을 유지하도록 할 수 있다. 그러나 전동기가 고장 또는 결함이 발생된 경우 어느 시점에서 어느 부분을 수리해야 하는지를 결정하는 것은 결코 쉬운 작업은 아니다.

1.2.1 전동기가 잘 관리되고 있지 못한 이유

전동기가 그 중요성에 비해 비교적 소홀히 다뤄진 주요 원인은 무엇일까? 여러분이 전기 기술자라면 다음의 세 가지 사례 중 하나쯤에는 동의할 것이다.

1) 전동기의 고장 확률이 다른 기기에 비해 비교적 낮으며 쉽게 교체할 수 있다고 생각한다.
2) 전동기에 결함이 발생되기 시작할 때 이를 판별할 수 있는 수단이 없다. 따라서 권선 온도를 주의 깊게 관찰하다가 손상이 급격히 진전되면 즉시 교체하는 것이 최선이라고 생각한다.
3) 전동기의 권선 손상은 장기간 운전된 전동기의 경우 피할 수 없으며 손상된 권선을 다시 감는 외에는 별다른 수단이 없는 것으로 보인다.

위의 사례 3항은 과거 전기기술자들이 가장 선호(?)하는 방식이었다. 왜냐하면 국내 산업설비들이 비교적 새 것이어서 별다른 예방 조치 없이도 기기 고장이 거의 발생하지 않았기 때문이다[2]. 하지만 산업화 이후 40년에 도달하는 현 시점에서 볼 때 우리나라 주요 산업체 기기의 평균 가동 연수는 20 ~ 30년에 이르러 이미 고장률이 급격히 증가하는 시점에 도달하고 있다. 따라서 관찰 후 교체와 같은 미온적인 대처로써는 플랜트 운영의 최적화를 결코 이룰 수 없다.

손상후 재권선과 같은 사례는 감시기법이 낙후했던 20세기에는 피할 수 없는 사실이었다. 그러나 다양한 감시 기법이 활용되고 있는 21세기는 더 이상 사실이 될 수는 없다. 전동기의 결함 진행을 비교적 초기에 탐지하는 전원 신호분석 기술을 이용하여 전동기의 권선 소손에 의한 고장을 사전에 방지할 수 있기 때문이다. 만일 전동기의 권선이 소손되어 다시 감은 경우, 전동기의 효율은 10% 이상 낮아진다[4].

1.2.2 전동기를 진단하기 위한 기존의 방법

1940년대에 건조된 기어링급 군함인 전북함은 이제 강릉과 인접한 안인진 해변에서 노획한 북한 잠수함과 함께 정답게 손님을 맞는다. 이 전북함에는 매우 특이한 설비가 설치되어 있는데 바로 프로펠러에 동력을 전달하는, 샤프트 베어링의 진동을 측정하는 장비다. 이렇듯 진동 감시는 고전적인 기술로써 다양한 분야에서 현재까지 효과적으로 사용되고 있다.

전동기나 축에 연결된 기기에 손상이 발생되게 되면, 전동기 표면에는 각종 진동이 발생하게 된다. 진동은 손상의 종류에 따라 형태를 달리하게 되는데 각각 다른 형태의 진동을 분석하는 방법은 원시시대부터 있어 왔으니, 바로 고인돌 시대의 사냥에서부터였을 것이다. 매머드 떼를 좇아 사냥을 하는 원시인들에게 매머드의 수와 거리를 알아내는 것보다 중요한 일은 없었을 것이다. 땅에 귀를 대고 가만히 들어보면 달리는 매머드의 진동이 실시간으로 전달될 테니 말이다. 영화 "내일을 향해 쏴라"에서도 주인공인 로버트 레드포드와 폴 뉴먼이 열차를 강탈하는 장면이 나오는데 이때 주인공들이 사용하는 거리 측정법 역시 철로에 귀를 대고 달리는 기차의 진동을 감지하는 방법이었다.

1.2.3 전원 신호분석 기술의 특징

전원 신호분석 기술은 전기를 사용하는 기기의 상태를 감시하고 성능을 확인하는 유용한 기술이다. 이 기술의 장점은 환경 친화적 기술이라는 점이다. 신호 취득을 위한 별도의 센서나 전치증폭기 등의 전자장비가 필요 없다. 물론 케이블 설치 등의 설비비가 거의 들지 않는 경제적 기술임은 말할 나위도 없다. 아울러 본 기술은 전동기가 설치된 현장에 접근하지 않고도 전동기와 회전기기의 고장을 전기실에서 사전에 예측할 수 있는 편리함을 제공한다.

설비의 고장이 시작되는 시점을 정확히 판별하는 기술. 이것이 바로 예측 보전의 열쇠이다. EPRI 보고서에 따르면 예측보전은 선행 보전 등의 기법에 비해 투자 대비 효과가 가장 높은 기법인 것으로 나타났다. 그림 1-2와 같이 예측보전 기법의 비용 대 효과는 1.5 이상이다.

전통적으로 예측보전 기법 중 가장 많이 사용되는 수단은 진동 감시 기법이다. 그러나 진동 감시는 투자비가 많이 들고 설치와 진단이 복잡하므로 원자력발전소의 원자로냉각재펌프와 같은 플랜트 핵심 설비에 주로 사용된다. 당연히 핵심이 아닌 기기를 대상으로는 운용되기 어렵다. 하지만 플랜트란 각종 기기가 유기적으로 복잡하게 연결되어 있으므로 평소에 관심을 기울이지 않았던 기기에 의해서도 라인이 스톱되고, 설비가 불시 정지되는 일이 흔히 일어나고 있다.

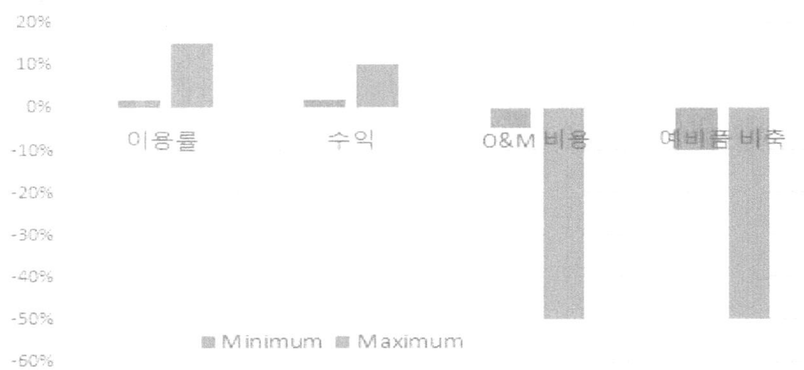

그림 1-2 예측보전 기법 적용시의 투자대비 효과[2)]

그러므로 전기실에서 전기 신호만을 취득하여 기기 고장 예측까지 수행하도록 하는 전원 신호 분석 기술은 대형이건 소형이건 가리지 않고 경제적으로 감시가 가능한, 예측 보전을 위해 꼭 필요한 기술이다. 또한 원격에서 센서를 사용하지 않고 감시하여 원자력 발전소의 원자로 설비나, 광산의 갱내 송풍시설을 감시하고, 석유화학 단지 같은 곳의 위험 시설을 감시하는 데 아무런 위험 요소가 없는 가장 이상적인 형태의 기술이다.

그림 1-3은 전원 신호분석 기술의 적용 범위 및 파급 효과를 간략하게 나타낸 것이다.

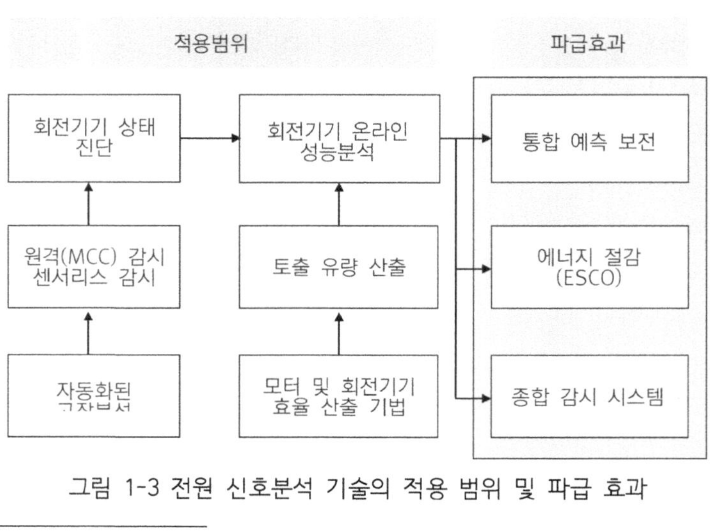

그림 1-3 전원 신호분석 기술의 적용 범위 및 파급 효과

2) EPRI 보고서 내용을 참조하여 저자 작성

1.3 전원 신호분석 기술 개관

1.3.1 상요화된 전원 신호분석 기술

현재 시판되고 있는 전원 신호분석 기기의 기술을 종합적으로 정리하면 다음과 같다.

- 전동기 전류징후 분석 기술(MCSA, Motor Current Signature Analysis)
- 전원 징후 분석 기술(ESA, Electrical Signature Analysis)
- 토크 감시 기술
- 전동기 효율감시 기술
- 기타 진단 기술

MCSA 기술은 회전자, 고정자, 베어링 등의 결함에 의해 발생하는 주파수가 전류의 전원 주파수에 변조된 성분을 고속 푸리에 변환(FFT) 기법으로 찾아내는 것이다. 1980년대 중반부터 미국 오크리지 국립연구소에서 연구를 시작한 본 기술은, 센서 없이 원격에서 감시 가능하다는 커다란 장점이 있으나 기기적 비정상 상태에 대한 탐지 정확도가 낮은 단점이 있어 MCSA와 시간축 감시 기법을 동시 사용하는 추세로 발전하고 있다. 현재 PDMA, 3JM, Framatome-ANP(EMPATH), BAKER사 등의 제품이 출시되고 있다.

ESA 기술도 MCSA 기술과 거의 유사하나 전원의 품질과 전압, 전류 신호를 시간축에서 측정하여 전동기 진단 정확도를 다소 높이는 기능을 추가하고 있다.

토크 감시 기술은 전동기에 인가되는 전압과 전류를 이용하여 전동기 공극 토크를 계산하고 이에 전동기 내부의 동손, 포유손 등 손실을 입력하여 축 토크를 추정한 후 이의 변화량을 감시하는 기술이다.

MCSA나 ESA 관련 기술 이외에도 현재 연구가 완료되어 상용화를 준비중인 기술이나 또는 연구가 진행중인 기술을 소개하면 다음과 같다.

- 시간-주파수축 분석 기술
- 전동기 및 회전기기 효율감시 기술
- 유량 추정 기술

시간-주파수축 분석 기술은 전동기 및 구동 기기의 성능과 비정상 상태를 판별하기 위해 전동기에 공급되는 전류와 전압 신호를 이용, 기기의 진동특성, 고장특성을 분석하는 기법이다.

전동기 및 회전기기 효율 감시 기술은 전동기의 축 토크를 계산하고 이에 전동기 회전수를 곱하여 전동기의 출력 전력량으로 바꾼 다음 입력 전력과의 비로써 효율을 계산하여 전동기의 성능을 평가한다. 또한 전동기의 축동력과 기기의 구동력을 비교하여 구동축에 연결된 회전기기(펌프, 팬, 블로워, MOV등)의 효율을 산출한다. 이때 전동기의 공극 토크는 손실을 고려하지 않은 값이므로 종합 손실을 산출해야 하며, 회전기기의 손실 역시 별도로 산출해야 정확한 효율 계산이 가능하다.

유량 추정기술은 전동기의 축 토크와 회전수를 이용하여 계산된 Braking Horsepower와 유량의 상관 곡선을 이용한다. 이 상관 곡선은 기기 제작사에서 제공하는 데이터를 참조하여 3차 Polynomial로 만들어 사용한다.

그림 1-4에서 보이는 바와 같이 전원 신호분석 기법은 3상 전류와 3상 전압 성분을 모두 이용한다. 반면, MCSA는 전동기에 공급되는 단상 전류를 이용한다.

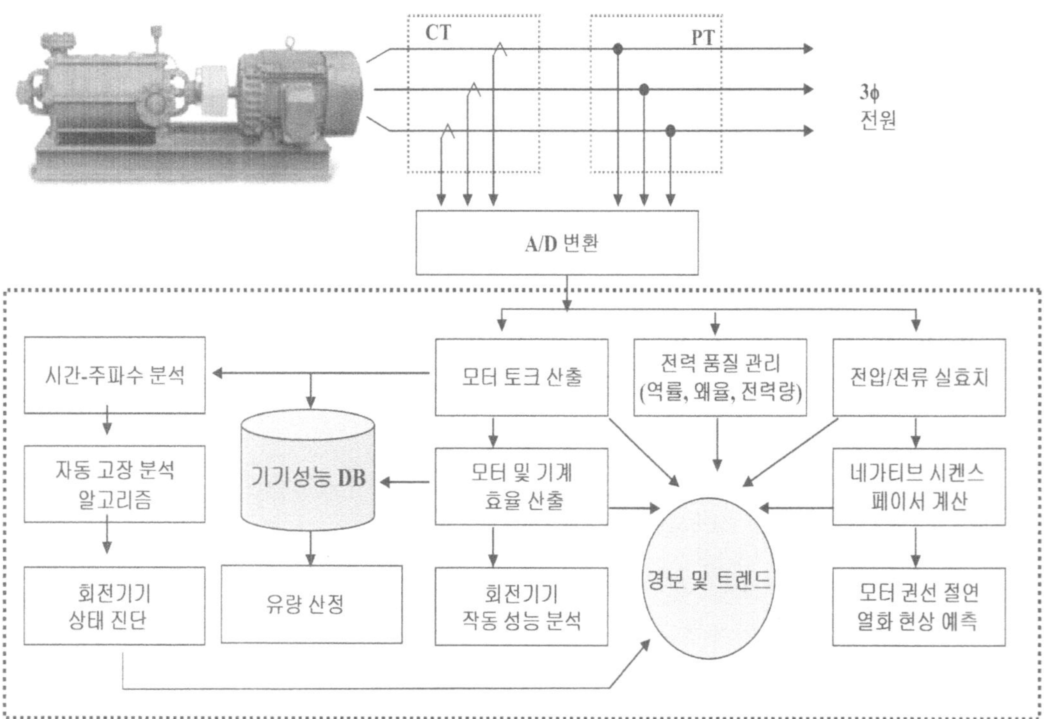

그림 1-4 전원 신호분석은 무엇을 어떻게 측정, 진단하는가?

1.4 책의 구성

이 책은 총 10장으로 구성되어 있다. 책을 구독하는 대상을 산업현장 엔지니어, 대학 및 대학원생으로 설정하여 본문은 사례 위주 및 실무 위주로 구성하고, 복잡한 이론적 공식의 전개는 별도의 부록에 집중적으로 소개하였다. 부록 3은 전원 신호분석 기술을 실제로 소프트웨어로 작성한 예제를 수록하였다.

제 1장은 서론 부분으로써 전원 신호분석 기술의 개관을 소개한다.

제 2장은 회전기기 진단 기술과 융합되는 인공지능 기법에 대해 간단한 개념을 소개한다.

제 3장에서는 전동기의 고장 메커니즘과 결함 요소에 대해 간략히 기술하였다. 전동기의 결함 요소를 전기적 결함과 기계적 결함으로 구분하여 각각의 진동 특성을 현상과 결과식 위주로 소개하였다.

제 4장은 전동기 고장 진단에 사용되고 있는 각종 기법들을 간략히 정리하고, 전원 신호분석 기법과의 차이와 상호 보완시 혜택 등을 기술하였다.

제 5장은 전원 신호 측정 및 분석 방법에 대해 정리하였다. 먼저 전원 신호를 측정하기 위해 필요한 계기용 변류기와 변압기의 종류별 측정 원리에 대해 소개하였고, 측정된 전원 신호를 컴퓨터에 의해 수집, 가공, 처리하기 위한 하드웨어에 대해 간략히 소개하였다.

제 6장은 전원 신호분석에 필요한 신호처리 기술을 소개하였다. 현재 신호분석 현장에서 가장 많이 사용하는 고속 푸리에 변환(FFT), 위그너-빌 분포(WVD), 웨이블릿(Wavelet), 디지털 주파수 폐루프법(DFLL)에 대해 이론과 실무 위주로 상세히 기술하였다. 이중 DFLL 기법은 비교적 새로이 소개되는 것으로써, 본 교재에서는 밴드 통과필터와 상관계수를 산출하는 방법으로 구현한 알고리즘과 시뮬레이션 결과를 수록하였다.

제 7장은 전원 신호분석을 통한 상태감시 기술에 대한 이해를 돕기 위해 작성되었다. 컴퓨터에 의해 수치로 변환된 전압과 전류 신호는 3가지 기법을 이용하여 전동기와 구동 회전기기의 상태를 감시하는 데 사용된다. 시간축과 주파수축 그리고 시간-주파수축 분석기법은 상태 감시를 위해 보편적으로 사용되는 것으로 대표적인 기법으로, 각 기법의 방법론과 진단 기준 등을 자세히 수록하였다. 특히 검출 대상 신호는 60 Hz 전원 신호 성분에 비해 매우 미약하므로 진단 오류가 발생할 가능성이 매우 크다. 따라서 오류를 회피할 수 있는 기법으로 순시 전력 스펙트럴 분석 기법, 공극 토크 관찰법 등과 병행하는 Fusion 기술에 대해 소개하였다. 특히 결함을 판별

하는 특성 주파수 공식이 전동기의 슬립을 변수로 사용하므로, 전동기의 회전수 추정 정확도는 결함 판별 정확도에 직접적으로 영향을 미친다. 따라서 전동기 회전수를 정확하게 추정할 수 있는 편심 측대역 관찰법, 회전자 바의 극통과 주파수, 그리고 주파수 페루프법에 대해 기술하였다. 아울러 전동기 구동기기를 감시하고 진단한 사례를 소개하였다. 특히 전동기 시험기에 각종 인위적 결함을 만든 다음, 개발된 시스템이 결함을 탐지할 수 있는지를 평가한 결과를 수록하였다. 아울러 토크 트랜듀서에 의해 측정한 실제 토크값과 전원 신호분석 기법에 의해 추정된 토크값을 비교한 결과를 수록하였고 이에 대한 효율 산정 정확도 분석 결과도 수록하였다.

제 8장은 전동기 및 구동기기의 효율을 감시하고, 수명을 예측하며 펌프 유량을 산정하는 기법에 대해 소개하였다. 공극 토크를 이용한 전동기 효율 추정은 전동기의 손실 모델과 기기 손실 모델에 따라 정확도가 결정되므로 이에 대한 상세한 설명을 부가하였다. 본 효율 추정 방법을 이용하여 펌프, 팬, 그리고 MOV(전동기구동밸브)에 적용한 사례를 소개하였다. 기기의 효율 데이터를 이용하여 그 추세를 살펴보면 수명 예측이 가능하므로 이에 대해 기술하였고, 마지막으로 펌프 유량 산정 기법에 대해 소개하였다.

제 9장에서는 전원 신호분석 기법과 상호 보완적으로 사용할 수 있는 절연 진단 기법의 개요를 간략하게 소개하였다.

제 10장에는 PHM 기술을 이용한 기기 건전성 예측기법을 원자력 발전소 제어봉 제어장치 구동용 코일의 상태와 수명예측 사례와 CNN을 이용한 솔레노이드 밸브의 결함 탐지의 예를 중심으로 설명하였다.

부록에는 대학원생이 논문을 작성할 때 유용하게 사용할 수 있는 자료를 이론적 해석 위주로 수록하였다. 부록 1에서는 유도기의 해석 이론을 수록하였고, 부록2에서는 전동기 구동기기의 비정상 상태 해석을 회전자계 이론과 주파수 변조 이론을 통해 고찰하였다. 부록 2에서는 전동기 축 편심을 인덕턴스항으로 해석하는 모델링 분석 결과를 수록하였다.

부록 4는 유도 전동기의 일반사항과 유도 전동기 해석 시 필요한 각종 내용을 함수 위주로 정리하여 수록하였다.

참고문헌

[1] 전력거래소, 발전원별 발전설비용량을 전력통계정보시스템, 2019.11.01, www.epsis.kpx.or.kr

[2] 한국전력공사, 한국전력통계-제88호 (2018판), 2019. 5, www.kepco.co.kr

[3] 강도현, 전동기 고효율화에 의한 발전설비 절감, 전기저널, 2018. 06. 08

[4] Bin Lu, Thomas 외, "A Survey of Efficiency-Estimation Methods for In-service Induction Motors", IEEE Trans. Ind. App., vol. 42, no. 4, July/August 2006

[5] 에너지 기본법, 시행령 및 시행규칙

[6] 에너지관리공단, 에너지 소비효율 등급표시제도,

[7] Motors and Generators, NEMA MG1-2003 Standard, 2003, Chart 12-10

[8] USDOE, Energy Polish and Conservation Act, 1993

[9] USDOE, Energy Efficiency and Renewable Energy (EERE), DOE Industry Tools, DOE MotorMaster+

[10] E. Wiedenbrug, "Measurement Analysis and Efficiency Estimation of Three Phase Induction Machine using Instantaneous Electrical Quantities-a dissertation submitted to Oregon State Univ.", Sep.,1998

[11] Howard W. Penrose, "Electric Motor Diagnostics", Success by Design

2.1 설비 건전성을 사전에 예측 진단하여 수명을 관리하는 기술(PHM)
2.2 PHM은 왜 필요한가?
2.3 PHM 기술이 플랜트의 운전과 정비를 지원하기 위한 필수 요소

회전기기 진단기술과 융합되는 인공지능

2

“우리는 학교를 위해서가 아니라, 인생을 위해 배운다.”

(세네카, 한동일의 라틴어 수업 중에서 인용)

2.1 설비 건전성을 사전에 예측 진단하여 수명을 관리하는 기술(PHM)[3]

영어 단어 Prognostic은 의학에서 많이 쓰이는 용어다. 의사가 발병 확률이나 예상되는 질병의 진전 정도를 각종 검진을 통해 판단하는 것과 유사한 개념이다. PHM 기술은 설비가 고장 나기 전 조치를 한다는 것에 특징이 있다. 우리 몸이 통증을 느끼기 전에 건강 검진을 하고 약을 먹어 증상을 개선하면, 실제 심각한 발병으로 이어지지는 않는 것과 같은 원리다. 최근에 갑자기 나타난 기술은 아니고, 기존에 발표된 여러 다양한 기법이 발달된 인공지능 알고리즘을 만나 각광을 받게 되었다. 기존에 많이 쓰이던 설비관리 용어 중 예방진단, 계측진단, 또는 예지진단 등도 모두 사전 진단과 조치를 특징으로 한다. 그러나 기존의 예측 진단이 주로 신뢰성 분석결과를 기반으로 고장 개소에 대한 사전 정비를 가능하게 했다면[4], PHM은 설비의 미래의 상태를 감지하기 위해, 다음과 같은 방법을 주로 사용한다.

- 데이터를 분석하고, 통계적 추론을 통해 고장을 미리 알려주는 방법
- 기계학습을 통해 상태감지 인자와 고장의 상관관계를 이용하여 추론하는 방법

아직까지 기계학습이나 빅데이터 알고리즘이 설비의 상태나 성능에 대한 진단을 인간보다 정확하게 해 주지는 못한다. 그러나 발전소와 같은 수 만대의 설비가 복합적으로 연동되는 플랜트의 경우, 인간의 감시와 진단을 통해 설비의 고장을 사전에 예측하는 것은 불가능하다. 따라서 PHM 기술에 인간의 전문가 지식을 결합하여 좀 더 나은 유추가 가능하게 된다.

2.2 PHM은 왜 필요한가?

기계학습 기반의 PHM을 도입하면 플랜트에는 어떠한 이득을 주는가? 첫 번째는 안전성과 신뢰성 향상을 들 수 있다. 즉, 시스템 상의 취약한 기기나 설비의 고장을 사전에 탐지하여, 문제가 생기기 전에 정비를 할 것인지 결정할 수 있으므로 기기 운전에 대한 취약성이 줄어들어 안전성이 향상된다. 또한 시스템 수준이나 더 나아가 플랜트 수준의 신뢰성이 향상되고, 이용률과 가동률도 높아진다.

---

1) Prognostic Health Monitoring
2) RCM: Reliability Centered Maintenance

두 번째는 경제성이다. 기기나 설비의 고장 자체를 방지할 수 있는 방법은 없다. 하지만 내가 원하는 시점에 정비를 하여 플랜트 가동 기간 중에는 고장이 발생하지 않도록 할 수 있다면 우리에게 많은 경제적 이득을 줄 것이다. 원자력발전소는 계획 정비 후 18개월 동안 전 출력으로 가동하는 것을 목표로 한다. 만일 원자력발전소가 하루 정지한다면 평균 10억 원 정도의 경제적 손실이 생긴다. 약 30일에서 40일 정도가 소요되는 계획정비 기간에 정비가 충분히 되어 100%의 이용률과 완벽한 신뢰성을 보장할 수 있다면 최대의 이득을 가져올 것이다. 또한 PHM 기술을 이용하여 고장의 부위를 정확히 예측하여 정말 필요한 부품만 교체하는 정비가 이뤄진다면, 정비 신뢰성이 높아짐과 동시에 정비 비용 역시 적게 들 것이다. 결과적으로 투자 대비 이득(ROI)이 높아지는 장점이 있다.

세 번째는 기기나 설비의 지속 운전성이 향상되는 것이다. 원자력발전소의 냉각재 펌프와 같은 주기기는 40년 수명 동안 운전되는 목표로 제작된다. 펌프가 장기간 운전 동안 아무 탈 없이 작동된다면 많은 이득을 줄 것이다. 국내에서는 정책적 결정으로 인해 수명기간이 끝나면 발전 영구중단을 선언하지만, 미국의 경우 60년 수명 연장이 완료되고 있고 이제는 설비 보강을 통해 80년 동안 운전한다는 계획도 착착 진행되고 있다. 워낙 튼튼하게 지어진 원자력발전소는 80년을 넘어 100년 동안 운전해도 끄떡없을 것이다. 이러한 수명 연장을 뒷받침하는 기술 중 하나가 바로 PHM이다. PHM은 기존의 기기 상태 진단을 넘어 에이징에 대한 전조도 살피므로 수명연장에 최적화된 기법이라고 말할 수 있다. 사람도 나이가 들어감에 따라 여기저기 고장이 발생한다. 몸에 심각한 고장이 발생하기 전에는 물론 전조 증상이 생긴다. 한의학에서 말하는 기력이 없다는 것이 가장 큰 전조 증상인데 전체적인 면역력이 떨어지면서 인체를 구성하는 주요 장기에 무리가 오는 것이다. 기계 역시 전조 증상이 있다. 다만 전조 증상을 잘 살펴 인체의 주요 장기에 해당하는 부품을 사전에 교체할 수 있다는 것이 다를 뿐이다. 결과적으로 지속 가능성의 관점에서 PHM은 일정한 작동 시간 이후에 부품을 교체하는 시간 기반 정비에서 상태 기반 정비로 정비 전략을 바꿀 수 있도록 하는 가장 큰 동력을 제공한다.

네 번째는 기술 경쟁력을 제공한다는 것이다. 원자력발전소 건설과 같은 복잡성이 높고 거대한 메가 프로젝트를 수주하기 위해서는 우수한 기술 경쟁력이 무엇보다 중요하다. 기기 고장으로 인해 불시에 발전소가 정지될 확률이 '0'인 발전소를 제공할 수 있다면 도입하는 나라의 입장에서도 이를 선택하지 않을 이유가 없을 것이다. 이는 나아가 기기나 부품의 단종에 대한 영향도 최소화할 수 있으므로 구매자를 설득할 수 있는 좋은 비즈니스 강점이 된다.

2.3 플랜트의 운전과 정비를 지원하기 위한 PHM의 필수 요소

2.3.1 데이터 수집, 처리와 분석의 문제

첫째 다양한 데이터가 필요하다, 자동차의 엔진오일이 부족하면 엔진룸의 소음이 커지고, 이후 고장이 진전되면 더 이상 움직이지 않는다. 이와 같이 소음과 엔진오일의 량을 변수로 하는 특징이 발견된다, 우리는 이를 특징추출[5]이라고 한다. 이 단계에는 경험과 지식이 풍부한 전문가가 필요하다. 진단이 끝난 후 PHM이 제공하는 출력은 엔진오일을 보충하라는 메시지일 것이다, 또는 주의, 보충권고, 오일 부족경보와 같이 세 단계 경보를 인간에게 제공하는 방법도 있다.

신재생 발전원으로 각광받고 있는 풍력발전기의 경우도, 바람이 많이 불면 기계적 마모가 심해지므로 내부 브레이크 시스템을 작동시켜 스스로 멈추게 한다. 바람이 아주 많이 부는 날, 풍력발전기의 날개가 돌지 않는 이유는 기계를 보호하기 위한 것이다. 풍력발전기의 PHM[6]을 위해서는, 회전속도와 토크(구동력), 진동신호 등을 복합적으로 활용하여 분석을 수행한다. 이때 중요한 것은 풍력발전기의 정상상태 데이터이다. 비교할 대상이 없으면 발전기가 잘 작동하고 있는지 어디가 고장 났는지를 판단할 수 없기 때문이다. 이와 같이 종래의 진단기술은 데이터 추론과 기계학습이 만나 더욱 높은 예측력을 제공하게 된다.

둘째 필요 요소는 데이터의 처리 및 분석 능력이다. 하버드 비즈니스 리뷰는 데이터 분석 및 처리의 3단계를 다음과 같이 설명한다[7]. 1단계는 데이터를 분석해 '비즈니스 지식화[8]'를 이루는 것이다. 이 단계는 비용과 기술의 문제로 일부 샘플링 데이터만 사용하는 한계가 있었다. 2단계는 기하급수적으로 증가하는 컴퓨터의 데이터 처리능력과 저렴한 가격에 활용가능한 클라우드 기반의 처리와 저장 등의 능력을 이용하여 수 백개의 변수와 테라비트에 가까운 데이터를 처리하는 능력이다, 이 단계를 뛰어넘어 실시간으로 빅데이터를 처리하고 이를 의사결정 자동화와 연결하는 세 번째 단계가 바로 '애널리틱스 3.0[9]'이다. 실시간으로 데이터를 처리하여 설비의 관리에 사용하게 되면 서비스의 품질은 당연히 증가한다.

원자력발전소 계측제어설비를 예로 들어보면 대부분의 감지가 0.1초 단위에서 이뤄지고 이 신호는 자체적으로 수집하여 1초 단위로 중앙의 서버에 전송하여 수 초 이내에 결과를 분석하여

---

3) Feature Extraction을 특성추출이라고 번역한다.
4) 서보성외, 고장예지진단 기술의 공학시스템에서의 성공사례와 비전, 소음, 진동, 2015. 2
5) IDG Tech Focus, 실시간 & IoT: 빅데이터 분석의 새로운 도전과 해법에서 재 인용
6) Business Intelligence
7) Thomas H. Davenport, Analytics 3.0, Harvard Business Review, 2013. 12

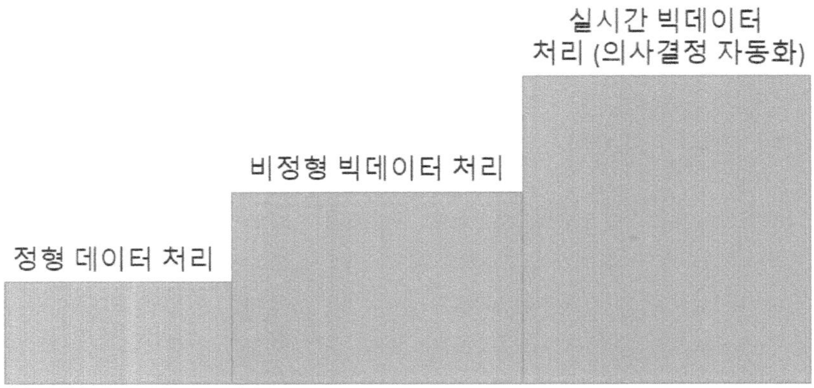

그림 2-1 데이터 처리의 진화 3단계

운전원에게 제공한다. 사실 이 정도의 실시간 감시와 처리라면 애널리틱스 2.0으로 충분한 서비스를 제공할 수 있다. 문제는 다양한 변수로 복잡하게 연결된 빅데이터가 쌓일 경우 이를 실시간 단위로 처리할 수 있겠는가 이다. 이러한 문제는 데이터 처리, 분석을 분산화하여 결과 값 위주로 중앙의 서버에 전송하도록 하는 방법을 통해 해결이 가능하다. 또한 암호화 기법을 이용할 경우, 도청자가 난입하는 경우에도 그 존재가 드러나며, 신호가 왜곡되어 도청자는 정확한 정보를 얻을 수 없게 된다.[10] 아무튼, 디지털화 기술의 개발 속도가 빨라짐에 따라 설비 구축과 프로그램 개발에 소요되는 비용이 더욱 낮아지고, 이에 따라 전체 설비의 총소유비용[11]을 낮추어 결과적으로 에너지 생산과 유통비용도 저감되는 선순환이 이루어진다. 다만 이러한 기술이 아직은 성숙단계에 접어들지 못했다는 점은 고려해야 한다.

2.3.2 빅데이터 기술의 도입

빅데이터는 인공지능기술과 접목될 때 더욱 빠른 판단과 의사결정을 내릴 수 있다. 다음의 그림을 보자. 빅데이터는 인공지능을 이용한다. 정확하게 얘기하면 빅데이터는 딥 러닝 기법을 적용하는 데 초점을 맞추고 있다.

---

8) 양자암호(Quantum Cryptography): 위키백과 참조 인용

9) Total Cost of Ownership : 기업이 특정 기술에 대한 구현비용을 결정하기 위한 직간접비용들을 분석하는데 사용하는 기법이다. 위키백과 참조

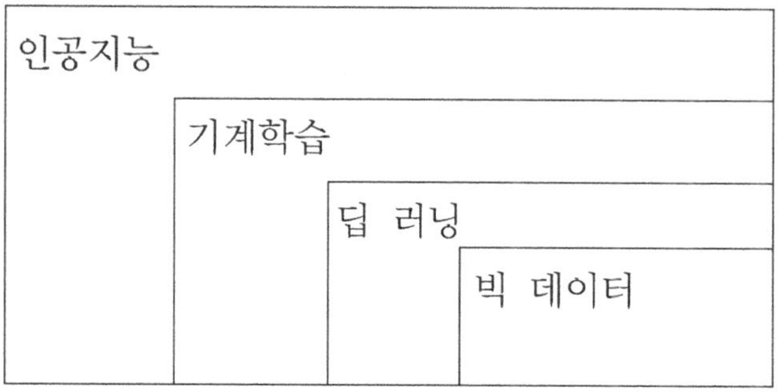

그림 2-2 빅데이터와 딥러닝과의 연관도

사물인터넷 센서와 네트워크를 통해 엄청나게 밀려오는 데이터를 딥 러닝을 통해 처리하고 최종적인 의사결정을 하기 위해서는 딥 러닝의 핵심인 과거의 이력 데이터를 기계가 알아 볼 수 있게 학습시키는 것이 필요하다. 사람이 추상화된 메타지식을 뇌의 신경망에 의한 병렬처리를 통해 판단을 내리는 것을 모사한 이 기술은 얼마 전까지 개와 고양이를 구분하는 데에도 어려움을 겪었었다. 그러나 알파고의 사례에서 보듯이 이미 학습된 결과를 출력하는 일은 심화된 학습을 기반으로 하는 딥러닝이 훨씬 빠르다. 문제는 학습되지 않은 영역에 대한 것이다. 인간은 수많은 수집 정보의 맥락을 연결하여 정보와 지식을 처리하는 능력이 뛰어나다. 그러나 컴퓨터는 이러한 맥락을 이용해 정보를 처리하는 능력이 낮다. 비록 유사한 기억이 저장되어 있다고 해도, 학습되지 않은 영역이나 서로 연결성을 가지지 않는 지식에 대한 처리는, 기계가 감당할 수 있는 영역은 아닐 것이다.

전동기 고장 메커니즘과 결함 요소

3

"사람은 일을 해야 하고 일이야말로 신이 주신 축복이다."

(아산 정주영 현대 전회장, 현대중공업 정문에 걸린 글에서)

3.1 고장 메커니즘과 고장 발생 빈도

회전기기의 고장은 설치 또는 운전 중에 어느 때라도 발생할 수 있고, 고장이 발생하였을 때는 문제 해결을 위한 대책을 신속히 마련해야 한다. 문제를 해결하기 위해서는 먼저 원인과 결과 사이를 구별하여야 한다. 따라서 고장을 일으키는 힘들은 어디로부터 오는가 하는 고장의 근본 원인을 먼저 이해해야 한다.

회전기기의 부품 등에 결함이나 열화 등으로 이상이 발생하면, 대부분의 경우 진동의 크기나 성질이 변화한다. 따라서 회전기기에서 발생하는 진동을 측정하여 그 크기나 성질의 변화를 분석함으로써 회전기기를 정지하거나 분해하는 일이 없이 회전기기 상태의 이상 유무를 감시하거나 이상의 내용을 진단할 수 있다.

높은 레벨의 진동 원인이 진동적인 힘인지 또는 진동 응답을 증폭시키는 공진이 있는지를 파악하여야 한다. 회전기기에는 진동을 일으킬 수 있는 많은 전기적 및 기계적인 힘들이 존재한다. 이들 다양한 힘들의 상호작용은 파악하기 어려운 근본 원인의 확인에 이용될 수 있다.

3.1.1 회전기기 고장 메커니즘

일반적으로 설비 전체 혹은 설비를 구성하는 구성품 중, 부품이나 조립품에 하중, 온도, 압력, 열, 화학 반응 등에 의한 각종 응력이 작용하고 이들이 허용 범위를 초과하게 되면, 고유의 발생 기구에 의해 균열, 박리, 파편, 마멸, 변색, 변형 등의 다양한 종류의 손상이 발생하고 성장한다. 동시에, 이들 손상에 의해 진동, 발열, 이상음, 음향 방출 등의 2차적 현상으로 증상이 발생한다. 또한 손상의 발생을 거치지 않고 체결 부분의 느슨함, 반응 장치의 이상 반응과 같은 이상 현상이 발생하고 이것에 의해 진동이나 소음, 발열 등이 나타난다.

표 3-1 고장 메커니즘

Stress	손상/고장 모드	이상 현상	증상
회전	크랙	서징	진동
하중	박리	수격현상	소음
온도	변형	캐비테이션	발열
압력	절손	울림	발광
속도	마멸	휘돌림	초음파
가속도	고착	느슨함	음향 방출(AE)
환경		막힘	전류, 전압

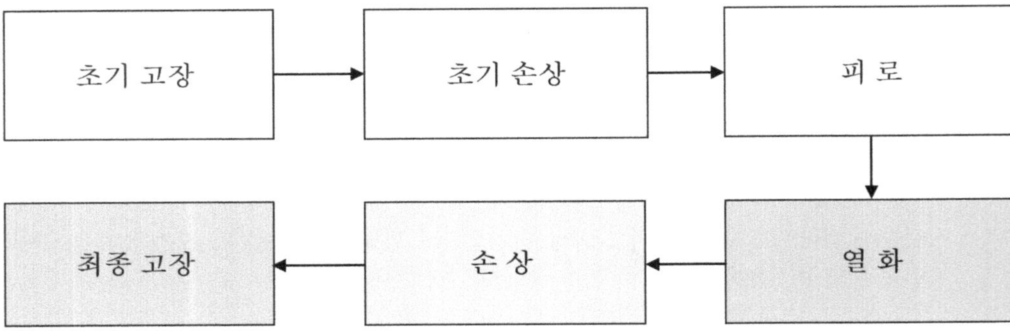

그림 3-1 고장 진전 메커니즘

그림 3-1과 같이 일반적으로 회전기기에 응력이 가해지면, 손상/이상이 발생하고 이는 성능 저하로 이어지며 결국에는 기능 상실을 통하여 고장에 이른다. 최종 고장에 이르는 단계로는 초기 고장, 초기 손상, 피로, 열화, 손상 및 최종 고장으로 이어진다.

회전기기의 사용 중에 회전기기를 구성하는 어느 품목이 설계에서 의도한 기능의 일부 또는 전부를 상실할 때 이를 고장이라 하고, 고장 상태를 고장 모드라 한다. 고장 모드에는 변형, 균열, 파손, 마모, 부식, 표면 균열, 느슨함, 탈락, 고착, 소손, 이물질, 오염, 누설, 침식, 변질, 개방, 단락, 이상음 등이 있다. 이들 고장 모드와 그 발생 원인의 규명은 고장 해석과 진단 분야의 중요한 문제이다.

어느 부품에 고장이 발생하였을 때, 그 부품이 포함되는 조립품, 시스템에 이르기까지 영향을 끼치는 경우가 많다. 일반적으로 회전기기의 구성품은 기계계, 전기계, 전자계를 포함하지만, 고장 모드를 고려하는 경우는 구성품 자체의 고장만이 아니고 구성품 사이의 기능적 접속부, 구성품의 부착부 등에 대해서도 필요한 범위 내에서 검토해야 한다.

회전기기의 수명 동안의 고장 발생 원인으로는 다음을 들 수 있다.

- 설계상의 결함: 설계 실수, 도면의 준비 부족 및 설계 실수
- 재료 결함: 부적절한 재료의 선정
- 제작 및 조립 상의 결함: 가공법의 결함, 조립 실수
- 품질 관리상의 결함: 검사 불충분 또는 실수, 공정 관리의 부적합
- 설치 상의 결함: 부적절한 설치
- 사용상의 결함: 부적절한 운전, 설계 조건과 다른 사용

◆ 정비 상의 결함: 정비 작업 실수, 정비 매뉴얼의 준비 부족

산업 현장에서 사용되는 각종 전동기는 다른 회전기계에 비하여 비교적 간단한 구조를 가지고 있다. 그러나 전기 에너지를 기계 에너지로 변환하는 과정에서 각종 응력이 가해지므로 이에 의해 초기 결함이 발생하게 된다.

3.1.2 고장 발생 빈도

국내 원자력발전소의 주요 계통에 대한 고장률을 분석한 결과 그림 3-2와 같이 전기설비의 고장률이 가장 높은 것으로 나타났다[1]. 같은 계통을 대상으로 주요 기기에 대한 고장률을 분석한 결과, 펌프의 펌프, 디젤 발전기, 컴프레셔 등 전동기 구동 회전기기의 고장률이 그림 2-3과 같이 가장 높게 나타났다[2].

1985년도 IEEE의 조사에 의하면 75개 표본 플랜트의 1,131개 중대형 전동기에서 총 360건의 고장 사례가 보고되었다. 표 3-2에서 알 수 있듯이 손상률이 가장 높은 부품은 베어링이었고, 고정자 및 축과 커플링 순으로 손상이 자주 발생하는 것으로 조사되었다. 동기기의 경우, 고정자 권선 손상이 가장 높았다. 특이할 점은 유도기의 경우 회전자의 손상이 베어링이나 고정자 권선보다 상대적으로 매우 낮았다는 점이다. 이는 MCSA 기반의 회전자 진단 기술이 베어링과 고정자 권선 등을 감시하는 기술로 발전되어야 하는 근거가 된다.

그림 3-4는 농형 유도전동기의 주요 구성 부분을 나타낸다.

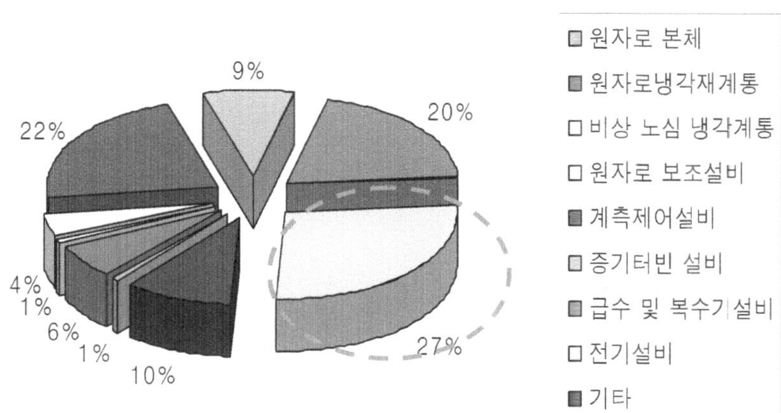

그림 3-2 국내 원자력발전소의 주요 계통에 대한 고장률

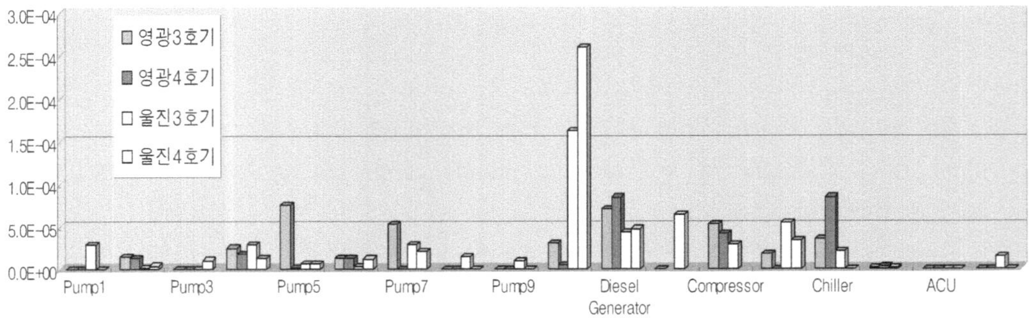

그림 3-3 국내 표준형 원전 중요기기의 고장률 분석 결과

표 3-2 IEEE 의 전동기 고장 보고 사례

손상 부품	유도기	동기기	권선형	DC전동기	소계
베어링	152	2	10	2	166
고정자 권선	75	16	6	-	97
회전자	8	1	4	-	13
축 또는 커플링	19	-	-	-	19
슬립링	-	6	8	-	16
외부 장치	10	7	1	2	18
기타	40	9	-	2	51

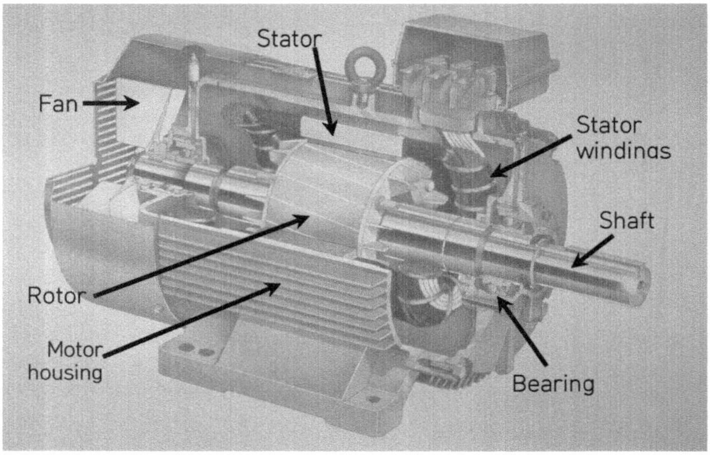

그림 3-4 농형 유도 전동기의 주요 구성부

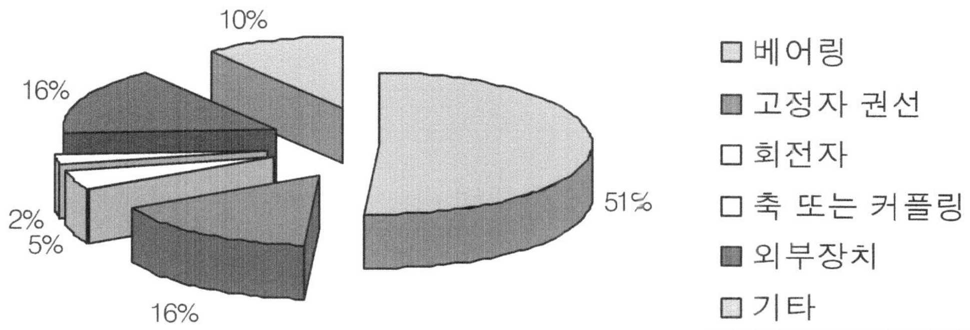

그림 3-5 농형 유도 전동기에 대한 결함 및 고장 조사 결과

그림 3-5는 1995년 Thorsen과 Dalva가 북해 및 노르웨이 연안에 설치된 해양 석유 시추설비, 석유화학설비, 가스 터미널, 정유 공장에 사용되는 농형 유도 전동기에 대한 결함 및 고장 조사의 결과를 나타낸다. 조사 대상은 11개 플랜트, 8개사, 전동기 수(10 kW 이상) 2,596대, 총 고장 1637건이다. 조사 결과, IEEE 전동기 고장 보고서와 유사하게 본 조사에서도 절반 이상의 고장이 베어링 결함에서 유발되었다. 또한 고정자 권선과 외부 장치가 각각 약 15%로, 이들을 합치면 모든 결함의 약 80% 이상을 차지하고 있다.

3.2 전동기의 결함 요소

3.2.1 전동기의 공통적인 결함 요소

일반적으로 전동기는 강건하고 고장에 강한 내성을 가지고 있는 기계로 간주되어, 산업용으로 널리 채용되고 있다. 그러나 다른 회전 기계와는 달리 전동기는 전자기력과 기계력의 영향을 동시에 받게 된다. 따라서 회전기기는 정상 상태에서 두 힘 사이의 상호작용이 최소의 진동과 소음으로 안정된 운전이 되도록 설계되어야 한다.

전동기 고장은 설계, 제작 공차, 조립, 설치, 작동 환경, 부하 특성 및 정비 일정 등에 의해 발생한다. 그림 3-6과 같이 전동기 결함의 공통 요소는 내부 요인과 외부 요인으로 구분된다. 내부 요인은 다시 전기적인 결함과 기계적인 결함으로 나눌 수 있다. 외부 요인은 이에 더하여 온도와 습도 같은 환경 요인에 의해서도 영향을 받는다.

그림 3-7에 결함이 발생한 전동기 사진을 수록하였다.

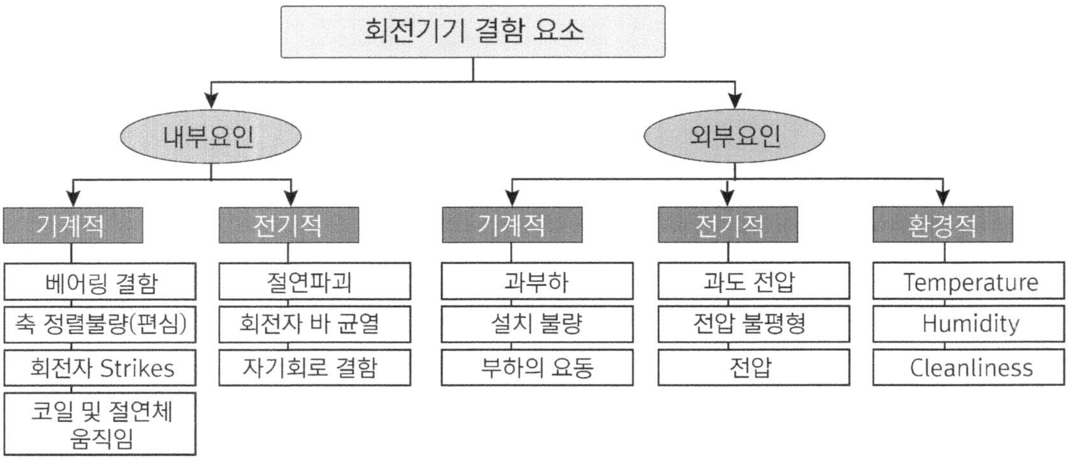

그림 3-6 전동기의 공통적인 결함 요소(회전자 스트라이크를 회전자 불균형으로)

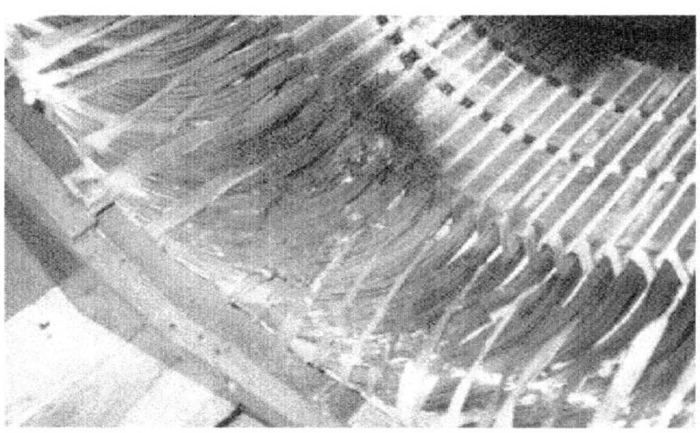

a) 고정자 권선 결함

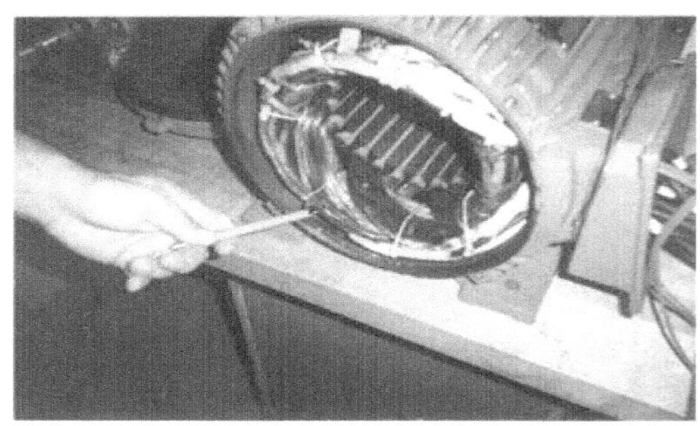

b) 고정자 권선 단락

c) 회전자 봉 결함

d) 베어링 내륜 결함

그림 3-7 결함 발생 전동기 사진

3.2.2 전동기의 공통적 결함 유형

그림 3-8은 전동기의 공통적인 결함 유형을 회전자 결함 측면과 고정자 결함 측면으로 분류한 것이다.

전동기 회전자의 결함은 편심(정적 또는 동적), 정렬 불량으로 구분할 수 있고, 정적 편심과 권선 절연불량은 고정자에서 발생하는 결함의 주요 유형이다. 회전자 공극 불균형의 주요 원인이 될 수 있는 베어링 결함 역시 전동기의 대표적인 결함이다.

그림 3-8 전동기의 공통적인 결함 유형의 분류도

3.2.3 전기적 결함 유형 분석

표 3-3에서 전동기의 전기적 결함 발생 가능 부위는 공극, 회전자, 고정자 세 부분으로 분류할 수 있으므로 본 분석 및 진단 기법 항에서도 상기 결함 부위를 전원 신호 분석기법을 통해 어떻게 탐지할 수 있는지에 대해 이론적 배경과 현장 활용 가능한 진단 방법에 대해 설명하고자 한다.

표 3-3 대표적인 전기적인 결함

결함 요소	전기적 결함
공극	공극 불균형(고정자 편심, 회전자 편심)
회전자 봉 및 단락환링	회전자 봉의 파손/크랙 회전자 봉의 헐거움/개방 회전자 적층의 단락 회전자의 불규칙한 국부 가열에 의한 열 굽힘 단락 링의 파손/크랙
고정자	고정자 편심 고정자 적층 단락 고정자 철심의 느슨함 고정자 권선 단락

(1) 공극 결함

공극 결함은 일반적으로 회전기의 고정자와 회전자 사이에 존재하는 공극이 원주방향이나 축방향으로 균일하지 않고 불균일하게 되는 편심의 형태로 발생한다.

편심은 정적 편심과 동적 편심으로 구분된다. 정적 편심은 최소 공극 위치가 공간 중에 고정된 경우로서, 회전자의 회전에 관계없이 원주 방향의 공극 길이는 일정하게 유지되고, 이 때는 정지 또는 고정 공극이 된다. 고정자 코어의 비진원, 고정자 내경과 베어링 중심 사이의 제작 공차, 고정자 또는 회전자의 부적절한 설치가 그 원인이다.

표 3-4에 편심에 의한 공극의 변화를 고정 공극과 변동 공극으로 나누어 수록하였다.

그림 3-9는 고정자와 회전자가 기하학적으로 완전한 구형을 이루어 편심에 의한 공극 변화량이 없는 경우와, 정적 편심의 경우, 그리고 동적 편심의 경우를 수록하였다. 정적 편심은 타원형의 고정자 형상에 의한 경우와 고정자와 회전자가 정렬 불량상태가 된 두 가지 경우로 나눌 수 있다. 정적 편심은 모터 내경의 중앙축에 대해 회전자의 회전축 정렬이 불량하거나 고정자의 형태가 완전한 원형을 이루지 않을 때 발생한다.

동적 편심은 다시 타원형 회전자 형상에 의해 경우와 회전자 형상 및 축정렬 불량이 동시에 발생하였을 경우의 두 가지 사례로 요약할 수 있다. 회전자의 대칭축이 고정점에서 벗어나 있어

표 3-4 고정 공극과 변동 공극의 비교

고정(정지) 공극	고정자 내의 회전자가 일정한 편심(정적 편심) 상태에서 회전자가 회전(자전) 고정자의 편심
변동 공극	고정자 내에서 회전자의 휘돌림 운동(공전)으로 공극이 변동(동적 편심) 질량 불평형, 정렬 불량 등에 의한 회전자의 편심

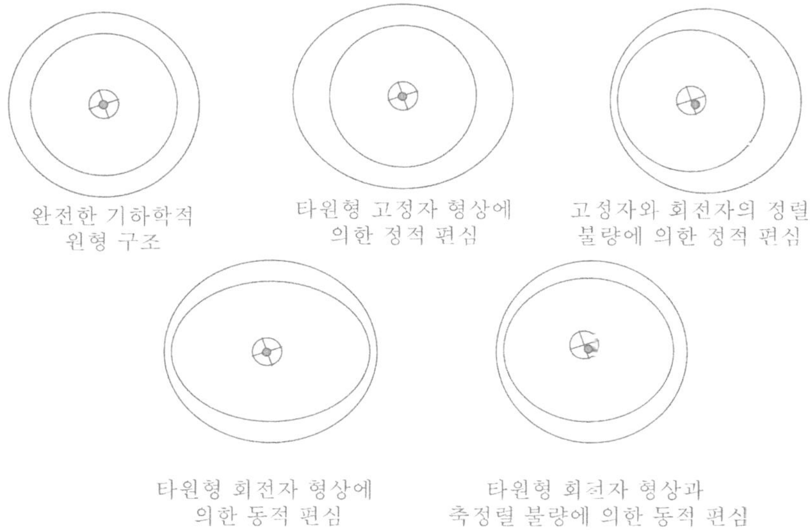

그림 3-9 편심이 없는 경우, 정적 편심 및 동적 편심의 개요도

회전자의 궤적이 연속적으로 변하거나 회전자와 고정자가 각각 완전한 원형을 이루지 않을 때 발생하는 동적 편심의 경우, 공극의 길이는 회전각에 따라 연속적으로 변하게 된다.

완전한 원형을 이루지 않는 편심의 경우, 실제 발생하는 것보다 과장되게 그려져 있는데 원형과 타원은 기계적인 동적 현상을 묘사한 것일 뿐 정밀하게 제조되는 실제의 모터에서는 거의 발생되지 않는다. 실제 모터의 경우, 회전자나 고정자의 모양이 타원형보다는 원형에 가까우나 완전한 진원을 이루지 못하는 복잡한 형태를 갖는다.

동적 편심은 회전자 중심이 회전 중심에 있지 않고, 최소 공극 위치가 회전자의 회전과 함께 회전하고 변동 공극이 된다. 회전자의 열 굽힘, 굽힌 축, 베어링 마모/정렬 불량, 저널 베어링의 불안정, 기계적 공진 등이 원인이다. 또한 높은 레벨의 정적 편심에 의한 불평형 자기 흡인력에 기인하여 동적 편심이 증가할 수 있다. 통상 편심이 25~35%의 범위에서는 베어링의 파손을 일으킬 수 있으며, 50% 이상은 매우 심각한 상태가 될 수 있다.

동적 편심의 기본적인 유형은 다음과 같다.

- 회전자 외경이 회전축에 대해 편심
- 고정자 내경의 편심
- 회전자와 고정자가 원형이나 동일 회전축을 가지지 않는 경우
- 상기 항목 중의 어느 조합

통상 대형, 고전압의 3상 회전기에서는 양호한 설계, 엄격한 품질 보증 및 관리 기준, 종합적인 시험 및 고품질의 설치 절차들에 따라 공극 편심이 최소로 유지되도록 하고 있다. 따라서 허용할 수 없는 레벨의 공극 편심은 새로이 설치되는 대형 회전기에서는 드문 현상이다. 그러나 회전기가 정상적으로 설계, 제작 및 설치되었더라도 수년 동안의 운전이 된 후에는 자주 발생할 수 있다.

과다하게 높은 공극 편심은 회전자와 고정자 사이의 마찰을 일으킬 수 있고, 그 결과로 고정자 철심과 고전압 권선에 손상을 초래한다. 정상 레벨의 공극 편심보다 높을수록 베어링에서 높은 레벨의 진동과 베어링 고장을 일으킬 수 있다. 그러나 어느 정도의 공극 편심이면 마찰을 일으키고, 베어링 마멸이나 회전체 진동 문제를 초래할 수 있는지에 대해 정량화하는 것은 회전기 설계와 운전 조건들에 따라 각기 다르기 때문에 현실적으로 매우 어렵다. 제작사들은 20%의 공극 편심은 허용할 수 없고, 50%의 레벨은 심각한 문제가 될 수 있는 것으로 고려하여 문제를 해결하기 위해 즉시 운전 정지하도록 권장하고 있다.

(2) 회전자 봉 및 단락환 결함

실제 회전기의 회전자는 그림 3-10과 같이 슬롯을 가공한 엷은 규소 강판을 적층하여 철심을 만들고, 이 슬롯 속에 동 또는 알루미늄의 도체 봉을 삽입하며, 철심의 외측에 회전자 봉의 양단을 단락환으로 단락한 형태로 이루어져 있다.

농형 유도 전동기의 고장의 약 10%가 회전자에서 발생한다. 반복되는 기동에 의해 야기되는 피로 응력이 주로 유도 전동기의 회전자 봉에 크랙이나 파손을 일으킬 수 있다. 흔히 전동기는 아직 운전될 수 있더라도 고장의 탐지와 전동기의 심각도 평가를 통하여 고장을 미연에 회피할 수 있다.

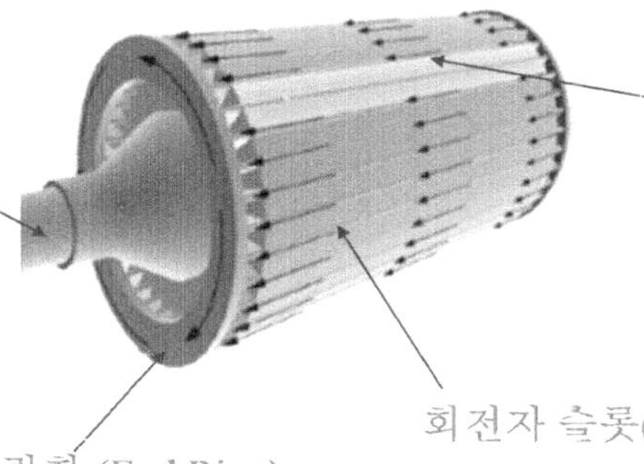

그림 3-10 농형 회전자의 구조

회전자 고장의 주요 원인은 회전자에 작용하는 열응력, 전자기력 응력, 잔류 응력, 동적 응력, 환경적 응력, 기계적 응력 등과 같은 여러 응력의 결합에 의해 발생한다. 회전기기에 대한 적절한 설계, 제작, 조립, 설치, 운전 및 보수 유지가 이루어진다면, 이들 응력은 허용치 이하로 유지 가능하고, 오랫동안 제 기능을 유지한다.

회전자 관련 결함들의 대부분은 회전자 봉 파손과 단락 링에 기인하는 것이다. 최근 고정자 권선의 설계 및 제작에 괄목할 만한 향상이 있었다. 회전기는 매우 부식성이 있고 더러운 환경에서도 운전되도록 요구된다. 이러한 요구 사항은 방대하게 향상된 절연 재료와 처리 절차의 개발을 필요로 하였다. 그러나 농형 회전자의 설계와 제작은 그다지 발전되지 않았고, 그 결과로 회전자 봉의 파손 결함은 1980년대에는 유도 전동기에서 발생하는 고장의 약 5 ~ 10%를 차지하였으나, 최근에는 가장 보편적인 결함으로 현장에서 경험되고 있다.

농형 회전자는 기본적으로 주조와 조립의 두 가지 유형이 있다. 이전에는 주조 회전자는 소형에만 주로 사용되었다. 그러나 주조 도관 회전자의 등장으로 주조 기술이 3000 kW 범위의 회전자까지도 사용될 수 있다. 조립된 회전자는 일반적으로 대형 또는 특수용에 사용된다. 주조 회전자는 조립 회전자보다 더욱 견고하지만, 회전자 봉에 균열이나 파손과 같은 결함이 진전되었을 때 거의 수리될 수 없다.

회전자의 결함 문제는 주로 다이캐스팅 회전자의 불량 주조 또는 조립된 회전자에서 빈약한 용접이나 경랍 땜에 의한 높은 저항의 접합부로부터 발생한다. 이러한 경우 불균일한 봉의 응력은 피할 수 없다. 그러나 흔히 대부분의 고장은 피로에 의해 야기되는 봉의 파손에 기인하여 발생한다. 이는 급속 제동과 가속 주기 동안에 필연적으로 회전자 내에 높은 응력을 받는, 불균일하고 무거운 부하 운전을 하는 기계에서는 일반적인 현상이다.

회전자 봉과 단락 링 파손의 주요 원인으로는 다음을 들 수 있다.

- 열적인 과부하 및 불균형, hot-spots 또는 과대한 손실, 스파크(주로 조립된 회전자)에 기인하는 열응력
- 전자기력, 불평형 자기흡인력(UMP), 전자기 소음과 진동에 기인하는 자기응력
- 제작 문제에 기인하는 잔류 응력
- 축 토크, 원심력 및 주기적인 응력들로부터 발생하는 동적 응력
- 오염 또는 습기 등에 따른 회전자 재료의 연삭 마멸에 기인하는 환경응력
- 적층의 헐거움, 피로 부품이나 베어링 고장에 의한 기계적인 응력

그림 3-11은 단락환과 회전자 바가 파손된 사진을 보여준다. 용접으로 접합된 엔드링과 회전자 바가 반복적인 피로에 의해 파손된 것으로 보인다.

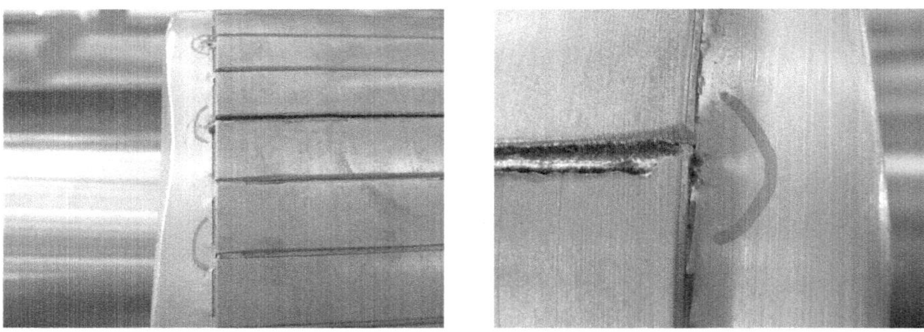

a) 단락환 및 회전자 봉의 파손　　　　b) 부러진 회전자 봉

그림 3-11 회전자 단락환 및 봉 파손 사진

(3) 고정자 결함

고정자 결함은 통상 절연 고장과 관계된다. 이들 결함은 일반적으로 상-대지 또는 상간 결함으로 알려져 있다. 이들 결함은 검지되지 않는 턴간 결함으로부터 시작되고, 성장하여 누적된다. 모든 보고된 회전기 고장의 거의 30~ 40%가 이 범주에 속한다. 고정자 절연 고장의 원인으로는 다음을 들 수 있다.

- 높은 고정자 철심 또는 권선 온도
- 철심 적층, 슬롯 쐐기 및 조인트의 느슨함
- 단 권선을 위한 브레이싱(bracing)의 느슨함
- 기름, 습기 및 먼지에 기인하는 오염
- 회로 단락 또는 기동 응력
- 전기적 방전
- 냉각 시스템의 누설

모든 고정자 고장의 대부분은 표 3-5에 보이는 여러 응력들의 결합에 의해 발생하게 된다. 물론 전동기가 적절하게 설계, 제작, 설치, 운전 및 정비가 이루어진다면, 이들 응력은 적절한 수준 이내로 유지될 수 있고, 회전기는 오랜 기간 동안 그 기능을 잘 수행할 것이다. 그러나 설계로부터 정비까지 이들 응력 요소들의 각각은 제작자로부터 최종 사용자까지 다양한 계층에서 일어날 수 있으므로 어느 단계에서의 문제가 결함이나 고장으로 진전되기 쉽다.

표 3-5 고정자에 작용하는 응력

열 응력	열화 과부하 반복 열응력
전기적 응력	절연 코로나 발생 과도 상태
기계적 응력	코일 움직임 회전자와의 마찰 기타
환경적 응력	습기 화학 제품 마멸 이물질

1) 고정자 편심

고정자와 회전자 중심이 일치하지 않고 편심이 발생하는 경우에는 접선 방향의 공극의 비대칭이 발생하게 된다. 이는 회전자의 정적 편심에 의한 경우와 일치하고 고정 공극 편심 상태가 된다. 정렬 불량, 회전자 축 굽힘 및 취약한 베어링과 같은 기계적인 결함들이 고정자 편심 및 회전자 편심을 포함한 다양한 불균일 공극을 초래한다.

고정자 편심의 원인은 연약 지반과 뒤틀림 기초에 의해서 발생되며 지향성이 강한 진동을 발생시키는 회전자와 고정자 사이의 불균일한 정지된 공극을 발생시킨다.

2) 고정자 적층의 단락 및 느슨함

고정자 철심의 결함 문제는 일반적으로 고정자 권선의 고장과 비교하면 발생 비율이 낮고, 특히 소형 전동기에서는 주요 관심사가 되지 않는다. 그러나 통상 철심에 고장이 발생하는 경우에는 완전한 철심의 교체를 필요로 하기 때문에, 보수/개조 시에는 고정자 철심 고장의 경우가 더욱 많은 비용이 요구된다. 그러므로 철심 문제의 원인을 파악하고, 특히 보수 및 운전 정지 비용이 중요할 수 있는 중요 대형 전동기의 경우에는 고정자 철심의 고장을 검지하고 예방하기 위한 감시 방법이 중요한 관심사가 될 수 있다.

고정자 적층 단락은 불량 철심 구조로부터 발생하는데, 예를 들면 불량 적층 정렬, 너무 무겁거나 혹은 너무 가벼운 철심 압력, 마찰 혹은 철심에 대한 외부 금속 물질 같은 물리적 손상 등을 들 수 있다. 고정자 철심 고장의 주요 원인으로는;

- 단 권선의 축 자속에 기인하는 철심 단 영역의 가열
- 대지 절연 결함 전류에 기인하는 철심 용융
- 철심 죔쇠(clamping)의 이완에 기인하는 적층 진동
- 절연판 사이의 절연 고장

적층이 단락되면, 회전하는 와전류는 정상 운전 시에 비해 크게 된다. 이 와전류는 철심 내에 부가적인 동력 손실의 원인이 되고, 국부적인 가열을 일으켜 심각하게 진전될 경우 적층의 연소 또는 용융을 일으킬 수 있다. 결과적으로 고정자 절연과 권선은 고정자 철심을 통하는 대지 전류가 원인이 되어 손상될 수 있다. 판 사이의 절연 결함은 결함이 국부적인 자속의 재 분포와 가열에 기인하기 때문에 감시하기가 매우 어렵다. 대형 회전기의 철심은 통상 제작 동안 및 제작 후, 정기적인 정비 기간 및 보수 후에 검사된다.

3) 고정자 권선 단락

고정자 권선의 고장은 유도기의 정지를 일으키는 가장 중요한 원인의 하나이다. 여러 조사 결과에 의하면, 농형 유도 전동기의 경우, 베어링과 고정자 권선에 관련된 고장이 모든 고장의 3/4를 차지하고 있다. 또한 이들 조사는 고정자 권선 고장의 대부분이 턴간 절연의 파손으로부터 오는 것을 나타내고 있다.

그림 3-12에 보이는 턴간 단락은 고정자 고장의 가장 일반적인 유형의 하나이다. 대부분의 경우, 이 유형의 결함은 코일간, 상간, 또는 상-대지간 고장으로 진전되고, 전동기의 최종적인 파손으로 이어진다. 권선 절연의 열화는 통상 권선의 몇몇 턴에 관계되는 인접 턴간 결함으로 시작된다.

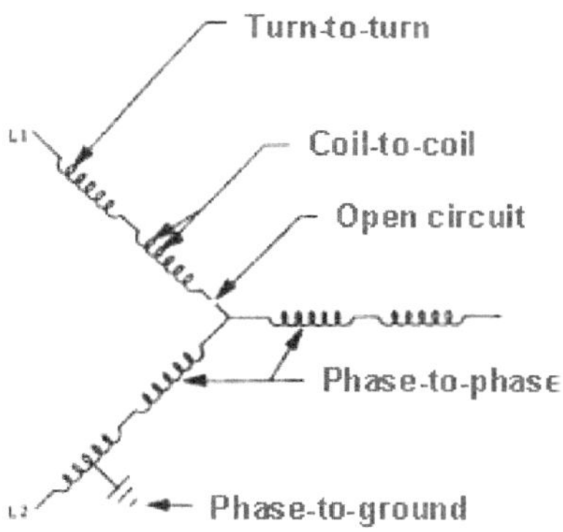

그림 3-12 고정자 권선 단락의 가능한 결함 모드

표 3-6 고정자 권선의 고장 모드 및 고장 패턴

고장 모드	고장 패턴
코일내의 턴간 단락 같은 상 내의 코일간 단락 상간 단락 상-대지간 단락 한 상의 개방	상 균형 단상화 접지로 인한 상 불균형 접지를 포함하지 않은 균형 기타

결함 전류는 심각한 국부적인 가열을 초래하고, 결함은 권선의 많은 부분으로 급속히 전파된다. 권선과 접지 사이의 절연 고장은 전동기의 철심에 회복할 수 없는 손상을 일으키는 많은 접지 전류를 일으킬 수 있다. 초기 단계에 결함을 검지할 수 있다면, 전동기는 단지 고정자의 재권선을 통해 다시 사용할 수 있다. 전동기의 교체는 정지 기간의 증가에 따른 생산 손실의 증가를 의미한다.

고정자 권선의 단락 결함의 원인을 정확히 진단하기 위해서는 고장 모드, 고장 패턴, 외관, 적용 시의 고려 사항, 정비 이력이 고려되어야 하고 이들 사이의 관계를 파악하여야 한다. 고장의 원인에 상관없이 실제적인 고장 모드는 표 3-6과 같이 5개의 그룹으로 구분할 수 있다. 권선 고장의 분석에 있어서 이들 조건이 초기 문제인지 또는 문제의 결과인지를 결정하는 것은 어려운 문제다.

고정자 권선 단락 고장의 가장 일반적 유형은 그림 3-13에 보이는 코일 내에서의 턴간 단락이다. 일반적으로 결함의 진전 과정은 대부분의 경우, 턴간 단락, 코일간 단락, 상간 단락 단락 또는 상-접지 단락, 파손의 순서로 진행된다.

그림 3-14와 같이 권선 고장은 단 권선(end-winding)부분에서 흔히 발생한다. 또한 권선 고장은 주로 저압 회전기에서 많이 발생하며, 고압기에서는 일반적으로 부분방전감시를 채용하여 결함 전에 절연열화를 진단하고 있기 때문에 잘 발생하지 않는다. 고정자 권선 결함의 원인으로는 다음을 열거할 수 있다.

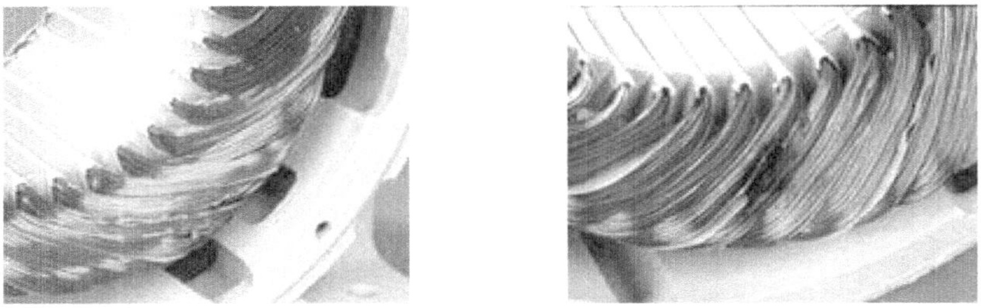

(a) 턴간 단락　　(b) 상간 단락

그림 3-13 권선 단락 결함

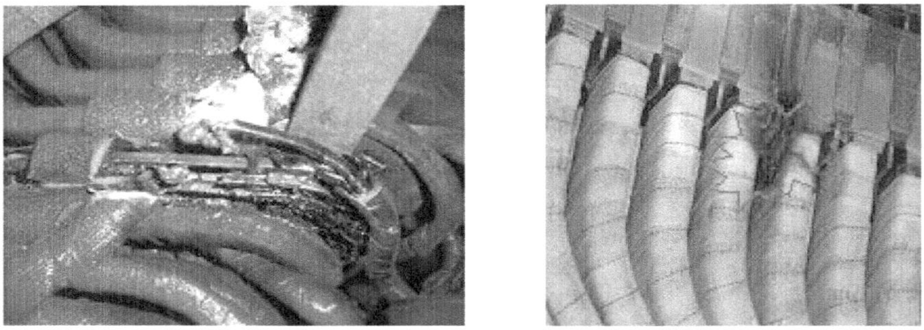

그림 3-14 단락 권선의 결함 사진 예

- 동 파편, 철심 파단 입자에 의한 권선 손상
- 과부하에 의한 과대한 과열에 의한 국부적인 절연 열화
- 부적절한 통풍 기인
- Cell 벽의 손상

3.2.4 기계적 결함

펌프, 압축기, 터빈 등의 각종 회전 기계에서 발생하는 기계적인 결함들은 또한 전동기와 발전기에서도 동일한 문제를 일으킨다. 회전자의 기계적인 결함으로는 질량 불평형, 축 굽힘, 정적 편심, 동적 편심과 정렬 불량 등이 있고, 고정자의 기계적 결함은 고정자 편심과 철심 처짐이 주를 이룬다. 더욱이, 회전자의 편심을 발생시키는 베어링 결함은 회전기에서 가장 흔한 기계적 결함이다. 그리고 회전자의 마찰, 고정자와 회전자의 피로와 같은 결함은 위에서 언급한 결함에 의해서 2차적으로 야기되는 결함들이다. 본 교재에서는 저널 베어링 등 전원 신호에 의해 분석이 곤란한 기계적 결함에 대해서는 상세한 내용을 수록하지 않았다. 향후 관련 기술이 개발되면 추가할 예정이다. 표 3-7에 베어링, 회전자, 고정자 및 커플링 등에서 발생하는 기계적 결함의 공통적인 유형을 정리하였다.

(1) 베어링 결함

ISO 1925(1990)의 정의에 의하면, 베어링은 횡방향 또는 축방향으로 동역학적인 운동을 구속하면서 회전체의 축을 지지하고 회전을 허용하는 마찰이 적은 지지 요소로서 횡방향(레이디얼 베어링) 또는 축방향(스러스트 베어링)으로 운동을 구속하면서 회전체를 받치는 기계요소이다. 통상 구조에 따라 구름요소 베어링과 유막(미끄럼) 베어링으로 분류한다.

표 3-7 기계적 결함의 종류

결함 요소	기계적 결함의 종류
베어링	구름 요소 베어링의 요소(내륜, 외륜, 전동체 등) 결함 정렬 불량, 헐거움
회전자	질량 불평형 열 불평형 축 굽힘 슬롯 헐거움 접촉 정적 및 동적 편심 공진
고정자	정적 편심 슬롯 헐거움
고정자 프레임	공진
커플링	질량 불평형 정렬 불량
기초	취약한 기초 헐거움 공진
전동 장치	기어 결함 벨트 진동(장력, 정렬 불량)

베어링은 회전기계의 운전 신뢰성 및 성능에 직접적인 영향을 미치는 가장 중요한 핵심 기계 요소 중의 하나이다. 일반적인 회전기계에서 발생하는 많은 문제들은 주로 베어링 자체의 결함이나 또는 베어링과 연관되어 발생한다. 따라서 베어링에서 발생되는 사소한 문제는 회전기 시스템 전체의 운전에 영향을 미칠 뿐만 아니라 시스템의 운전 정지에 따른 엄청난 경제적 손실을 초래한다.

1) 구름요소 베어링의 구조

구름요소 베어링은 일반적으로 홈 내를 회전하는 여러 개의 볼 또는 롤러 사이에 외륜과 내륜의 2개의 링으로 구성된다. 베어링은 전동체의 구조에 따라 볼 베어링, 롤러 베어링, 니들 베어링 등으로 구별되며, 하중의 지지 방향에 따라 반경 베어링과 스러스트 베어링으로 구별된다.

마찰 손실이 적고 수명이 긴 구름요소 베어링의 일반적인 결함 특성에 관하여 설명하면 다음과 같다. 이 베어링은 구조상 극히 작은 틈새(clearance)를 갖고 있으며, 축에서부터 전달된 진동 신호는 베어링의 전동체를 통하여 베어링의 외륜까지 전달되어 결국에는 베어링의 하우징까지 전달된다. 구름요소 베어링은 표준화되어 호환성이 우수하고, 구조가 단순하며 보수와 점검이 용이하고, 적은 기동 마찰 토크를 가지며, 반경 및 축 방향 하중을 동시에 지지 가능한 장점을 가지

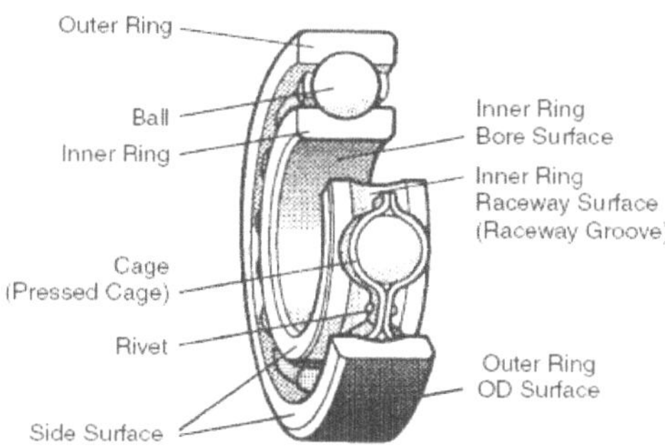

(a) 깊은 홈 볼 베어링

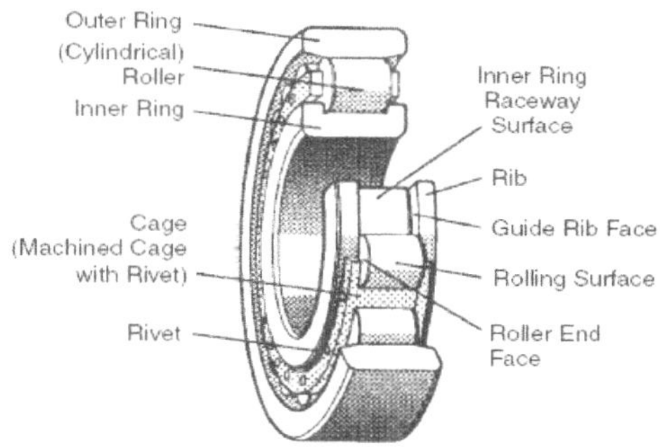

(b) 원통형 롤러 베어링

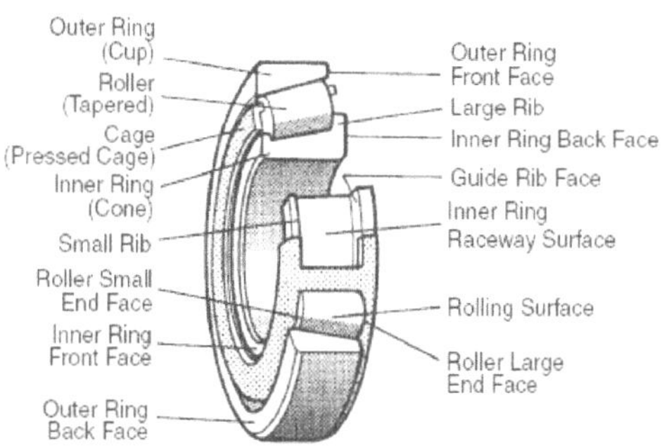

(c) 테이퍼 롤러 베어링

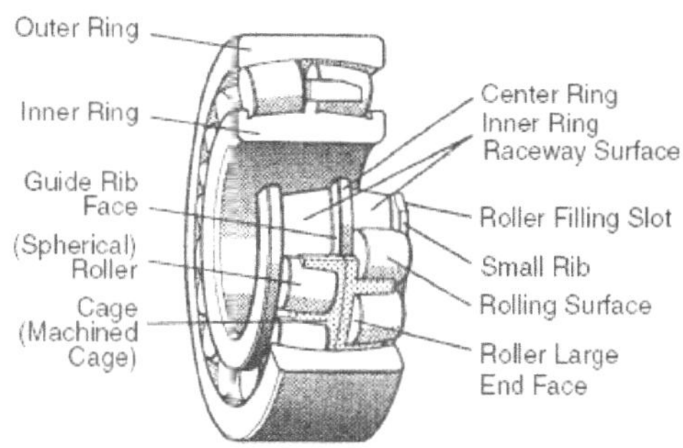

(d) 이중 원통형 롤러 베어링

그림 3-15 구름요소 베어링의 종류와 구조

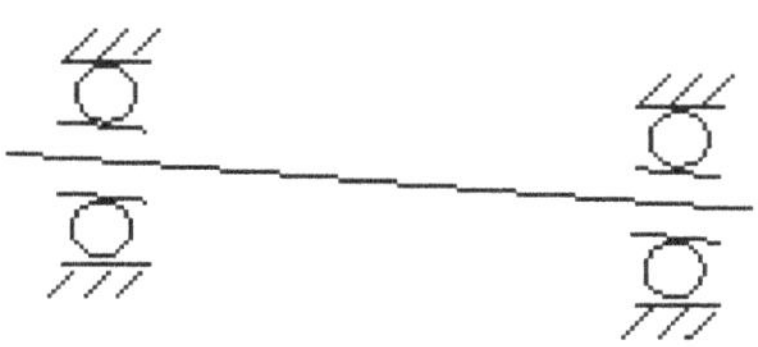

(a) 정렬 불량(out-of-line)

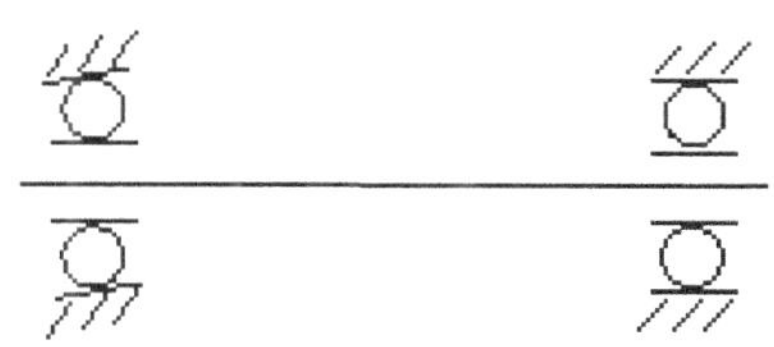

(b) 외륜의 경사짐

(c) 축의 굽힘 변형

(d) 내륜의 경사짐

그림 3-16 부적절한 설치에 의한 4 가지 유형의 정렬 불량

는 반면에 단점으로서는 파손으로 인한 유한 수명, 감쇠 능력의 부족으로 진동 저감의 어려움, 하중 지지능력의 제한 및 소형, 저속용 등이 있다. 그림 3-15는 구름요소 베어링의 종류와 구조를 보이고 있다. 그림 3-16은 베어링의 결함을 가속화시키는 부적절한 설치에 의한 4가지 유형의 정렬 불량 형태를 나타낸다.

(2) 베어링 결함의 열화 진행 단계

여기서는 IRD사에서 오랜 경험을 토대로 제시한 자료를 이용하여 베어링 결함의 진행 단계를 설명한다. 이는 베어링 결함의 시작부터 최종 파손까지를 4개의 단계로 구분하여 각 단계에서 발생하는 진동 주파수 특성을 설명하고 있다. 통상 구름요소 베어링의 약 80%가 이 진행 단계를 통하여 결함이 진전되며, 베어링의 설계 수명은 대략 5 ~ 10년으로 설정하고 있다. L_{10}수명의 10%는 잔여 수명이 6개월에서 1년 정도 남은 경우를 의미한다.

1) 제 1단계: L_{10}수명 중 약 10 ~ 20% 잔여 수명

베어링에서 피로 파손이 진행되면, 레이스 또는 전동체의 표면 아래 약 0.1 ~ 0.15 mm에서 파손이 시작되어 표면으로 진전된다. 손상이 시작되면 누적 손상은 지수적으로 증가한다.

2) 제 2단계: L_{10}수명 중 약 5 ~ 10% 잔여 수명

이 단계에서는 결함이 진전되어 구름 요소(전동체)와 내, 외륜의 충격으로 베어링 구성품(내륜, 외륜)의 고유진동수를 가진한다.

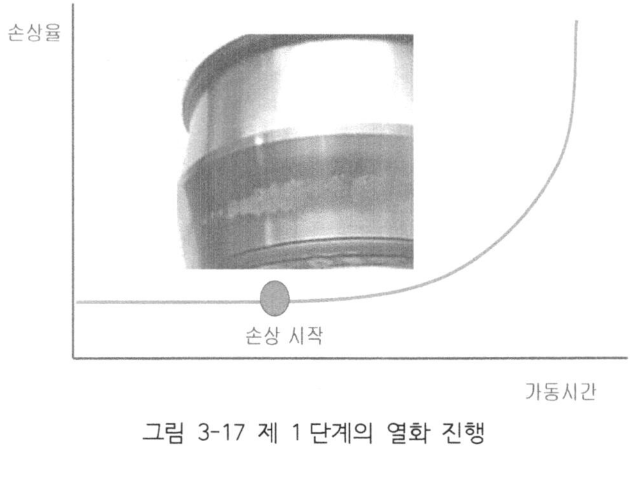

그림 3-17 제 1 단계의 열화 진행

3) 제 3 단계: L_{10}수명 중 약 1 ~ 5% 잔여 수명

이 3 단계에서 결함 주파수 성분이 출현하여 가속도, 속도 및 MCSA 기법으로 변화 감지가 가능하다.

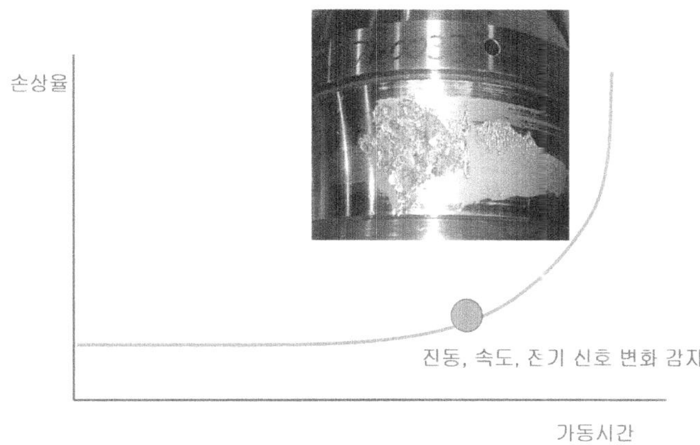

그림 3-18 제 3 단계의 특징 주파수

4) 제 4단계: L_{10}수명 중 약 1시간 ~ 1% 잔여 수명

마지막 단계인 4단계에서는 소음 레벨과 하우징 온도가 증가하여 베어링 파손이 임박했음을 알 수 있다. 단계 말기에는 랜덤하고 넓은 대역의 높은 주파수의 소음 층으로 대체된다. 파손 직전에 진폭이 엄청나게 성장하며, 4단계는 매우 위험하고, 운전이 허용되지 않는다.

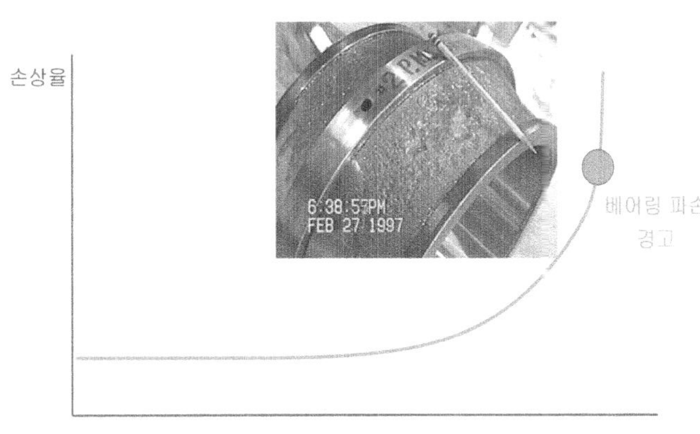

그림 3-19 제 4 단계의 특징 주파수

(3) 정렬 불량

정렬 불량은 불평형과 함께 기계적인 진동 원인의 대부분을 차지한다. 대부분의 회전기계는 전동기 또는 엔진과 같이 동력을 발생시키는 구동기와 송풍기, 펌프 등과 같이 특별한 용도로 이용되는 피동기와의 결합으로 운전된다. 때문에 두 기계의 결합이 요구되며, 커플링 또는 벨트를 이용하여 결합하는 것이 일반적이다. 정렬 불량이란 구동축과 피동축이 같은 중심선 상에 있지 않기 때문에 높은 진동이 발생하는 현상을 말한다.

정렬 불량에는 그림 3-20과 같이 두 축의 축 중심선의 편심 편차에 의한 편심 정렬 불량, 두 축의 축 중심선의 편각 편차에 의한 편각 정렬 불량 또는 그리고 편심 및 편각 정렬 불량이 혼합된 복합 정렬 불량의 3가지로 나눌 수 있다.

불평형과 정렬 불량은 기계 고장 중 가장 일반적인 형태로 매우 빈번하게 나타나며, 모든 고장의 원인이 되기 때문에 항상 중요하게 생각해야 한다.

(4) 기어 결함

기어 상자는 구동기의 동력을 피동기에 효과적으로 전달하기 위해 속도를 증속하거나(증속기) 또는 감속하기 위한(감속기) 동력 전달 장치로 널리 사용된다. 적용 대상에 따라 그림 3-20과 같이 다양한 종류의 기어 유형이 사용될 수 있다.

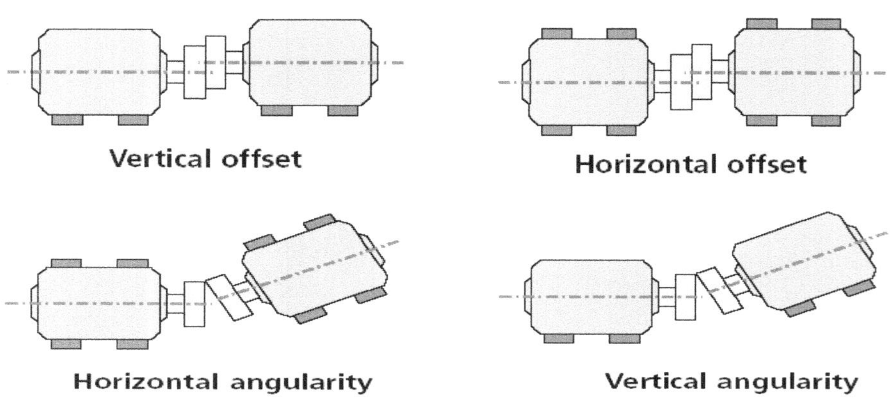

그림 3-20 전동기 정렬 불량

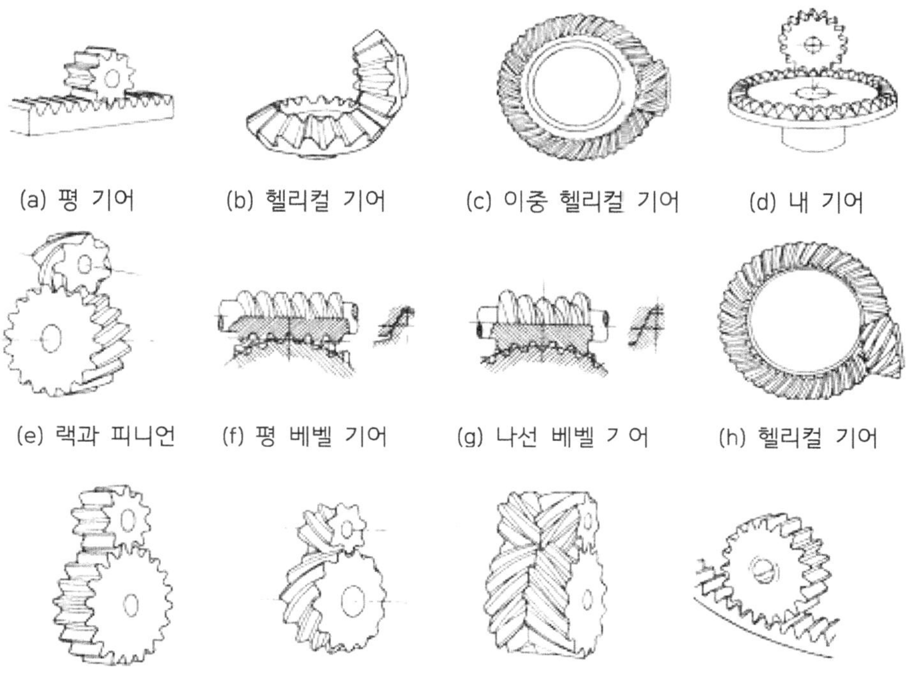

(a) 평 기어 (b) 헬리컬 기어 (c) 이중 헬리컬 기어 (d) 내 기어

(e) 랙과 피니언 (f) 평 베벨 기어 (g) 나선 베벨 기어 (h) 헬리컬 기어

(i) 나사 기어 (j) 웜 기어 (k) 웜 기어 (l) 하이포이드 기어

그림 3-21 기어의 종류

평 기어가 가장 보통으로 사용되는 기본적인 기어이고, 헬리컬 기어는 맞물림 부분이 길고 원활하게 힘을 전달하므로 고부하, 고속용에 적합하다. 이중 헬리컬 기어는 나선이 서로 반대인 헬리컬 기어를 조합하여 추력을 서로 상쇄하는 구조이다. 베벨 기어는 회전운동을 90도 변경하는 경우에 사용되고, 특히 고부하, 고속용에는 나선 베벨 기어가 사용된다.

기어(치차)의 고장 원인은 일반적으로 기어의 피로에 의한 손상이 가장 많고, 다음으로 마멸이나 파손이 있다. 표 3-8은 주요 기어의 고장 모드와 고장 원인과 관련된 징후들을 나타낸다. 고장 모드 중에서 균열, 초기 피팅(pitting), 파괴적인 피팅, 마멸 등은 많은 경우 피로 손상으로 진전된다.

기어의 진동 발생 메커니즘은 주로 원주 방향의 전달 하중이나 치형 오차에 기인하여 발생하는 강제 진동과, 이것에 의해 생기는 기어의 축 방향이나 반경 방향의 원판으로서 진동이 발생한다. 윤활 조건, 치면 손상 등이 진동의 크기와 형태에 영향을 미치고, 요약하면 다음과 같다.

표 3-8 기어 고장 모드와 원인

고장 원인		고장 모드											
		파손/분리						마멸				변형	
		파손 과부하	파손 피로	균열	초기 피팅	파괴 피팅	스폴링[12]	마멸	스커핑[13]	스코링[14]	부식	소성 유동	Warm 유동
운전 조건 제작 설계	제작 결함		•	•	•	•	•	•				•	
	정렬불량에 의한 과부하	•											
	빈번한 부하 사이클		•										
	피로 설계		•		•	•	•						
	운전조건 (속도, 부하)				•	•	•	•	•	•	•		
윤활	점도							•	•	•	•		
	질							•	•	•	•		
	양							•	•	•			•
	오염							•	•	•	•		

- 유막 두께의 변화는 합성 강성을 변화시킨다.
- 유막 두께가 증가하면, 이(teeth)가 갖는 오차가 맞물릴 때에 매끄럽게 되어 강제 외력이 작게 된다.
- 부적절한 윤활유나 윤활 방법으로 인해 피칭, 스코링, 치면의 이상 마멸이 진행되어 치형 오차가 크게 되고, 강제 외력이 크게 될 수 있다.
- 기어의 윤활방법에 따라 운전 중 기어의 회전저항이 변화하고, 감쇠계수가 변화한다.

12) Spalling: 쪼개짐
13) Scuffing: Adhesive Wear(점착 마모)
14) Scoring

(5) 벨트 결함

벨트는 회전기의 동력을 피동기에 전달하는 동력 전달 요소로서 생산 설비에 널리 사용하고 있다. 소형 압축기, 송풍기, 홴, 펌프 및 공작 기계 등이 주로 벨트로 전동된다. 벨트의 진동을 일으키는 가진 원으로는 주로 벨트의 결함, 부적절한 장력과 풀리의 정렬 불량이 원인이다. 벨트 구동 기계에서 측정된 진동 스펙트럼은 전동기와 피동 장비의 운전 주파수 및 이와 관련된 성분들이 포함된다. 부적절한 벨트 장력은 축 회전 주파수에서 높은 진동을 일으킨다. 이 경우에는 운전 중의 기계의 진동이 최소 레벨이 되도록 벨트의 장력을 조절할 것이 권장된다. 이 과정에는 적절한 안전을 위한 예방 조치가 취해져야 한다.

참고문헌

[1] H. Schneider 저, 양보석역, 평형잡이 기술, 세종출판사, 1994

[2] A. Golubev, V. Tsvetkov, On-line shock vibration diagnostics of large electric machines, Pulp and Paper Industry Technical Conference, pp.119-123, 1999

[3] W.R. Finley, M.M. Hodowance, W.G. Holter, An analytical approach to solving motor vibration problems, IEEE Trans. Industry Applications, 36(5), 1467-1480, 2000

[4] X. Ma, W. Lu, H. Xie, Detecting loose stator wedges in large motors, Proceedings of International Symposium on Electrical Insulating Materials. pp.685-688, 2001

[5] 양보석, 전류신호분석을 이용한 유도전동기의 결함진단, 제3회설비진단기술강습회 강연자료, 한국소음진동공학회, KAIST, 2004

[6] 최원호, 유도전동기의 열화메커니즘, 제4회설비진단기술강습회 강연자료, 한국소음진동공학회, 원자력교육원, 2005

[7] V. Kogan, B. Nindra, Investigation of high voltage stator winding vibrations in full-scale slot model, IEEE material.

[8] S.P. Verma, A. Balan, Experimental investigations on the stators of electrical machines in relation to vibration and noise problems, IEE Proceedings, Electrical Power Applications, 145(5), 455-461, 1998

[9] F. Ishibashi, et al., Natural frequency of stator core of small induction motor, IEE Proceedings, Electrical Power Applications, 150(2), 210-214, 2003

[10] W.R. Finley, Noise in Induction Motors- Causes and treatments, IEEE Trans. Industry Applications, 27(6), 1204-1213, 1991

[11] Y. Akiyama, O. Sugiura, A study of 2sf beat phenomena on induction motors, IEEE material.

[12] H. Wang, K. Williams, Effects of laminations on the vibrational behaviour of electrical machine stators, J. of Sound and Vibration, 202(5), 703-715, 1997

[13] V. Wowk, Machine Vibration: Alignment, McGraw-Hill, 2000

[14] 하현천, 터보기계의 운전특성 및 진단, 제 1회 설비진단 기술강습회 강연자료, 한국소음진동학회, 부경대, 2005

[15] 최성필, Dual Indicator를 이용한 Shaft Alignment의 이해와 절차, 제4회설비진단기술강습회 강연자료, 한국소음진동공학회, 원자력교육원, 2005

[16] 정선모, 한동철, 표준기계설계학, 동명사, 1983

[17] 豊田利夫, 기계시스템 진단의 진행방법- 기름분석을 중심으로, 일본 Maintenance협회, 1998

[18] 豊田利夫, 전기설비 진단의 진행방법, 일본Maintenance협회, 1993

[19] M.J. Devaney, L. Eren, Detecting motor bearing faults, IEEE Instrumentation & Measurement Magazine, pp.30-36, Dec. 2004

[20] R.R. Obaid, T.G. Habetler, Current-based algorithm for mechanical fault detection in induction motors with arbitrary load conditions, IEEE paper, pp.1347-1351

[21] W.R. Finley, M.M. Hodowanec, W.G. Holter, An analytical approach to solving motor vibration problems, IEEE Trans. Industry Applications, 36(5), 1467-1480, 2000

[22] A.V. Jouanne, B. Banerjee, Assessment of voltage unbalance, IEEE Trans. Power Delivery, 16(4), 782-790, 2001

[23] K.P. Basu, S.K. Mukerji, Experimental investigation into operation under single-phasing condition of a three-phase induction motor connected across a zigzag transformer, IEEE Trans. Education, 47(3), 365-368, 2004

[24] M.G. Melero, et al., Study of an induction motor working under statot winding inter-turn short circuit condition, SDEPED, pp.52-57, 2003

[25] G. Joksimovic, J. Penman, The detection of intertrun short circuit in the stator windings of operating motors, IEEE, pp.1974-1979, 1998

[26] A. Bellini, et al., On-field experience with online diagnosis of large induction motors cage failures using MCSA, IEEE Trans. Industry Applications, 38(4), 1045-1053, 2002

[27] S.P. Verma, A. Balan, Experimental investigations on the stators of electrical machines in relation to vibration and noise problems, IEE Proc. 145(5), 455-461, 1998

[28] F. Ishibashi, et al., Natural frequency of stator core of small induction motor, IEE Proc., 150(2), 210-214, 2003

[29] F.A. Dewinter, L.M. Benke, Systems engineering for large induction motor adjustable frequency drives, IEEE, paper No. PCIC-91-04, pp.2937, 1991

[30] A.H. Bonnett, G.C. Soukup, Cause and analysis of stator and rotor failures in three-phase squirrel-cage induction motors, IEEE Trans Industry Applications, 28(4), 921-937, 1992

[31] W.T. Thomson, M. Fenger, Current signature analysis to detect induction motor faults, IEEE Industry Applications Magazine, pp.26-34, July/August 2001

[32] V. Kogan, B. Nindra, Investigation of high voltage stator winding vibrations in full-scale slot model, IEEE material

[33] J. Penman, A. Stavrou, Broken rotor bars: their effect on the transient performance of induction machines, IEE Proceedings Electric Power Applications, 143(6), 449-457, 1996

[34] Akiyama, Y.; Nakamura, A.; Takaku, K.; Sugiura, O. Slot ripple of induction motor and FEM simulation on magnetic noise, Industry Applications Conference, Thirty-First IAS Annual Meeting, IAS '96., IEEE, pp.644-651, 1996

[35] S. Salon, D. Burow, M. DeBortoli, C. Slavik, Effects of slot closure and magnetic saturation on induction machine, IEEE Trans. Magnetics, 30(5), 3697-3700, 1994

[36] Berry. P. E., and James, E., 1999, "Comparison of Motor Current Analysis and Vibration Analysis in Detecting Rotor Bar and Air-gap Eccentricity Problems in Induction Motors," Technical Associates of Charlotte, Charlotte, NC

[37] S. Nandi, R. Bharadwaj, H.A. Toliyat, A.G. Parlos, Study of three phase induction motor with incipient rotor cage faults, Industry Applications Conference, 34th IAS Annual Meeting. IEEE, pp.1922-1928, 1999

[38] F. Filippetti, G. Franceschini, C. Tassoni, P. Vas, AI techniques in induction machines diagnosis including the speed ripple effect, IEEE-IAS annual meeting conference, pp.655-662, 1996

[39] H.A. Toliyat, M.S. Arefeen, A.G. Parlos, A method for dynamic simulation of air-gap eccentricity in induction motor, IEEE Trans. Industrial Applications, 32(4), 910-918, 1996

[40] T.J. Sobczyk, W. Maciolek, Diagnostics of rotor-cage faults supported by effects due to higher MMF harmonics, IEEE Bologna Power Tech Conference, 2003

[41] W.T. Thomson, A. Barbour, On-line current monitoring and application of a finite element method to predict the level of static airgap eccentricity in three-phase induction motors, IEEE Trans. Energy Conversion, 13(4), 347-357, 1998

[42] 양보석, 회전기계의 진동: 해석, 평가, 설계 및 대책, 인터비젼, 2002

[43] 제2회 디지털I&C 워크숍자료, 2006, 한국전력기술(주)

[44] 한국원자력학회, 2003 추계학술발표회논문집

[45] IEEE Trans. Industry Application, vol. IA-21, 1985

[46] IEEE Trans. Energy Conversion, vol. EC-1, 1986

[47] IEEE Trans. Industry Applications, vol. 35, no. 4, 1999

전동기 고장 진단기법 일반

4

"어떤 제품을 생산, 판매하는 회사든 원가, 생산성, 품질 등이 경쟁사나 선진국보다 우수하면 그것이 바로 21세기 경영이다."

(호암 이병철 삼성 전 회장, 1985년 6월 삼성 운영회의 어록 중에서)

4.1 전동기 예측진단 기법

전기 공공산업, 석유화학 및 화학 산업 그리고 국방 설비에서, 전기전동기 및 발전기와 같은 주요 회전기기의 고장은 생산량의 감소, 비상정비 비용, 그리고 수입 손실 등이 미국의 경우, 수백만 달러에 이르며[1] 또한 생명을 앗아갈 수도 있다. 이러한 위험들에 대응하여, 산업계는 고장으로 인한 재해가 발생하기 전에 기기의 문제를 감지하기 위한 예측진단 분야에 많은 투자를 해왔다.

정비비용은 제어될 수 있는 가장 큰 운전비용 중에 하나이며, 생산량에 영향을 미치는 주요 요인이다. 주요한 기기들에 대한 정비시점을 보다 신뢰성 있게 예측할 수 있다면 연간 수억 달러에 달하는 비가동기간의 수입손실, 비상정비와 관련하여 발생하는 추가근무 비용, 그리고 생산일정의 차질로 인한 손실들을 절약할 수 있을 것이다.

이러한 결함 요소를 분석하기 위해, 최근 전자기장 감시, 온도 측정, 적외선을 이용한 감지, 방사되는 무선주파수 감시, 진동 감시, 화학적 분석, 그리고 전동기전류 징후분석 (MCSA: Motor Current Signature Analysis) 등과 같은 다양한 방법이 연구되고 있다. 이러한 기법들은 전동기 구동 회전기기에서 빈번하게 발생되는 다음과 같은 결함과 문제점을 조기에 탐지하는 예측진단 기법으로 주로 사용한다.

- 부하변동 (Load)
- 케이블 열화 (Cables)
- 편심을 포함한 공극의 변화 (Air Gap)
- 전동기 제어반 및 차단기 불량 (Controls)
- 베어링 불량 (Bearings)
- 축 커플링 불량 (Couplings)
- 회전자 결함 (Rotor Faults)
- 결선 불량 (Connections)
- 전력 품질 (Power Quality)
- 전동기 권선, 턴, 코일 결함 (Motor Windings)
- 구동 기기 불량 (Driven Equipment)

예측진단이란 기기의 고장이 불시 정지로 이어져 플랜트의 안전성과 경제성을 해치지 않도록 사전 정비를 최적화 하기 위해 필요한 정보를 제공하는 데 그 목적이 있다. 즉, 플랜트 운영자가

표 4-1 전동기구동 회전기기의 예측 진단을 위해 사용 가능한 시험 기법 및 탐지 가능한 주요 결함 (전동기의 운전 중 온라인 시험 및 진단 기법)

시험 기법	전력 품질	제어반	결선	케이블	고정자	회전자	공극	베어링	절연	진동	축정렬	부하
진동 감시	-	-	-	-	L	L	L	O	-	O	O	O
열화상 진단	O	O	O	L	L	-	-	L	-	-	L	L
초음파 누설 감시	-	L	-	-	L	-	-	O	-	-	-	L
전압/전류 파형 감시	L	L	L	-	L	L	-	-	-	-	-	-
전원 신호분석	O	O	L	-	L	O	O	L	-	O	O	O

O = 측정 가능
L = 제한적 탐지, 초기 결함 탐지 불가

표 4-2 전동기구동 회전기기의 예측 진단을 위해 사용 가능한 시험 기법 및 탐지 가능한 주요 결함 (전동기의 정지 중 오프라인 시험 및 진단 기법)

시험 기법	전력 품질	제어반	결선	케이블	고정자	회전자	공극	베어링	절연	진동	축정렬	부하
고전압 시험	-	-	-	-	-	-	-	-	O	-	-	-
서지 시험	-	-	-	-	O	-	-	-	O	-	-	-
절연저항 시험	-	-	-	-	-	-	-	-	O	-	-	-
PI 시험	-	-	-	-	-	-	-	-	O	-	-	-
저항 시험	-	-	L	-	L	-	-	-	-	-	-	-

경제성과 안전성을 모두 감안한 최적의 정비 시점에서 관련 기기를 정비토록 하기 위해서는 기기의 결함을 사전에 탐지하여 필요한 조치를 취할 수 있도록 하는 것이 무엇보다 중요하다.

표 4-1은 전동기구동 회전기기의 예측진단을 위해 전동기 운전 중 사용 가능한 온라인 시험 방법과 각 시험 방법으로 탐지 가능한 전동기 구동 회전기기의 주요 결함을 나타낸다. 표에서 알 수 있는 바와 같이 전원 신호 분석 기법은 케이블의 열화와 절연 진단을 제외한 대부분의 결함 유형에 대해 적용이 가능한 것으로 평가되고 있다.

그러나 전동기에 있어 중요한 결함 유형인 절연 불량을 전동기 가동중 측정을 통해 파악하는 기법은 아직 개발되어 있지 않다. 최근 연구되고 있는 고조파 펄스 주입 기법과 같은 기술이 개발 완료되면 이 또한 진단이 가능할 것으로 보인다.

표 4-2는 전동기 정지 중 사용 가능한 오프라인 시험 방법 및 탐지 가능 주요 결함에 대해 명기하였다. 표 4-2에서 알 수 있듯이 오프라인 진단 방법은 대부분 절연 측정과 진단을 위해 개발된 기술로써, 전동기의 정기 보수 기간 중 직접 신호를 주입하여 측정한다. 그림 4-1의 서지 시험은 임의의 임펄스를 주입하여 전동기의 고정자 등에 대한 절연 열화를 측정하는 새로운 기법이다. 주목할 만한 사항은 일반적으로 사용되는 저항시험기(DMM, Digital Multi Meter)를 이용하여 결선과 고정자의 결함을 탐지할 수 있다는 점이다.

표 4-3은 표 4-1과 표 4-2의 온라인 및 오프라인 시험 기법을 복합적으로 사용하였을 때 감시 범위가 확대됨을 보여준다. 즉, 적절한 시험 기법을 복합적으로 사용함으로써 완벽한 전동기 구동 회전기기 감시 및 진단이 가능하다.

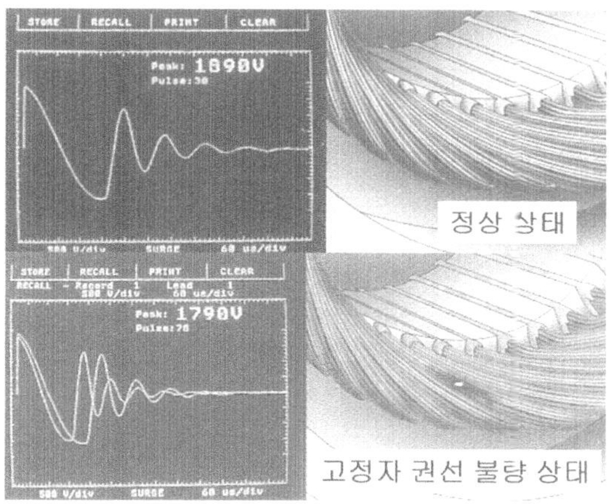

그림 4-1 고정자 결함 발생시와 정상 상태시의 서지 테스트 결과 비교

표 4-3 시험 기법의 복합적 사용에 따른 감시 범위 확대 효과

시험 기법	전력 품질	제어반	결선	케이블	고정자	회전자	공극	베어링	절연	진동	축정렬	부하
절연저항 측정 및 PI 시험	-	-	-	L	-	-	-	-	O	-	-	-
열화상 및 진동 감시	L	O	O	L	L	L	L	O	-	O	O	O
서지 시험 및 Hi-Pot	-	-	-	-	O	-	-	-	O	-	-	-
온라인 시험 및 오프라인 시험	O	O	O	O	O	O	O	O	O	O	O	O

4.2 ISO 19035-2의 전동기 권장 감시기술

전동기의 상태감시 방법으로 ISO 19035-2에서 권고하는 방법을 정리하면 표 4-4와 같다. 진동 및 고정자 전류 외에 부분방전, 누설자속, 윤활유, 음향방출 및 서지(Surge) 시험 등의 방법이 결함 요소 및 유형별 예측진단 기법으로 사용될 수 있다. 본 시험 방법은 운전 중 온라인으로 결함을 감시하는 기법과 전동기 정지시 육안 검사를 통해 결함 감시하는 기법으로 나눌 수 있으며, 온라인 방법은 고정자 전류, 공극 토크와 같이 전압과 전류만을 이용하는 방법과 센서를 설치하여 계측값을 얻는 방법으로 또 다시 나눌 수 있다.

표 4-4 ISO 19035-2 에서 권고하는 전동기 상태감시 기법

상태감시기법	감시 파라미터	감시 가능 항목
진동	진동 변위, 속도, 가속도	기계, 전기적 결함 파악 가능, 가장 널리 사용
고정자 전류	전동기 공급전류	회전자 봉 손상 파악
성능	전원전압, 전류, 입력, 출력, 커플링 응력	On-line 측정. 전원전압의 비대칭, 전류 비대칭, 권선과열, 절연결함의 원인 파악
충격 펄스	진동가속도(베어링 하우징)	구름베어링 결함에 의한 충격파 감시
음향 방출	가청 및 초음파주파수	구름요소 사이의 접촉, 크랙 발생 유무
속도 변동	전동기의 회전속도 변동	회전자 결함, 공극 편심, 정렬불량 등의 파악
공극 토크	전류, 전압	기동, 운전 중 회전자 봉 크랙, 고정자 코일 단락 유무
부분 방전	임피던스	전동기 절연상태 파악
누설 자속	축방향 누설 자속	회전자봉 파손, 고정자권선 단락 편심 등 파악
온도	베어링 출구온도, 권선온도	베어링 마찰, 권선의 과열 유무
기름 입자	윤활유내의 마멸입자, 먼지	마찰, 마멸, 부분방전, 오염 여부
서지(Surge) 시험	고전압, 고주파 펄스의 반향 펄스	권선(winding) 결함 진단
시각 검사	시각, 카메라, 비디오테이프	경향 감시

4.3 예측진단에 사용될 수 있는 특이 기술

다음은 예측진단에 사용될 수 있는 연구결과를 간단히 정리한 것이다. 음향잡음과 고정자 코어에 설치하는 자속측정용 탐지 코일을 이용한 분석 방법도 향후 기술의 확산도가 높을 것으로 판단된다. Ellison과 Yang은 저전력 유도전동기를 가지고 울림이 없는 방에서 실험을 한 결과, 음향잡음 스펙트럼의 슬롯 고조파가 정적편심의 역할을 한다는 것을 증명하였다. 그러나, 편심을 감지하기 위해 잡음을 측정하는 방법은 근접한 다수의 전동기가 동작하고 주위 잡음수준이 큰 플랜트에서는 사용될 수 없다.

Verma와 Natarajan, 그리고 Morita는 정적편심을 감지하기 위한 방법으로서 고정자 코어의 탐지 코일을 이용한 공극의 변화에 대해 연구하였다. 그러나, 운전 중에 있는 산업 플랜트의 보조 구동전동기의 상태를 감시하기 위해 공극 탐지코일을 설치하는 것은 실용적이지도 않을뿐더러 경제적이지도 않다.

Penman은 축 주위에 감겨 있는 코일의 axial homopolar flux를 감시함으로서 고정자 권선의 고장을 감지할 수 있다는 것을 증명하였다. 그리고 또한 회전자의 결함과 편심으로 인해 axial homopolar flux 스펙트럼이 변한다는 것을 보여주었다. 이 기법은 전동기에 광범위하게 적용될 수 있지만, 특정 전동기 디자인의 경우, 인클로저가 외부에 설치된 탐지코일에 의해 감지되는 axial flux의 진폭을 감소시킬 가능성도 있다.

4.4 진단 기법별 자동화 수준

시장에 출시되는 다양한 예측진단용 시험기기는 사용자 편의도를 높이기 위해 꾸준히 개선되고 있다. 그러나 각 기법이 지닌 알고리즘의 한계로 인해 완전한 자동화 구현은 되고 있지 않다. 최근에는 소프트웨어가 측정 및 진단에 직접 개입하는 방법을 사용하여 기존에 전문가에 의해 수행되던 정밀 측정 업무가 대부분 자동화되는 추세에 있다. 따라서 기초적인 지식을 지닌 엔지니어가 상용 장비를 이용하여 각종 시험을 수행하고 데이터를 취득하는 것이 가능하여졌다. 하지만 정밀한 분석과 진단은 현재까지도 관련 지식과 경험을 지닌 전문가의 영역이다. 표 4-5는 대표적인 예측진단 기법들의 자동화 여부와 진단 숙련도 요구 등을 정리하였다. 특기할 만한 사항은 MCSA 기술이 소프트웨어를 적극 활용하여 자동화 수준을 높이고 진단 숙련도

표 4-5 예측진단 기법의 자동화 여부와 진단 숙련도 요구

시험 기법	자동화 여부	진단 숙련도 요구	소프트웨어 포함 여부
진동 감시	보통	높음	높음
열화상 진단	낮음	높음	낮음
초음파 누설 감시	낮음	높음	보통
전압/전류 파형 감시	낮음	낮음	낮음
MCSA	높음	보통	높음

요구를 낮추는 데에 초점이 맞추어져 개발되고 있는 점이다. 그러나 진동 감시 기법은 소프트웨어를 활용하여 측정 및 데이터 수집 단계를 자동화하고 있으나, 숙련도가 높은 전문가에 의한 진단 및 분석이 여전히 요구되는 특징이 있다.

4.5 전동기전류 징후분석(MCSA, Motor Current Signature Analysis)

최근, 전동기의 초기 고장진단을 위한 방법으로 MCSA가 주목을 받고 있다. 전류감시기법의 가장 큰 장점은 MCC(Motor Control Center)에 위치하는 기존의 변류기를 이용함으로써 저비용으로 다양한 크기의 기기에 적용될 수 있다는 점이다. MCC에 고정 설치된 변류기 또는 clamp-on 변류기를 사용함으로써 다수의 전동기를 한 장소에서 원격으로 감시하기가 용이해진다. MCSA의 성공은 측정의 정확도와 더불어 정상상태와 고장상태를 구별할 수 있는 능력 때문이다. 물론 수년간에 걸쳐, 고정자 슬롯에 탐지코일을 설치하고 축 주변에 탐지코일을 감아 설치하는 음향 잡음측정과 같은 또 다른 흥미 있는 고장 진단기법들 또한 연구되어 왔다.

그러나 산업계에서 다양한 속도를 갖는 구동기기(VFD, Variable Frequency Driver)의 사용이 증가됨에 따라, 전동기의 고장을 감지하는 것은 더욱 어려운 문제가 되었다. VFD의 경우, 공급전원의 전류와 전압 파형은 사인파형이 아닌 펄스폭 변조파(PWM, Pulse Width Modulation)이므로 전류와 전압 파형에 고조파 성분이 포함된다. 고조파의 상호작용은 고조파 자속을 생성하고 이로 인해 기기 축에 토크 진동을 발생시킨다. 전류와 전압파형이 정현파가 아닌 상태에서 토크 진동이 축에 나타나는 경우, 기기 고장을 탐지하는 것은 쉽지 않다. VFD의 속도와 기본주파수가 연속적으로 변화하므로 다양한 형태의 회전자 및 고정자 고장을 식별하는 것은 매우 까다로운 일이다.

▪ MCSA를 이용한 전동기 결함 진단 개요

회전자 바가 파단되면 전원 주파수 근처에 전류 측대역 주파수가 발생한다. 이 현상으로부터 엔드링 근처에서 바가 파단되었다면 부러진 바에는 전류가 흐르지 않을 것이라는 가정에 기초한 모델링이 가능하다. 회전자 권선 불균형은 역상성분(negative sequence) 전류를 발생시키고 역상성분 전류에 의해 생성되는 자기장은 전원 주파수에 변조된 고조파 전류를 상승시킨다.

Walliser와 Landy는 바가 엔드링 근처에서 파단되었을 때, 파단된 바와 인접한 바 사이에서 의미 있는 바간(inter-bar) 전류가 흐를 수 있다는 것을 보여주었다. 바간 전류의 결과로서, 자기 불균형은 감소될 것이고 회전자의 역상성분 전류도 감소하게 되어 단지 고정자 고조파 전류를 측정하는 것만으로는 전동기의 고장을 쉽게 감지할 수 없게 될 것이다. 그러나 바간 전류들은 축 회전속도의 4배가 되는 위치에서 진동을 발생시키는데, 이러한 진동을 이용하여 회전자 바 그리고/또는 엔드링의 고장을 감지할 수 있다.

결함이 많은 베어링, 타원형 회전자, 축 정렬불량, 자기 비등방성 (anisotropy) 등에 기인한 회전자의 불균형은 유사한 스펙트럼을 발생시키는데 이것은 반드시 바의 파단과 구별되어야만 한다. 두 가지 접근방법이 제안되었는데, 첫 번째 방법은 기본파형과 기본파형보다 높은 고조파 측파대의 상대적인 움직임을 검사하는 것이다. 비대칭 회전에 의해 발생되는 선 주파수 측파대는 회전자 바가 파단되었을 때와 매우 유사한데, 두 가지 경우의 차이점은 고조파 측파대의 크기를 검사함으로써 구별될 수 있다. 비대칭은 일반적으로 공극 지속밀도의 완만한 변화를 야기시킨다. 즉, 상부 고조파 부분은 낮아지게 되는 반면에, 바의 파단과 같은 국부 고장은 상부 고조파 부분을 크게 만들게 된다.

공극편심과 회전자 바의 파단을 감지하는데 있어서, 부하 토크는 일정한 것으로 가정한다. 만일 회전속도에 따라 부하토크가 변하게 된다면, 부하에 의해 발생되는 전동기 전류 스펙트럼의 고조파와 고장에 의해 발생되는 고조파가 겹치기 때문이다. Scheon은 부하토크 특성에 대한 고장의 각위치(Angular Position)를 알고 있을 경우에만 고장에 의해 발생하는 실제의 고정자 전류 스펙트럼 효과에 의한 작용과 토크에 의한 파형의 분리가 가능하다는 것을 보여주었다. 그러나, 회전자 위상 전류 측정기를 사용한 온라인 고장감지 기법에서는 고장의 공간적인 위치를 알 수 없기 때문에, 특정 전류 고조파 성분에 미치는 영향을 부하에 의한 효과 및 고장에 의한 효과로 분리할 수 없다. 그래서 온라인 감지기법은 반드시 다수의 주파수 징후에 의존해야만 하며 부하 효과에 의한 성분을 명료하게 식별해야만 한다.

고정자 고장들은 일반적으로 단지 절연체와 관련된 고장에 의한 것으로 이해되며, 턴간(inter-turn), 상간(phase-to-phase), 그리고 상-대지간(phase-to-ground) 단락 등에 의해 발생될 수 있다. 대부분의 경우, 완전한 절연체 고장은 감지하기가 어렵다. 그러나 심각한 기기 손상을 피하기 위한 시도로서 고장을 초기에 감지하기 위해 고장이 진행되려고 하는 시점의 상태에 대한 관심이 새롭게 집중되고 있다. 많은 종류의 고장 감지 기법들이 논문으로서 제안되고 있는데, 그 기법들은 하나 또는 그 이상의 성능 변수(고정자 역상성분 전류 또는 기기 역상성분 임피던스와 같은)들을 감시한다. 그 기법들은 실용화 가능한 수준의 측정 정확도를 제공하고 정상상태와 고장상태를 판별하는 데 사용이 가능하다.

전동기 전류를 감시함으로써 기어톱니의 마모와 같은 부하 및 구동 트레인의 결함에 대한 경보가 가능해진다. 보다 확실한 정보를 위해 별도의 전동기 속도를 측정하는 것이 필요할 수도 있으며, 전동기 속도에 대한 참조정보로서 slot ripple 전류의 주파수를 이용하는 자동감시기기도 고안될 수 있다. Tavner에 의해 구현된 속도 변동을 이용한 방법은 회전자 회로손상에 대한 지시를 제공 할 수 있지만 부하의 결함 또는 기기의 다른 부분의 결함에 대해서는 감지할 수 있는 범위가 작다.

그림 4-2는 MCSA 기술을 이용한 유도전동기 결함 분석 시스템의 개요를 보여주고 있다.

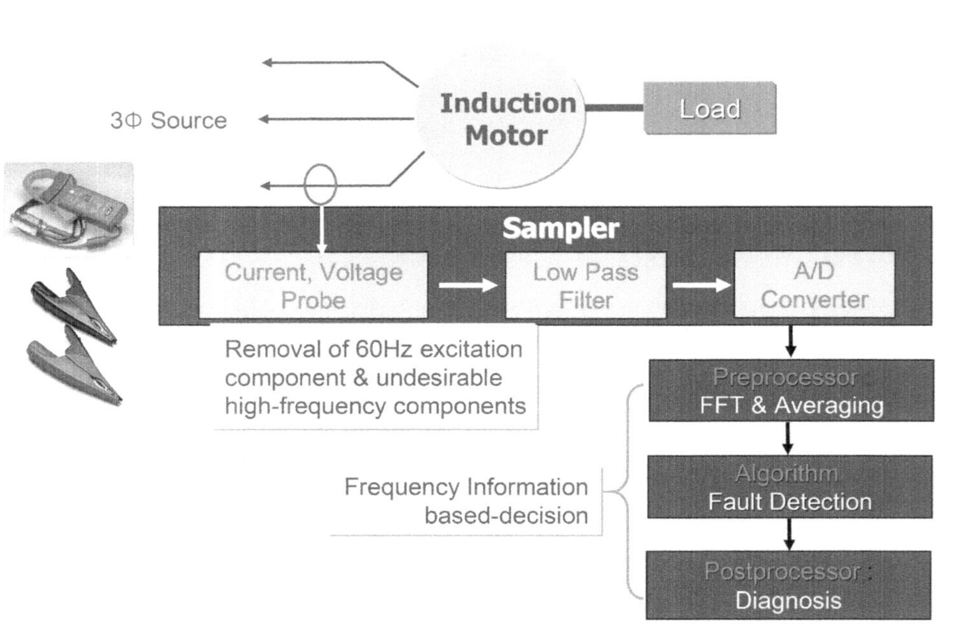

그림 4-2 MCSA 기술을 이용한 회전기기 결함 분석 시스템 개요

4.6 전원 신호분석 기술 종합

전원 신호분석 기법은 전원 상태, 전동기의 건전성, 전동기 성능 그리고 전동기의 연결상태를 파악하기 위해 개발된 기술이다. 본 기술은 전동기의 건전성을 해치는 전동기 전원 및 회로 문제 전반을 진단하도록 개발되었으며 다음과 같은 주요기능을 갖고 있다.

- 전동기에 투입되는 전반적인 전원 품질 진단
- 전동기의 부하 및 효율 변화 등 성능 진단
- 전동기 자체 및 구동기기의 건전성 진단
- 전동기 연결 상태 점검

전원 품질 진단은 전압 레벨, 전압 불균형 상태와 왜형률을 점검하여 전동기의 전반적인 전원 상태를 파악할 수 있도록 한다.

일정 부하로 운전되고 있는 전동기에 대하여, 부하 이력 테스트를 실시하면 운전 중인 부하에 얼마나 변화가 발생하고 있는지를 알 수 있다. 이 테스트 결과는 기기 운용상의 전후 상황을 고려하는데 유용하게 사용될 수 있다. 효율 시험은 사용자 전동기의 효율을 진단하여 전기 에너지를 절약할 수 있도록 하고 전동기의 교체와 수리 시점을 결정하도록 한다.

전동기의 건전성 진단을 통해 전동기 또는 전동기구동 회전기기의 상태를 알 수 있으며, 특히 전동기와 회전기기의 특정 부위 손상에 대한 정보를 얻을 수 있다. 아울러 전동기 전압과 전류 파형을 점검하면 전동기 결선 상태를 파악하는 데 도움이 된다.

표 4-6은 전동기의 중요기능과 감시항목을 정리한 것이다.

제 7장 "**전원 신호분석 기술의 이해**"에서는 표 4-6에서 종합한 내용을 중심으로 상세히 설명하고자 한다.

표 4-6 전동기의 중요기능과 감시항목

중요 기능	감시 항목	감시 내용
전원품질	전압 레벨 테스트	과전압 및 부족 전압 상태를 점검
	전압 불균형 테스트	
	Harmonic Distortion	고조파 유입을 감시
	Total Distortion	
	전력 데이터	
	고조파 왜율	
전원 품질	과전류 테스트	
	전류 불균형	
	전류의 합	
전동기 성능 테스트	Effective Service Factor 테스트	
	부하 테스트	
	운전 상태	
	효율 테스트	
중요 기능	감시 항목	감시 내용
전동기 건전성 평가 (상태 진단)	Rotor Bar 테스트	
	전압/전류 스펙트럼	
	Demodulated Spectrum	
	토크 리플 테스트	
	토크 경향 분석	
전동기 연결 상태	파형	
	Symmetrical Components	

참고문헌

[1] Bin Lu, Thomas 외, “A Survey of Efficiency-Estimation Methods for In-Service Induction Motors”, IEEE Trans. Ind. App., Vol. 42, No.4, 2006

[2] William T. Thomson, Ian Culbert, Current Signature Analysis for Condition Monitoring of Cage Induction Motors, John Wiley and Sons, 2017

[3] Ellison, A. J. and Yang, S. J. "Effects of rotor eccentricity on acoustic noise from induction machines," Proceedings of the Institution of Electrical Engineers, vol. 118, no. 1, 1974.

[4] Verma, S. P. and Natarajan, R. "Effects of eccentricity in induction motors," in Proceeding of International Conference Electrical Machines, ,1982.

[5] Pu Shi, Zheng Chen, Yuriy Vagapov, Modeling and Analysis of Induction Machines under Broken Rotor-bar Failures, International Journal of Computer Applications, 2013

[6] Peter Tavner, Li Ran, Jim Penman, Condition Monitoring of Rotating Electrical Machines, The Institution of Engineering and Technology, 2008

[7] R. Walliser and C. Landy, Determination of inter-bar current effects in the detection of broken rotor bars in squirrel cage induction motors, IEEE Trans. Energy Conversion, Vol. 9, No. 1, 2003

[8] A. Krawczyk, S. Wiak, X.M. Lopez-Fernandez, Electromagnetic Fields in Mechatronics, Electrical and Electronic Engineering, Proceedings of ISEF’05, ISO Press, 2006

5 전원 측정 센서 및 측정장치

“세계 경영이란, 경영전략의 세계화와 경영활동의 현지화를 통한 새로운 차원의 통합화(Globalization) 전략이다.”

(김우중 전 대우회장, 1993년 3월 22일,대우그룹 창립 26주년 기념사 중)

5.1 전압과 전류의 측정

상용 전원의 전압과 전류를 측정하는 소자로는 변압기와 변류기 등 코일을 이용한 소자가 가장 많이 쓰인다. 전류를 측정하기 위한 소자 중 직류 성분부터 높은 주파수까지의 광대역을 측정하기 위한 홀 센서나 자기 저항형 센서, 자기 펌프, 광학 센서가 개발되어 사용되고 있다. 본 장에서는 전압과 전류의 측정 원리를 간단히 고찰하고 이어서 전압과 전류를 측정하기 위한 계기용 변압기와 변류기에 대해 설명한 후 특수한 센서들에 대해서도 설명하고자 한다.

5.1.1 암페어의 정의

미국의 표준기관인 NIST(National Institute of Standards and Technology)에서는 전류를 기본 측정 단위를 이용하여 다음과 같이 정의한다.

> **"원형 단면적이 무시된 무한한 길이를 지닌 평행 도선이 진공 상태에서 1미터 이격되어 1미터의 길이당 2 × 10^7뉴턴의 힘을 발생할 때의 전류[3]."**

이는 전류를 측정하는 기기는 NIST의 암페어 측정 결과와 소급(traceable)되어야 함을 의미하므로 홀 효과 또는 조셉슨 결합과 같은 양자 특성을 지닌 소자에 대한 절대 교정은 실용적으로 어렵게 된다.

따라서 현장에서는 전류 표준기 대신 화학 셀이나 반도체 전압 표준과 같은 전압 표준기를 배포하여 사용하고 있다. 이 표준기는 연결 도선의 길이에 의해 정확도에 영향을 받지 않으므로, 전류표준은 전압 표준기를 연결하여 등가 전압과 전류와의 변환공식을 이용하여 교정한다.

예외적인 사항은 측정 전류를 영구 자계에 의해 유기되는 자력(magnetic forces)에 대해 비교하는 것과, 과거의 비합리적인 CGS(centimeter-gram-second) 단위가 자기량을 측정하는 규격으로 현재까지도 통용하는 문제 정도이다.

현재 가우스나 oersted와 같은 단위는 전류 표준을 표현하는 기준으로 사용되지 않고 있으므로, 이러한 단위 혼란으로 인해, 전류를 측정하려는 사람들은 자기 디바이스와 관련된 계산조차도 기피하게 된다.

5.1.2 자계(Magnetic) 전류센서의 원리

자기 전류센서(Magnetic current sensors)는 저항형 센서보다 많은 이점이 있다. 이 센서의 원리를 이해하기 위해서는 전류와 자기장의 상호 관계에 대해 탐구해야 한다. 전류에 의해 유도되는 자계의 기본 법칙은 식 (5-1)의 암페어의 법칙이다.

$$\oint H\cdot dI = I_{net} \tag{5-1}$$

여기에서 H는 전류 I_{net}에 의해 유도되는 자계세기이다. SI 단위계에서 I의 단위는 암페어이고 H의 단위는 *ampere-turn/meter*이다.

그림 5-1에서, 철심이 철 또는 유사한 금속으로 되어 있으며(이들을 강자성체라고 부른다) 필연적으로 전류에 의해 유도되는 자계는 철심의 안쪽에 존재하고 암페어 법칙의 적분 구간의 철심의 평균 행정길이 I_c가 된다. 권선의 코일은 전류 I가 흐르는 동안 적분경로가 N배로 나누어지기 때문에 적분 경로 안에서 통과하는 전류 I_{net}는 Ni가 된다. 따라서, 전류의 인가에 의한 철심 안에서의 자계 세기의 크기는 식 (5-2)와 같이 된다.

$$H = \frac{Ni}{i_c} \tag{5-2}$$

자기세기 H는 자계의 형성에 기여하는 전류의 효과에 대한 측정치이다. 철심에 유기되는 자속은 또한 철심을 구성하는 물질에 의존한다. 자계세기 H와 물질 안에서 유기되는 자속밀도 B 사이의 관계는 식 (5-3)과 같이 주어진다.

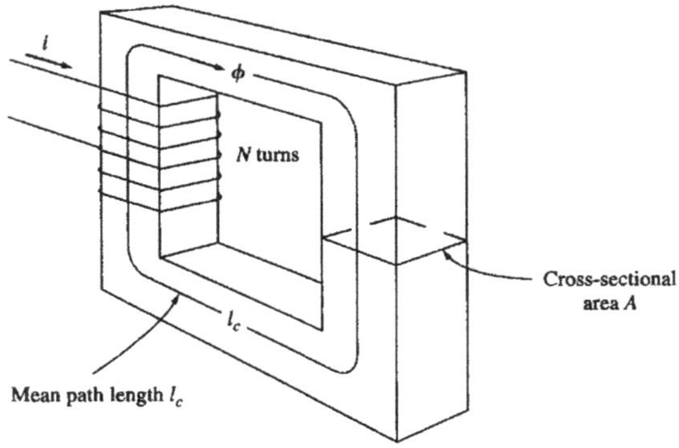

그림 5-1 한쪽에 N 회의 권선을 감은 직사각형의 철심

$$B = \mu \cdot H \tag{5-3}$$

여기서, H는 자계세기이고,

μ는 물질의 투자율이며,

B는 자속밀도이다.

투자율의 단위는 *henry/meter*이고 자속밀도의 단위는 *tesla(T)*로 알려진 *weber/meter*^{2}이다. 자유공간에서의 투자율은 μ_0라고 부르고 이것의 값은 식 (5-4)와 같다.

$$\mu_0 = 4\pi \cdot 10^{-7} H/m \tag{5-4}$$

자유공간의 투자율에 대한 다른 물질의 투자율을 비 투자율(比 透磁率) 이라고 하며 식 (5-5)와 같이 표기한다.

$$\mu_r = \frac{\mu}{\mu_0} \tag{5-5}$$

그림 5-2와 같은 철심에서의 자속밀도의 세기는 식 (5-6)으로 주어진다.

$$B = \mu \cdot H = \frac{\mu N i}{l_c} \tag{5-6}$$

주어진 공간에서의 전체 자속은 식 (5-7)과 같이 표기한다.

$$\phi = \int_A B \cdot dA \tag{5-7}$$

여기서, dA = 면적의 미분 요소

만약 자속밀도 벡터가 그 면적 A에 대해 수직이고 자속밀도가 그 공간에서 일정하다면 이 식은 식 (5-8)로 표기할 수 있다.

$$\phi = BA = \frac{\mu N i A}{l_c} \tag{5-8}$$

여기서, A는 철심의 단면적이다.

5.2 계기용 변압기와 변류기

5.2.1 계기용 변압기의 개요

계기용 변압기(PT, Potential Transformer)는 전압을 검침하고 이 전압에 직접 비례하는 낮은 2차 전압을 만들기 위해 특별히 고안된 장치이다. 계기용 변압기와 전압 변압기 사이의 차이점은 계기용 변압기는 단지 매우 적은 전류를 조작하기 위해 고안되었다는 점이다. 변류기는 1차 전류에 직접 비례하지만 1차보다 매우 적은 2차 전류를 만들기 위해 고안된 장치이다.

변압기는 두 가지 형태의 철심 중 한 형태로 조립되어 있다. 한 형태의 구조는 직사각형의 적층 구조의 철 조각들로 간단히 구성되어 있는데 직사각형의 두 쪽에 변압기의 권선이 감겨져 있다. 이러한 구조를 내철형(core form)이라고 부른다. 다른 형태는 중앙 다리에 권선이 감겨져 있는 3개의 다리가 있는 적층 구조의 철심으로 구성되어 있다. 이런 형태의 구조를 외철형(Shell type)이라고 부른다. 각각의 경우 철심은 와전류를 극소화시키기 위해 전기적으로 절연된 얇은 적층 구조를 하고 있다.

실제 변압기의 1차, 2차 권선의 배치 시 저압 권선은 안쪽에, 그리고 그 위에 고압 권선이 감긴다. 이런 배열은 두 가지 목적을 갖는다.

- 철심으로부터 고압 권선의 절연문제를 해결해 준다.
- 두 개의 권선이 철심에 거리를 두고 분포되어 있는 경우보다도 매우 적은 누설 자속이 발생한다.

5.2.2 변류기

(1) 변류기 개요

25 Hz ~ 400 Hz 대역의 전원 주파수를 가진 전류를 측정하기 위해서는 도우넛 변류기 또는 CT(current transformer)라고 부르는 변류기가 일반적으로 사용된다. 변류기는 변압기와 같은 성층철심에 권선수가 적은 1차코일과 권선수가 많은 2차 코일을 감은 코일형이 주로 사용된다. 변류기의 2차측 코일에는 전류계·전력계·계전기 등을 연결한다.

1차 ·2차의 전류비는 각기 코일 권선수에 반비례하는 값과 유사하다. 1차 전류의 정격 값은 수십 A에서 수천 A까지 여러 가지가 있으나, 2차 전류의 정격값은 대부분이 5 A이다. 변류기를 회로에 연결할 때 2차 코일은 접지하고, 1차 코일은 전압에 따라서 충분한 절연을 하기 때문에, 1차 회로가 높은 전압일지라도 2차 회로에 손을 대어도 위험이 없다. 코일형 변류기에는 주요부를 탱크 속에 넣고, 이것에 기름을 가득 채운 유입형과 기름을 사용치 않는 건식(乾式)이 있다. 건식은 회로의 전압이 약 2만 V 이하의 것에 사용한다. 건식으로 몰드형의 것이 널리 사용되고 있는데, 코일에 절연을 한 후 코일과 철심을 합성수지로 싸서 한데 모은 것이다.

전류 측정소자는 다음과 같은 기준으로 선정된다.

- 정확도
- 안정도
- DC 성분을 포함한 주파수 응답
- Galvanic 절연
- 데이터의 표현
- 측정 회로의 효과

전류가 흐르는 도선이 toroid 코어 사이를 통과하면 코어에 *r*회 감긴 권선에 의해 1차측 전류의 *1/n*배에 해당하는 2차측 전류가 유도된다. AC 결합 형태인 CT는 DC 성분은 측정하지 못한다. 제작사 데이터에 의하면 홀 효과를 이용한 센서는 DC 성분부터 200 kHz 대역의 주파수 응답을 갖는다고 한다. 하지만 홀 센서에 사용되는 DC 결합 증폭기는 장기 사용시 안정도가 나빠지고 제로 드리프트가 발생하므로 주기적인 교정이 필요하다.

CT와 홀 디바이스와 같은 비접촉식 센서의 경우 전원이 인가된 상태에서도 감싸는 형태(클램프 이용)로 설치가 가능하다. 센서의 비접촉 설치 시 자기 경로(magnetic Path)가 파괴되므로 정밀한 측정이 어려워진다. 일반적인 CT는 약 10,000 A까지의 전류를 비접촉식으로 측정할 수 있다.

(2) 변류기의 작동 원리

전류가 흐르는 도선이 지나가는 높은 투자율 μ를 가진 토로이달 코어의 자기회로에 권선이 n회 감겨 있고 낮은 저항의 부하가 연결되어 있다고 가정하자. 이러한 전류 변류기에서 1차측의 교류 전류는 코어를 자화시키고 emf를 생성하고 2차측에 자기장을 소거하는 방향으로 전류를 흐르게 한다. 만일 2차측 저항이 "영"이면 1차측 전류에 의해 유기되는 자속을 완전히 소거한다.

그림 5-2는 자기 공극이 없이 완전히 결합된 이상적인 전류 변류기(CT)를 나타낸다. 여기서 코어의 자속은 "영"이므로 2차측의 전류는 1차측 전류와 정확히 비례한다. 이 때 2차측 전류는 1차측 전류와 약간의 위상 차가 발생한다. 왜냐하면 완전히 결합된 폐 자기루프에서 1차측 권선

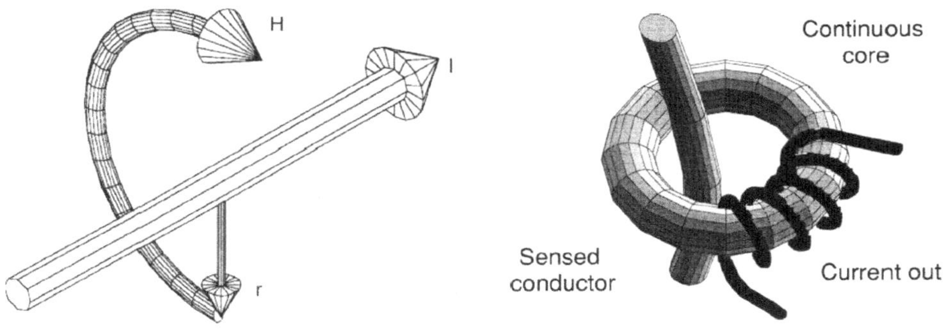

그림 5-2 자기 공극 없이 완전히 결합된 이상적인 전류 변류기($\mu_r = \dfrac{\mu}{\mu_0}$)

이 코어 홀의 중심에서 벗어나거나 인접한 도선과 약간의 간섭이 발생하기 때문이다.

2차측 회로는 낮은 저항 또는 전력 감지 소자와 연결할 수 있으며 교정 값을 보장할 수 있다. 그러나 2차측 저항은 결코 "영"이 될 수 없고 완벽한 자기 결합을 구현할 수 없다. 따라서 다음과 같은 고려가 필요하다.

- 2차측 부담(burden)의 개념이 도입되어야 한다. 부담과 부하(load)는 다르게 작동하므로 용어 사용을 차별화하여야 한다. 가장 좋은 burden은 short-circuit이다. Burden은 옴(ohms)으로 표기하는 2차측 저항으로 표현한다. 좀 더 보편적인 표현은 위상과 관계없는 등가 전력으로 KVA로 표기한다.
- Burden은 완전한 short-circuit이 아니고 코어에서는 에너지가 발산되므로 코어의 자기장은 더 이상 "영"이 아니다. 2차측 전류는 1차측 전류보다 위상이 앞서게 되는데 이는 1차측 주파수에 의해 영향을 받는다.
- CT 제작사는 특정한 burden에서 정확도가 최대가 되도록 하는 기술을 가지고 있다.
- CT는 1차측 100 A일 때 5 A를 출력하는 100:5와 같은 표기법을 사용한다.
- 2차측 burden 저항에 인가되는 전압은 일반적으로 증폭과정을 거쳐 데이터 수집장치에 연결된다.
- 큰 용량의 전류를 측정하는 CT는 자기 포화를 피하기 위해 코어의 크기를 키워야 한다. 코어는 디스크 형태의 실리콘 아이언을 적층하거나, 동심 링(concentric ring), 또는 얼레(bobbin)에 감는 테이프 형태로 만든다. 아무리 좋은 재질을 사용하더라도 와류손과 히스테리시스 손실이 나타난다.

- 전력 발산이 허용치 이상이 되면 다른 형태의 센서를 선택해야 한다. 대부분의 CT는 낮은 주파수의 전력과 에너지를 측정하는데 사용되므로 킬로와트 메타(kilowatt-hour meter)의 전단에 사용된다. 안테나에서 송신되는 높은 주파수의 전류는 적당한 코어 재질을 이용하여 측정하여야 한다. 스위칭 파워 서플라이의 펄스폭 변조 전류(pulse width modulated current)를 측정하는 데는 적절히 보정된 페라이트 코어를 사용한다.
- 매우 큰 코어는 매우 높은 에너지 입자의 펄스 빔을 감지하는데 사용된다. 일부 오실로스코프 프로브는 전류를 전송하는 도선을 측정하기 위해 고보정(highly compensated) CT 코어를 사용한다.
- 토로이드를 제작하기 위한 현대의 권선기기는 2차측에 2000회 이상의 권선을 감을 수 있다. 따라서 CT는 매우 낮은 burden이나 증폭기 없이 전류-전압 변환기처럼 사용되기 시작했다.

변류기는 변압기와 달라서 2차를 단락(short)하는 것은 안전하나 개방하는 것은 위험하다. 이것은 2차를 개방할 때 1차 전류가 모든 철심을 자화시켜, 철심이 포화되어 발열하기 때문이다. 또 2차에 많은 계기를 직렬로 넣는 것도 바람직하지 못하다. 어느 정도의 계기를 연결할 수 있는가 하는 것은, 각 변류기마다 정격부담으로서 VA(Volt-Ampere) 값이 표시되어 있으므로, 그것에 따라야 한다.

변류기의 정확도는 ANSI C57.13에 정의된 것을 사용한다. 이 내용을 정리하면, 정격 2차 전류의 20배(즉. 5 A×20=100 A)의 전류가 흐를 때 규정된 비율 오차(ratio error)를 초과함이 없이 CT 단자에 유기되는 최대전압으로 정확도를 정의한다. 표준 오차 분석법으로는 T-test와 C-calculated를 사용한다.

(3) 변류기의 과도 포화 특성

변류기 선정 시는 2차측의 보호계전기나 메터류 등의 부담을 고려하여 사고시 변류기가 포화되지 않고 보호계전기를 동작시킬 수 있도록 고려하여야 한다. 이러한 측면에서 변류기의 과도 상태 시 포화 시간을 계산하는 것은 매우 중요하다.

상기 그림 5-3의 회로는 자화 회로의 임피던스(Magnetizing Impedance)가 매우 높아 자화 전류(Ie)를 무시할 수 있다고 가정한 경우이다. 변류기에 유기된 전압을 자속밀드와 이차 권선 비로 나타내면 식 (5-9)와 (5-10)과 같다.

$$e_2 = N_2 \cdot 10^8 \frac{d\phi}{dt}(volt) \quad (5\text{-}9)$$

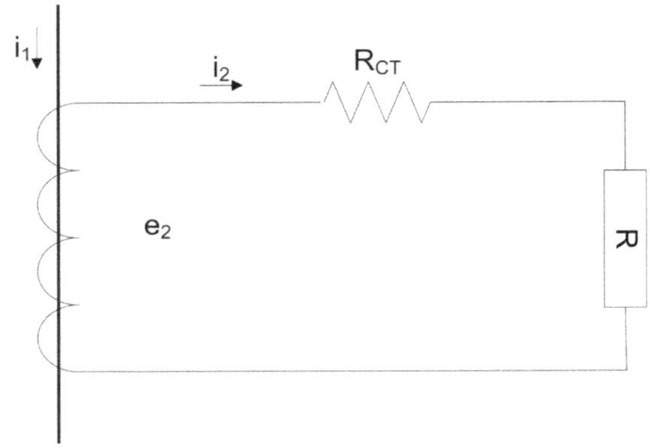

그림 5-3 변류기 등가 회로

$$\phi = A \cdot B \tag{5-10}$$

여기서, ϕ는 자속이고,

N_2는 이차 권선수를 나타낸다. 또한

A는 코어 면적이고,

B는 자속 밀도이다.

2차측 회로의 부하 저항과 2차측 유기 전류를 이용하여 계산한 결과는 식 (5-11)과 같다.

$$e_2 = N_2 \cdot 10^{-8} \cdot A \frac{dB}{dt} \tag{5-11}$$

$$e_2 = i_2 \cdot R = \left(\frac{i_1}{N_2} - i_e \right) \cdot R \tag{5-11a}$$

$i_e \approx 0$이므로 식 (5-11)과 식 (5-11a)를 다시 쓰면 식(5-12)과 같이 된다.

$$\frac{i_1}{N_2} \cdot R = N_2 \cdot 10^{-8} \cdot A \frac{dB}{dt} \tag{5-12}$$

식 (5-12)를 자속 밀도의 미분 형태로 표시하면 식 (5-13)와 같다.

$$\frac{dB}{dt} = \frac{R \cdot 10^8}{N_2 \cdot A} i_1 \tag{5-13}$$

여기서, i_1은 $\sqrt{2} \cdot I_{RMS} \cdot \left(\epsilon^{-\frac{t}{T_{dc}}} - \cos wt\right)$이고,

I_{RMS}는 전류의 실효치, 그리고

T_{dc}는 직류성분의 시간이다.

식 (5-13)를 적분한 결과는 식 (5-14)와 같다.

$$B = \frac{10^8 \cdot \sqrt{2} \cdot I_S \cdot R}{A \cdot N_2}\left[T_{dc} \cdot \left(1 - \epsilon^{-\frac{t}{T_{dc}}}\right) - \frac{1}{w}\sin wt\right] \tag{5-14}$$

식 (5-14)에서 변류기의 1차 전류가 완전히 offset 되었을 때(사고 전류시)의 자속 밀도이면 시간에 대한 자속 밀도의 파형은 그림 5-4와 같이 나타난다.

식 (5-14)에서 Sine항은 보통 매우 작으므로 무시하고 식 (5-15)와 같이 표기할 수 있다.

$$B = K \cdot I \cdot R \cdot T\left(1 - \epsilon^{-\frac{t}{T_{dc}}}\right) \tag{5-15}$$

여기서, K는 $\frac{10^8 \cdot \sqrt{2}}{A \cdot N_2}$를 나타낸다.

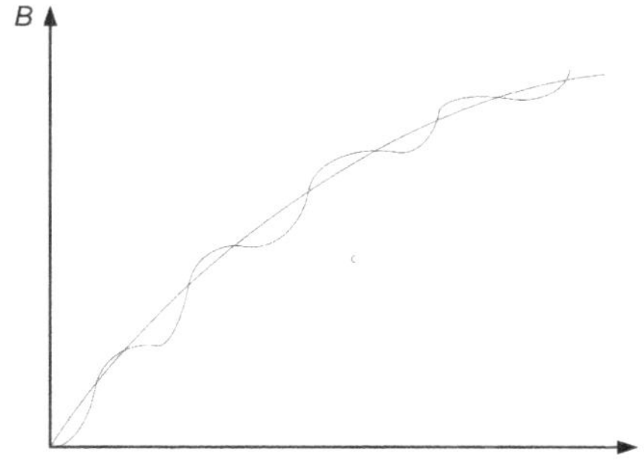

그림 5-4 사고 전류시의 시간에 대한
자속 밀도의 파형

따라서 변류기가 포화하는 데 걸리는 시간은 식 (5-16)으로부터 구할 수 있다.

$$t = T_{dc} \cdot In\left(1 - \frac{B}{K \cdot I \cdot R \cdot T_{dc}}\right) \text{ [sec]} \tag{5-16}$$

5.3 전류 측정센서

5.3.1 유도 공극센서

변압기를 설계할 때 일반적으로 자기 경로 내에 작은 공극(Gap)이 생기도록 한다. 매우 작은 이 공극의 길이에 의해 자기 루프의 자기 특성이 결정되며 다른 재질은 자속의 경로를 제공하는 역할을 한다. 이 센서를 이해하기 위해서는 코어와 공극에 고르게 분포된 자기장 해석이 필요하다. *H*-장에 대한 해석은 하지 않지만 코어를 둘러싼 선 적분은 결합된 전류와 같다. 자계 경로의 길이가 s이고 투자율이 μ인 공극 g에서, 공극의 크기가 자계 경로 길이보다 극히 작을 때의 유효 투자율은 식 (5-17)과 같다.

$$\mu_{eff} = \frac{s}{g + \frac{s}{\mu_0}} \tag{5-17}$$

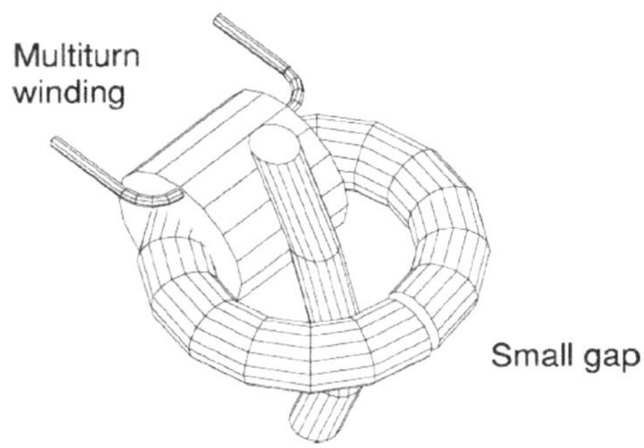

그림 5-5 유도 공극 센서
(공극이 있는 코어와 매우 높은 2차측 권선 비를 갖는 고출력 전류 대 전압 변환기)

그림 5-5와 같이 CT에 공극을 만들면 코어가 포화되지 않아 이차측 권선 계수를 10,000배 이상 증가시키는 본질적으로 안전한 전류 센서로서 작동한다. 왜냐하면, 자기장 B는 언제나 작은 값이고 와류에 의한 가열 효과가 CT보다 미미하기 때문이다. 적절한 부하 저항을 추가할 경우, 2차측의 높은 인덕턴스는 1% 보다 낮은 비선형성을 갖는 전류원으로 작동하는 센서가 되게 하는데 1차측 전류에 비례하는 전압이 부하 저항 양단에 출력되게 된다.

5.3.2 홀 효과 센서를 이용한 전류측정

홀 효과는 높은 캐리어 이동률을 가진 반도체 크리스털을 자기장내에 설치하여 얻게 된다. 전류가 자장과 수직한 축을 따라 설치된 크리스털을 통과하면 자기장에 의해 여기된 평균 속도의 캐리어는 또 다른 자장과 수직인 축을 따라 움직인다. 이러한 캐리어의 이동으로 인해 크리스털의 표면에는 전자기력(emf, electro-magnetic force)가 생성되어 측정이 가능하게 된다. 그림 5-6은 홀 센서의 전체 모습이다.

전자기력은 자기장, 바이어스 전류, 그리고 캐리어의 이동성어 비례한다. 원리적으로 이러한 자기 센서는 전류가 흐르는 도선에 근접시키고 전류에 의해 생성되는 자장을 감시하도록 설치하여야 한다. 그러나 감도가 충분치 않고 인접한 도선에 흐르는 전류에 의한 자기장과 간섭이 발생하므로 충분히 큰 공극을 가진 변류기의 경우와 같이 자속이 집중하는 구조를 가져야 한다.

이 소자는 직류에 대한 감도가 좋고 극성이 보전된다. 홀 전압은 밀리볼트 단위여서 증폭이 요구된다. 증폭기의 제로 드리프트는 비록 교류 측정을 위해서는 중요하지 않다 해도 적절히 보

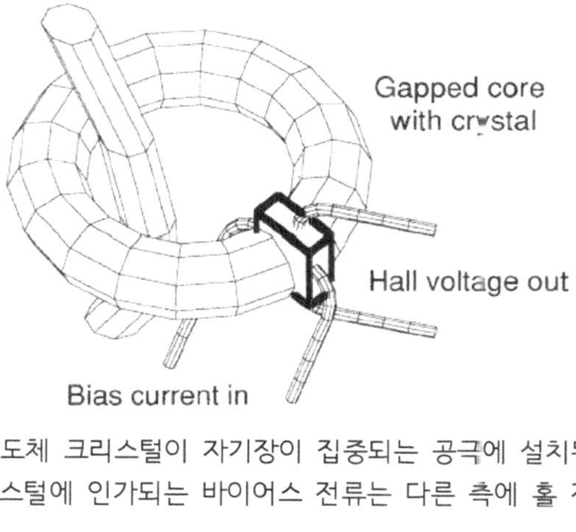

그림 5-6 반도체 크리스털이 자기장이 집중되는 공극에 설치된 홀 센서
(한 축의 크리스털에 인가되는 바이어스 전류는 다른 측에 홀 전압을 발생)

정되어야 한다. 만일 회로 전압과 비례하여 바이어스 전류를 주의 깊게 조절한다면 이 소자는 본질적으로 아날로그적인 곱셈과 전력 측정 기능을 제공한다.

공극을 작게 만들수록 감도를 최대로 할 수 있으며 크리스털에 공간이 있어야 하므로 유도 센서의 공극보다 크게 될 수밖에 없다. 큰 공극에 위치한 자기장 테두리는 원하지 않는 자기장으로부터 토로이드의 자연적인 차폐를 방해한다.

홀 효과 센서의 정확도와 선형성은 폐루프 모드를 사용함으로써 개선될 수 있다. 피드백 권선이 코어에 추가되고 서보 증폭기에 의해 구동되면 홀 소자에서의 emf는 자기장이 "영"이 될 때까지 서보 증폭기를 구동하는 데 사용된다. 출력은 피드백 권선의 감긴 횟수에 의해 결정되는 피드백 전류이며 이는 측정된 전류보다 낮다. 폐 루프 계(界)의 주파수 응답은 수백 킬로헬즈 대역일 정도로 매우 좋다.

그림 5-7은 홀 센서의 회로도와 작동 원리를 상세히 보여주고 있다. 전류 Ip는 1차 도선(1)을 통해 흐른다. 이 전류 Ip는 자계를 생성하고 센서의 자계 회로에 수집된다. 자계 코어에 유기된 자속(2)은 자기 코어와 공극에도 흐르게 된다. 공극 내에 홀 프로브(3)가 위치하게 된다. 이 프로브는 전류 Ip의 자속과 비례하는 낮은 전압을 출력한다. 이 전압은 증폭기 회로 (4)에 의해 충분한 전압으로 증폭되어 센서 권선(6) 내로 순환되는 측정 전류 Is(5)가 출력된다. 권선으로 순환되는 이 전류는 1차 자속과 정확하게 비례하는 2차 자속을 유기하며 전류의 방향은 반대가 된다. 따라서 총 자속은 "0"이다. 공식 Np*Ip = Ns*Is는 2차 전류 Is가 정확하게 1차 전류와 비례함을 보여준다. 전류 Is는 부하 저항 *Rm* (7)을 통해 전압으로 변환시킨다. 전류를 바로 측정하려면 부하 저항은 생략될 수 있다.

센서의 전자회로를 작동시키기 위해서는 안정화된 직류전원 공급장치가 필요하다. 1차 도선은 케이블이나 봉(bar)이 사용될 것이므로 센서는 샤시에 고정시키거나 회로기판(PCB)에 납땜으로 고정시킨다. 데이터 수집장치가 요구하는 입력전압에 맞추기 위해 몇 옴에서 수십 옴의 부하 저항이 사용된다.

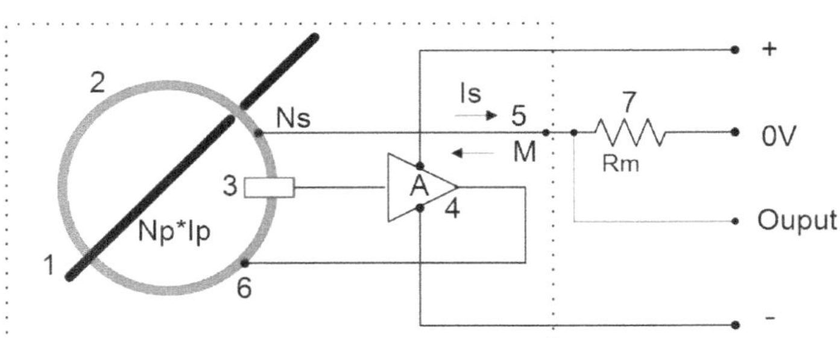

그림 5-7 홀 센서 회로도

5.3.3 클램프-온 센서

기존 시스템의 전원을 제거하지 않고 전류 측정소자를 설치할 필요할 경우, 대부분의 자기 소자는 클램프-온 형상으로 만들어 질 수 있다. 오실로스코프용의 작은 프로브로부터 3000 A 파워 버스용에 이르기까지 매우 넓은 범위의 전류를 측정할 수 있다.

클램프-온 센서의 정확도는 저하될 수밖에 없는데 이는 클램프 자체가 제어가 불가능하고 마모가 되는 공극을 갖기 때문이다. 몇몇 제작사는 높은 연마도를 가져 서로 미끄러지는 표면으로 구성된 제품을 제공한다. 대부분의 제품은 철 손가락(iron fingers) 형상으로 되어 서로 엇갈려 닫혀지게 된다. 이러한 클램프-온 계기는 정밀도가 그리 요구되지 않는 현장용으로 주로 사용된다. 몇 가지 유닛은 한 손으로 작동될 수 있으나 렌치나 도구를 사용해야 하는 경우도 있다.

Flexcorp사는 가변 코어를 사용하는 흥미 있는 변종 센서를 발표하고 있는데 코어를 구부려 설치하면 본래의 형상으로 복원되는 형태로 제작되어 있다.

5.3.4 자기 저항형 센서

자기장에 의해 저항이 변화하는 소자로 홀 크리스털이 교체될 경우 대부분의 홀 효과를 이용한 센서의 특징도 변화한다. 거대한 자기 저항형 소자는 이 아이디어를 매우 매력 있게 구현시킨 것이다.

이러한 소자는 작은 저항 변화에 의해 다른 온도와 같은 다른 효과에 민감한 양상을 보여준다. 따라서 이러한 소자는 스트레인 게이지용 자기 보정 브릿지 회로에 사용하는 것이 바람직하다.

또한 이 소자는 자기장의 극성에 민감하지 않다. Zetex사는 박막 퍼말로이(permalloy)를 다양한 인쇄회로 기판에 부착한 자기 저항형 전류센서를 공급하고 있다. 이러한 제품은 브릿지 형태로 제작되어 바이어스 전압과 차동 증폭기가 필요하다. 납땜 핀을 통해 칩을 통과하는 전류의 최대 측정치는 20 A 정도이다.

5.3.5 자기 증폭기

변류기의 효율은 히스테리시스 곡선상의 운전점을 바꾸는 직류 성분이나 낮은 주파수의 전류에 의해 교정될 수 있다.

펌프회로에 의한 여기(Excitation)를 통해 생성된 높은 주파수 성분은 변류기를 통과하고 동시에 검파(rectified) 및 여과(filtered)되어 낮은 주파수의 신호에 높은 전력이 나타나게 한다. 펌프 회로는 신호 회로에 전력이 인가되지 않도록 자기 형상을 설계해야 한다.

그림 5-8은 이러한 배치를 보여준다. 펌프 코일은 E-E 변류기 코어의 중심 leg에서 보조 자기장이 상쇄되도록 부가된 위상을 직렬로 맞춘다. 출력 코일은 직렬로 위상을 맞추어 설치된다. 권선 중앙에 직류가 인가되면 양 방향이 자기 포화를 일으키고 출력 코일의 신호 레벨을 낮게 한다. 좀 더 복잡한 배치를 통해 출력의 위상 극성이 유지되도록 한다.

전류 측정 소자로서 자기 앰프는 선형성과 주파수 응답성은 좋지 않지만 격리 기능과 중심 권선의 턴 수에 따른 어느 정도의 감도를 제공한다. 전화에서 사용하는 20 mA의 직류 off-hook 전류가 그 이용의 한 예이다.

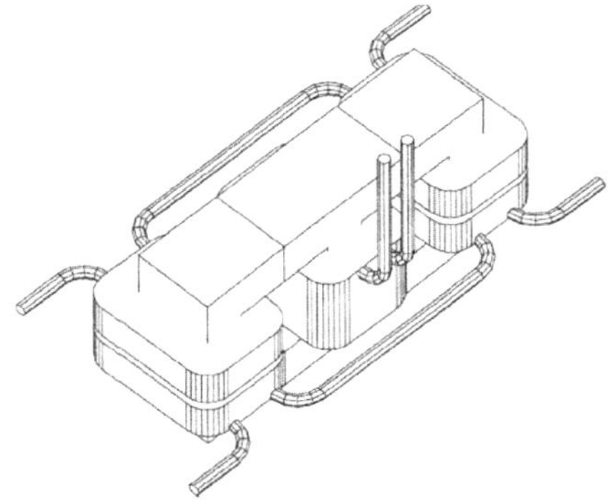

그림 5-8 자기 증폭기의 권선
(전류 측정을 단순화하기 위해 RF 펌프를 사용하여 페라이트 토로이드 상에 2-턴 코일을 감는 소형으로 제작할 수 있다.)

5.3.6 광학 센서

자기장과 평행한 투명 매체를 통과하는 것과 같은 편광(polarization of light) 평면의 회전은 파라데이 효과(Faraday effect)라고 한다. 편광 특성이 일정하고 낮은 파라데이 계수를 갖는 광화이버가 사용될 수 있다. 화이버 권선은 도선에 흐르는 전류에 의해 생성되는 자기장에 평행하게 빛이 전파되도록 도선 주위에 감겨져야 한다.

전류에 비례하는 측정 가능한 회전은 긴 광 경로로 인해 일어난다. 가지각색의 사전 준비와 관련된 문제가 해결되면 권선이 없는 전류 변류기처럼 보이는 센서가 된다. 미국 표준연구원은 큰 파라데이 계수를 갖는 yttrium-iron-garnet 재질의 반사 링을 사용할 경우 220 nA 를 측정할 수 있다고 보고서에 기술하였다[6]. 마쓰시다 전기 공업은 박막의 garnet films을 사용하여 전류 센서를 제조하였다. 편광된 광원과 다른 쪽 편광 분석기에 대한 편광 분석이 요구된다. 이 센서의 장점은 충분히 긴 길이의 화이버를 사용하므로 매우 높은 전압에 대한 격리가 가능하다는 것이다. 편광 특성을 보존하면서도 화이버를 권취(winding)하고 가열 냉각(annealing) 시키는 것과 파라데이 계수에 대한 온도 감도는 반드시 규명되어야 한다. 스웨덴의 ABB사는 최대 검출 전류가 23 kA 이상이고 감도가 2 A 정도이며 상대 오차가 0.15% [7]인 광 전류 센서를 발표하였다.

5.3.7 전류 측정 일반 및 주의사항

매우 단순한 부하를 제외하고는 부하에 나타나는 전류의 파형은 전압의 파형과 유사하지 않다. 잘 알려진 위상 변위나 역률을 차치하고서라도 전류에는 기준파 외에 고조파와 부고조파가 포함된다. 캐패시터형 입력 필터가 부착된 브릿지형 정류기는 전압 파형의 피크 인근에 전류 펄스가 생성되게 한다.

트라이악스는 기준파의 위상을 이동(shift) 시키고 홀수차 고조파를 초래한다. 영상 전류 스위칭의 전파 모드(full-cycle mode)에서 트라이악스는 전원 주파수 보다 낮은 몇몇 주파수 성분을 포함하는 영상 전류에 의해 몇 사이클 동안 최대 전류를 생성시킨다. 주파수 변환기는 펄스폭 변조 버스트(pulse width modulated burst) 전류를 생성하곤 한다. 최대 전류 측정 한계에 대한 오류는 순 실효전압과 전류를 측정하고 전압과 전류를 곱하여 전력으로 환산하여 측정하는 데 있다. 위상만 보정해도 결과는 다르게 나타난다. 간략히 기술하면, 전류를 정확하게 측정하기 위해서는 부하의 특성을 파악할 필요가 있으며 위에서 기술한 바와 같이 순시치가 변하는 사례는 매우 다양하므로 순 실효치라고 표기된 전류 센서를 선택할 때에는 주의가 요구된다.

5.4 측정 하드웨어

전원 신호를 측정하기 위한 하드웨어로는 먼저 전원 전압과 전류를 신호수집 장치가 안전하게 처리하기 위한 저압 신호로 변환하는 전류, 전압 신호 전처리 보드와 신호 수집 보드 그리고 디지털 신호처리 프로세서(DSP) 기반의 신호 처리용 하드웨어로 구성된다. 본 DSP는 일반 PC의 CPU가 그 기능을 대체할 수 있다. 그림 5-9에 전원 신호 측정 및 진단 시스템 하드웨어의 전체 구성도를 수록하였다.

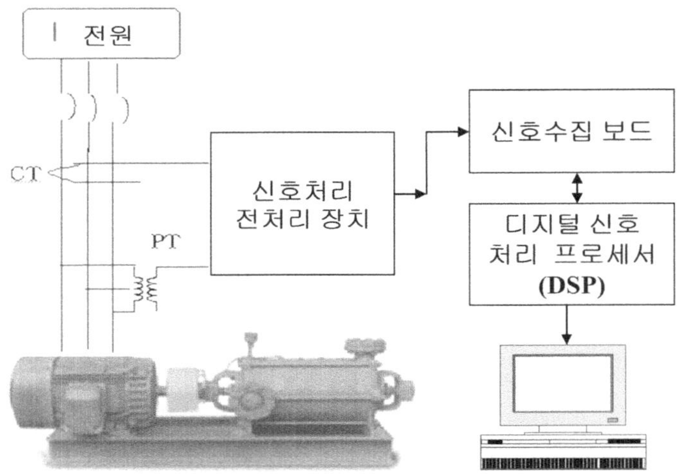

그림 5-9 전원 신호 측정 및 진단 시스템 하드웨어 구성도

5.4.1 전원 신호 취득

그림 5-10의 전압/전류 신호 전처리 보드는 3상 전압 측정 신호 3채널과 3상 전류 측정 신호를 CT와 PT에서 입력 받는다.

그림 5-11과 같이 전류 신호는 전단 증폭기와 차동앰프, 그리고 필터 등으로 이루어진 전처리 보드를 거쳐 아날로그/ 디지털 변환 회로에 입력한다. 차동 증폭기는 증폭도를 10배에서 500배까지 조절할 수 있으나 신호/잡음 비율을 좋게 하기 위해 수십배 이내의 게인을 갖도록 조절한다. 1단 증폭기는 영점 조정을 위한 바이어스를 맞출 수 있도록 설계되어 증폭기의 배율이 정확히 유지되도록 하며, Butterworth 6차 Low-pass 필터를 내장하였다. 전단의 RC 회로는 시정수 조절을 통해 Low-pass filter의 3dB cut-off frequency를 결정하는 데 사용된다.

그림 5-10 전압/전류 신호 전처리 보드 외형도

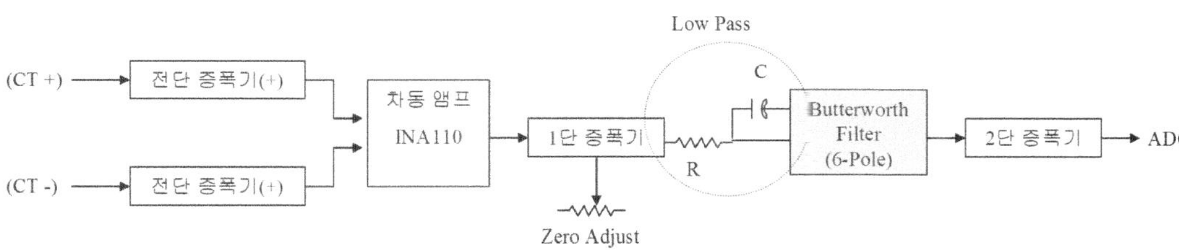

그림 5-11 전단 증폭기와 차동앰프, 그리고 필터로 구성된 전류신호 증폭회로

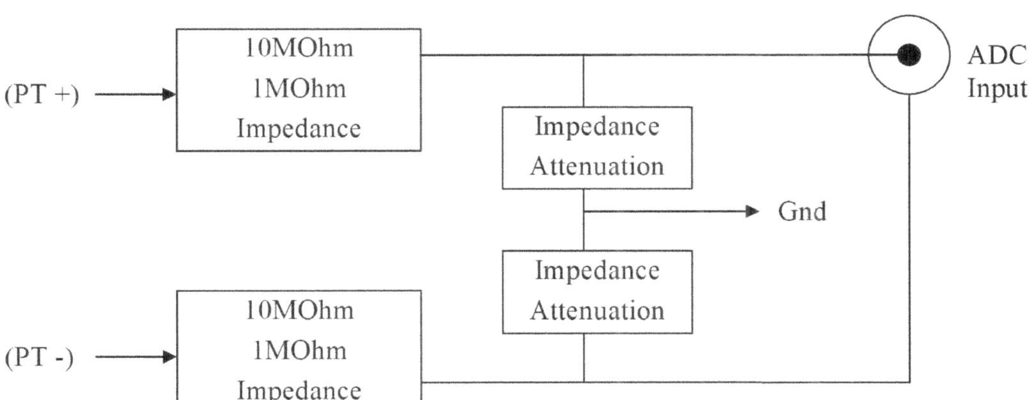

그림 5-12 신호 전처리 보드의 전압 신호 분압 처리기

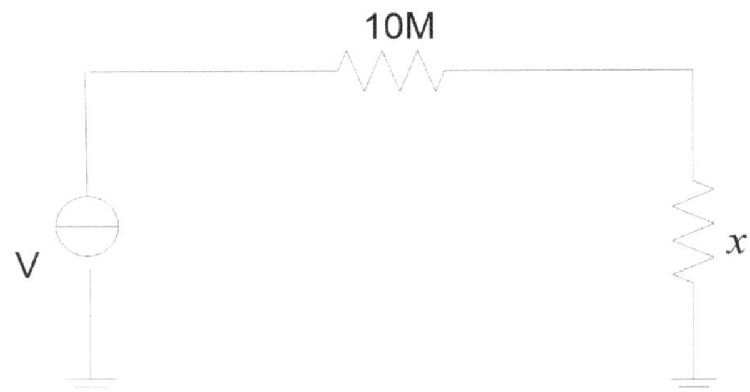

그림 5-13 전압 신호 분압 처리기의 등가회로 (PT+ 부분)

OP앰프에 의한 2단 증폭기는 CT 입력이 최적의 증폭도를 갖도록 게인을 조정하는 역할을 하며 내부 스위치에 의해 출력을 가변할 수 있는 회로를 포함한다.

그림 5-12의 전압 신호 전처리회로는 120 V PT(Potential Transformer)로 부터 입력을 받아 입력 저항 10 MOhm 사용 시 200:1 분압, 1 MOhm 사용 시 20:1로 분압하여 최적의 신호가 아날로그/디지털 변환으로 입력될 수 있도록 한다.

전압 신호 전처리 회로의 또다른 형태는 PT 2차단에 2차 계기용 변압기를 설치하여 전압을 변환하는 방법과 2차측 단자의 출력 전압이 ±10 V 이내로 제한 되도록 변압비가 높은 PT를 사용하는 방법이 있다. 2단 변압기는 고압 회로에 주로 사용되며, 높은 변압비의 PT는 저압 회로에 주로 사용된다. 저항 분압 방법은 고전압과 저전압 회로에 모두 사용할 수 있다.

전압 신호전처리 회로의 분압비를 구하는 방법은 다음과 같다. 그림 5-12의 회로의 PT+ 부분에 대한 등가 회로는 그림 5-13과 같다.

본 등가 회로에서 1차측 최대 전류를 1000 V로 하고 2차측 전압을 5 V로 결정한 다음 2차측 분압 저항 x의 값을 구하면 식 (5-18)과 같다.

$$\frac{\chi}{10 \cdot 10^6 + \chi} \cdot 1000 = 5 \qquad (5\text{-}18)$$

$$\chi = \frac{50 \cdot 10^6}{1005} = 50\ K \qquad (5\text{-}18a)$$

따라서 1000:5 V 분압비를 얻기 위한 회로에서 2차 분압저항은 50 K Ohm이 된다.

5.4.2. 전원 센서 연결 방법

PT와 CT, 전류 센서 등으로 측정된 전압, 전류 출력 신호는 측정 목적에 따라 다양한 결선 방식을 이용하여 신호 전처리 보드로 입력된다. 일반적으로 입력 설정은 단상 전압/전류를 입력으로 하는 경우와 3상 전압/전류를 입력으로 하는 경우가 가장 많이 사용된다. 이외에도 중성점이 있는 단상 전압/전류를 입력으로 하는 경우, A, C상만을 이용하여 3상 3선식 전압을 측정하고 B상을 중성점으로 사용하여 3상 전류를 측정하는 경우 등의 결선 방법이 사용된다. 표 5-1에 다양한 결선 방법을 요약하였다.

그림 5-14는 두 개의 CT를 이용하여 삼상 전류를 측정할 때의 결선법을 보여준다. 이차측은 공통 Ib상 전류 입력으로 사용하며, 이때 페이서는 Ia와 Ib의 벡터합에 대한 역상 성분이 된다. 결선 방식별 단선도를 간략하게 그림 5-15부터 그림 5-20까지 나타내었다.

중성점이 있는 단상 전압과 전류의 신호를 취득하는 경우는 그림 5-16과 같이 전압의 중성을 연결하여 선간전압을 취하며 CT는 중성점에 연결하지 않는다.

2-적산전력계법으로 측정하는 경우는 그림 5-17과 같이 B상을 중성점으로 선간전압을 측정하며 A,C상의 전류를 측정한다.

3상 3선식 전압과 전류는 그림 5-18과 같이 각 상의 모선에서 전압과 전류를 취득하며, 선간전압과 상간전압을 모두 얻을 수 있다.

3상 3선식 전압/전류를 입력으로 하는 경우는 그림 5-19와 같이 전압 N상만 추가로 측정한다.

3상 4선식 전압/전류를 입력으로 하는 경우는 그림 5-20과 같이 N상의 전압과 전류를 모두 측정한다.

표 5-1 PT, CT 결선 방식 요약

결선 방식	설 명
1P2W	단상 전압/전류를 입력으로 하는 경우
1P3W	중성점이 있는 단상 전압/전류를 입력으로 하는 경우
3P3W2M	두개의 CT 2차측이 공통 접지된 경우
3P3W2M	A,C상을 이용하여 전압을 측정하고 B상은 중성점으로 사용하는 3상 3선식 전압/전류 측정 방법
3P3W3M	3상 3선식 전압/전류를 입력으로 하는 경우
3P4W	3상 3선식 전압/전류를 입력으로 하는 경우, 전압 N상간 추가로 측정
3P4W4I	3상 4선식 전압/전류를 입력으로 하는 경우, N상의 전갑과 전류를 모두 측정

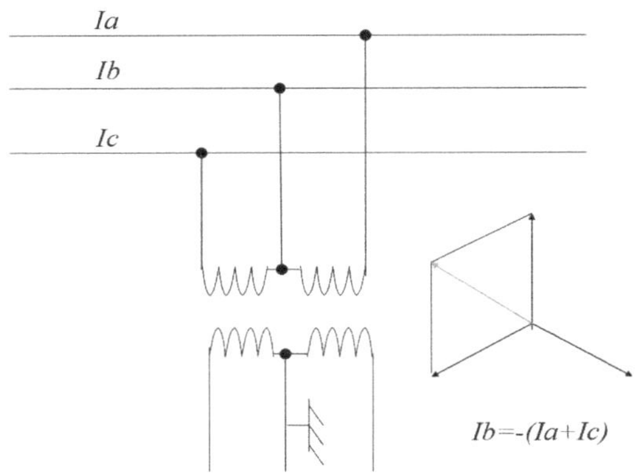

그림 5-14 두개의 CT 2차측이 공통 접지된
경우의 결선도와 페이서 벡터도

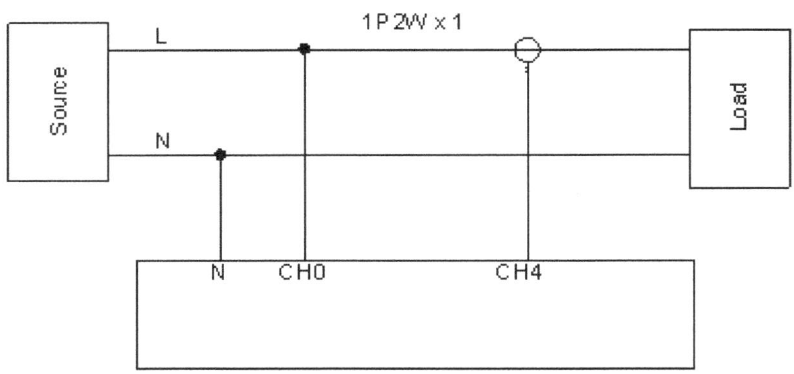

그림 5-15 단상 전압/전류를 입력으로 하는 경우

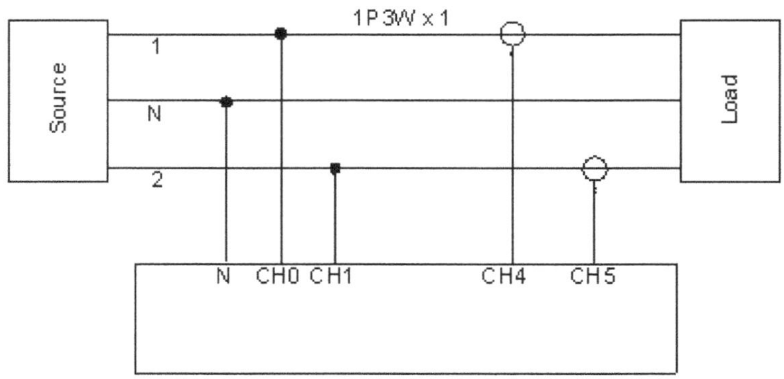

그림 5-16 중성점이 있는 단상 전압/전류를 입력으로 하는 경우

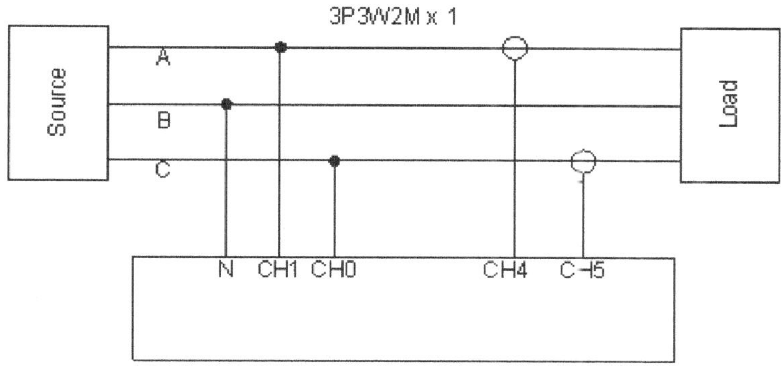

그림 5-17 A,C 상 만을 이용하여 3 상 3 선식 전압/전류를 측정하는 방법
(전압 B 상은 중성점으로 사용)

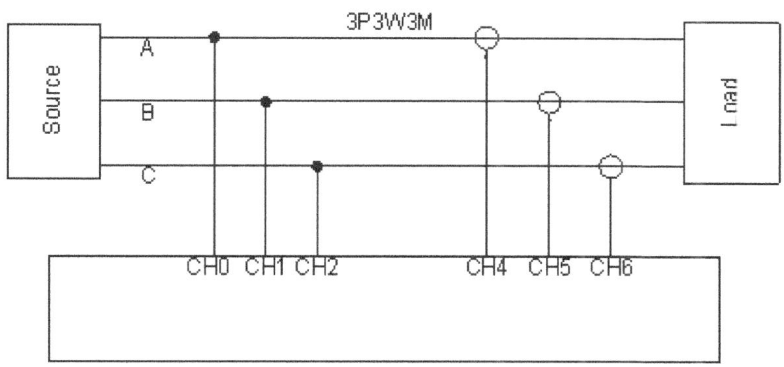

그림 5-18 3 상 3 선식 전압/전류를 입력으로 하는 경우

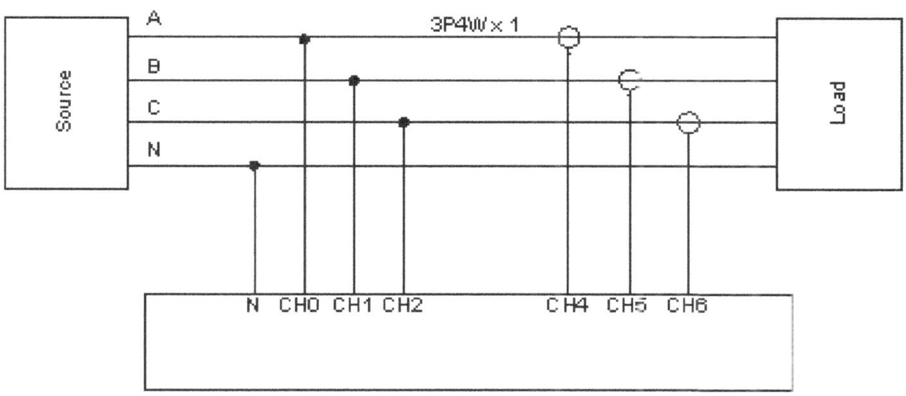

그림 5-19 3 상 3 선식 전압/전류를 입력으로 하는 경우(전압 N 상만 추가로 측정)

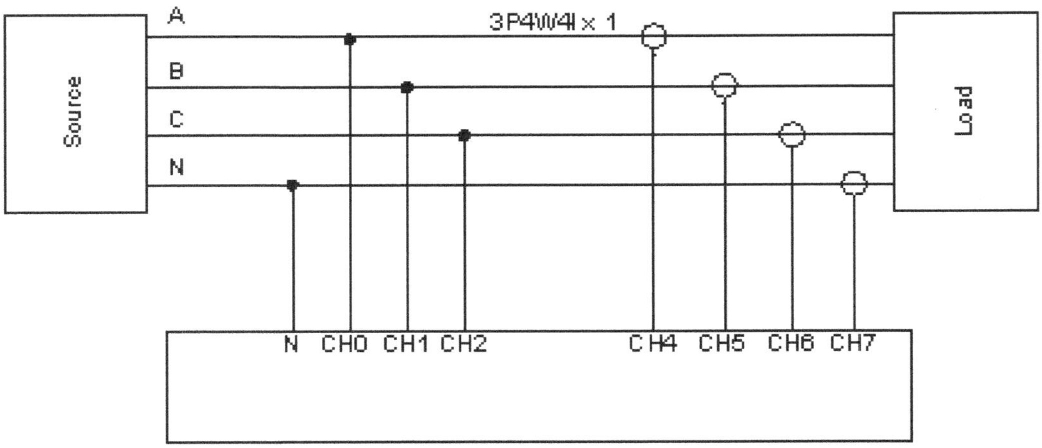

그림 5-20 3상 4선식 전압/전류를 입력으로 하는 경우(N상의 전압과 전류를 모두 측정)

5.4.3 신호 수집 장치

아날로그 신호는 미소한 잡음 등의 혼입도 정보에 영향을 주기 때문에 정교한 회로기술이 요구되고 잡음을 제거하려고 하면 원래의 파형의 정보에까지 영향을 미친다.

이와는 다르게 디지털 회로는 '0' 과 '1'이라는 두 종류의 논리에 대응한 전압의 조합이 정보로 표현한다. 약간의 잡음이 혼입되어도 정보에는 영향을 주지 않으며 정보의 가공이나 보존 등을 간단히 할 수 있는 장점이 있다. 파형정형 처리를 하는 정도로, 원래 파형의 정보에 영향을 주지 않고 간단하게 잡음을 제거하여 정보를 전달하는 것이 가능하다.

신호 수집 장치는 아날로그 신호를 디지털로 변환하기 위해 필요한 입력 필터, 연산 증폭기, ADC(Analog-Digital Converter)와 이를 저장하기 위한 선입-선출 메모리(FIFO), 그리고 디지털 신호를 DSP 또는 CPU에 전송하는 데 필요한 병렬 포트 인터페이스와 양방향 데이터 버스로 그림 5-21과 같이 구성된다.

그림 5-21에서는 축약명령(RISC)형 DSP에 의해 모든 기능이 실행되는 일체형 신호수집 장치의 예를 보여주고 있다. 다음 절에서는 본 장치의 구성품별 상세한 사항을 기술한다.

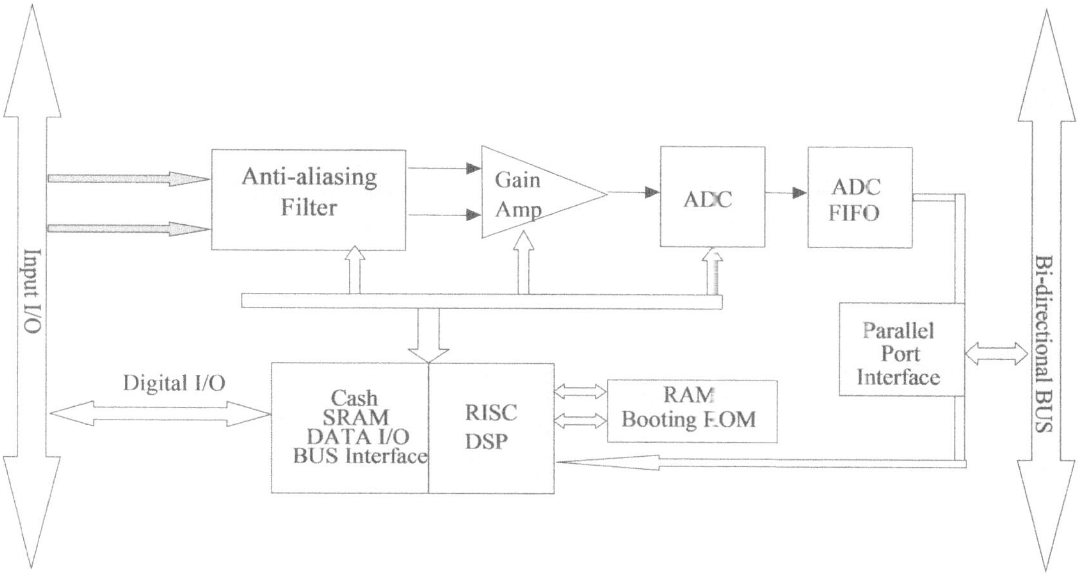

그림 5-21 신호 수집 장치 개념도 (축약명령형 DSP 부착 일체형)

(1) 신호 컨디셔너 및 아날로그-디지털 변환기

1) 안티 에일리어싱 필터(Anti-aliasing Filter)

아날로그 데이터를 디지털 데이터로 변환할 때는 일정 간격마다 데이터를 변환한다. 변환시간을 T라 하면 *1/T*(시간)를 샘플링 주파수라 부른다. 샘플링 주파수를 고속으로 하면 할수록 원래의 아날로그 데이터에 가까운 형태의 데이터를 얻을 수 있다. 그림 5-22와 같이 샘플링 주파수를 너무 빠르게 하면 데이터 수가 방대한 수로 되어 버리기 때문에, 후 처리가 너무 오래 걸린다고 하는 문제점이 발생한다. 샘플링 주파수가 너무 느리면 원래 파형의 데이터를 재생하려고 할 때에는 입력의 신호정보를 잃기 쉽다. 이 기준을 정의한 것을 "샘플링의 정리"라 한다.

"취급하는 신호의 주파수를 *f(Hz)*, 샘플링 주기를 *t(s)*라고 한 경우, 원래 신호 파형의 성분을 손상시키지 않기 위해서는 $t <= 1/2f$를 만족시켜야 한다."

샘플링 주파수가 샘플링의 정리를 만족시키지 않을 경우, 원래의 신호 주파수 성분에 마치 주파수가 겹쳐 있는 것 같은 A/D 변환 결과가 얻어지고 만다. 이와 같은 현상을 에일리어싱

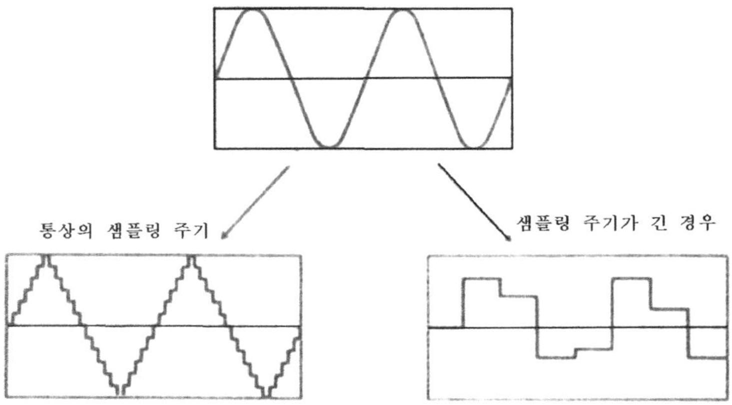

그림 5-22 샘플링 주기와 A/D 변환 데이터

(aliasing)이라 한다. 에일리어싱을 방지하고 A/D 변환을 하는 경우에는 A/D 변환에 입력하는 아날로그 신호의 높은 주파수 성분을 커트하고 나서 입력할 필요가 있다. 이 A/D 컨버터의 전단에 설치하는 로패스 필터를 안티 에일리어싱 필터(anti-aliasing filter)라 부른다. CR회로만으로 구성되는 간단한 구성의 로패스 필터를 사용해도 가능하다.

2) 샘플 홀드 회로

A/D 변환 실행 중에 입력전압이 변동하게 되면 A/D 변환 데이터가 부정의 값으로 되어 버리므로 A/D변환의 개시부터 종료까지는 입력전압을 같은 전압으로 유지해 둘 필요가 있다. 그림 5-23과 같이 샘플 홀드 회로는 통상 샘플 상태에 있고, 버퍼 앰프로서 동작하고 있지만, A/D 변환이 개시됨과 동시에 그 시점의 전압을 유지한다. A/D 변환이 종료하면 다시 샘플 상태로 되돌아가며, 버퍼 앰프로 동작한다. 최근에는 A/D 컨버터 칩에 샘플 홀드 회로를 내장시키는 경우도

그림 5-23 샘플 홀드의 동작

있다. 다채널의 A/D 변환 시스템에 있어서는 복수의 입력신호를 멀티플렉서로 전환하여, 하나의 A/D 변환기로 다채널의 신호를 취급하기도 한다. 채널간의 위상차가 발생하는 문제를 해결하기 위해 멀티플렉서 전단에 채널 수만큼 샘플 홀드 회로를 외부에 설치하기도 한다.

(2) 아날로그-디지털(A/D) 컨버터

그림 5-24와 같이 A/D 변환이란, 연속적으로 변화하는 아날로그 데이터량을 일정시간 간격으로 이산적인 디지털 데이터 량으로 변화시키는 기법을 말한다. 아날로그 데이터를 A/D 컨버터를 사용하여 디지털화하는 것을 양자화라고 칭한다. A/D 변환을 할 때에 중요한 것은 입력신호의 성질 (dynamic range, 입력 레인지, 주파수 범위 등)을 고려하여, A/D 변환을 해야 한다는 것이다.

A/D 변환보드는 입력 신호를 ±10 V와 ±5 V 범위로 조절하여 다양한 범위의 입력 신호를 높은 해상도의 디지털 신호로 변환한다. 전원 신호분석 기법에서 제공하는 모든 입력 신호는 ±5 V 범위이다. 그림 5-25는 6채널 동시 샘플링 방식의 A/D 컨버터와 신호 컨디셔너로 구성된 A/D 변환 보드의 간략도를 보여준다.

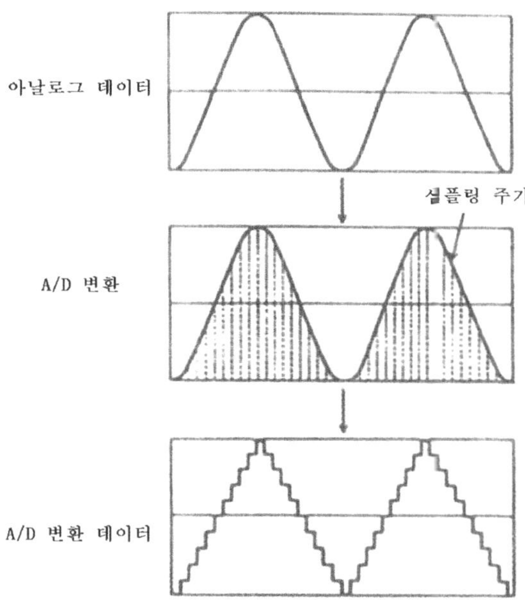

그림 5-24 A/D 컨버터의 동작

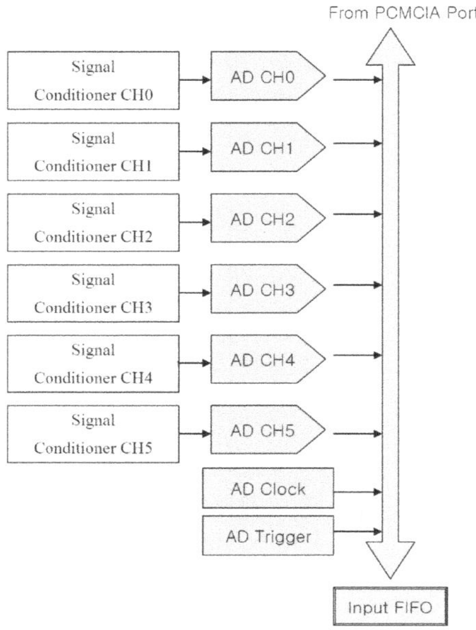

그림 5-25
6채널 입력 동시 샘플링 방식의 A/D 변환보드 개념도

A/D 변환보드의 특징을 기술하면 다음과 같다.

- **동시 샘플링(simultaneous sampling)** : 채널별로 동시에 신호가 측정되도록 각 채널에서 수집된 신호 사이의 위상차를 제거
- **높은 샘플링률(sampling rate)** : 10 KHz 샘플링률 이상
- **A/D 해상도(resolution)** : 16비트 이상
- **하드웨어 안티 앨리어싱 필터(anti-aliasing filter) 내장** : A/D 변환에서 발생할 수 있는 신호 왜곡 현상을 제거

A/D 컨버터 보드 관련 용어를 정리하면 다음과 같다.

- **분해능** : A/D 또는 D/A 컨버터에 허용되는 풀 스케일 (최대 입력전압)을 어느 정도 미세하게 분해할 수 있는가를 나타내는 값이다. n비트의 A/D, D/A 컨버터는 $\frac{1}{2n}$의 분해능을 가지고 있다.
- **유효 비트** : A/D 컨버터의 분해능은 세밀할수록 A/D 컨버터의 정밀도는 높아지지만, 분해능 = 정밀도의 관계에 있다고는 단정할 수 없다. 실제로는 주변회로를 포함한 노이즈 등의 문제에 따라 정밀도는 분해능까지 높아지지 않는다. 유효 비트란, 시스템 전체의 비트 정밀도를 가리킨다.

표 5-2 A/D 변환기의 분해능과 다이내믹 레인지

비트	분해능	다이내믹 레인지
4	1/16	24dB
8	1/255	48dB
12	1/4096	72dB
14	1/16384	84dB
16	1/65536	96dB
24	1/16777216	144dB

- 다이내믹 레인지 : 분해능이 낮은 A/D 컨버터를 사용하여 A/D 변환을 하는 경우, 큰 진폭의 입력신호를 취급하는 경우는 문제가 없겠지만, 취급 신호 레벨이 낮아지면 A/D 변환을 할 수 없게 될 위험성이 있다. 그러나 신호처리 시스템의 진폭은 미소신호부터 큰 신호까지 변화하는 경우가 많다. 즉 이것을 넓은 다이나믹 레인지 (dynamic range)가 요구된다고 말하며, A/D 변환기의 분해능과 다이내믹 레인지의 관계를 표 5-2와 같이 나타낸다.
- 오프셋 오차 : A/D 컨버터는 입력이 0 V일 때, 당연히 출력도 0 V에 대응한 디지털 코드로 되지 않으면 안 된다. 그러나 실제로는 주변회로나 온도 등의 영향으로 오차가 발생한다. 이것을 오프셋 오차라 부르고 있다.
- 이득 오차 : 원래 A/D 컨버터의 0 스케일과 풀 스케일을 연결하는 직선은 A/D 컨버터의 출력값의 이상적인 직선과 일치하지 않으면 안된다. 그러나 실제로는 오프셋 전압과 마찬가지로, 주변회로나 온도의 영향으로 이상적인 직선과 편차를 일으키게 된다. 이것을 이득 오차라 부르고 있다.
- 양자화 오차 : A/D 컨버터는 아날로그 전압을 일정시간(샘플링 주기)로 잘라내어, 잘라낸 시점에서 그 전압을 사사오입하여 디지털 코드로 출력하는 식으로 동작한다. 따라서 엄밀한 의미로 정확한 전압값과 오차가 발생한다. 이 오차를 양자화 오차라 부른다.

(4) DSP(Digital Signal Processing)

A/D 컨버터에 의해 디지털화된 데이터는 퍼스널 컴퓨터 등에 입력되어 계산 처리한다. 계산처리는 리얼타임으로 실시되며, 디스플레이 상에서 모니터하면서 파일링을 한다는 식으로 처리하게 된다. 통상 신호처리에 사용되는 계산 알고리즘은 복잡한 것이 많기 때문에 퍼스널 컴퓨터가 리얼타임으로 처리를 할 수 없게 되는 경우가 있다. 그와 같은 문제를 해결하기 위해 등장한 것이 DSP라 부르는 전용의 칩이다.

DSP의 특징으로는 내부 버스의 폭이 넓고, 1클록으로 1명령이상의 실행이 가능하며 승가산(sum of products) 연산처리를 아주 고속으로 할 수 있다는 점이다. 또한 신호처리 전용의 칩을 사용하고 실시간으로 신호처리를 담당하는 핵심 디바이스이다. DSP의 문제점으로는 통상적인 CPU에 비해 개발환경이 특수하고, 칩 메이커에 따라 각각 개발환경이 다르다는 점이다.

그렇다면 신호처리에 꼭 DSP와 같은 전용칩이 필요한가의 의문이 생긴다. 결론적으로 말하면 최근 퍼스널 컴퓨터의 처리속도의 향상으로 인해 전용 칩의 신세를 지지 않아도 손쉽게 신호처리 가능하게 되어 DSP의 의존도는 낮아졌지만 내장형(Embedded) 시스템인 경우는 DSP에 대한 의존도가 절대적이다.

프로그램 개발 환경 측면을 고려하면, 퍼스널 컴퓨터는 많은 언어 처리 소프트웨어나 디버거(debugger)를 사용할 수 있는 반면 DSP에서는 모두가 전용 소프트웨어로 되기 때문에 고가의 비용이 요구된다. 성능적인 면에서는 DSP의 경우 연산처리에 관해서는 뛰어나지만, 그 이외의 처리에서는 별로 나을 것이 없다. 신호처리를 응용한 제품 개발로 되면 연산 처리만 빠르다고 해서 모든 것이 시원하게 해결되는 것이 아니라는 것은 말할 필요도 없다.

특히 최근의 멀티미디어 정보를 취급하기 위해서는 화면 표시 능력이 중요해졌다. 따라서 연산처리만 DSP가 담당하고, 그 외에는 범용 CPU가 담당하는 경우도 발생한다. 만일, 퍼스널 컴퓨터의 연산처리 능력으로 충분히 대응할 수 있는 응용 분야라면 퍼스널 컴퓨터 환경에서 구현하는 것이 낫다.

신호처리 개요

6

"주도적인 노력에 의해 스스로의 인생을 고결하게 하는 인간의 불가사의한 능력보다 더욱 고무적인 것은 없다."

(헨리 데이비드 소로, 스티븐 코비의 성공하는 사람들의 7가지 습관에서 재전재)

6.1 디지털 신호처리 개요

일반적으로 우리가 관측하는 신호는 어떤 물리량을 표시하는데, 연속적인 시간 및 진폭으로 정의되는 신호를 **아날로그 신호**(Analog Signal)라고 한다. 이것에 대하여 시간은 연속 값으로 정의되지만, 진폭이 연속 값이나 이산 값으로 정의되는 신호를 **연속 시간신호**(Continuous-Time Signal)라고 한다. 한편, 이산 시간신호(Discrete-Time Signal)는 그림 6-1에 표시하는 것처럼 이산시간으로 정의되며 T를 시간간격이라고 하면 수열(Sequence), {⋯, x(-2T), x(-T), x(0), x(T), x(2T),⋯ , x(nT), ⋯}로 표시된다. 이산 시간기호는 식 (6-1)과 같이 표시하며, 일반적으로 T를 생략하고 X(n)을 사용하기도 한다.

$$\begin{aligned} &x(nT) && -\infty \leq n \leq \infty \\ &x(n) && -\infty \leq n \leq \infty \\ &x_n && -\infty \leq n \leq \infty \end{aligned} \tag{6-1}$$

이산시간 신호 속에서도 진폭이 연속치로 정의되는 신호를 샘플 신호라고 하며, 이산치로 정의되는 신호를 디지털 신호라고 한다.

디지털 신호처리는 음성, 통신, 영상신호와 같은 각종 계측신호 등의 아날로그 신호를 디지털 신호로 변환한 후, 디지털 연산에 의해서 신호처리 조작을 하여 원하는 기능을 실현하는 것을 목적으로 한다. 이와 같은 신호처리 조작으로는 디지털 필터링과 이산 푸리에 변환(Discrete Fourier Transform, DFT)의 2개의 기본 알고리즘이 널리 알려져 있다.

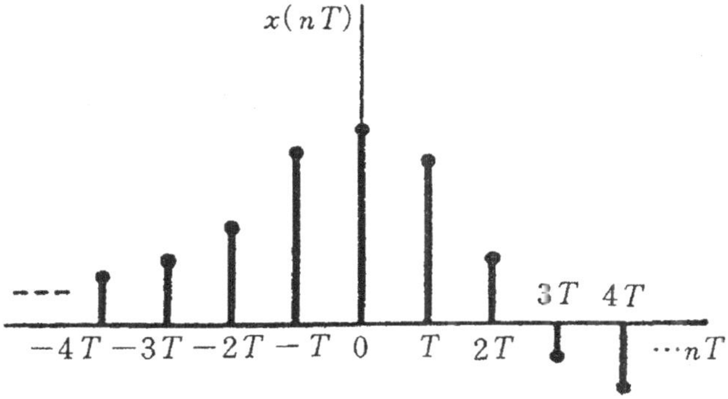

그림 6-1 이산 시간기호

6.2 고속 푸리에 변환

고속 프리에 변환(FFT, Fast Fourier Transform)은 시간 영역 데이터로부터 주파수 스펙트럼을 추출하는 기법이다. FFT 변환은 파형 정보를 구하기 위한 복잡한 수학적 처리 단계가 필요 없는 비교적 간단한 방법이라는 데 그 장점이 있다. 주파수 해상도는 식 (6-2)에 의해 정해진다.

$$\Delta f = \frac{f_{\max}}{N} \tag{6-2}$$

여기서, Δf는 주파수 해상도이고 $f_{\max}$는 데이터 샘플링률이며 N는 샘플의 수이다. 식 (6-2)에서도 알 수 있듯이, 주파수 해상도를 높이기 위해서는 데이터 수집 시간을 늘려야 한다.

DFT는 디지탈 신호처리 시스템의 해석 및 설계 중에서 중요한 역할을 한다. DFT가 디지털 신호처리 분야에서 중요한 역할을 하는 것은 기본적으로 이것이 이산 신호의 푸리에 변환 및 Z 변환뿐만 아니라 연속신호의 푸리에 변환이나 푸리에 급수와 밀접한 관계가 있기 때문이다. DFT가 디지털 신호처리에 많이 쓰이는 또 하나의 이유는 DFT를 신속히 산출할 수 있는 매우 효과적인 알고리즘이 존재하기 때문이다. 이와 같은 알고리즘을 FFT 알고리즘이라고 하며 이 알고리즘을 이용한 DFT의 산출 개념은 다음과 같다.

유한수열 $x(n)$의 DFT $X(k)$는 식 (6-3)과 같이 표기할 수 있다. 여기서, $W_N = e^{j\frac{2\pi}{N}}$

$$X(k) = \sum_{n-0}^{N-1} x(n) \times W_N^{kn}, \qquad k = 0,\ 1,\ 2, \cdots, N-1 \tag{6-3}$$

X(k)의 **이산 푸리에 역변환**(IDFT)은 식 (6-4)으로 표기할 수 있다.

$$x(n) = \frac{1}{N} \sum_{k-0}^{N-1} X(k) \cdot W_N^{-kn}, \qquad n = 0, 1, 2, \cdots, N-1 \tag{6-4}$$

식 (6-3)과 (6-4)를 비교하면, W_N의 지수(Exponent)의 부호가 서로 다른 점과, N으로 나누었다는 점만이 다를 뿐, 서로의 형태가 매우 유사하다. 따라서 식 (6-3)의 계산과정을 조금만 수정하면 이것을 그대로 식 (6-4)의 계산과정에 적용할 수 있다. 식 (6-3)에서 x(n)를 복소수라고 가정하면, 식 (6-3)은 식 (6-5)로 된다. 여기서, k = 0, 1, 2, ⋯ , N-1이다.

$$X(k)=\sum_{n=0}^{N-1}x(n)\cdot W_N^{-kn}=\sum_{n=0}^{N-1}\{(\mathrm{Re}[x(n)]\cdot\mathrm{Re}[W_N^{kn}]-\mathrm{Im}[x(n)]\cdot\mathrm{Im}[W_N^{kn}])$$
$$+j(\mathrm{Re}[x(n)]\cdot\mathrm{Im}[W_N^{kn}]+\mathrm{Im}[x(n)]\cdot\mathrm{Re}[\mathrm{W}_{\mathrm{N}}^{\mathrm{kn}}])\} \tag{6-5}$$

식 (6-5)에 따라 $X(k)$를 계산할 때, 각 k마다의 계산량은 다음과 같다. 즉, 실수 곱셈회수는 약 $4N$이며, 실수 가산회수는 $(4N-2)$이다. 여기서 「약」이라 한 것은, 가령 n = 0일 때는 $W_N^0=1$로, 사실상 곱셈이 이루어지지 않기 때문에 실제의 총 곱셈회수는 $4N$ 미만이 되기 때문이다. 따라서 N개의 k에 대하여 $X(k)$를 모두 산출하는데 필요한 총 곱셈회수는 $4N^2$이며, 총 가산회수는 $N(4N-2)$이므로, 개괄적으로 말하면, 식 (6.1)에 의하여 DFT $X(k)$를 산출하는 데 필요한 총 계산량은 N^2에 비례한다고 볼 수 있다. 따라서 N이 클 경우에는 이 계산량은 방대한 것이 된다.

식 (6-5)로부터 알 수 있는 바와 같이 1회의 복소 곱셈은 4회의 실곱셈과 2회의 실가산에 해당된다. 그러나 복잡성을 피하기 위하여, 앞으로는 계산량을 복소 곱셈회수와 복소 가산회수로 비교하기로 한다. 따라서, 앞으로 곱셈이나 가산이라 하면, 이들은 각각 복소 곱셈과 복소 가산을 의미하는 것으로 한다. 이와 같은 방법을 택하면, 식 (6-3)에 의하여 모든 X(k)를 산출하는데 소요되는 곱셈회수는 N^2이며, 가산회수는 $N(N-1)$로 된다.

6.2.1 FFT 시뮬레이션

그림 6-2는 FFT 분석창의 구성을 보여준다. 신호 발생기에 의해 생성된 그림 6-3(a)의 구형파는 가중함수를 거쳐 FFT 변환을 하게 된다. FFT 변환 결과는 가로축에 주파수 배열, 그리고 세로축에 진폭 배열을 한 스펙트럼 파형으로 출력된다. 구형파 입력을 FFT 분석하면 다양한 주파수와 진폭을 갖는 여러 개의 선으로 이루어진 출력을 그림 6-3(b)와 같이 만들어 낸다.

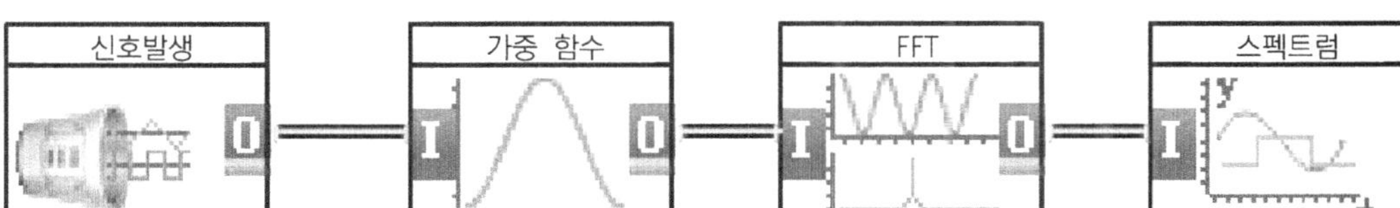

그림 6-2 FFT 분석창 회로도

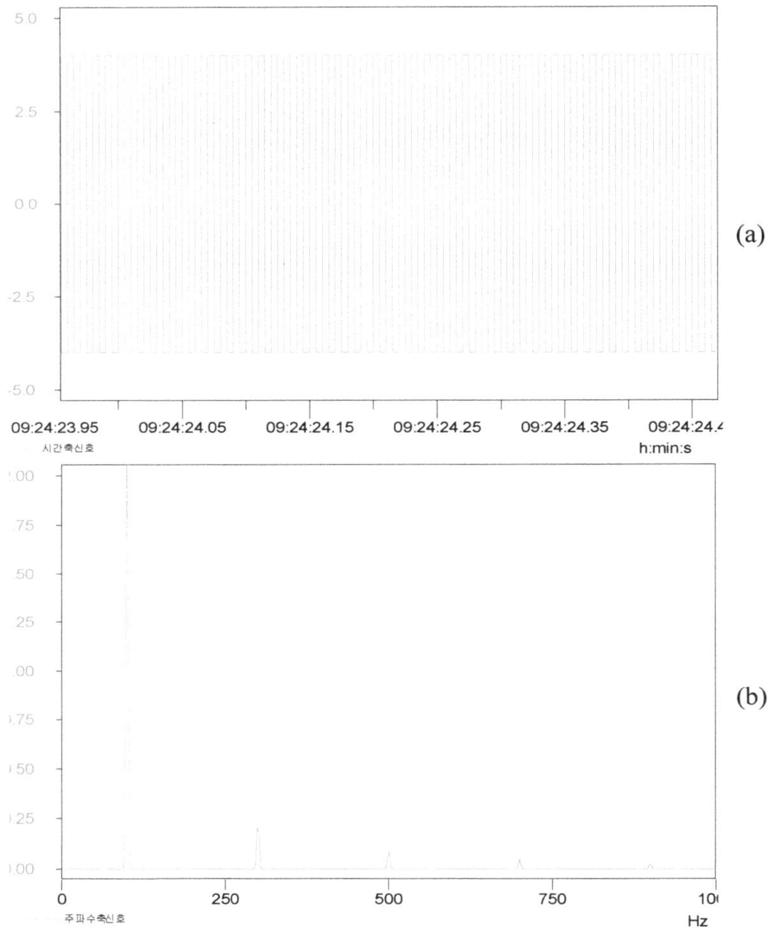

그림 6-3 구형파 신호(a)와 FFT 분석 결과 스펙트럼 (b)

(1) 가중 함수(Windows)

FFT 분석기에 입력되는 샘플 자체는 연속적이나 실제로 입력되는 데이터의 양 끝 단은 잘려진 형태가 된다. 따라서 시간 영역 신호가 분명히 단일 주파수의 정현파 이지만 샘플링은 파형의 시작과 끝이 동일한 지점이 아닌 구간에서 수행되어 결과적으로 잘못된 주파수 파형이 생기게 된다. 대부분의 시간 영역 신호는 주파수와 합성되어 있으므로 샘플링할 때 절단되는 것을 피하도록 조정하는 것은 불가능하다. 식 (6-6)의 가중함수는 잘못된 주파수 파형 생성을 최소화하기 위해 샘플링된 신호의 가장자리 쪽을 점차로 감소시킨다. 가중함수를 사용하게 되면 잘못된 주파수 생성은 줄일 수 있으나 주파수 해상도가 나빠지는 단점이 있다.

$$Y_i(n) = 0.5 \cdot x\left\{1 - \cos\left(\frac{2\pi \cdot i}{N}\right)\right\}, \text{ for } i\text{=0, 1, 2,} \cdots \text{, n-1} \tag{6-6}$$

여기서 x는 입력 신호, y은 출력 신호이고 n은 입력x의 엘레멘트 개수이다.

표 6-1과 같이 가중 함수는 다양한 종류가 있으나 이 중 해닝 윈도우와 해밍 윈도우가 주파수 분해능과 진폭 크기의 정확성 사이에 최상의 절충을 제공하므로 정상 상태의 분석에 주로 사용된다. 그림 6-4는 Hanning 윈도우를 이용한 가중함수를 보여준다.

표 6-1 가중 함수의 종류

◆ Rectangle ◆ Bartlet(Triangle) ◆ Hamming ◆ Hanning ◆ PowerofCosine ◆ Blackman	◆ Blackman-Harris ◆ Tukey ◆ Poisson ◆ Hanning-Poisson ◆ Cauchy ◆ Gauss ◆ Flattop

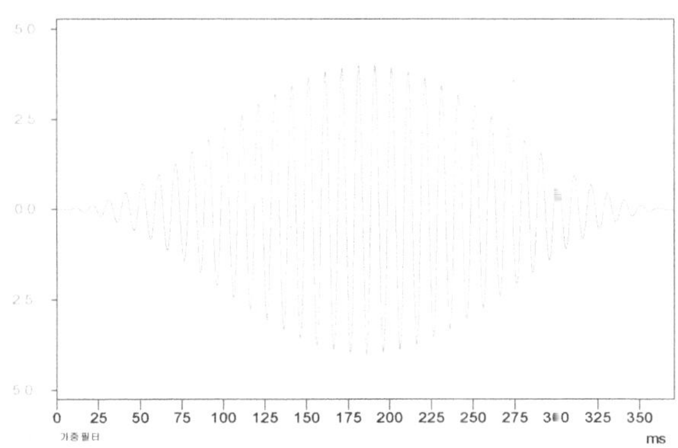

그림 6-4 가중 함수(Hanning window의 경우)

6.3 시간-주파수 분석 기법

전류 FFT는 짧은 시간 동안의 신호를 추출하여 주기적 신호를 표기한 것으로서 신호가 시간에 따라 변화하면 특성 주파수를 판별하기가 곤란해진다. 또한 두 개 이상의 서로 다른 신호가 동일한 주파수 성분의 스펙트럼을 가지는 경우 이들 각각을 특성화시키기가 어렵다. 따라서 각 신호성분의 스펙트럼을 시간의 추이에 따라 표현할 수 있는 신호처리 방법이 개발되었으며, 이는 시간, 주파수 및 크기에 대한 추이를 하나의 현상으로 표현함으로써 신호해석의 영역에서 획기적인 전환점이 되었다.

기존의 신호해석은 시간 및 주파수 각각에 대한 신호의 크기를 2차원으로 표시함으로써 시간 또는 주파수 변화에 따른 신호분석이 불가능하였으나, 신호의 시간-주파수 분석(Joint Time-Frequency Representation, JTFR) 방법들은 입력신호를 특정 시간 및 주파수에서의 Intensity 또는 Energy Concentration으로 해석하여 주파수 및 시간에 대해서 동시에 신호의 Energy Density를 3차원으로 표시하는 것이다. 따라서 시간에 따라 변화하는 주파수 성분이나 통계학적인 성질을 갖는 신호분석에 적용 가능한 JTFR을 회전체 진단에 사용하여 측정점에서의 각 진동원인에 대한 진동응답을 찾고, 진동원인과 관련된 주파수 및 공진점을 분석하여 각각의 진동원인들이 에너지분포에 기여하는 정도를 측정함으로써 진동발생 원인을 구별하기가 용이하다.

주로 많이 사용되고 있는 JTFR 방법으로는 순시 주파수 분석(Instantaneous Frequency), 짧은 시간 구간의 푸리에 변환(Short-time Fourier Transform), 웨이블릿 변환(Wavelet Transform), 위그너 분포(Wigner Distribution) 등이 있다. 각 방법들에 대해 간략히 소개하면 다음과 같다.

- **순시 주파수 분석** : 시간에 따른 주파수의 진동을 보여주며, 기존의 제한사항인 non-stationary 신호의 시간에 따른 크기를 볼 수 있으나 잡음에 매우 민감한 반응을 보인다.
- **단시간 푸리에 변환** : 음성, 음악 및 non-stationary 신호해석의 시간-주파수 변환에 많이 사용되지만, window 크기에 관한 정확한 예측이 어렵기 때문에 작은 크기의 window를 시작으로 점차 window의 크기를 증대시키면서 주파수의 특성을 보아야 하므로 계산의 양이 증대되며 주파수 특성의 분해능이 window의 크기에 매우 민감하다.
- **웨이블릿 변환** : 단시간 푸리에 변환과 비슷한 해석 방법이며 가중함수 크기의 최적 표현에 관한 것이다.
- **위그너 분포** : WD는 주파수와 시간의 분해능을 선택하는 것이 가능하기 때문에 위에서 설명한 다른 해석방법의 단점을 보완하면서 시간-주파수 표현이 가능하고, 많은 수학적인 특성을 만족한다. 특히, WD의 주파수 적분은 순간 파워이고 시간 적분은 스펙트럼 에너

지분포가 되므로 시간-주파수 및 크기의 추이를 표현할 수 있기 때문에 신호의 특성을 분석하는 좋은 도구가 된다.

본 절에서는 웨이블릿과 WD를 상세히 설명하고자 한다.

6.3.1 웨이블릿 분석법

웨이블릿은 신호의 에너지를 짧은 시간 동안 일괄적으로 처리하는 반면 특정 주파수 성분을 갖는다. 웨이블릿 이론이 정현파 성분 처리만을 요구하지는 않는다는 것은 매우 중요하게 지적될 필요가 있다. 하지만 정현파 성분으로 분석하는 방법이 매우 유용한 것으로 판명되었는데 이는 스펙트럼에서 특정 주파수 성분을 걸러낼 수 있기 때문이다.

고전적인 FFT 및 스펙트럼 분석과 현대의 웨이블릿 이론과의 또 다른 차이점은 웨이블릿 이론은 변화하는 형상의 선형적인 독립 함수들의 세트를 처리하는 반면에 고전적인 FFT 및 스펙트럼 분석은 변화하는 주파수의 사인파 세트의 정형적인 함수로 표기된다는 것이다. 웨이블릿의 장점은 웨이블릿이 JTFA(Joint Time Frequency Analysis, 시간-주파수 동시 분석) 기능을 갖는다는 것이다. 이 접근법은 시간의 변화와 더불어 주파수 영역을 관찰할 수 있도록 한다. 이는 주파수를 필터링하기 위한 파라메터로써 내부 주파수 f_i를 이용하여 웨이블릿 계열의 내적을 생성하므로 가능해진다. 이와 같은 변수를 이용하여 식 (6-7)와 같이 웨이블릿 계열이 생성된다.

$$\phi_i(t) = \omega(t) \cdot \sin(2\pi \cdot f_i \cdot t) \tag{6-7}$$

$$\omega(z) = \frac{1}{2}(1 - \cos(2\pi \cdot f_i \cdot t))_{z=0}^{z=1}$$

식 (6-7)에서 ϕ_i는 웨이블릿 함수이고, w는 윈도우 함수이다 변수 z는 시간에 비례되는 것으로 정의할 수 있으며 윈도우의 폭은 “0”과 “1” 사이이다. 다음의 단계는 수집된 신호 $f_{(t)}$를 웨이블릿 세트로 분해하는 것이며 이것은 역으로 식 (6-8)과 같이 선형적인 신호로 중첩시킬 수 있다.

$$f(t) = \sum_i a_i \cdot \phi_i \tag{6-8}$$

이처럼 모든 신호 $f_{(t)}$는 ϕ_i의 세트를 가지고 재조립할 수 있다는 것을 의미한다. 현 시점에서 ϕ_i를 생성하는 데는 세트가 완전해야 한다는 점 외에는 별다른 요건은 없다.

다음의 접근법은 웨이블릿 분석의 매우 단순한 접근법인데 ϕ_i의 정형적인 세트의 개념이라든가 최소 기준 및 유사 사항 등을 심도 있게 다룰 필요는 없다. ϕ_i세트가 완전하다면 $f_{(t)}$로 재조립될 수 있다는 것은 $f_{(t)}$의 모든 정보는 ϕ의 영역에서도 유지된다는 것을 뜻한다.

기술된 바와 같이 웨이블릿 분석의 강점 중 하나는 JTFA 변환 기법 중 가장 잘 알려진 기법이라는 것이다. 일반적으로 매 t 시간 동안 내적의 세트가 $f_{(t)}$와 ϕ사이에 식 (6-9)와 같이 생성된다.

$$A(t,i) = \sum_i \phi_i(t-k)\cdot f(t) \tag{6-9}$$

여기서 k는 컨벌루션 적분에서의 시정수 τ에 대한 해석적 함수를 갖는 시간 이동 변수이다. ϕ_i함수의 진폭을 나타내는 A는 시간 t 에서의 신호 f 에서 관찰할 수 있다.

식 (6-9)를 보면 ϕ_i가 “0”이 아닐 경우에만 내적이 “0”이 되지 않기 때문에 ϕ_i가 어떻게 시간 제한적이어야 하는지를 명확히 나타낸다. 이 기법의 대표적인 불리한 점으로는 온-라인 해법을 위한 실행 시 연산 시간이 오래 걸린다는 점이다.

다른 관점에서 보면 JTFA의 필요성은 또 다른 파형 분석 메커니즘을 찾기 위한 실제적인 이유는 아니다. 식 (6-9)에서 요구되는 시간 이동을 피한다면 대규모적인 영역에서 연산 노력을 줄일 수 있을지도 모른다. 식 (6-9)에 따르면 내적 생성은 신호가 위상 이동 성분을 갖지 않는 동안 신호 $f_{(t)}$에서 특정 주파수가 얼마나 많이 보이는지를 나타낸다.

식 (6-10)과 같이 정현(sine)과 코사인(cosine) 함수를 가진 신호의 내적을 계산함에 따라 신호에 얼마나 많은 독자적인 주파수가 나타나는지를 벡터 대수학적인 접근법을 사용하여 계산할 수 있다. 정현과 코사인 함수를 가진 두 계열의 신호가 수치적으로 생성되면, 이 함수들은 취득된 데이터 스트링이 각각 곱해지고, 각각의 아래의 식과 같이 취득된 데이터 열의 단위 데이터와 데이터로 곱해지고, 곱셈 결과는 최종적으로 더해진다. 식 (6-10c)에서 s_i와 c_i는 각각 i번째의 정현과 코사인 함수를 나타낸다.

$$c = \int_{t=0}^{t=T} f(t)\cdot\cos(2\pi\cdot f_i\cdot t)\cdot\omega(t)\cdot dt \tag{6-10a}$$

$$s = \int_{t=0}^{t=T} f(t)\cdot\sin(2\pi\cdot f_i\cdot t)\cdot\omega(t)\cdot dt \tag{6-10b}$$

$$A_i = \sqrt{s_i^2 + c_i^2} \tag{6-10c}$$

식 (6-10)에서 윈도우 함수 w는 주기 T가 짧은 시간 동안에도 내적에 의해 제한받지 않고 계산이 가능하도록 한다. 변수 i 변화하면 탐지하고자 하는 주파수 구간이 변화한다. A_i는 플롯 상에 나타나는 특정 주파수 f_i의 진폭이 된다. 만일 관찰하고자 하는 윈도우 범위 내에 뚜렷한 피크가 존재하면 그 피크는 진폭 A_i를 갖는 특정 주파수 f_i 이다. 신호(t)가 f_k의 피크를 포함하고 다른 피크들의 진폭이 상대적으로 작다면 식 (6-10)은 식 (6-11)과 같이 표기할 수 있다.

$$c = \int_{t=0}^{t=T} B_i \cdot \sin(2\pi \cdot f_k \cdot t + \phi) \cdot \cos(2\pi \cdot f_i \cdot t) \cdot \omega(t) \cdot dt \qquad (6\text{-}11a)$$

$$s = \int_{t=0}^{t=T} B_i \cdot \sin(2\pi \cdot f_k \cdot t + \phi) \cdot \cos(2\pi \cdot f_i \cdot t) \cdot \omega(t) \cdot dt \qquad (6\text{-}11b)$$

$$A_i = \sqrt{s_i^2 + c_i^2} \qquad (6\text{-}11c)$$

s와 c는 위상이 ϕ만큼 이동된 신호의 대칭 성분을 나타내고, 페이서 계산에서 공통적으로 사용되는 접근법이다.

6.3.2 위그너빌 분석법

WD는 주파수와 시간의 분해능을 선택하는 것이 가능하기 때문에 위에서 설명한 다른 해석방법의 단점을 보완하면서 시간-주파수 표현이 가능하고, 많은 수학적인 특성을 만족한다. 특히, 위그너-빌 분포 (WVD, Wigner–Ville distribution) 기법에서 주파수의 적분은 순간 파워이고 시간 적분은 스펙트럼 에너지분포가 되므로, 시간-주파수 및 크기의 추이를 표현할 수 있기 때문에 신호의 특성을 분석하는 좋은 도구가 된다.

WD는 신호의 에너지분포를 시간-주파수평면 상에 나타낸 것이다. 특정시간에 대한 WD는 과거시간의 신호와 미래시간의 신호의 곱들을 합한 형태로 그 시점에서의 WD 특성은 신호를 서로 중첩(folding)시켜 계산한다. 두 신호의 중첩은 입력신호가 0의 값을 가지더라도 WD는 0이 되지 않고 항상 어떤 값을 가지게 되므로 유한시간 신호의 WD는 항상 어떤 값을 가지게 된다. 예를 들어 무한시간 신호에 작은 시간 동안 잡음이 존재하는 경우, 한 특정한 시점에서 신호를 중첩시켰을 때 그 지점에서 잡음부분이 중첩되면 특정시점에서의 신호에는 잡음성분이 없지만 그 시점에서의 WD에는 잡음에 관한 영향이 나타나게 된다.

함수 $x(t)$의 푸리에 변환이 $X(f)$이고 복소 연속시간 해석함수일 때 $x(t)$의 WD의 변환식은 식 (6-12)와 같다.

$$W_x(t,f) = \int_{-\infty}^{\infty} x\left(t+\frac{\tau}{2}\right)\cdot x^*\left(t-\frac{\tau}{2}\right)\cdot e^{-j2\pi f\tau}d\tau \tag{6-12}$$

여기서, $x(t)$는 전류 파형 f는 주파수, $x^*(t)$는 $x(t)$의 복소공액함수

이 WD가 갖는 수학적 특성은 다음과 같다.

- **쌍일차(雙一次, bilinear)** : WD에서는 입력된 신호가 두 번 계산되므로 쌍일차라 한다.
- **한계 조건 만족** : 한 특정시간에서 모든 주파수들의 에너지 분포들의 합은 순간 에너지이고 한 특정주파수에서 모든 시간들의 합은 에너지 밀도 스펙트럼이 되는 조건을 말하며, WD는 이 시간-주파수 한계 조건을 만족한다.
- **부의 값** : WD는 한계 조건을 만족하는 쌍일차 분포이므로 시간-주파수 평면에서 부(-)의 값을 갖는 영역을 가진다.
- **실수(reality)** : 복소 신호가 입력되어도 $W_x^{*8}(t,f) = W_x(t,f)$가 되므로 WD는 항상 실수가 된다.
- **대칭(symmetry)** : 실수신호는 대칭적인 스펙트라(spectra)를 가지므로 이의 WD는 주파수 영역에서 대칭이며, 또한 실수 스펙트라의 시간파형도 대칭이므로 WD는 시간 영역에서 대칭으로 표현된다.

WD는 높은 주파수 및 시간 분해능을 가지며 시간-주파수 평면상에 정확한 패턴의 위치를 나타내는 장점을 가진다. 그러나 서로 다른 신호성분 간의 간섭으로 인한 Aliasing 문제를 야기한다는 단점도 있다. 따라서 이를 해결하기 위하여 윈도우 함수를 사용하거나, 해석신호를 사용하는 위그너-빌 분포 (WVD, Wigner-Ville Distribution) 기법이 사용되고 있다.

식 (6-12)에서는 시간 영역에서의 전류 신호 $x(t)$를 WD로 표기한 것이고, 이를 주파수영역에서의 WD로 표기하면 식 (6-13)과 같다.

$$W_x^*(t,f) = \int_{-\infty}^{\infty} X\left(t+\frac{\tau}{2}\right)\cdot X^*\left(t-\frac{\tau}{2}\right)\cdot e^{-j2\pi f\tau}d\tau \tag{6-13}$$

식 (6-13)을 실제 사용에서 온-라인 계산이 가능하도록 신호 $x(t)$를 시간 t_a에서 대역제한하면 식 (6-14)와 같다.

$$x_\omega(t,t_a) = x(t)\cdot\omega(t-t_a) \tag{6-14}$$

여기서, $\omega(0)=0$ for $|t|>t\cdot\frac{\omega}{2}$,

식 (6-13)의 윈도우 함수가 씌워진 신호에 대한 위그너 분포를 계산하면 식 (6-15)의 형태로 되며, 이를 의사(PWD, Pseudo Wigner Distribution)라고 한다. 그림 6-5(a)는 윈도우 함수를 씌우지 않은 경우의 위그너 분포 함수를 보이고 있으며 그림 6-5(b)는 윈도우를 씌운 의사 위그너 분포 형태를 보여주고 있다.

$$W_x(t,f)=\int_{-T\omega}^{T\omega} x\left(t+\frac{\tau}{2}\right)\cdot x^*\left(t-\frac{\tau}{2}\right)\cdot\omega\left(\frac{\tau}{2}\right)\omega^*\left(\frac{\tau}{2}\right)\cdot e^{-j2\pi f\tau}d\tau \qquad (6\text{-}15)$$

$$W_{x\omega}(t,f)\equiv W_X(t.f)$$

그림 6-5에서 시간영역에서의 가중함수는 주파수영역에서 평활화 효과를 주어 non-zero 상관관계로 인한 간섭의 발생을 억제시킨다. 가중함수로서는 해닝 가중함수가 사용되었다.

윈도우 함수를 선정할 때는 스무딩 효과로 인하여 시간-주파수 분포에서 해상도의 n의 손실을 가져올 수 있으므로 위그너 분포에 적용시 간섭현상을 최소화 하면서 필요한 시간-주파수 분포의 해상도를 유지하도록 하여야 한다. 식 (6-15)의 위그너 분포에 대한 연산식은 다음 식 (6-16)과 같다.

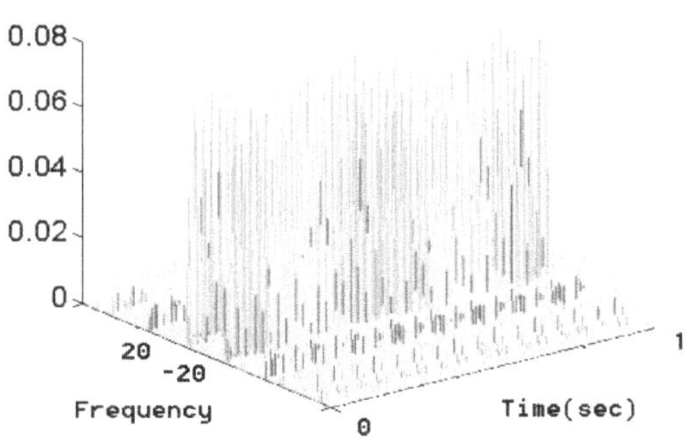

(a)

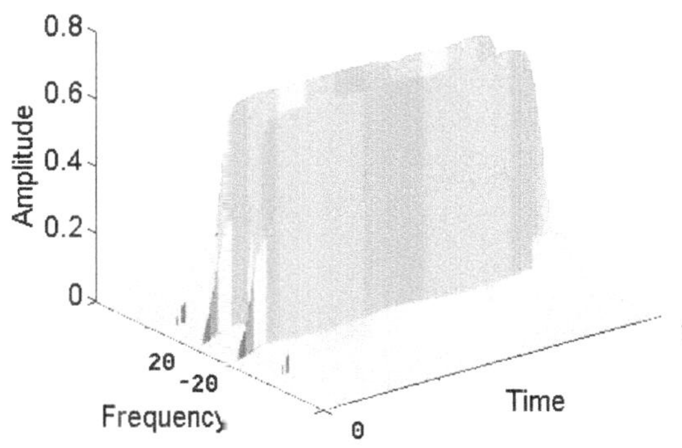

(b)

그림 6-5 WD와 PWD 형태
((a) 가중함수가 없는 WD, (b) 가중함수를 적용한 PWD)

$$W_x(m\Delta t, n\Delta t) \cong 2\Delta t \sum_{K=-L}^{L-1} x[(m+k)\Delta t] \cdot x^*[(m-k)\Delta t] \cdot e^{-j2\pi nk/K} \quad (6\text{-}16)$$

여기서, *k*, *m*, *n*는 정수이며 *L*은 시간 영역 데이터의 포인트 수를 나타낸다. *K*=2*L*이고 $\Delta\omega = \frac{\pi}{K\Delta t}$, $\Delta t = \frac{1}{f_s}$이며 f_s는 샘플링 주파수이다.

주기성을 고려하면 식 (6-17)이 된다.

$$W_{xd}(m\Delta t, n\Delta t) \cong 2\Delta t \sum_{k=0}^{K-1} x[(m+k)\Delta t] \cdot x^*[(m-k)\Delta t] \cdot e^{-j2\pi nk/K} \quad (6\text{-}17)$$

식 (6-17)은 이산 푸리에 변환 형태이며 고속 푸리에 변환 기법(FFT)을 사용하여 구할 수 있다. 즉,

$$W_{xd}(m,n) = 2\Delta t \cdot DFDx[(m+k)\Delta t] \cdot x^*[(m-k)\Delta t] \quad (6\text{-}18)$$

$$g_m(k) \equiv x[(m+k)\Delta t] \cdot x^*[(m-k)\Delta t] \text{ 라 두면} \quad (6\text{-}19)$$

$$W_{xd}(m,n) = 2\Delta t \cdot DFD[g_m(k)] \quad (6\text{-}20)$$

따라서 식 (6-12)와 해닝 가중 함수와의 적분(convolution integral)로부터 스무딩 위그너 분포를 다음과 같이 구할 수 있으며,

$$W_x(t,f) = \int_{-\infty}^{\infty}\int_{-\infty}^{\infty} W_x(t',f') \cdot W(t-t', f-f') dt' df' \quad (6\text{-}21)$$

특정 데이터 구간 값에 윈도우 함수를 씌운 위그너 분포는 DFT와 가중함수의 이산형 convolution으로부터 구할 수 있다.

$$W'_{xd}(m,n) = \Delta t \Delta\omega \sum_{k=m-M}^{m+M} \sum_{l=n-N}^{n+N} W_{xd}(k,l)\, W_D(m-k, n-l) \quad (6\text{-}22)$$

자기상관함수에 관한 푸리에 변환은 양의 결과가 신호의 파워에 비례하므로 위그너 분포의 음의 결과는 시간-주파수 분포에서 예측하기 어렵게 되고 신호를 서로 중첩하여 계산하므로 간섭신호를 발생시키는 단점도 있으므로 해석신호를 사용하여 이를 해결하는 방법을 이용하고 있다. 식 (6-23)과 같이, 입력 신호 $f(t)$의 해석신호는 입력신호의 힐버트(Hilbert) 변환을 이용하여 구할

수 있다. 여기서 입력 신호는 다음과 같이 복소 함수의 형태로 표시된다.

$$f_a(t) = f(t) + j \cdot \hat{f}(f) \tag{6-23}$$

여기서, $f(t)$는 전류의 주파수 스펙트럼이고 $\hat{f}(t)$는 $f(t)$의 힐버트 변환이다.

식 (6-23)의 푸리에 변환은

$$F[f_a(t)] = F[f(t) + j \ \cdot \hat{f}(f)] \tag{6-24}$$

그림 6-6(a)는 FFT 알고리즘을 이용하여 전류 신호를 주파수 축의 스펙트럼으로 변환할 경우 실수 영역과 복소 영역의 두 영역에 스펙트럼이 나오는 것을 보여주고, 6-6(b)는 전류 신호를 이용하여 해석 신호로 만들어 실수 영역에만 주파수 스펙트럼을 나타나게 하는 것을 보여준다.

신호 $f(t)$의 Hilbert Transform $\hat{f}(t)$는

$$\hat{f}(t) = \frac{1}{\pi} \int_{-\infty}^{\infty} \frac{f(\tau)}{t-\tau} d\tau = \frac{1}{\pi} f(t) \oplus \frac{1}{t} \tag{6-25}$$

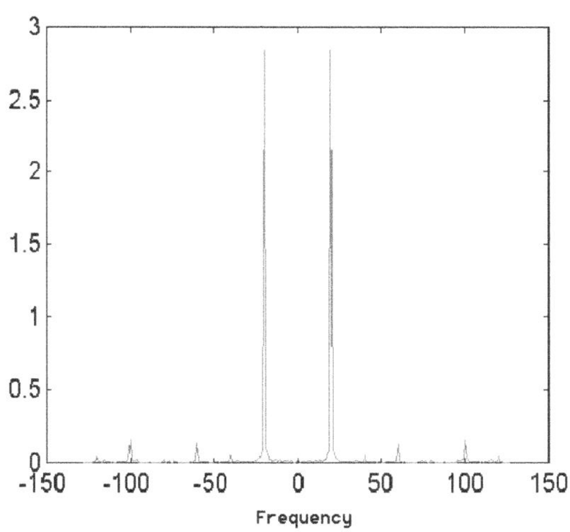

그림 6-6 (a) 실제 신호의 주파수 스펙트럼

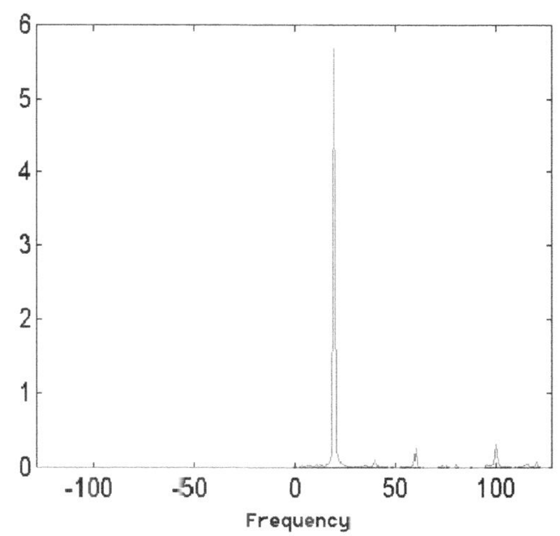

(b) 해석 신호의 주파수 스펙트럼

시간 영역에서의 convolution 적분은 주파수 영역에서 곱의 형태로 표시되므로

$$\hat{F}(\omega) = -jSGN(\omega)F(\omega) \tag{6-26}$$

식 (6-25)과 (6-26)에서

$$\begin{aligned} F_a(\omega) &= 2F(\omega), & \omega > 0 \\ &= F(\omega), & \omega = 0 \\ &= 0, & \omega < 0 \end{aligned} \tag{6-27}$$

실제로 $f_{(t)}$의 힐버트 변환을 계산하는 방법은 다양하지만 FFT를 이용하여 구하는 과정은 다음과 같다.

$$\begin{array}{ccccccc} & \underline{\text{FFT}} & & \underline{\text{SGN}} & & \underline{\text{invFFT}} & \\ f(t) & \Rightarrow & F(\omega) & \Rightarrow & \hat{F}(\omega) & \Rightarrow & \hat{f}(t) \end{array} \tag{6-28}$$

해석신호 $f_a(t)$를 이용한 위그너 분포를 위그너-빌 분포(WVD)라 하며 식 (6-29)와 같이 표현된다.

$$W_x(t,f) = \int_{-\infty}^{\infty} f_a\left(t+\frac{\tau}{2}\right)\cdot f_a^*\left(t-\frac{\tau}{2}\right)\cdot e^{-j2\pi f\tau}dr \tag{6-29}$$

입력 신호량이 유한할 경우 WVD는 시간에 따른 주파수축 진폭의 변화가 심하여 분석이 어렵게 되므로 윈도우 기능을 추가하여 사용한다. 의사 위그너-빌 분포 PWVD 공식은 윈도우 기능이 추가된 WVD이며 식 (6-30)과 같다.

$$W_x(t,\omega) = \int_{-\infty}^{\infty} f_a\left(t+\frac{\tau}{2}\right)\cdot f_a^*\left(t-\frac{\tau}{2}\right)\cdot \omega_a\left(\frac{\tau}{2}\right)\cdot\omega^*\left(-\frac{\tau}{2}\right)\cdot e^{-j2\pi f\tau}d\tau \tag{6-30}$$

여기서, f_a는 전류의 주파수 스펙트럼을 이용한 해석 신호, f_a^*는 f_a의 공액이며 τ는 시정수를 나타낸다.

식 (6-30)에서 $\omega\left(\frac{\tau}{2}\right)\omega^*\left(-\frac{\tau}{2}\right)$는 유한 개수의 신호량을 처리하기 위한 윈도우 함수이다. 윈도우 함수는 시간에 따라 급격히 변화하는 주파수 성분을 완만하게 하므로 짧은 시간 구간에서 주파수 성분의 진폭이 급격히 변화함으로 인한 판정의 오류를 제거할 수 있게 한다.

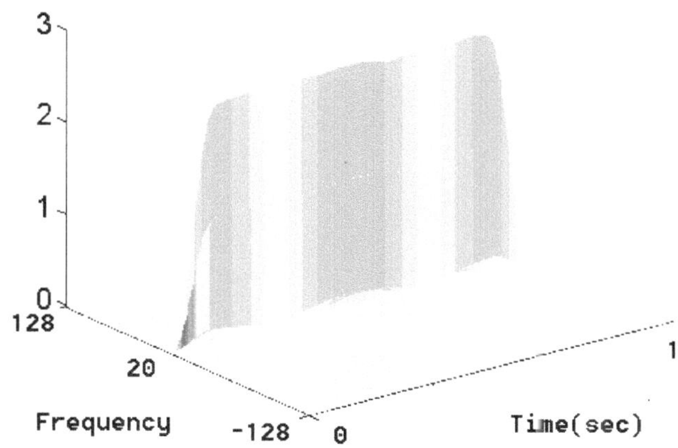

그림 6-7 의사 위그너-빌 분포

위그너-빌 분포는 WD에서 발생하는 간섭발생을 억제할 뿐만 아니라, WD에서 요구되는 샘플링 주파수가 최소한 나이퀴스트 샘플링(Nyquist sampling) 주파수의 2배 이상인데 반해 위그너-빌 분포에서는 나이퀴스트 샘플링 주파수와 동일하다면 구애 받지 않는다는 장점을 지닌다.

FFT 계산을 위해서는 실수와 허수부로 구성되는 복소입력이 필요하며 FFT 특성상 주파수영역에서의 출력은 (+), (-) 주파수성분을 모두 포함한다. 그러나 실제 FFT 계산에서는 하나의 신호원으로 부터의 시간영역 샘플을 FFT 계산하기 위하여 입력의 실수부만 사용하고 허수부는 zero로 두고 계산하며, 이의 결과는 (+), (-)의 주파수 축상에 동일한 크기성분을 그림 6-7과 같이 나타내게 된다.

복잡한 시스템에서 진동의 근원은 회전체 기계이다. 회전진동체의 축의 불균형, 이상배열, 불안정한 베어링상태 및 기계적으로 느슨한 상태로 인한 이상신호들은 원인에 따른 고유의 스펙트럼을 가지며, 이러한 특징을 포함하는 진동들은 시스템을 진단하기 위해 사용되는 중요한 변수들이다.

WD는 회전체기계가 이상상태의 징후를 나타낼 때 시간에 따른 이상상태 주파수분포의 천이과정과 기존 해석방법보다 종합적이고 다양한 정보를 제공하여 현장 운전자/사용자가 쉽게 이해할 수 있는 장점을 가진다. 그러나 오랜 경험과 고도의 전문가 지식이 없이는 이상이나 고장 초기단계에서 스펙트럼분석만으로 이상원인을 정확히 파악하기는 어렵고, 만일 파악된 원인추정에 오류가 발생했을 때 다른 사고를 유발할 가능성도 있으며, 이에 따른 경제적 손실도 피할 수 없다. 그러므로 이상진단 및 고장진단의 자동화는 진단의 정확도를 제공함과 동시에 고도의 전문지식 없이도 쉽게 진단결과를 취득할 수 있는 수단을 제공한다.

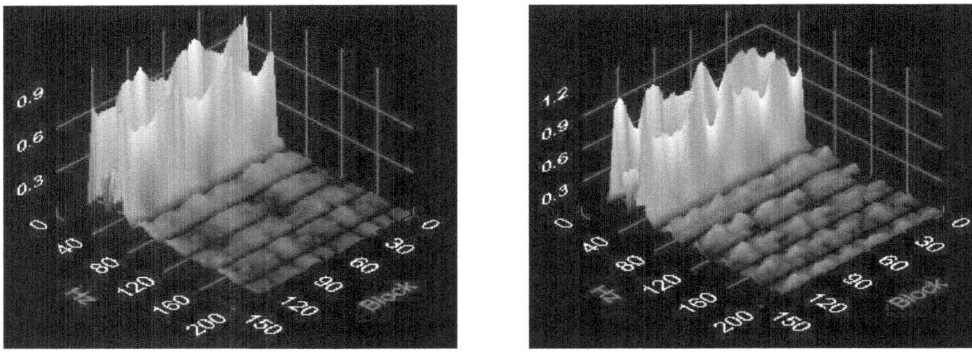

(a) (b)

그림 6-8 위그너-빌 분포기법을 이용한 전동기 전류 신호의 분석 결과
((a) 정상 상태 파형, (b) 축편심 상태 파형)

그림 6-8은 위그너빌-분포기법을 사용하여 정상 상태와 축정렬 불량상태를 분석한 결과를 3차원으로 표시한다. 그림에 나타난 바와 같이 정상 상태와 축정렬 불량 상태의 에너지 밀도차이가 크게 발생한다. 이와 같이 시간-주파수축 분석기법은 주파수축 분석 기법보다 시간에 따라 변화하는 신호를 잘 관찰할 수 있도록 해 주므로 고장을 자동 진단하는 각종 알고리즘을 도입할 때에도 유용하다.

6.4 디지털 주파수 폐 루프법(DFLL)

시간축 파형에서 주파수 성분을 추출하는 방법은 디지털 주파수 폐루프법(DFLL, Digital Frequency Locked Loop)를 사용하는 것이다. 이 방법은 악기 조율을 위해 튜닝 포크를 사용하는 것과 유사한 개념을 가지고 있다. 전체 시간영역 파형을 하나의 주파수 대역만을 통과시키는 필터로 여과하면 특정 시간 영역 파형이 출력된다. 그런 다음 단계에서는 통과 대역 주파수를 변경하여 다시 여과하는 일을 반복하면서 일정 관심 주파수 대역에 대한 조사를 실시한다. 측정 대상 주파수의 존재 여부는 상관 관계법이나 웨이블릿 방법에 의해 탐지하게 된다. 이 방법은 짧은 시간 주기 데이터를 이용하여 특성 주파수를 파악하는 장점이 있으나 전 주파수 대역을 모두 분석하는 데는 많은 시간이 소요되므로 주로 전동기의 축편심에 의한 측대역 주파수(sideband frequency)를 측정하는 데 사용하고 있다. DFLL은 FFT와 비교할 때 100배의 주파수 해상도를 갖고 있는 것으로 평가된다.

상호 상관 관계법에 의한 DFLL 알고리즘은 수치적으로 발생된 정현파형의 주파수를 변화시켜 가면서 수집된 데이터와 상호 상관시켜 주파수 성분을 추출하는 것이다. 4극 유도전동기의 속도 주파수를 추출하기 위해서는 회전자 주파수 대역인 28 Hz에서 32 Hz까지 4 Hz 대역의 주파수를 가변 시켜가면서 임의로 발생시킨 정현파 주파수 대역별로 원 신호 속에 최대 상관 관계를 나타내는 특정 주파수가 존재하는지를 분석한다. 결과적인 상관 관계 플롯은 FFT의 스펙트럼 함수를 사용한 결과와 유사하며 최신의 디지털 신호처리기법인 웨이블릿 분석법을 사용한 DFLL 기법도 유사한 알고리즘을 사용한다. 웨이블릿 분석법은 발생시킨 정현파에 가중함수를 곱하여 사용한다. 가중함수는 일반적으로 해닝, 해밍(hamming), flat-top, 가우시안(gaussian) 등을 사용한다.

그림 6-9에서 보여준 파형은 5차의 버터워스(Butterworth) 대역통과 디지털 필터와 상관계수 함수로 구성된 DFLL 알고리즘에 의해 전동기의 속도 주파수를 추출한 결과를 플롯한 것이다. 먼저 100 Hz 정현파형에 임의의 파형을 진폭 변조시켜 측정 대상 신호를 만들었다. 이 파형을 98~102 Hz 대역을 통과시키도록 설정된 디지털 필터에 의해 처리한 후 98 Hz부터 0.01 Hz 간

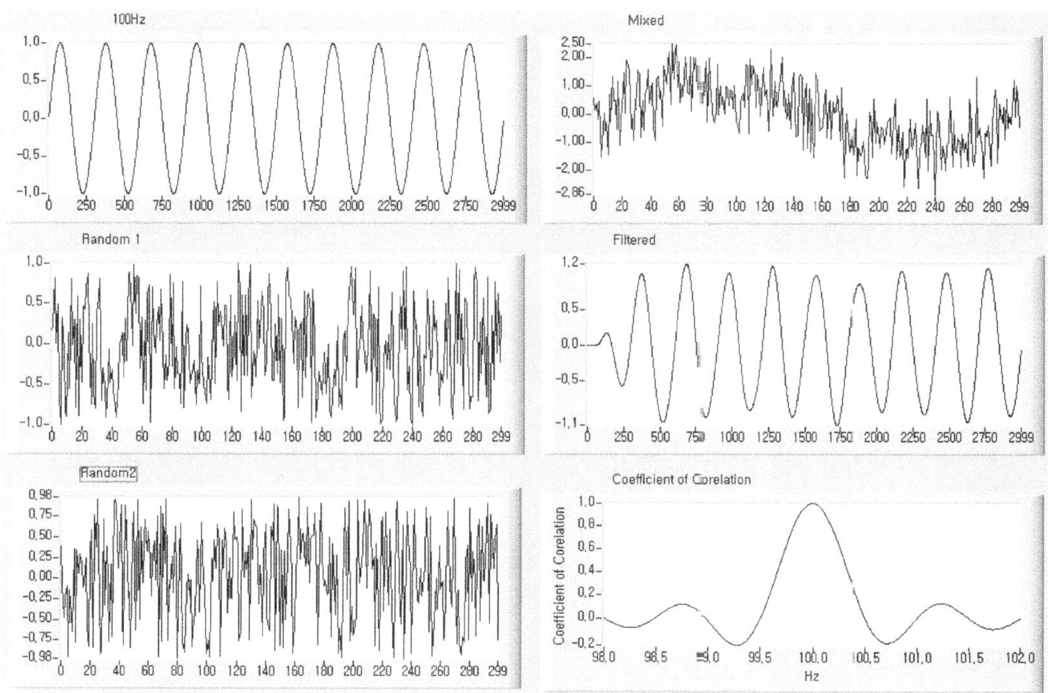

그림 6-9 DFLL 알고리즘을 시뮬레이션한 결과

격으로 주파수를 변경시켜가면서 발생시킨 정현파 배열과 연속적으로 비교하여 상관 계수를 구한다. 상관 관계는 100 Hz 대역에서 최대가 되며 이 때의 주파수 해상도는 0.01 Hz이다.

결과적인 파형은 가중함수에 인벨롭 된 정현파이다. 가중함수를 사용하는 이점으로는 시변 내적(內積)에 의한 비 선형성의 영향을 줄일 수 있기 때문이다. 아울러 가중함수는 FFT와 스펙트럼 함수에서 요구하는 무한시간 동안의 신호취득 제약 조건에서 벗어날 수 있게 한다.

6.4.1 DFLL 알고리즘을 이용한 전동기 속도의 추출

측정 대상 주파수 창(frequency window)을 정의하면 다음과 같다. 속도 추출 구간은 낮은 측대역만을 대상으로 하는데 진폭이 높은 측대역 보다 크기 때문이다. 각 상 전류의 낮은 측대역은 $f_e - f_{rm}$에 위치한다. 통상적으로 4극 유도 전동기의 슬립은 180 rpm 이내라고 가정하고 있으므로 주파수로는 3 Hz 가 변한다. 따라서 주파수 창은 식 (6-31) a, b와 같이 표현된다.

$$f_{\omega d\omega} = 60\ Hz - f_{rm} \cdots\cdots 60\ Hz - f_{rm} + 3Hz \text{ : 각 상 전류} \tag{6-31a}$$

$$f_{\omega d\omega} = f_{rm} - 3\ Hz \ldots\ldots\ldots\ldots f_{rm} \text{:다른 신호} \tag{6-31b}$$

여기서, $f_{\omega d\omega}$는 측정 대상 주파수 창이고 f_{rm}는 회전자 주파수이다.

각 상 전류는 전류와 변조된 측대역 형태로 주파수 파형이 얻어지므로 이를 고려하여, 전원주파수에서 측대역 주파수 값을 뺀 원래의 회전자 속도 주파수를 구한 후 주파수 창을 설정한다. 전력과 토크 값은 낮은 측대역이 원래의 회전자 주파수에 위치하므로 전원주파수의 영향을 고려할 필요가 없다.

취득한 순시 신호를 주파수 성분으로 변환하기 위해 DFLL 방법을 이용한다. DFLL은 전술한 바와 같이 넓은 대역의 주파수 성분 계산이 요구될 경우 계산량이 많아진다. 어떤 방법을 선택하든 알고 있는 주파수 창만을 대상으로 한 주파수 정보를 순시 신호를 이용하여 얻는 것은 어렵지 않다.

매 순시 신호마다 주파수 스펙트럼을 얻으면 주파수 창 내에서의 피크 주파수 정보가 기록된다. 아울러 신호의 상대적 세기 정보가 기록되는데 상대적인 신호의 세기는 식 (6-32)과 같이 얻는다.

$$Sig_{strength} = \frac{\sum_{i_{peak}-N/20}^{i_{peak}+N/20} (signalFreq(imax))^2}{\sum_{i_{peak}-N/20}^{i_{peak}+N/20} (signalFreq(imin))^2} \tag{6-32}$$

여기서 신호세기는 신호에 대한 주파수 어레이(array)이다. i_{min}와 i_{max} 는 주파수 창 내에 들어온 주파수 샘플의 경계를 나타낸다. i_{peak}는 가중함수 창에서 가장 높은 주파수 샘플이다. 식 (6-32)는 가중함수의 총 에너지에 대한 피크 진폭을 갖는 주파수를 중심으로 한 10% 대역의 상대적 파워 값을 효과적으로 연산할 수 있도록 한다.

다음 단계는 많은 주파수 성분 중에서 순수한 운전 속도 정보를 추출하는 것이다. 많은 주파수 성분들은 운전 속도 추출을 어렵게 만든다. 하나의 방법으로 추출한 속도 정보가 나머지 정보와 일치하는 경우는 거의 없다. 따라서 가장 개연성이 높은 속도를 측정하는 다음의 세가지 방법을 사용한다.

- 평균법
- 절대 다수 평균
- 신호 세기가 큰 다수 평균

현재 사용되는 FFT 방법을 이용한 주파수 변환의 경우 15초의 데이터 수집 주기가 필요하고 DFLL의 경우 6초가 요구된다.

그림 6-9에서 DFLL 실행결과의 정확도는 나타내지 않았지만, 피크의 주파수는 정확히 원 파형의 위치인 100 Hz 에서 나타나 오차가 발생하지 않았다. 일반적으로 DFLL 알고리즘으로 얻은 결과는 10초의 데이터 수집으로 0.1 Hz의 정확도를 얻을 수 있어 짧은 데이터 수집 시간에서도 좋은 결과를 보여준다.

6.5 분석 정확도를 높이기 위한 신호처리 기법

6.5.1 인벨롭 검출

인벨롭 검출(envelop detection)에서는 베어링 결함과 같은 낮은 레벨의 충격 결함 특성을 추출해 내기 위한 3단계 과정을 설명한다. 인벨롭 검출은 결함을 더 빨리 그리고 신뢰성 있게 알아내는 방법을 제공한다. 가장 보편적으로 이 기법이 적용되는 분야는 저주파, 즉 일반적으로 진폭이 작고 반복적인 사건, 즉 톱니바퀴에서 손상된 이빨이 맞물리거나 베어링에서 깨어진 볼이나 롤러가 내, 외륜과 부딪히는 것과 같이 고주파 신호를 변조시키는 기어와 구름요소 베어링의 분석이다.

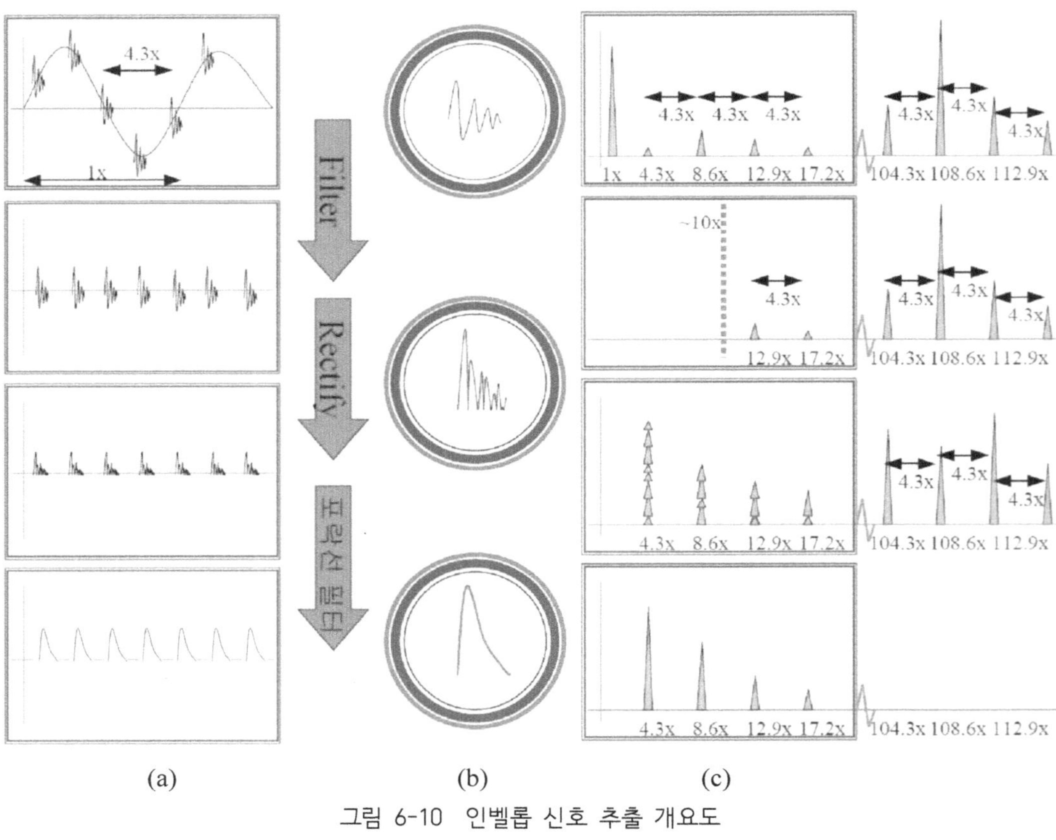

그림 6-10 인벨롭 신호 추출 개요도

(a) 시간축 신호파형의 변화, (b) 적용 기법 및 신호파형 확대, (c) 주파수축 스펙트럼의 변화

인벨롭 검출의 과정은 그림 6-10과 같이 저주파 성분을 제거하기 위한 필터링으로부터 시작된다. 저주파 필터 차단 주파수는 회전 주파수와 낮은 차수의 배스 그리고 기본 베어링 결함 주파수를 제거하기 위하여 사용된다. 필터링의 목적은 미소 신호 상태에서 특이 주파수 성분을 최대한 추출하는 데 있다. 인벨롭 검출에서는 임펄스 상태의 충격파 만을 검출하므로 임펄스 성분이 없는 경우는 출력이 없게 된다. 따라서 임펄스의 존재 여부는 스펙트럼 내의 구성 성분 존재 여부로 판정하게 된다. 그림 (a)는 시간축 신호파형의 변화를 나타내고 (b)는 확대된 신호파형을, 그리고 (c)는 주파수축 스펙트럼의 변화를 나타낸다.

구성 성분의 존재를 명확히 파악하기 위해 정류 회로를 거쳐 음의 영역 신호가 양의 영역에 중첩되도록 한다. 아울러 포락선 필터를 이용하여 신호의 외형만 추출함으로써 판단이 용이하도록 한다.

6.5.2 주파수 복조

동적인 신호가 진폭 변조되었다면 인벨롭 신호추출 기술은 변조에 의해 운반되는 정보만을 추출할 수 있다. 평균화 값에 가까운 주파수의 순간 변화로써 정의되는 주파수 또는 위상 변조는 기어 이 간격이 잘못되었거나 기어 이가 불균일하게 닳았거나 또는 비틀림 진동과 같은 현상에서 기인한 운전 기계에 의해서 역시 발생될 수 있다.

전원 분석 기법 중 MCSA(전동기 전류 신호 분석기법)은 전원 신호 성분과 결함 신호 성분이 주파수 변조를 일으켜 관측된다. 따라서 60 Hz 전원신호 성분을 결함신호 성분으로부터 분리하는 복조(demodulation) 기법의 적용이 필요하다. 그러나 여러 차례 강조한 바와 같이 원 신호의 필터링 등 신호처리는 필연적으로 신호의 주파수 성분을 변형, 왜곡시키므로 적절한 알고리즘을 제한적으로 사용하여야 잘 복원된 복조 파형을 얻을 수 있다.

전류 신호는 전원 주파수에 의해 주파수 변조가 된 파형이므로 주파수 복조기를 통과시킨다. 기본적인 원리는 FM 라디오를 방송국의 주파수에 맞추는 것과 같이 주파수 동조를 시킨 상태에서 음성 신호를 멀리 전달하기 위해 사용한 캐리어(carrier) 신호는 제거하고 원래의 음성 신호만을 뽑아내기 위한 것과 동일하다.

그림 6-11은 전원 신호에 의해 변조된 전류의 징후신호를 생성하는 회로를 보여준다. 전동기의 결함에 의해 발생한 전류 징후 신호에 의한 주파수는 전원 주파수를 캐리어로 하여 변조파형으로 만들어져 출력된다.

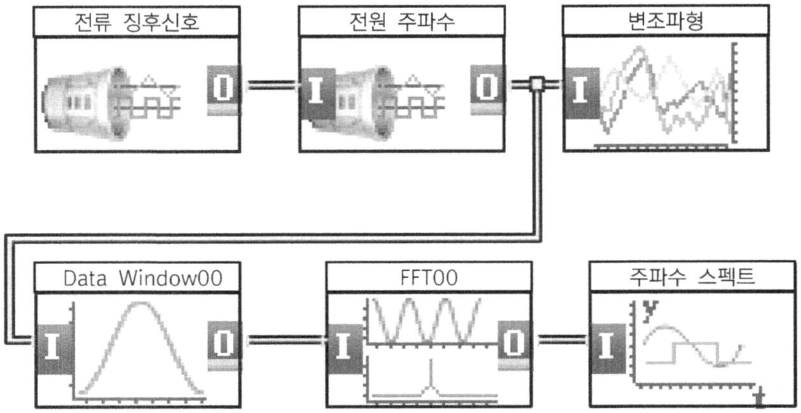

그림 6-11 전원 신호에 의해 진폭 변조된 전류 징후신호 회로

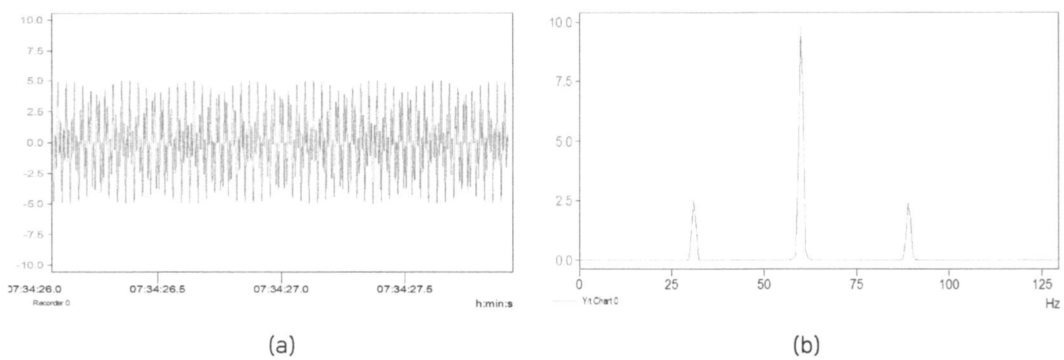

그림 6-12 전원 신호에 의해 주파수로 진폭 변조된 전류 신호의 파형 (a)과 측대역 주파수가 생성된 스펙트럼 (b)

그림 6-12는 전원 신호에 의해 주파수로 진폭 변조된 전류 신호의 파형 (a)과 측대역 주파수가 생성된 스펙트럼 (b)을 나타낸다. 변조 파형의 주파수 스펙트럼에서는 측정 대상 신호 파형이 60 Hz 전원 주파수에 변조되어 측대역 주파수 형태가 발생하는 것을 알 수 있다.

그림 6-13은 역상 신호와 저역 통과 필터를 이용하여 복조 회로를 부착한 복조기의 모습이다. 역상 신호는 전원주파수와 주파수와 진폭은 같고 위상은 180° 차이가 나는 정현파이며 필터는 60 Hz 성분의 간섭을 제거하기 위해 부착한 것이다.

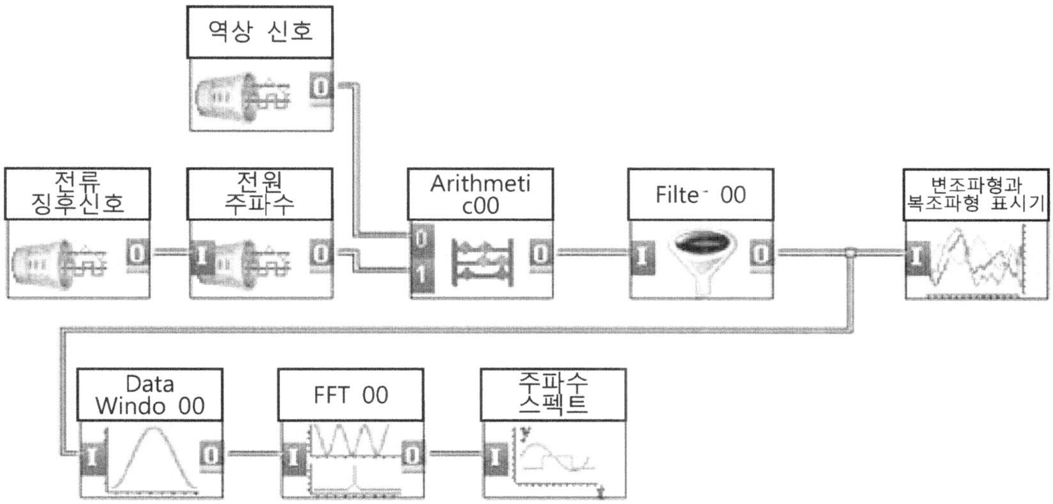

그림 6-13 역상 신호 합성과 저역 통과 필터를 부착한 복조기 회로

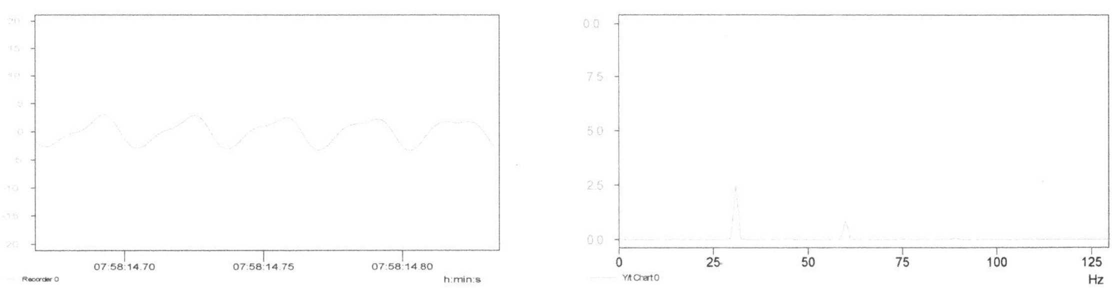

(a) (b)

그림 6-14 복조기를 통과시킨 복조 파형 (a)과 주파수 스펙트럼

전류 신호에 전원 주파수 성분이 캐리어로 작동하면 그림 6-14(a)와 같은 변조파형이 출력된다. 이 변조 파형을 FFT하면 주파수 스펙트럼에서 전원 주파수 양단에 측대역 주파수 성분이 그림 6-14(b)와 같이 나타나게 된다. 복조는 변조파로부터 원래의 전류 신호를 추출하는 것을 말한다.

그림 6-14의 복조기를 통과시킨 복조 파형과 주파수 스펙트럼에서 볼 수 있듯이 디지털 필터의 성능과 역상 신호 중첩 오차 등으로 인해 완전한 전류 신호를 복조하는 것은 불가능하나 원 신호의 특징을 가진 복조 신호를 얻을 수 있다.

6.5.3 데시벨 단위의 사용

데시벨(decibel, dB)는 어떤 비율을 표현하는데 사용하는 로그 함수적인 척도다. 즉 가장 큰 신호와 가장 작은 신호 사이의 비율을 나타낼 수 있는 동적 범위이다. dB는 입력이나 기준 값으로 나누어 얻어진 비율에 로그를 취한 값이다.

전력의 데시벨을 전력의 기준 성분인 W_o와 측정 성분인 W의 비로 표현한 결과는 식 (6-33)과 같다.

$$20 \cdot \log_{10} \frac{W}{W_0} \tag{6-33}$$

전압과 전류의 데시벨을 전압과 전류의 기준 성분과 전압과 전류의 측정 성분으로 각각 표현한 결과는 식 (6-34) 및 (6-35)와 같다.

$$10 \cdot \log \frac{V}{V_o} \tag{6-34}$$

$$10 \cdot \log \frac{V}{V_o} \tag{6-35}$$

상기 식에서 V_0와 I_0는 전압과 전류의 기준 성분을 나타내고, V와 I는 측정 성분을 각각 나타낸다.

전원의 기본파 주파수 성분(60 Hz)을 0 dB라고 기준할 때 정상적인 전동기의 전류 징후신호는 전원의 기본파 주파수 성분과 -60 dB 이상의 편차를 가진다. 이는 결함 신호의 세기가 전원 신호에 비해 1000배 이상 작다는 것을 의미한다. 그러나 전동기의 상태가 나빠지게 되면 이 편차는 점점 작아지게 된다.

6.5.4 상관계수(coefficient of correlation)에 의한 패턴 매치

전동기 전원 신호 파형과 비교 대상 파형을 변수 x와 y로 정의할 때 두 변화량 간의 상호관계를 측정하는 척도로서 상관계수를 이용할 수 있다. 단순회귀분석에서는 상관계수(coefficient of correlation)를 식 (6-36)과 같이 구할 수 있다.

$$r = \pm \sqrt{r^2} \tag{6-36}$$

즉, 결정계수 r^2의 제곱근이며, 만약 추정된 회귀선의 기울기 b_1이 양 이면 $r = \sqrt{r^2}$ 으로 양의 상관계수를 갖고 기울기 b_1이 음이면 $r = -\sqrt{r^2}$ 으로 음의 상관계수를 갖는다.

결정계수 r^2의 값은 0에서 1까지이므로 상관계수의 값은 -1에서 1까지이며 y의 상관 정도에 따라서 r의 값이 결정된다. 회귀선의 기울기가 음이고 모든 관찰점들이 회귀선상에 있을 경우는 $r = 1$이며, r이 가질 수 있는 최소값이다. 기울기가 음이고 관찰점들이 반드시 회귀선상에만 있지 않을 경우는 r의 값은 음수이지만 -1은 아니다. 반대로 기울기가 양이면 $0 < r < 1$ 이며 관찰점들이 모두 회귀선상에 있으며 $r = 1$인 최대값을 가지게 된다. 또한 회귀선의 기울기가 0이면 $y_i = y$가 되며, 식 (5-36)로부터 $r^2 = 0$이므로, 따라서 $r = 0$ 이다. 이때는 x와 y 사이에 상관관계가 전혀 없다고 가정한다.

단순회귀분석에서는 x와 y의 함수관계가 식 (6-36)에 의하여 표현되고 y는 확률변수이나 x는 수학변수로 가정하였다. 만약 x도 확률변수이고 x와 y가 어떤 이분량 분포(bivariate distribution)를 하고 있다면 x와 y의 모집단 상관계수(population coefficient of correlation)는 식 (6-37)과 같이 정의된다.

$$\rho = \frac{Cov(x,y)}{\sqrt{Var(x) \cdot Var(y)}} \tag{6-37}$$

변수 x, y의 분산 $Var(x)$, $Var(y)$를 각각 σ_x^2, σ_y^2 으로 표현하고 x와 y의 공분산(covariance)을 σ_{xy}로 표현하면 식 (2)의 모집단 상관계수는 식 (6-38)로 나타낸다.

$$\rho_{xy} = \frac{\sigma_{xy}}{\sigma_x \cdot \sigma_y} \tag{6-38}$$

이 두 변수 사이의 표본상관계수(coefficient of correlation)는 식 (6-39)와 같으며 계수 r_{xy}는 그 범위가 $-1 \le r_{xy} \le 1$이며 x와 y사이의 상관 정도에 따라서 그 값이 결정된다.

$$r_{xy} = \frac{S_{(xy)}}{\sqrt{S_{(xx)} S_{(yy)}}} \tag{6-39}$$

식 (6-36)에 의하여 상관계수 r을 구할 때에는 결정계수 r^2의 값이 반드시 단순회귀분석에서 얻어지는 결정계수 인지를 확인하여야 한다. 단순회귀분석에서 구해지는 결정계수가 아니고 중회귀나 곡선회귀에서 얻어지는 결정계수로부터는 상관계수를 구할 수 없다.

결정계수 r^2은 총 변동을 회귀방정식에 의하여 기준 변화량과 상관 변화량으로 구분하여 총 변화량에 대한 변화율을 r^2로 정의할 수 있으며 이것과 x와 y의 상관도(degree of correlation)를 나타내는 상관계수 r_{xy}은 서로 일치한다.

단순회귀분석에서 얻어진 결정계수 r^2와 표본상관계수 r_{xy} 사이에 직접적인 관계가 있듯이 회귀직선의 기울기 b_1과 r_{xy}사이에는 식 (6-40)과 같은 관계가 있다.

$$r_{xy} = \frac{S_{(xy)}}{\sqrt{S_{(xx)}S_{(yy)}}} = b_1 \cdot \frac{S_x}{S_y} \tag{6-40}$$

위에서 S_x, S_y는 식 (6-41)에 표현한 대로 x와 y의 표본표준편차(sample standard deviation)를 나타낸다.

$$s_x = \sqrt{\frac{S_{xx}}{n-1}},\ s_y = \sqrt{\frac{S_{yy}}{n-1}} \tag{6-41}$$

식 (6-40)에서 r_{xy}와 b_1은 서로 선형관계에 있음을 알 수 있고 같은 부호를 가지며, S_x, S_y의 값이 양이므로, 크기가 서로 정비례함을 알 수 있다. 표본상관계수 r_{xy}의 또 다른 성질은 회귀에 있어서의 오차분산, r_{xy}의 추정치와의 관계에서 얻어진다. 즉, 식 (6-42)는 음수가 될 수는 없으므로 $r_{xy}r_{xy}^2$은 1보다 클 수 없다.

$$\sum(y_i - \hat{y_i})^2 = \sum(y_i - \overline{y_i})^2\left[1 - r_{xy}^2\right] \tag{6-42}$$

여기서, $-1 \le r_{xy} \le 1$인 r_{xy}의 성질이 유도될 수 있다. 또한 $\sum(y_i - \hat{y_i})^2 = 0$이면 $r_{xy} = 1$임을 의미한다.

$s_{y \cdot x}^2$을 분산 s_y^2으로 나누고 차수 n 이 큰 수이면 식 (6-43)과 같은 성질이 얻어진다.

$$\frac{s_{y \cdot x}^2}{s_y^2} \cong 1 - r_{xy}^2 \tag{6-43}$$

두 변수 x, y의 단위 크기가 큰 차이가 있을 때에는 두 변수의 실제 측정치 대신에 식 (6-44)와 같이 x, y의 값을 변환하여 이용하는 경우가 있다.

$$x^* = \frac{x - \overline{x}}{s_x},\quad y^* = \frac{y - \overline{y}}{s_y} \tag{6-44}$$

이와 같이 변환된 변수를 표준화 변수(standardized variables)라고 부른다. 이것을 식 (6-44)에 대입하면 식 (6-45)와 식 (6-46)을 얻게 되어, 표준단위로 변화하여 계산한 회귀계수(regression coefficient)가 곧 두 변수간의 상관계수가 되는 것을 관찰할 수 있다.

$$\hat{y} - \bar{y} = b_1 (x - \bar{x}) \tag{6-45}$$

$$\hat{y}^* = r_{xy} \cdot x^* \tag{6-46}$$

상기 공식의 적정성과 이산적 처리 개념을 실증하기 위해 두 변수간의 상관도 실험을 실시하였다. 전류 신호의 기본파 주파수로 변조된 신호성분을 추출하기 위해, 유사한 패턴을 갖는 두 랜덤 신호를 생성하고 이 랜덤 신호보다 2 ms 낮은 시간 대역에서 최대값을 갖는 신호를 그림 6-15와 같이 생성시켰다. 상기 세 쌍의 신호의 산술 평균을 취하여 평균 신호를 생성하였다.

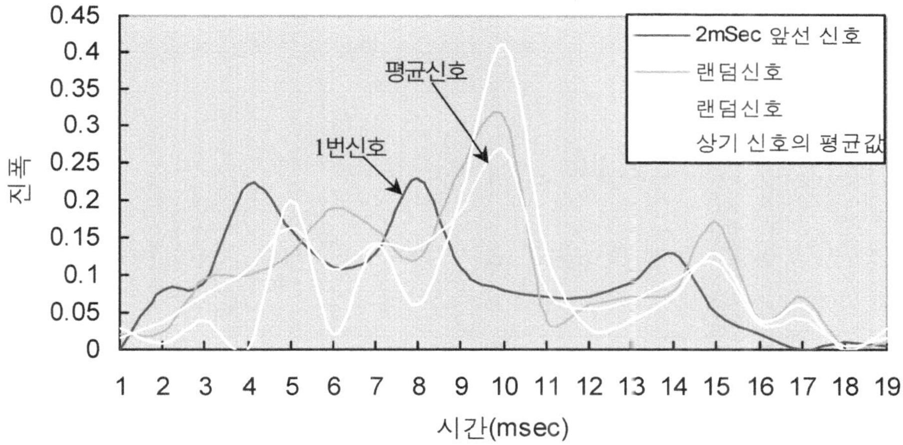

그림 6-15 생성된 신호와 평균 신호의 시간축 파형

표 6-4 상기 신호의 상관 관계도

상관관계도	[Center]	[Left]	[Right]
1번신호 1 / 평균 신호	5.5351540E-01	7.6589420E-01	2.5473540E-01
랜덤신호 1 / 평균 신호	9.3154170E-01	4.7317850E-01	4.1922070E-01
랜덤신호 2 / 평균 신호	8.6086760E-01	1.3350090E-01	4.8130760E-01

이 평균 신호를 이용하여 생성된 각 파형과의 상관도를 구한 결과는 표 6-4와 같다. 두 랜덤 신호와 평균 신호간 상관도는 0.86이었다. 그러나 1번 신호와 평균 신호간 상관도는 0.53으로 산출되어 신호의 패턴이 차이가 있음을 확인할 수 있다.

6.5.5 컨벌루션(Convolution)

컨벌루션(Convolution)은 입력과 초기값, 그리고 전달함수로 정의된다. 컨벌루션은 식 (6-47)과 같이 다음의 적분으로 정의될 수 있다.

$$y(t) = x(t) \otimes h(t) = \int_{-\infty}^{\infty} x(\tau) \cdot h(t-\tau) d\tau \tag{6-47}$$

이산적 컨벌루션은 적분 함수가 시간-이산적 신호로 대체되어 식 (6-48)로 표기할 수 있다. 시간-이산적 서로 다른 신호의 컨벌루션은 합의 형태로 표기된다. 식에서 두 번째 시간-이산 함수인 전달함수 *h*(*i*)는 계수의 어레이 형태로 표현되며 합을 위한 시간-이산 변수 i는 적분 변수 τ로 대체된다.

$$y(t) = \sum_{i=0}^{n} h(i) \cdot x(t-i) \tag{6-48}$$

여기서, $i > 0$이고 $h(i)$일 때, $x(-i) = 0$, $(i=0...n)$이고 $h(i)$는 전달함수이다.

6.6 필터 회로

신호처리에 사용하는 필터는 아날로그 필터(Analog Filter)와 디지털 필터(Digital Filter)가 사용된다. 아날로그 필터는 RC 시정수를 이용한 하드웨어 필터로 사용되고 디지털 필터는 소프트웨어로 구현된다.

그림 6-16(a)와 같은 간단한 1차 아날로그 필터는 다음과 같은 선형 미분방정식(Linear Differential Equation)으로 식 (6-49)와 같이 표시된다.

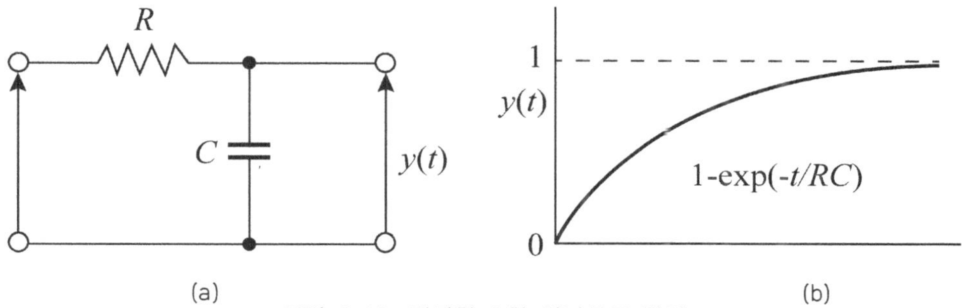

그림 6-16 간단한 1차 아날로그 필터

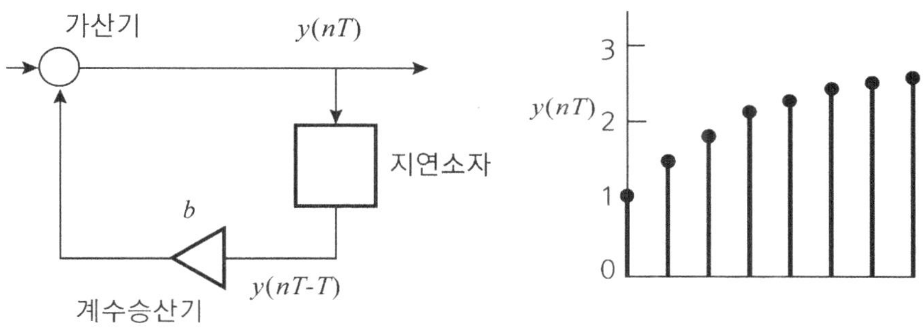

그림 6-17 디지털 필터((a) 블록다이어그램 (b) 스텝 응답)

$$RC\cdot\frac{dy(t)}{dt}+y(t)=x(t) \tag{6-49}$$

그림 6-16(a)의 RC회로에 단위 스텝입력을 인가하면, 그 응답, 즉 단위 스텝응답은 그림 6-16(b)와 같이 되며 이것에 대하여 디지털 필터의 블록 다이어그램은 그림 6-17(a)와 같이 표시된다.

이 회로는 지연소자, 가산기, 계수승산기로 구성되며 식 (6-50)과 같은 선형 차분방정식으로 기술된다.

$$y(nt)=by(nT-T)+x(nT) \tag{6-50}$$

또한 그 스텝응답은 그림 6-17(b)와 같이 얻어지는데, 필터계수 b를 선택하는 것에 의해서 희망하는 응답파형이 얻어진다. 그림 6-17(a)와 그림 6-17(b)의 응답파형을 비교하면, 양 필터가 대응하고 있는 것을 알 수 있다.

표 6-5 아날로그 필터와 디지털 필터의 차이점

항 목	아나로그 필터	디지털 필터
신 호	시간과 진폭이 연속치	시간과 진폭이 이산치
표 현	선형 미분방정식	선형 차분방정식
구성요소	R, L, C	지연소자, 가산기, 계수승산기

디지털 필터는 입출력 관계에 의한 전달함수 표현이 널리 사용되지만 필터의 구조는 상태공간 표현에 의해 상태방정식과 출력방정식으로 표현한다.

필터를 이산적으로 구성하기 위해서는 회귀(Recursive) 시스템과 비회귀(Nonrecursive) 시스템으로 구분하여 구성한다. 회귀 시스템의 임펄스 응답은 무한 장수열의 형태가 되므로 이를 IIR(Infinite Impulse Response)시스템이라 하고, 비회귀 시스템을 FIR(Finite Impulse Response)이라고 한다. 이를 이용한 필터 역시 IIR 필터와 FIR 필터의 2종류가 사용된다.

IIR 필터는 동일한 필터 스펙을 만족시키는 데 필요로 하는 필터의 차수가 매우 적기 때문에 메모리나 계수곱셈기 등 하드웨어의 부담이 적어진다. 그러나 필터의 구성상 피드백 루프를 가지고 있기 때문에 안정성이 FIR 필터에 비해 낮고 각종 양자화 오차의 누적이 생길 수 있다. 또한 위상이 주파수에 대하여 선형이 아니므로 파형을 전달할 때 문제가 생긴다. 반면에 IIR 필터는 뛰어난 진폭 특성을 장점으로 한다.

FIR 필터는 피드백 루프를 필요로 하지 않으므로 안정성이 보증된다. 또한 선형 이상특성의 스펙을 만족시키는 것이 가능하기 때문에 파형 전송 등의 응용에 널리 사용된다. 이와 같은 IIR 필터와 FIR 필터의 특성을 잘 이용하여 최적의 필터 시스템을 설계하는 것이 필요하다.

6.7 오차 분석 기법

전동기 구동기기의 성능 진단시 기준이 되는 중요한 항목으로는 측정 오차의 관리이다. 본 절에서는 전동구동밸브(MOV, Motor Operated Valve)를 전원 분석기법으로 성능을 관리할 경우의 오차 관리 기법을 사례로 설명한다.

그림 6-18과 같이 본 전력선 방식 MOV 성능진단 시스템의 오차는 우연오차(Random Error)와 계통오차(Biased Error)로 나누어 산출한다. 우연오차 (Random Error)는 각 오차 요소의 통계적 분석을 통해 산출한 값으로서 측정된 토크, 스템 팩터 및 전동기의 전기적 데이터가 주요 요

소가 된다. 계통오차는 측정값과 계산 값의 상대적 오차를 구하는 방법으로서, 토크 및 스템 팩터의 산정에 적용된다.

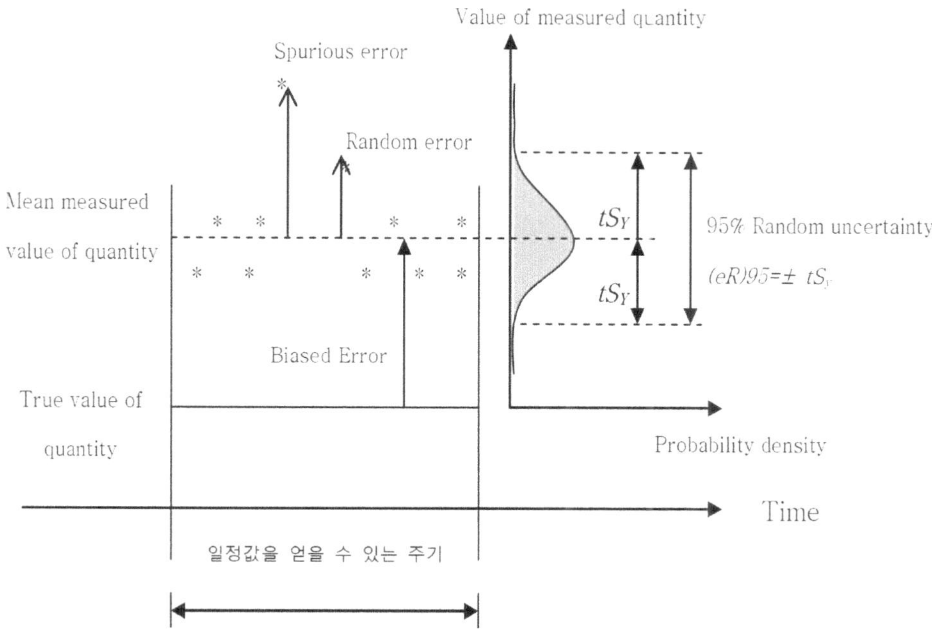

그림 6-18 오차 개념도

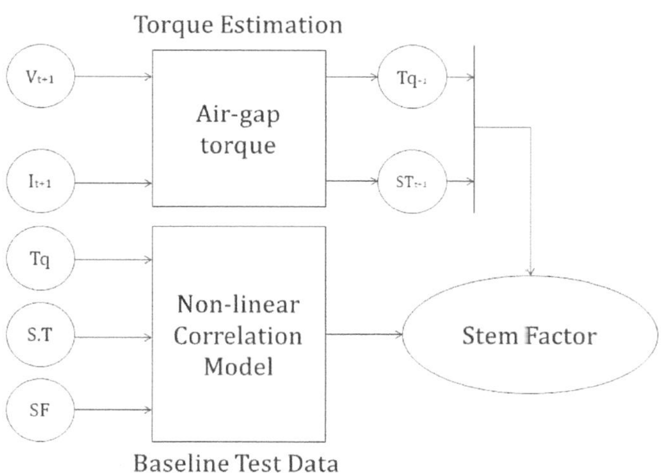

그림 6-19 MOV 스템 계수 예측 모델

그림 6-19는 MOV 스템 계수 예측 모델을 간략히 표현한 것이다. 계산된 공극 토크와 이전 데이터(실측 토크와 실측 스템계수 곡선, 행정 시간) 등과의 비선형 상관관계를 이용하여 현재의 스템계수를 산출한다.

우연 오차의 분석에는 95% 신뢰도 구간을 적용하며, 각 우연 오차는 Square Root of Sum of the Square (SRSS)을 통해 종합 우연 오차로 산출한다.

총 오차는 식 (6-51)을 이용하여 산출한다.

$$\varepsilon_{Torque} = \varepsilon_{Tq\_biased} + \varepsilon_{Tq\_random} \tag{6-51}$$

여기서, ε_{Th_Stem} = 전원분석 기법으로 스템 힘을 예측할 때의 합성 오차

ε_{Tq_biased} = 측정 토크와 예측 토크간 상태 오차의 평균값

ε_{SF_biased} = 측정 스템계수와 예측 스템계수간 상대 오차의 평균값

ε_{Tq_random} = 토크 측정시의 통계적 오차

ε_{SF_random} = 스템 계수 측정시의 통계적 오차

스템계수 = 토크/스템 힘(스러스트)

우연오차의 95% 신뢰도 구간값을 구하기 위한 공식은 ANSI/ISA-S67.04, Part I-1994, “Setpoints For Nuclear Safety-Related Instrumentation”에서 제시된 식(6-52)를 이용한다.

$$\epsilon_{random} = \frac{S_{t(n-1,\alpha/2)}\sigma}{\sqrt{n}} \cdot 100 \tag{6-52}$$

여기서, ε_{random}은 우연오차의 95% 신뢰도 구간 (%)이고 $S_{t(n-1,a/2)}$는 student-t 분포의 임계값, σ는 표준 편차이며 n은 데이터의 수를 나타낸다

우연 오차는 계측된 값과 계산된 값의 평균 편차율을 구하는 방법을 사용한다.

$$\epsilon_{biased} = \sum_{i=1}^{n} \frac{|Cc_i - C_i|}{|Cc_i|} \cdot 100 \tag{6-53}$$

식(6-71)에서 ε_{biased}는 계통 오차(%), Cc_i은 측정값이고 C_i은 예측값이다.

토크 예측 오차

토크 계산시 발생하는 오차는 위에서 기술한 바와 같이 우연 오차와 계통오차로 나누어 분석할 수 있다. 우연 오차와 계통 오차는 서로 상관 관계가 없는 요소이므로 두 요소는 합산을 통해 종합 오차를 구할 수 있다.

토크의 우연 오차항은 계측된 토크와 계산된 토크의 통계적 분산과 계측에 사용된 계측기, 센서의 교정데이터를 이용하여 산출하는 계측기 오차로 나누어 식 (6-54)를 이용하여 구한다. 3상 전압과 전류의 변동에 의한 오차는 토크 계산시 전압, 전류 오차가 포함되므로 별도로 구하지 않는다.

$$\varepsilon_{Tq\_random} = [\varepsilon_{Tq\_estim}^2 + \varepsilon_{inst}^2]^{0.5} \tag{6-54}$$

여기서, ε_{tq_estim}는 토크 예측 오차의 95% 신뢰도 구간이고 ε_{inst}는 계기 오차의 95% 신뢰도 구간이다. 본 전력선 방법을 이용한 토크 계산기법에 사용되는 계측기의 오차 요소를 구분하면 식 (6-55)와 같다.

$$\varepsilon_{inst} = [\varepsilon_{voltage}^2 + \varepsilon_{current}^2 + \varepsilon_{daq}^2]^{0.5} \tag{6-55}$$

여기서, $\varepsilon_{current}$는 전류 측정용 센서의 계측 오차율 (%), $\varepsilon_{voltage}$는 전압 측정용 센서의 계측 오차율(%), ε_{daq}는 데이터 수집장치의 계측 오차율 (%)이다.

스템계수의 우연 오차는 토크 파형의 적분값과 밸브의 행정 시간(stroke time)에 대한 자연 로그를 취한 후 양변을 미분함으로써 식 (6-56)과 같이 얻을 수 있다.

$$\frac{dSF}{SF} = -a\frac{dT_i}{T_i} + b\frac{dI_i}{I_i} \tag{6-56}$$

따라서 스템계수에 대한 오차는 식 (6-57)을 이용하여 계산할 수 있다.

$$\varepsilon_{SF\_random} = [(a\varepsilon_{Ti})^2 + (b\varepsilon_{Ii})^2]^{0.5} \tag{6-57}$$

여기서, ε_{SF_random}는 스템계수 예측 오차, ε_{Ti}는 95% 신뢰구간에서의 행정시간 계측오차, ε_{Ii}는 95% 신뢰구간에서의 토크 적분 오차이다.

붙임 1에는 각종 가중 함수의 주파수 분해능과 진폭 크기가 표기되어 있다.

붙임 1. 가중 함수의 주파수 분해능과 진폭 크기

Window function	Parameter	side lobe level (dB)	side lobe slope (dB/Oct)	3 dB width of main lobe	amplitude damping
Rectangle	---	-13	- 6	0.89	1.00
Bartlet	---	-27	-12	1.28	0.50
Hamming	---	-43	- 6	1.30	0.54
Hanning	---	-32	-18	1.44	0.50
Power of Cosine	1.00	-23	-12	1.20	0.64
	2.00	-32	-18	1.44	0.50
	3.00	-39	-24	1.66	0.42
	4.00	-47	-30	1.86	0.38
Blackman	---	-58	-18	1.68	0.42
Blackman-Harris	---	-92	- 6	1.90	0.36
Tukey	0.25	-14	-18	1.01	0.88
	0.50	-15	-18	1.15	0.75
	0.75	-19	-18	1.31	0.63
Poisson	2.00	-19	- 6	1.21	0.44
	3.00	-24	- 6	1.45	0.32
	4.00	-31	- 6	1.75	0.25
Hanning-Poisson	0.50	-35	-18	1.54	0.43
	1.00	-39	-18	1.64	0.38
	2.00	-----	-18	1.87	0.29
Cauchy	3.00	-31	- 6	1.34	0.42
	4.00	-35	- 6	1.50	0.33
	5.00	-30	- 6	1.68	0.28
Gauss	2.50	-42	- 6	1.33	0.51
	3.00	-55	- 6	1.55	0.43
	3.50	-69	- 6	1.65	0.37
Flattop	---	-70	-2	3.38	0.24

참고문헌

[1] 황병원, 이주신, "디지털 신호처리", 오옴사

[2] 장영범, "디지털 신호처리 시스템", 생능출판사

[3] J. G. Webster(Ed.), "Electrical Measurement, Signal Processing and Displays", ISBN 0-8493-1733-9, CRC Press

[4] J. Parker, "Algorithms for Image Processing and Computer Vision", Wiley Computer Publishing, pp. 116-130, 1997

[5] Philip R. Bevington, "Data Reduction and Error Analysis for the Physical Sciences", pp.66-91, McGraw-Hill

[6] Instrumentation, Systems, and Automation Society, "Methodologies for the Determination of Setpoints for Nuclear Safety-Related Instrumentation", ISA-RP67.04.02-2000

[7] D. Bramwell, K. Dewall, J. Watkins, M. Holbrook, "Understanding MOV: A textbook", INEEL/EXT-99-00485, pp. 4-5, July 1999

[8] MOV Users Group Inc., "Guidance on the Use of MCC-Based Technologies for Static MOV Performance Testing and Condition Monitoring", Rev.0, Attach. 5a, July, 2000

[9] U.S Nuclear Regulation Commission, "Gate Valve and Motor-Operator Research Findings", NUREG/CR-600, INEL-94/0156.

[10] S. Mukhopadhyay, S.Chaudhuri, "A Feature Based Approach to Monitor Motor-Operated Valves Usedin Nuclear Power Plants", IEEE Trans. Nuclear Science. Vol.42, No.6, pp.2209-2220, Dec.1995

[11] K. Y. Sung, "Valve Factor Behavior Observed in the Dynamic Test of Motor-Operated Valves", Korean Nuclear Society Conference, Fall 2000

[12] J. C. Jung and P. H. Seong, "Development of MOV Dynamic Test System using Power Line Signal Analysis", MARCON 2001, University of Tennessee, May 2001

[13] H. D. Haynes, "Aging and Service Wear of Electrical Motor Operated Valves", NREG/CR-4234, Vol. 2, Aug. 1989

전원 신호 분석 기술의 이해

7

"이윤은 남다른 현명함에서 나오는 것이 아니라 남다른 어리석음에서 나온다."

(데이비드 리카르도, 피터 드러커의 위대한 혁신에서 재전재)

7.1 시간축 진단기법 개요

시간축 예측기법은 전압, 전류 신호를 이용하여 전력, 전동기 공극 토크 등을 계산한 후 이 신호들의 순시 파형, 실효값, 파고값 등을 추정하여 사전에 설정된 기준값과 비교하는 것이다.

기계설비와 전동기에 결함이 발생할 때 전압, 전류, 전력, 토크 등에 고장부분과 고장 정도의 판별이 가능할 정도의 파형 변화가 나타난다. 그림 7-1과 같이 고든 전기 신호는 같은 주기를 가지며 비정상 상태 시에도 같은 주기로 변동이 발생함을 알 수 있다.

그림 7-2는 웜과 웜기어에 의해 구동되는 기계의 치차가 마모 또는 상실되었을 때의 토크의 변화를 시간축에서 연속적으로 나타낸 파형으로서 구동축의 변형량을 정량화 할 수 있다면 고장 형태를 판별하는 것 외에도 최대 토크와 최소 토크의 변화율을 분석하여 고장 정도를 예측할 수 있다.

이 장에서는 전기회로 분석, 전력 품질 분석, 전력 파라미터 분석 기법, 그리고 시간축 진단 기준의 상세한 설명을 통해 시간축 예측진단에 대한 기본적인 내용을 설명하고자 한다.

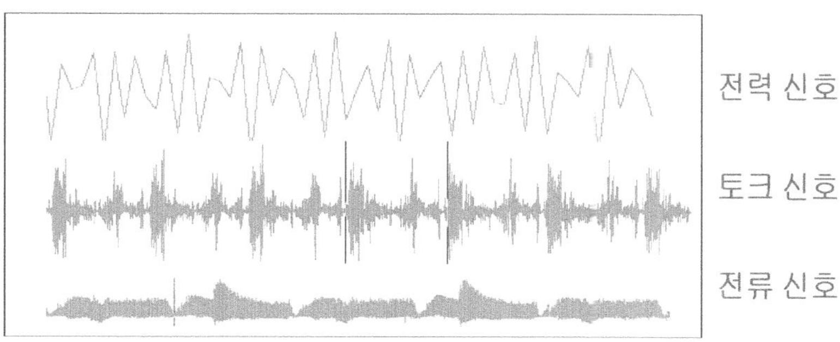

그림 7-1 전력, 토크 및 전류 신호의 순시치 파형 예

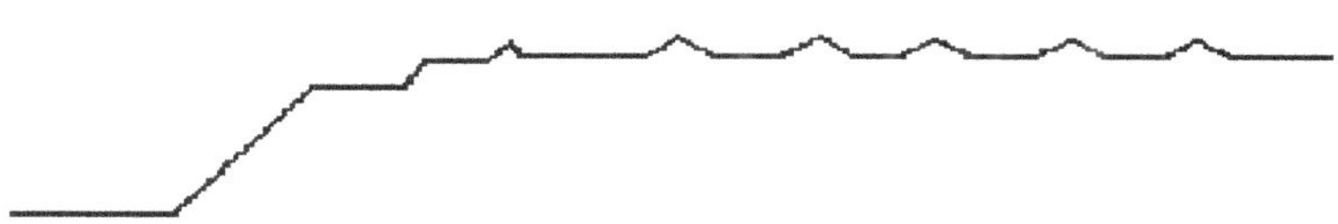

그림 7-2 웜기어 불량 시 토크 신호파형 (연속 기록 파형)

7.1.1 전기회로 및 전력품질 분석

(1) 주파수와 주기

전압 $v(t)$, 전류 $i(t)$, 전력 $p(t)$ 등의 그래프적 표시를 그들의 파형이라고 한다. 그림 7-3과 같이 정현적으로 변하는 전압, 전류는 다음과 같이 표기할 수 있다.

그림 7-3에서 v는 각 순간의 전압이므로 순시치(instantaneous value)라 하며, Vm를 최대치 또는 진폭이라 한다. 정현파는 주기파이고 파형의 정, 부 1회의 변화를 1 사이클(cycle)이라고 한다. 1 sec간에 포함된 사이클 수를 주파수라고 하고 단위는 Hz(Hertz)를 사용한다. 1 사이클에 소요되는 시간을 주기라고 한다. 주기 T와 주파수 f 사이에는 다음과 같은 관계가 있다.

$$v = V_m \sin \omega t \tag{7-1}$$

$$T = \frac{1}{f}(s) \tag{7-2}$$

식 (7-1)에서 ωt는 라디안으로 표시한 각이며 ω는 각속도 또는 각주파수라고 한다. 1주기 T초 동안에는 각은 2π(rad)만큼 증가하므로 1초 간에는 $\frac{2\pi}{T}$(rad)만큼 증가한다. 따라서 $\omega = \frac{2\pi}{T}$(rad/s)의 관계가 있다. 그림 7-4는 회전 페이서도를 이용하여 교류 파형을 복소평면 상에 표시한 것이다.

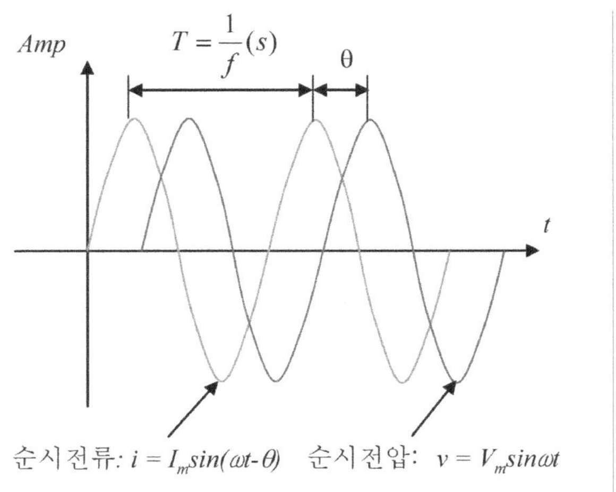

그림 7-3 정현적으로 변하는 전압, 전류 파형

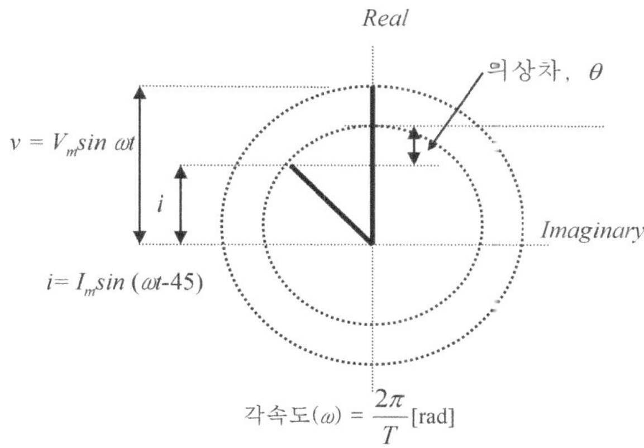

그림 7-4 회전 페이서도를 이용한 교류 파형 표시

(2) 전류의 측정 및 분석

1) 실효전류(effective current)

전력량은 일정시간 동안 전류를 부하에 흘렸을 때 발생시키는 열량을 나타내며 이것을 식으로 표현하면, 식 (7-3)과 같으며 전류 I는 실제로 부하를 흐르며 열을 발생시키는 에너지가 된다. 이 전류를 실효전류라 한다.

$$W = P \cdot T = V \cdot I \cdot T = \frac{V^2}{R} T[W] \tag{7-3}$$

식 (7-3)을 이용하여 전류의 실효값을 계산하는 과정은 식 (ㄱ-4a)부터 식 (7-4f)와 같다. 여기서, $i = I_m \sin\omega t$이다.

$$I^2RT = R\int_0^T i^2 dt \tag{7-4a}$$

$$I^2 = \frac{1}{T}\int_0^T i^2 dt \tag{7-4b}$$

$$I^2 = \frac{1}{T} I_m^2 \int_0^T \sin^2 \omega t \, dt \tag{7-4c}$$

$$I = I_m \sqrt{\frac{1}{T} \int_0^T \sin^2 \omega t \, dt} \tag{7-4d}$$

$$I_m \sqrt{\frac{1}{T} \int_0^T \frac{1}{2} [\cos 0 - \cos(2\omega t)] \, dt} \tag{7-4e}$$

$$= I_m \sqrt{\frac{1}{2T} \left[\int_0^T 1 \, dt \right] - \left[\int_0^T \cos(2\omega t) \right] dt} \tag{7-4f}$$

$$= I_m \sqrt{\frac{1}{2T} \left[[1]_0^T - \frac{1}{2\omega} [-\sin(2\omega t)]_0^T \right]} \tag{7-4g}$$

$$= I_m \sqrt{\frac{1}{2T} \left[T - \frac{1}{2\omega} \left[-\sin\left(\frac{4\pi T}{T} \right) - (-\sin 0) \right] \right]} \tag{7-4h}$$

$$= I_m \sqrt{\frac{1}{2T} (T - 0)} = \frac{I_m}{\sqrt{2}} \tag{7-4i}$$

최종적으로 계산한 최대 전류와 실효 전류값의 관계는 식 (7-5)와 같다. 식 (7-5)는 정현파인 경우에 유효하며 전류의 파형이 정현적이 아니라면 유효한 값을 제공하지 못한다.

$$I_m = \sqrt{2} I \tag{7-5}$$

2) 전동기의 상태를 진단하기 위한 주요 전류 파라미터

전동기의 상태를 진단하기 위해 사용되는 주요한 전류 파라미터는 표 7-1과 같다. 전동기 제어반에 설치된 전류 변성기 출력 부위에서 측정된 2차측 순시 전류를 이용하여 피크치, 실효치, 평균치 등이 다음과 같이 시간축에서 측정된다.

① 순시 전류는 시간상 두 지점간의 전류차를 나타낸다. 전류가 시간에 대한 그래프 형태를 취할 때 이 그래프를 전류 파형이라고 한다. 전류값의 그래프상 표기는 수평축에 시간, 수직축에 진폭으로 표시하며 그림 7-5와 같이 나타난다.

표 7-1 전동기의 상태를 진단하기 위한 주요 전류 파라미터

전류 파라미터	표시 형식
순시 전류 (instantaneous current)	I
피크 전류 (peak current)	I_{pk}
실효 전류 (RMS current)	I_{rms}
전류 크레스트 팩터 (current crest factor)	I_{cf}
최소전류(minimum current), 최대 전류(maximum current), 평균전류(average current)	I_{min} , $I_{max,}$ I_{avg}
전류 상승 (current swell (surge))	I_{surge}
전류 강하 (current dip (sag))	I_{sag}
과도 전류 (current transient)	$I_{transient}$
NEMA 전류 불균형률	$\%I_{imbal}$
전류 합	I_{sum}

과전류 시험은 전동기 명판에 있는 고정자 전류와 비교하여 사용자 전동기의 단상 전류를 검사한다. 과도한 전류는 전동기의 특정 상에 스트레스를 가하게 된다. 과전류 시험에서는 1개 또는 그 이상의 상에 정격전류 이상의 전류가 흐르는지 아닌지를 결정하므로 과열로 인한 전동기 절연 수명이 단축되는 것을 방지한다.

모든 전동기의 명판에는 전류 데이터가 포함되어 있다. 과전류 시험은 가장 큰 상전류와 명판의 정격 전류를 비교하고 특정 권선이 과열되어 있는지를 판정한다. 특정 권선의 열에 의한 영향 평가의 전형적인 방법은 특정 상전류를 검사하는 것이다. 전류는 I^2R손실을 발생시키므로 열을 생성하게 된다. 전동기를 과열시키는 전적인 요인은 아니더라도 I^2R 손실은 전동기를 과열시키는 주요 원인이다.

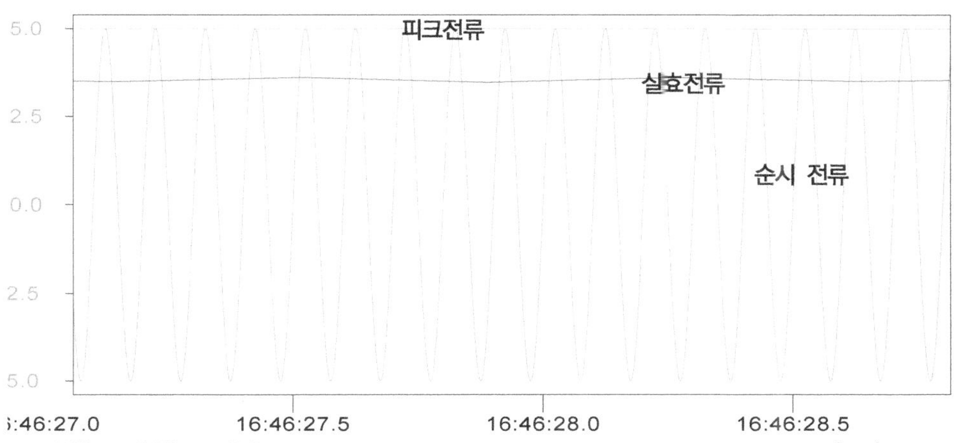

그림 7-5 전류값의 그래프상 표기 (피크, 실효, 최대값)

② 피크 전류는 순시 전류 한 주기의 최대값으로 정의된다.

③ 전류 실효치는 순시 전류의 기본 주파수 성분에 대한 한 주기의 최소 자승 평균값으로 식 (7-6)과 같이 나타낸다.

$$I_{rms} = \sqrt{\frac{1}{T}\int I(t)^2\,dt} = \sqrt{\frac{\Sigma I^2}{N}} \tag{7-6}$$

④ 식 (7-7)의 전류 크레스트 팩터는 같은 사이클에서의 피크 전류값을 RMS 전류값으로 나눈 값이다. 완벽한 정현파인 경우 전류의 크레스트 팩터는 1.414 ($\sqrt{2}$)이다.

$$I_{cf} = \frac{I_{pk}}{I_{rms}} \tag{7-7}$$

⑤ 최대 전류, 최소 전류, 평균 전류는 측정 시간에서의 RMS 전류의 최대, 최소 및 평균값이다.

⑥ 전류 상승은 트리거 레벨을 초과한 RMS 전류값이다. 전류 상승은 매 $\frac{1}{2}$ 사이클마다 계산한다.

⑦ 전류 강하는 트리거 레벨 이하로 떨어진 RMS 전류값이다. 전류 강하는 매 $\frac{1}{2}$ 사이클마다 계산한다.

⑧ 과도 전류는 순시 전류값이 트리거 레벨 이상이 되는 상태를 말한다.

⑨ NEMA 에서 규정한 전류 불균형은 식 (7-8)과 같다.

$$\% I_{imbal} = 100\% \cdot \frac{|I_{Avg-RMS} - \max\{(I_A - I_B), (I_B - I_C), (I_A - I_C)\}|}{I_{Avg-RMS}} \tag{7-8}$$

여기서, I_A, I_B, I_C = 3상 전류의 RMS 값이고 I_{Avg_RMS} = 3상 전류의 RMS 평균값이다.

NEMA 전류 불균형 시험은 고정자 전류의 평균 실효값과 선간 전류 최대값과의 백분율을 계산한다. 과도한 전류는 전동기의 특정상 권선에 스트레스를 가하게 된다. NEMA 전류 불균형 시험은 1개 또는 그 이상의 상에 정격전류 이상의 전류가 흐르는지 아닌지를 진단하여 전동기 과열로 인해 절연 수명이 단축되는 것을 방지한다.

불균형 전류는 종종 불균형 전압으로부터 발생한다. 전압 불균형은 전류 불균형을 8배까지 발생시키게 된다. 심지어 균형 전압으로 전동기가 구동되고 있을 때조차 경부하 혹은

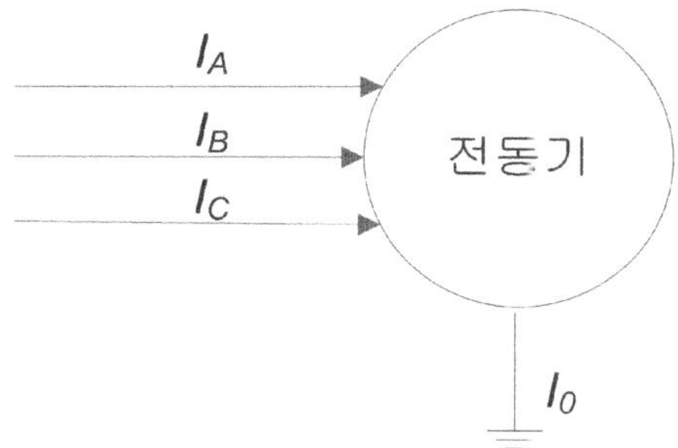

그림 7-6 전류의 합을 이용한 권선의 접지여부 분석 개념도

무부하 상태에서 회전기는 전류 불균형이 크게 발생할 수 있다. 이러한 전류 불균형은 건전한 전동기에서도 일반적으로 발생한다. 회전기에 부하가 걸려 회전하게 되면 이러한 전류 불균형 현상은 사라지게 된다.

전류 불균형을 분석하는 또 다른 방법은 역방향 전류와 순방향 전류의 비를 구하는 것이다. 이것은 IEC에서 분석하는 방법으로 좀더 나은 방법이라고 할 수 있다.

⑩ 전류의 합 : 키르히호프의 전류 법칙은 식 (7-9)와 같으며 모든 경우에 적용할 수 있다.

$$I_0 = I_A + I_B + I_C \tag{7-9}$$

이론적으로 3상의 고정자 전류는 합산되어 접지 전류로 흐르게 되므로 이를 관찰하여 접지여부를 확인함으로써 전동기의 결함을 그림 7-6과 같이 진단한다.

그러나, 접지 전류는 턴간, 상간 접촉을 통해 고정자 권선의 절연이 급격이 저하된 후, 상-접지간 접촉이 발생해야 급격히 증가되므로 이를 측정하여 예측진단하는 것은 무리가 있다. 아울러 변류기(CT)가 보정되지 않았거나 또는 데이터를 취득하는 동안 하드웨어적으로 연결이 잘못되면 오차가 발생하는 추가적인 문제점이 있다.

(3) 전압의 측정 및 분석

식 (7-10)을 이용하여 실효전류의 예와 같이 실효전압을 구하면 식 (7-11)과 같다.

$$\frac{V^2}{R} T = \frac{\int_0^T V^2 dt}{R} \tag{7-10}$$

$$V = \frac{V_m}{\sqrt{2}} = 0.707\,V_m \tag{7-11}$$

정현파에 대한 최대 전압과 실효 전압값의 관계는 식 (7-12)와 같다.

$$V_m = \sqrt{2}\,V \tag{7-12}$$

(4) 전동기의 상태를 진단하기 위한 주요 전압 파라미터

전동기의 상태를 진단하기 위해 사용되는 주요한 전압 파라미터는 표 7-2와 같다.

표 7-2 전동기의 상태를 진단하기 위한 주요 전압 파라미터

전압 파라미터	표시 형식
순시 전압 레벨 시험(instantaneous current)	V
피크 전압 (peak current)	V_{pk}
실효 전압 (RMS current)	V_{rms}
전압 크레스트 팩터 (current crest factor)	V_{cf}
최대 전압, 최소 전압, 평균 전압	V_{min} , $V_{max,}$ V_{avg}
전압 상승 (current swell (surge))	V_{surge}
전압 강하 (current dip (sag))	V_{sag}
과도 전류 (current transient)	$V_{transient}$
NEMA 전압 불균형률	$\%V_{imbal}$

전동기 제어반에 설치된 계기용 변압기 출력 부위에서 측정된 2차측 순시 전류를 이용하여 피크치, 실효치, 평균치 등이 다음과 같이 시간축에서 측정된다.

① 순시전압은 시간상 두 지점간의 전압차로 표현된다. 전압이 시간에 대한 그래프 형태를 취할 때 이 그래프를 전압 파형이라 한다. 전압 레벨 시험은 과전압 및 부족 전압 상태를 점검하고, 측정된 전압 레벨과 사용자가 지정한 한계값을 비교한다. 이러한 전압 레벨 시험을 통하여 전압이 과도하게 많은지 혹은 부족한지를 파악할 수 있다. 전압레벨 시험은 전동기가 현재 명판의 전압 레벨보다 높은지 낮은지를 결정한다.

전기기기들은 각 기기의 전압레벨에 따라 특정 전압 조건 아래에서 동작 되도록 설계되었다. 기기 설계에는 다음 두 가지 기본 이론을 적용한다.

- 전압 레벨에 의해 설정되는 자속밀도
- 전압 레벨에 의해 설정되는 자기장

이 둘은 모두 히스테리시스 곡선에 의해 특성이 기술된다. 자속밀도 또는 자계가 높으면, 전동기는 비선형 비율로 동작하게 된다. 이것은 결과적으로 고정자 전류에 왜형이 포함되도록 한다. 이러한 전압 성분은 기본 주파수 (60 Hz) 코다 다른 요소를 포함하게 된다. 이러한 요소들 중 일부는 토크를 증가시키지 않으면서 전동기에 열을 발생시키는 원인이 된다. 그 중 다음 두 가지 현상은 전동기를 과열시킬 수 있다.

- 과전압/부족전압
- 고정자 전류 증가

전동기들은 명판에 있는 전압 레벨에서 동작되도록 설계되어 있다. 명판에 있는 전압레벨 보다 높거나 낮게 동작하면 비정현파 전류가 크게 되며, 결과적으로 전동기를 과열시키게 된다. 고정자 전류가 증가하게 되면 전동기가 심각하게 과열될 수 있으며, 철손(I^2R)이 증가한다.

$$P = \sqrt{3} \cdot V \cdot I \cdot PF \tag{7-13}$$

여기서, P = 출력, PF = 역률, V = 선간 전압, I = 고정자 전류이다.

식 (7-13)에서 알 수 있듯이, 전압 레벨(V)이 감소하면, 전동기는 요구된 출력을 제공하기 위해 전원측으로부터 보다 많은 전류를 끌어들이게 된다. 증가된 철손 (I^2R)으로 인하여, 고정자 전류의 증가분은 고정자와 회전자의 열을 증가시키는 원인이 된다.

② 피크 전압은 순시 전압 한 주기의 최대값으로 정의된다.

③ 식 (7-14)의 실효 전압은 순시 전압의 기본 주파수 성분에 대한 한 주기의 최소 자승 평균값이다.

$$V_{RMS} = \sqrt{\frac{1}{T}\int V(t)^2 dt} = \sqrt{\frac{\sum V^2}{N}} \tag{7-14}$$

④ 식 (7-15)의 전압 크레스트 팩터는 같은 사이클에서의 피크 전압값을 RMS 전압값으로 나눈 값이다. 완벽한 사인파인 경우 전압 크레스트 팩터는 1.414 ($\sqrt{2}$)이다.

$$V_{cf} = \frac{V_{pk}}{V_{RMS}} \tag{7-15}$$

⑤ 최대 전압, 최소 전압, 평균전압은 측정 시간에서의 RMS 전압의 최대, 최소 및 평균값을 나타낸다.

⑥ 전압 상승은 부하의 급감에 따라 진폭이 증가되는 현상을 말하며 트리거 레벨을 초과한 RMS 전압값으로 정의된다. 전압 상승량은 매 1/2 사이클마다 계산한다.

⑦ 트리거 레벨은 일정한 진폭으로 설정하거나 정상값에 대한 % 변화로 설정한다. 예를 들어 30 amps, 130 volts등으로 진폭 설정을 하거나, 120 V_{an} +/- 3% 또는 평균 전류의 +100% 등과 같이 변화량으로 설정한다.

⑧ 전압 강하는 급작스런 부하의 변동으로 인해 진폭이 떨어지는 현상을 말하며 트리거 레벨 이하로 떨어진 RMS 전압값으로 정의된다. 전압 강하는 매 1/2 사이클마다 계산한다.

⑨ 상승 및 강하 RMS 그래프의 기록

상승 및 강하 그래프의 기록 방법은 트리거링 이벤트가 발생하기 전 2사이클로부터 트리거링이 해제된 후 1초 또는 10 사이클의 기간 동안을 RMS 값으로 표시한다. 그래프는 상승과 강하의 기본적인 사항을 기록한다.

전압에 의해 이벤트가 발생할 경우, 전류의 파형도 같은 화면에 나타냄으로써 문제의 원인 파악에 사용할 수 있도록 하며, 반대의 경우도 가능하도록 한다.

⑩ 상승 및 강하 파형의 기록

기본적인 상승과 강하 기록 방법은 다음과 같다.

- 날짜 및 시간 표시는 트리거 이벤트가 발생한 날짜 및 시간을 밀리초 단위로 표시한다.
- 신호의 종류는 트리거링 된 신호의 종류를 "V_{an}"과 같이 표기한다.
- 이벤트의 종류 (강하 또는 상승 이벤트 여부)를 기록한다.
- 진폭이란, 상승의 경우 가장 큰 레벨을 갖는 1/2 사이클의 RMS 값을 말하며, 강하의 경우 가장 작은 레벨을 갖는 1/2 사이클의 RMS 값을 말한다.
- 이벤트 기간은 트리거링 후 처음 1/2 사이클로부터 트리거링 이벤트가 없어진 마지막 1/2 사이클 까지의 시간을 밀리초로 나타낸다. 트리거링 이벤트의 소멸은 적어도 1초 이상 트리거링이 발생하지 않는 것을 기준으로 판단한다.

⑪ 과도 전압은 순시 전압값이 트리거 레벨 이상이 되는 상태를 말한다.

⑫ 전압 불균형 상태를 점검하여 전동기의 전반적인 전원상태를 파악할 수 있다.

전압 불균형 시험은 NEMA 규정에 근거하여 전압 불균형의 비율을 계산함으로써, 사용되고 있는 전동기의 단상 전압 상태를 파악하고 설정된 한계값과 비교하여 전압 불균형 정도를 평가한다. 전압이 불균형되어 있으면 고정자에 역 전류가 흐르게 되는 원인이 될 수

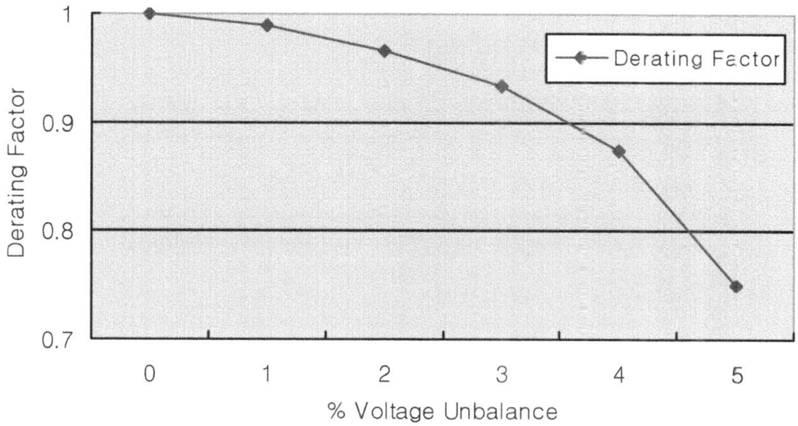

그림 7-7 전압 불평형 감쇄율(derating factor, NEMA MG 1-14.35)

있으며, 결과적으로 전동기의 온도가 상승하게 된다. 전압의 균형 시험은 사용하고 있는 전동기의 전압 상태가 불균형 상태인지 아닌지를 결정하게 된다. 따라서, NEMA derating curve 라고 하는 그래프가 이용되는데, 이것은 각 전압 불균형의 유형에 대해 최대 부하를 부가한 형태로 산출한 것이다.

NEMA MG 1-14.35에 수록된 그림 7-7은 불균형된 전동기 전압 불균형에 따른 과열도를 나타내며, 전압 불균형이 있을 때 3상 유도 전동기의 정격 출력을 낮추는(derating) 지침을 제공한다. 전압의 불균형이 커질수록 전동기의 정격도 따라서 낮아지므로 최대 동작 조건을 낮게 유지해야 한다.

전압의 불균형 시험은, 설정된 한계값에 대한 전압 불균형의 백분율(%)과 비교한다. 최적의 전원 조건에는 레벨, 균형, 왜형값이 포함된다. 전압 레벨은 명판에 있는 전동기의 성능을 표현한다.

일반적으로, 전압 불균형의 작은 값은 전류 불균형을 크게 만드는 원인이 된다. 불균형 전압 조건에는 세 가지 평형 요소를 포함한다.

- 정상 성분(양의 방향, positive sequence)
- 역상 성분(음의 방향, negative sequence)
- 영상 성분(제로 방향, zero sequence).

각 시퀀스는 불균형 전원 상태의 서로 다른 부분을 표현한다. 전형적인 3상 전압에서는 정상 성분이 가장 크다. 정상 성분이 가장 큰 요소이므로, 전동기의 과열은 발생하지 않는다. 이 시퀀스는 회전자가 원하는 방향으로 돌게 하는 60 Hz 전압 부분으로 전동기의 부하 토크가 요구하는 전력을 제공한다.

역상 성분은 전동기 동작에 역으로 영향을 끼칠 수 있는 60 Hz 전압 조건 부분이다. 이것은 회전자의 자계가 정상 성분의 반대방향으로 회전하도록 한다. 보통의 경우, 역상 성분은 정상 성분에 비해 아주 작다.

영상 성분은 전동기의 자계가 회전방향과 반대방향으로 회전하도록 함으로써 전동기에 열이 발생하게 만든다.

(5) 전압과 전류의 고조파(harmonic measurements) 분석

전압과 전류의 고조파 성분을 구하기 위해 전압과 전류에 고속 푸리에 변환(FFT)을 취한다.

순시 전압과 전류 파형의 왜곡은 고조파가 유입되었음을 나타낸다. 이 왜형된 파형은 각각 위상과 진폭 그리고 주파수가 다른 파형의 합으로 표현할 수 있다. 고조파 측정 항목은 표 7-3과 같다.

① 기본파 주파수는 일차 고조파이다. 고조파란 기본 주파수의 배수이다. 예를 들어 60 Hz의 7차 고조파는 60 × 7 = 420 Hz이다. 이 경우 7이라 수는 60 Hz의 기본파 고조파에 대한 420 Hz의 고조파 차수로 정의된다.

② 고조파의 RMS값은 고조파의 진폭을 나타낸다. 이것은 일차 고조파에 대한 상대 진폭 또는 실제의 RMS 값으로 표현된다. 예를 들어 기본파 주파수의 전류값이 120 amp 이고 5차 고조파가 30 amp라면 5차 고조파는 30 amp의 진폭을 갖거나 또는 25%의 상대 진폭을 갖는다고 정의한다.

③ 고조파 위상각은 고조파의 고조파가 기본파 주파수에 대해 얼마나 앞선 위상을 갖는지를 나타낸다. 전압과 전류의 위상각 차와 비교해 보면 고조파의 위상 분포를 알 수 있게 된다.

표 7-3 전동기의 상태를 진단하기 위한 주요 고조파 측정항목

전류 파라미터	표시 형식
기본파 주파수 (fundamental frequency)	f_{fund}
고조파 주파수 (harmonic frequency)	$F_{harmonic}$
고조파 차수 (harmonic number)	$N_{harmonics}$
고조파 진폭 (harmonic amplitude)	$A_{harmonics}$
고조파 위상각 (harmonic phase angle)	$Ph_{harmonics}$
총 고조파 왜율 (THD, total harmonic distortion)	THD
고조파 전압 팩터 (harmonic voltage factor)	HVF

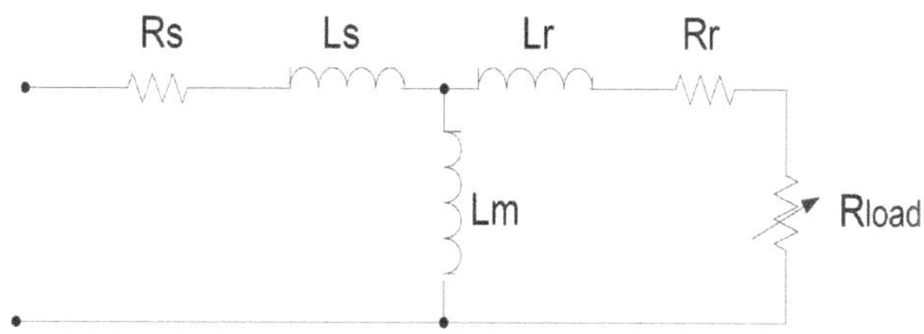

그림 7-8 전형적인 3상 유도 전동기의 등가회로

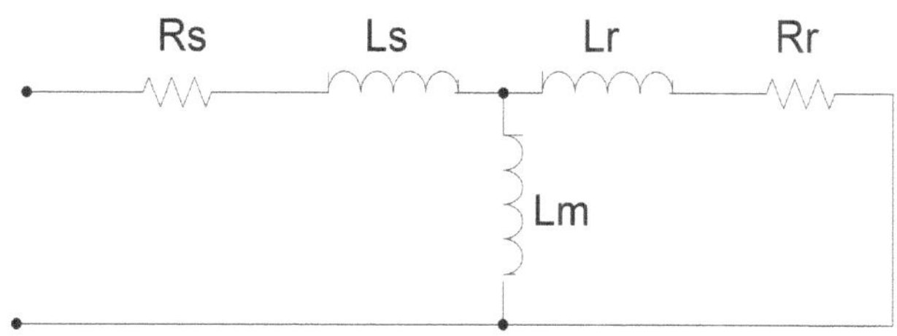

그림 7-9 기본 주파수 60 Hz 와 다른 주파수를 포함하는 전동기의 등가회로

④ 전압 왜형 시험은 3개 단상 상 전압의 종합 고조파 왜형 (THD ; total harmonic distortion)을 검사하고 저장되어 있는 한계값과 비교하여 전압 왜형이 얼마인지를 평가한다. 그림 7-8의 정상상태 등가회로에서 R_s은 고정자 저항, L_s은 고정자 인덕턴스이고 Lr은 회전자 인덕턴스, R_r은 회전자 저항이고 L_m은 자화 인덕턴스, R_{load}는 부하에서 사용하는 전력의 등가 저항이다.

전류가 R_s와 R_r에 흐르면 I^2R손실이 발생한다. R_{load}저항은 기계적으로 전동기로부터 부하에 전달된 전력을 나타낸다. R_{load}는 가변되는 저항이며, 이것은 전동기의 출력과 관계가 있다.

⑤ 그림 7-8에서, 고조파는 토크를 발생시키지 않으므로, Rl_{oad}는 고조파 주파수를 나타내는 등가회로의 요소로 작용하지 않는다. 그림 7-9에서 고정자 전압의 고조파 요소는 등가 임피던스보다 작다. 이는 고정자 및 회전자 저항에 흐르는 비교적 큰 고조파 전류 요소를 전달하게 되며, 부수적으로 열을 발생시키게 됨을 의미한다.

⑥ 고조파 왜율(harmonic distortion)은 전압 또는 전류에 존재하고 있는 왜형의 양을 표기하는데, 기본주파수(국내의 경우 60 Hz)와 그에 따른 고조파 (즉 120 Hz, 180 Hz, 240 Hz, …)을 점검한다. 존재하고 있는 고조파를 표기하는 측정방법에는 THD와 HVF 두 가지가 있다. HVF는 고조파로 인하여 3상 전동기에 추가적으로 발생하는 열을 표현한다.

THD는 신호에 포함되어 있는 왜형의 양을 적합하게 표현한다. 고조파 왜율은 고조파 자체에만 초점이 맞추어져 있고, 총 왜율 분석은 모든 비-기본 주파수 요소에 초점이 있다. 전력 분야에서는 두 가지 형태의 총 고조파 왜율(THD)을 계산한다.

일반적으로 THD는 기본파 주파수에 대한 상대적 THD의 값 (THD-F)으로 나타낸다. THD-F는 각 차 고조파에 제곱을 취한 값을 모두 더한 값을 일차 고조파의 진폭에 제곱을 취한 값으로 나눈 다음 제곱근을 취한 형태로 식 (7-16)과 같이 정의된다. THD-F 계산은 예제 7-1과 같다.

$$THD-F = \sqrt{\frac{(h_2^2 + h_3^2 + \cdots\cdots h_N^2)}{h_1^2}} \tag{7-16}$$

예제 7-1 THD-F 계산

60 Hz의 전류에 각종 고조파가 유입되고 60 Hz 기본파 주파수는 120 amp, 3차 고조파인 180 Hz 성분은 60 amp, 그리고 5차는 30 amp, 7차는 15 amp이고 나머지 차수의 고조파는 없다고 가정할 때 THD-F 계산 결과는 다음과 같다.

$$THD-F = \sqrt{\frac{(60^2 + 30^2 + 15^2}{120^2}} = 57\%$$

IEEE 519에 정의된 THD의 공식은 식 (7-17)과 같다. 여기서, *n*은 계산하고자 하는 고조파의 최대 차수이다.

$$THD_V = \frac{\sqrt{\sum_{n=1}^{n_{MAX}} V_n^2}}{V_{RMS}}, \quad THD_V = \frac{\sqrt{\sum_{n=1}^{n_{MAX}} I_n^2}}{I_{RMS}} \tag{7-17}$$

K-factor는 THD를 계산하는 또 다른 방법이며 주파수에 의한 가중치를 계산한다. 식 (7-18)과 같이 K-factor는 각 고조파 전류 진폭에 고조파 차수를 곱한 후 총 RMS 전류값으로 나누고 제곱을 취한다. 각 고조파에 대한 계산 결과를 원하는 차수까지 합하여 본 결과를 완성한다. K-factor는 고조파에 의해 가열 효과가 발생하는지 여부를 판단할 때 유효하게 사용된다.

$$K\_factor\sum_{h=1}^{N}\left(\frac{I_h \cdot h}{I_{rms}}\right)^2 \quad (7\text{-}18)$$

예제 7-2에 K-factor의 계산 예제를 수록하였다.

예제 7-2 K-factor 계산

60 Hz의 전류에 각종 고조파가 유입되고 60 Hz 기본파 주파수는 120 amp, 3차 고조파인 180 Hz 성분은 60 amp, 그리고 5차는 30 amp, 7차는 15 amp이고 나머지 차수의 고조파는 없다고 가정할 때 K-factor THD-F 계산 결과는 다음과 같다.

$$I_S = \sqrt{(120^2 + 60^2 + 30^2 + 15^2)} = 138.3A$$

$$K\_factor = \left(\frac{120\times 1}{138.3}\right)^2 + \left(\frac{60\times 1}{138.3}\right)^2 + \left(\frac{30\times 1}{138.3}\right)^2 + \left(\frac{15\times 1}{138.3}\right)^2 = 4.20$$

⑦ NEMA 에서는 고조파 전압 팩터(HVF, harmonic voltage factor)를 식 (7-19)와 같이 정의한다. 여기서, V_n은 고정자 전압 V 의 n번째 고조파 요소이다.

$$HVF_V = \frac{\sum_{n=5}^{n_{\max}} \frac{V_n}{n}}{V_{RMS}}, \quad HVF_I = \frac{\sum_{n=5}^{n_{\max}} \frac{I_n}{n}}{I_{RMS}} \quad (7\text{-}19)$$

HVF 관계식은 제 5고조파부터 나타내며, 각 고조파를 그 차수로 나눈 값의 합이다. 이것은 전동기의 인덕턴스 영향을 다음과 같은 방법으로 나타낸 것이다.

- 왜형 전압의 주파수가 크면 클수록 고조파 전류를 생성하는 영향력은 더 작아지게 된다. 그러면 "정상적인" 요소는 수식적으로 증가하는데, 이것은 각 "정상적인" 요소는 다른 요소와 독립적으로 전동기의 열을 상승시킨다는 사실을 말한다.
- 상용전원으로 구동하는 보통의 3상 전동기에서 첫 번째로 큰 고조파 요소는 제 5 고조파가 된다. 낮은 차수의 고조파를 "정상적인' 요소로 만드는 절차 (고조파 요소를 그 고조파 차수로 나누는 작업)는 수식적으로 안정적이지 못하다. 이것은 제 2 고조파의 측정 및 계산에 상대적으로 작은 오차가 있을 수 있다는 것을 의미하는데, 예를 들어 제 2 고조파의 왜형 정도가 제 5 고조파에 나타나는 같은 양의 노이즈 오차 양보다 2배 이상이 될 수 있다는 것이다.

⑧ THD 관계식의 구조는 HVF와는 다르다. 이것은 RMS(실효값) 관계식과 유사한데, 신호의 "전체 에너지"가 각 신호 요소들이 개별적인 기하학적 합으로 계산된다. 이러한 계산 근거는 기계 이론과 부합되지 않지만, 각각의 주파수는 선형적으로 독립 개체라는 수학적 사실에는 부합된다. 선형적인 독립 개체라는 것은 2개의 독립적인 값이 피타고라스 정리 $c=\sqrt{(a^2+b^2)}$를 적용하여 기하학적으로 더해진다는 것을 의미한다.

전원에 직접 연결되어 구동되는 전동기에서, 전압 신호에 비-고조파 왜형이 심하게 나타나는 경우는 드물다. 그러나, 전동기의 제어를 위해 여러 분야에서 다양하게 사용되는 VFD(variable frequency drives)는 고조파 왜형을 발생시킨다. VFD에서는 다양한 스위칭 작업을 통해 특정 주파수를 발생시키기 위해 제어 요구에 따라 정(+) 전압과 부(-) 전압을 인가한다.

이러한 스위칭 작업의 가장 일반적인 방법이 PWM(pulse width modulation) 방식이다. PWM 방식은 왜형이 큰 전압 파형을 만들게 되고, 스위칭 작업에 의해 유도된 노이즈 중에서 기본 주파수를 발견하는 것은 쉽지 않다. 희박한 조건에서 사실상 VFD는 의도된 기본 주파수보다 많은 양의 고주파 스위칭 요소를 발생시킬 수 있다. 이러한 전압 요소들은 아마 기본 주파수 주변에 산재해 있는 위치에 추가적인 특성 주파수 형태로 나타난다. 만약 스위칭 주파수들이 전기적인 기본 주파수 근방에만 정확히 존재한다면, THD 관계식은 비교적 정밀도가 높은 결과를 유도해낼 수 있다. 그러나 스위칭 주파수들은 전기적 고조파 주파수 사이(이것을 inter-harmonic이라고 부른다)에 놓이게 된다. IEEE 519에서 규정된 THD 관계식으로는 이렇게 다양한 경우에 대하여 정밀도가 높은 결과를 도출하지 못한다.

고조파 왜율에서 설명한 바와 같이, 모든 주파수 요소들은 각각의 선형적인 독립 개체로 표현될 수 있다. 이러한 독립 개체들은 서로 기하학적으로 합산되어 전체의 RMS가 구해진다. 식 (7-20)과 (7-21)에 주파수 요소들의 실효치로 전류와 전압의 실효치를 계산하는 공식을 기술하였다.

$$I_{RMS}=\sqrt{\sum_{0}^{F}\{i(f)\}^2}=\sqrt{\{i(f_1)\}^2+\{i(f_2)\}^2+\{i(f_3)\}^2+\cdots} \quad (7\text{-}20)$$

$$V_{RMS}=\sqrt{\sum_{0}^{F}\{v(f)\}^2}=\sqrt{\{v(f_1)\}^2+\{v(f_2)\}^2+\{v(f_3)\}^2+\cdots} \quad (7\text{-}21)$$

THD의 개념은 파형의 고조파 성분을 기본 주파수 성분으로 나누는 것이다. 위의 식 (7-20)과 (7-21)은 새로 정의된 총 왜율로 식 (7-22)와 (7-23)으로 다시 쓸 수 있다.

$$\% TD_V = 100 \cdot \frac{\sqrt{\sum_{0}^{F} \left[\{v(f)\}^2 - \{v(f_{fund})\}^2 \right]}}{V_{RMS}} = 100 \cdot \frac{\sqrt{V_{RMS}^2 - \sum_{0}^{F} \{v(f_{fund})\}^2}}{V_{RMS}} \tag{7-22}$$

$$\% TD_i = 100 \cdot \frac{\sqrt{\sum_{0}^{F} \left[\{i(f)\}^2 - \{i(f_{fund})\}^2 \right]}}{I_{RMS}} = 100 \cdot \frac{\sqrt{I_{RMS}^2 - \sum_{0}^{F} \{i(f_{fund})\}^2}}{I_{RMS}} \tag{7-23}$$

THD와 TD의 동일한 점과 차이점은 다음과 같다.

- THD는 고조파 요소들을 더하고 기본 주파수의 값으로 나눈다.
- TD는 기본 주파수의 값을 빼고 기본 주파수의 값으로 나눈다.
- THD는 IEEE와 NEMA 표준에 규정되어 있고, TD는 아직 표준에 규정되어 있지 않다.
- THD는 라인 구동되는 전동기에 신뢰성 있는 결과를 제공한다.
- TD는 모든 전동기에 신뢰성 있는 결과를 제공한다
- 모든 분야에서 TD 값은 항상 THD 값보다 크게 나타난다.

(6) 전력의 측정 및 분석

1) 피상전력(apparent power)

실효 전압과 전류의 위상차를 고려하지 않은 상태에서의 전력을 의미하며 이상적인 전력이다. 피상전력에 전류와 전압의 위상차를 적용시켜 유효전력과 무효전력을 구할 수 있다. 식 (7-24)를 이용하여 피상전력을 계산하는 방법은 다음과 같다. 식 (7-25e)는 위상차 θ = 0일 때의 값이다.

$$PT = \int_0^T v \cdot i \, dt [W] \tag{7-24}$$

$$P = \frac{1}{T} \int_0^T (I_m \sin \omega t \cdot V_m \sin \omega t) dt \tag{7-25}$$

$$= \frac{1}{T} V_m I_m \int_0^T (\sin \omega t \times \sin \omega t) dt \tag{7-25a}$$

$$= \frac{1}{T} V_m I_m \int_0^T \frac{1}{2} [\cos(\omega t - \omega t) - \cos(\omega t + \omega t) dt] \tag{7-25b}$$

$$= \frac{1}{2T} V_m I_m \left[\int_0^T 1\, dt - \int_0^T \cos(2\omega t) \right] dt \tag{7-25c}$$

$$= \frac{1}{2T} V_m I_m \left[[T-0] \frac{1}{2\omega} \left[\sin\left(\frac{4\pi T}{T}\right) - \left(\sin \frac{4\pi T}{T}\right) \right] \right] \tag{7-25d}$$

$$= \frac{1}{2T} V_m I_m (T-0) \tag{7-25e}$$

식 (7-25e)를 정리하면 식 (7-26)과 같은 최종식으로 표현할 수 있다.

$$P = \frac{1}{2} V_m I_m = VI[W] \tag{7-26}$$

식 (7-26)을 다시 실효전압, 전류로 피상전력 VA로 표시한 결과는 식 (7-27)과 같다.

$$VA = V \cdot I[\mathrm{VA}] \tag{7-27}$$

2) 유효전력(active power)과 무효전력(reactive power)

부하에서 에너지를 발생하는데 실제로 기여하는 전력을 유효전력이라 하며, 부하에 유입되는 순시 전압과 순시 전류의 부호가 같을 때(순시 전압과 순시 전류의 곱이 양의 값을 가지고 있을 때) 에너지는 외부로부터 부하에 유입된다.

반대로 부하에서 에너지를 발생하는 데 기여하지 못하는 전력을 무효전력이라 하며, 순시 전압과 순시 전류의 부호가 반대일 때 전력은 음의 값이 되며, 이 때는 회로에 축적되었던 에너지(자기 또는 전기에너지)가 외부로 방출된다.

피상전류를 이용한 유효전력, 무효전력 계산 방법, 위상차를 포함한 순시 전압과 순시 전류를 이용한 유효전력, 무효전력 계산방법이 사용된다.

① 피상전력을 이용한 유효전력, 무효전력 계산

전력의 페이서도에서, 피상전력에서 실수축에 내려지는 전력은 식 (7-28)의 유효전력, 허수축에 그려지는 전력은 식 (7-29)의 무효전력이라 하며, 이때 위상은 미리 알고 있어야 한다.

$$\text{유효전력 } P = V \cdot I\cos\theta\,[W] \tag{7-28}$$

$$\text{무효전력 } Q = V \cdot I\sin\theta\,[\mathrm{Var}] \tag{7-29}$$

② 위상차를 포함한 순시전압과 순시전류를 이용한 유효, 무효전력은 식 (7-30) 부터 식 (7-31)의 계산 절차에 따라 식 (7-32)와 같이 구한다.

$$PT = \int_0^T vi\,[W]dt \tag{7-30}$$

$$\begin{aligned} P &= \frac{1}{T}\int_0^T (V_m \sin\omega t \times I_m \sin(\omega t + \theta))dt \\ &= \frac{1}{T} V_m I_m \int_0^{\mathrm{T}} (\sin\omega t \times \sin(\omega t + \theta))dt \end{aligned} \tag{7-31}$$

$$= \frac{1}{T} V_m I_m \int_0^T \frac{1}{2}[\cos(\omega t - (\omega t + \theta)) - \cos(\omega t + \omega t + \theta)]dt \tag{7-31a}$$

$$= \frac{1}{2T} V_m I_m \left[\int_0^T \cos\theta dt - \int_0^T \cos(2\omega t + \theta)\right] dt \tag{7-31b}$$

$$= \frac{1}{2T} V_m I_m \left[\int_0^T \cos\theta dt - \int_0^T (\cos\theta\cos 2\omega t + \sin\theta\sin 2\omega t)dt\right] \tag{7-31c}$$

$$= \frac{1}{2T} V_m I_m \left[\int_0^T \cos\theta dt - \cos\theta \int_0^T \cos 2\omega t\, dt - \sin\theta \int_0^T \sin 2\omega t\, dt\right] \tag{7-31d}$$

$$= \frac{1}{2T} V_m I_m \cos\theta \left(\int_0^T 1\, dt - \int_0^T \cos 2\omega t\, dt\right) - \frac{1}{2T} V_m I_m \sin\theta \int_0^T \sin 2\omega t\, dt \tag{7-31e}$$

$$= \frac{1}{2T} V_m I_m \cos\theta (T - 0 - 0) - \frac{1}{2T} V_m I_m \sin\theta \times 0 \tag{7-31f}$$

$$P = \frac{1}{2} V_m I_m \cos\theta \tag{7-32}$$

위 식에서 식 (7-32)를 교류의 실효값으로 환산한 결과는 식 (7-33) 및 식 (7-34)와 같다.

$$P = \frac{1}{2} V_m I_m \cos\theta = \frac{1}{2} \sqrt{2}\, V \sqrt{2}\, I \cos\theta [W] \tag{7-33}$$

$$P = VI \cos\theta [W] \tag{7-34}$$

위의 식 (7-34)에서 적분 식을 제외하고 전력 P의 파형상태를 알아보면 식 (7-35)와 같다.

$$P = \frac{1}{2T} V_m I_m \cos\theta (1 - \cos 2\omega t) - \frac{1}{2T} V_m I_m \sin\theta \sin 2\omega t \tag{7-35}$$

식 (7-35)에서 전력의 유효성분과 무효성분을 살펴보면,

유효성분은 $P = \frac{1}{2T} V_m I_m \cos\theta (1 - \cos 2\omega t)$이고 언제나 양(+)의 파형을 그리고 있고 그 평균값은 '0'이 아닌 값을 가지게 된다. 이 값이 실제 부하에서 에너지로 작용한다. 무효성분 $\frac{1}{2T} V_m I_m \sin\theta \sin 2\omega t$는 기준선을 0으로 한 정현파형이고 그 평균값은 언제나 '0'이다. 이것은 실제로 부하에서 에너지로 작용하지 못하고 충, 방전을 하게 된다.

③ 무효 전력량(reactive current)

무효 전력량은 교류에서 전압과 전류의 위상차로 인해 무용전력이 발생하는 양을 나타낸다. 식 (7-36)은 무효 전력을 Q로 나타내며 단위는 [Var]로 한다.

$$Q = VI \sin\omega t [\mathrm{Var}] \tag{7-36}$$

여기서, *Var : Volt-ampere-reactive Power*

3) 전력 측정(power measurements)

피상 전력 (apparent power)은 겉보기 전력이라고도 하며 각 상의 RMS 전류와 RMS의 전력의 합으로 식 (7-37)과 같이 나타낸다.

$$P_{app} = VA = (Van_{rms} \cdot Ia_{rms}) + (Vbn_{rms} \cdot Ib_{rms}) + (Vcn_{rms} \cdot Ic_{rms}) \quad (7\text{-}37)$$

유효 전력(true power)은 매 사이클당 순시 전압과 전류의 곱을 한 사이클의 샘플수로 나눈 평균값으로 식 (7-38)과 같이 나타낸다.

$$P_{trus} = Watts = \frac{\sum(V_{an} \cdot I_a)}{N} + \frac{\sum(V_{bn} \cdot I_b)}{N} + \frac{\sum(V_{cn} \cdot I_c)}{N} \quad (7\text{-}38)$$

유효 전력은 위상각 지연이 없으며 고조파가 발생하지 않은 경우에는 피상 전력과 같은 값이 된다. 따라서 상용 전류계의 경우, 대부분의 산업현장에서는 올바른 전력 계측 값을 제공하지 못한다.

무효 전력(reactive power)은 피상전력의 제곱에서 유효전력의 제곱을 뺀 후 제곱근을 취한 값으로 식 (7-39)와 같다. 무효 전력은 위상각 지연이 없으며 고조파가 발생하지 않은 경우 “0”이 된다.

$$P_{var} = VAR = \sqrt{(P_{app}^2 - P_{trus}^2)} \quad (7\text{-}39)$$

(7) 역률 측정(power factor measurements)

역률은 전압에 대해 전류의 위상이 얼마나 지연되었는지를 나타낸다. 만일 고조파 발생이 없다면 역률은 이 정의에 잘 맞는다. 그러나 고조파가 발생된 경우, 역률과 전류 위상각 지연과는 아무런 연관 관계도 없게 된다. 따라서 역률은 순역률과 변위 역률로 분리해서 측정한다.

1) 순역률(TPF, true power factor)

순역률은 유효전력을 피상 전력으로 나눈 값으로 식 (7-40)과 같이 표기한다. 무효전력은 전기회로의 인덕턴스에 의해 발생하는 전류의 위상각 지연에 의해 발생한다. 또한 무효전력은 작은 구동 고조파 전압에 기인한 지연 고조파 전류에 의해 발생하기도 한다. 캐패시턴스의 발생은 역률 변화에 영향을 끼치지 않는다.

$$TFP = \frac{P_{trus}}{P_{app}}\left(\frac{\mathrm{W}}{\mathrm{VA}}\right) \tag{7-40}$$

2) 변위 역률(DPF, displacement power factor)

변위 역률은 실제 역률과는 다른 정의를 갖는다. 이는 전원의 기본 주파수 성분에 대한 전압과 전류의 지연각의 코사인 값이다. 변위 역률을 구하는 방법은 다음과 같다. 전압과 전류의 고조파 성분을 제거하고 기본 주파수 성분을 구하기 위해 전압과 전류에 고속 푸리에 변환 (FFT)을 취한 후 기본 주파수 성분만을 취한다. FFT의 기본 주파수 성분은 실수부와 허수부로 구성되므로 이를 이용하여 진폭과 위상을 각각 구한다. 변위 역률은 지연각의 역변환 코사인을 취해 식 (7-41)과 같이 구한다. 여기서, θ는 기본파 전압대 전류의 위상 지연각이다.

$$DPF = \cos\theta \tag{7-41}$$

변위 역률을 구하는 또 다른 방법은 다음과 같다. 디지털 필터를 이용하여 전압과 전류의 고조파 성분을 제거한다. 얻어진 필터링 파형을 이용하여 파형 성형을 하여 완전한 정현파형이 되도록 한다. 제로 크로싱 기법으로 전압에 대한 전류의 지연각을 구한다. 변위 역률은 지연각의 역변환 코사인을 취해 구한다.

7.1.2 전동기 공극 토크(air-gap torque)

순시 상 전류와 전압의 곱의 합은 회전 기기를 통해 공급되는 순시 전력이다. 이 순시 전력은 권선에 저장된 에너지의 충전 및 방전을 포함한다. 따라서, 이 순시 전력은 순시 토크를 표현할 수 없다. 일정 속도 하에서 손실을 제거할 경우 순시 전력은 평균 토크에 비례하게 된다.

공극 토크는 전동기의 고정자와 회전자에 있는 모든 자속 쇄교수와 전류의 조합된 영향으로 나타난다. 따라서 회전자 축에서 발생하는 기계적인 회전부하 토크와는 다르며 전동기 내부의 각종 손실을 고려하지 않은 토크를 나타낸다. 공극 토크는 불평형 전압뿐만 아니라 결함에 의해 생성된 모든 불평형에 민감하다. 공극 토크의 주파수 파형은 회전자 바의 균열 또는 권선 결함, 불평형 전압과 관련한 고정자 불평형 등 결함 원인에 따라 각각 다르게 나타난다. 또한 자속 쇄교수와 전류의 곱의 형태로 구성되므로 토크 파형을 주파수축으로 변환시킨 경우에도 측대역 주파수 형태가 나타나지 않는 복조 파형 형태로 나타나므로 결함의 분석과정이 간단해지는 장점이 있다.

부록 VI에는 공극 토크를 계산하기 위한 각종 방법이 기준 좌표계 이론과 함께 수록되어 있다.

- 공극 토크의 이산적 계산

유도전동기를 위한 토크 계산식은 전동기 드라이브에 적용하기 위해 수십 년 동안 사용되어 왔다. 공극 토크 T_e는 전동기의 출력과 마찰 손, 권선손 및 표유 손실 토크를 합한 값과 같다. 자속은 고정자 저항에 의한 전압 강하를 고려한 고정자 전압의 적분값이 된다. 전압 강하는 전원 미인가시 측정하거나 또는 다른 방법으로 측정 또는 추정한 그정자 저항값에 전류값을 곱하여 계산한다. 고정자 저항값의 추정방법은 8장의 8.3.2절의 효율 예측절차에서 추가적으로 설명된다.

상전류와 선간 전압을 이용하여 전동기 공극 토크를 계산하는 공식은 식 (7-42)와 같다.

$$T_e = \frac{P}{2\sqrt{3}}\left\{(i_A - i_B)\cdot\int\left[v_{CA} - R_S(i_C - i_A)\right]dt - (i_C - I_A)\cdot\int\left[v_{AB} - R_S(i_A - i_B)\right]dt\right\}. \quad \cdots\cdots(7\text{-}42)$$

여기서, P는 전동기의 극수, i_A, i_B, i_C는 각 상의 전류이고 v_{AB}, v_{CA}는 선간 전압을 나타낸다. 전압에서 v_{BC}는 사용하지 않는다. R_S는 고정자 선간 저항값의 1/2값을 나타낸다.

그림 7-10은 전동기 공극 토크 계산에 사용되는 결선도를 나타낸다.

상 저항값으로 표현한 고정자 저항을 r이라고 하면 Y결선일 경우는 $R_s=r$가 되며, Δ결선의 경우는 $R_S = \frac{r}{3}$이다.

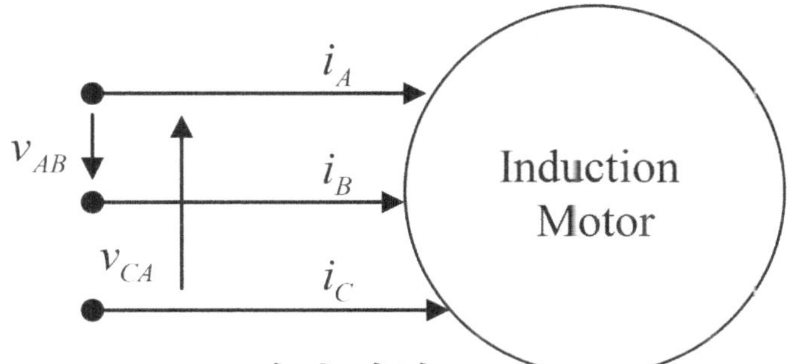

$$R_S = \frac{\text{선간 저항}}{2}$$

그림 7-10 공극 토크 계산에 사용되는 유도전동기 결선도

전동기가 중성점이 연결되어 있지 않은 Y결선이거나, Δ결선이라면 $i_B = i_C - i_A$로 단순화하여 다시 쓸 수 있다. 이 식을 현장에서 간단하게 적용하기 위해, 다음과 같이 두 상 전류값과 두 선간 전류 그리고 선간 저항의 1.5배값을 이용하여 계산하는 공식은 식 (7-43)과 같다.

$$T_e = \frac{P\cdot\sqrt{3}}{6}\left\{(2\cdot i_A + i_C)\cdot\int\left[v_{CA} - R_S(i_C - i_A)\right]dt - (i_C - i_A)\cdot\int\left[-v_{BA} - R_S(2\cdot i_A + i_C)\right]dt\right\}$$

…………………… (7-43)

이 식을 d-q 정지 좌표계 변수로 표현된 전동기 공극 토크 T_e는 식 (7-44)와 같다.

$$T_e = \left(\frac{3}{2}\right)\left(\frac{P}{2}\right)(\lambda_{ds}\cdot i_{qs} - \lambda_{qs}\cdot i_{ds}) \tag{7-44}$$

여기서, P는 전동기의 극수, $\lambda_{ds,\,qs}$는 0°와 90° 지점에서의 고정자 기준 좌표계(reference frame) 자속이고 $i_{ds,\,qs}$는 0°와 90° 지점에서의 고정자 전류를 각각 나타낸다. 분석은 정지 좌표계에서 수행되므로 θ는 상수가 된다.

7.1.3 기타 측정 변수

(1) 상 무효전류

각 상의 전력신호는 상별(phase) 순시 전압 벡터와 순시 전류 벡터의 스칼라적 합으로 이해할 수 있다. 식 (7-45)는 a, b, c 좌표계에서의 벡터 곱을 나타낸다.

$$p_i(t) = v_i(t)\cdot i_i(t) \tag{7-45}$$

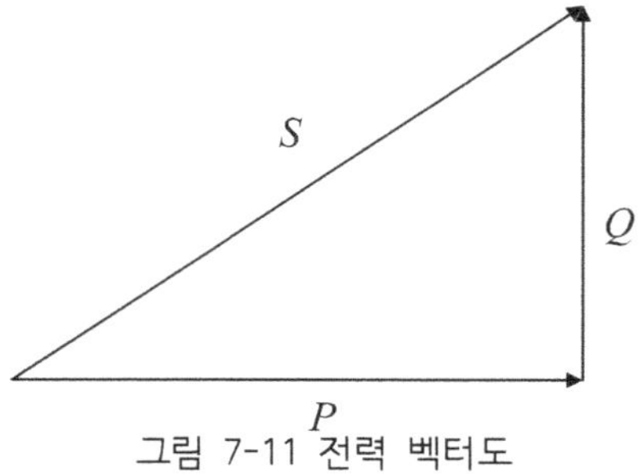

그림 7-11 전력 벡터도

무효전력(Q)은 유효전력(P)에 대해 직교하며 그림 7-11의 벡터도에 의해 검증될 수 있다. 이와 같은 개념은 무효전력을 순시 전압 벡터와 순시 전류 벡터의 급셈 형태로 정의할 수 있도록 한다. 계산된 신호의 상대적인 주파수 구성 요소는 식 (7-46)에 비례한다.

$$q_i(t) = (v_j(t) - v_k(t)) \cdot i_i(t) \tag{7-46}$$

여기서 i, j, k는 상 a, b, c를 치환한 것이다. 식 (7-46)은 매 샘플마다 계산되며 a, b, c 상의 데이터를 이용하여 간단하게 순시 무효전력을 산출한다.

(2) 무효 전력의 합

무효전력의 합으로 불리는 순시 신호는 3상 순시 무효전력을 합한 것과 같다. 역시 매 샘플마다 계산된다.

(3) 임피던스의 절대값

순시 임피던스 신호는 각 상마다 정의되거나 페이서 영역에서의 복소(Complex) 임피던스로 표현될 수 있다. 식 (7-47)은 순시 임피던스를 구하는 식을 나타내며 페이서는 그림 7-12와 같다. 페이서는 고조파와 차고조파 그리고 각종 특성 주파수 성분들로 인해 변조가 발생하므로 상수값이 될 수 없다. 이와 같이 변조된 페이서를 관찰하면 속도 예측이 가능하다.

$$Z(t) = \frac{V(t)}{I(t)} \tag{7-47}$$

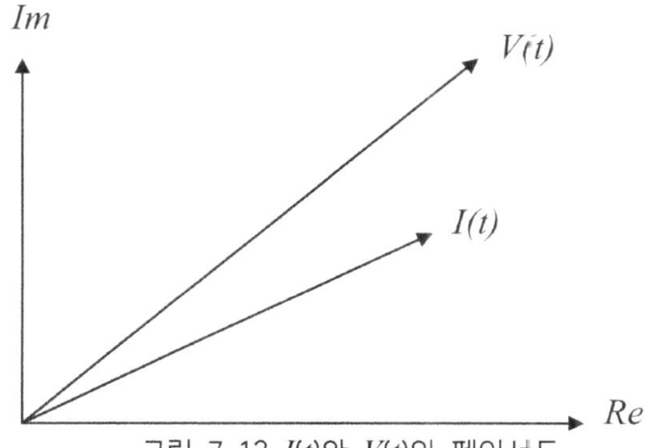

그림 7-12 $I(t)$와 $V(t)$의 페이서도

(4) 임피던스의 각

전술한 바와 같이 임피던스의 순시값은 다양한 형태로 분할할 수 있다. 이중 극좌표를 이용하여 절대값과 각도로 표현하는 방법과 데카르트 좌표계를 이용하여 *d*, *q*좌표로 표현한 두 가지 형태가 대표적이다. 극좌표계로 표현하면 진폭과 각도는 약간의 시정수를 갖는 상수항으로 변환되고 이를 통해 주파수 정보를 추출할 수 있다.

(5) 저역 통과 순시 신호

위 항목에서 기술한 전력, 토크 순시 신호들은 전압, 전류 순시 신호를 이용하여 아날로그 회로에 의해 계산된 후 디지털적으로 처리되거나 전압, 전류 신호를 먼저 디지털화한 후 각종 순시 신호로 변환하는 방법을 이용한다. 두 경우 모두 전동기의 운전 상태를 파악하는 데 이용되는 유용한 정보를 제공한다. 많은 신호들은 페이서를 이용하여 개념적으로 설명될 수 있다. 페이서는 일정한 진폭과 방위를 가진 벡터량으로 표현된다. 페이서의 상대적인 방위는 일정한 위상각이나 정현파값 간의 시간 지연 등을 표현하는데 사용된다. 페이서 영역이란 만일 다른 주파수 성분들이 존재할 경우 절대로 관측되는 않는 하나의 특성 주파수라고 공통적으로 정의된다.

페이서 영역에 대해 순시적인 값과 변화하는 페이서를 이용하여 유도전동기를 벡터적으로 제어할 수 있다. 이러한 개념은 속도를 탐지하는 저역 통과 신호의 유용성을 나타내는데 필요하다.

순시 임피던스는 순시 전압 페이서를 순시 전류 페이서로 나눈 페이서로써 진폭의 절대값과 위상을 갖는다. 전압과 전류의 순시 페이서는 전동기의 동적 편심, 고조파, 차고조파(sub-harmonics), 전력 공급망의 전기-기계적인 공진 현상 등에 의해 변화한다. 물론 두 페이서의 시간에 따른 변화량은 일정하지 않다. 전압 스펙트럼에 나타나는 주파수 성분은 복소 임피던스에 의해 변조된다.

유도전동기의 유도 현상 때문에 저역 주파수 성분은 높은 주파수 성분들 보다 큰 전류를 발생시킨다. 만일 전압 스펙트럼에 기본파 주파수 성분 이외의 어떠한 주파수 성분도 나타나지 않는다면 전동기 제작상의 공차로 인한 편심은 다른 주파수 성분의 전류를 유도한다. 이외에도 전동기 자성체의 비선형성에 의해서도 전압과 전류 페이서 스펙트럼의 차이가 발생한다. 따라서 식 (7-47)로 산출되는 임피던스는 상수가 아니라 시간에 따라 변조하는 함수로써 연속적으로 진폭과 페이서가 변하는 벡터 성분이다.

관심 대상 주파수 범위에서 임피던스 페이서에 변조된 하나의 주파수 성분이 있다고 하자. 이 주파수 성분은 그림 7-12와 같이 페이서 영역에서 세 가지의 서로 다른 형태로 명백히 보여질 것이다. 원호(circular trajectory)와 선호(linear trajectory)는 타원호(elliptic trajectory)의 특별한

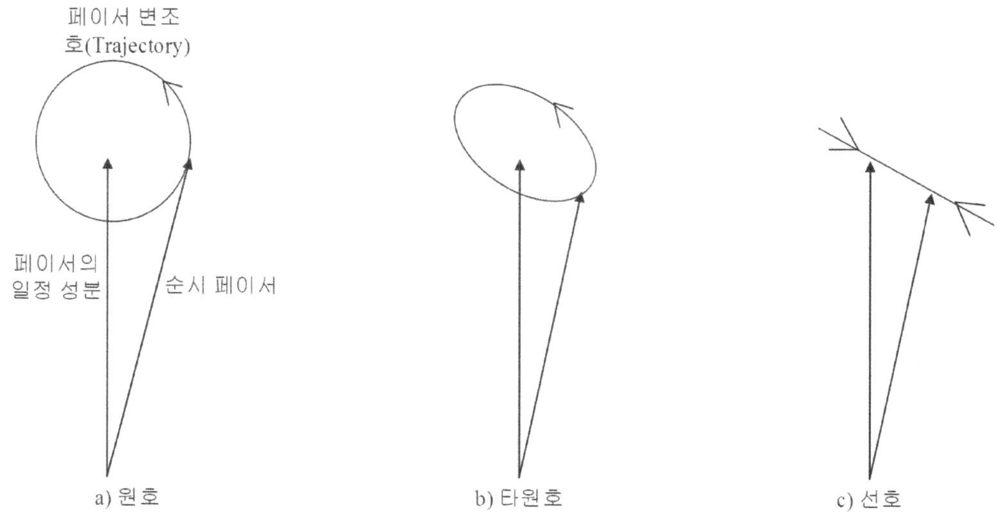

그림 7-13 순시 신호의 페이서 영역 묘시

경우로 묘사될 수 있다. 그림 7-13에서는 순시 페이서가 실제 전동기 시험시의 페이서보다 과장되어 묘사되어 있다. 순시 신호의 측대역 주파수는 언제나 기본파 주파수의 진폭보다 30 dB 이하이다.

(6) 유효 서비스 인자(ESF, effective service factor)

*ESF*는 %부하를 *NEMA* 정격출력 낮춤값(derating)으로 나눈 값으로 식 (7-48)과 같이 표기한다. 이 값은 사용 전동기의 열(thermal)적인 과부하를 나타낸다. 실제적인 운전 전압 상태와 정상 상태에서의 부하 상태, 두 요소가 *ESF*에 영향을 준다. 유효 서비스 인자(effective service factor number)는 이 두 요소에 의해 전동기에 주는 열에 의한 스트레스 정도를 나타낸다.

$$ESF = \frac{\%\,부하}{NEMA\,정격출력낮춤인자} \tag{7-48}$$

여기서, *ESF*는 유효적 서비스 인자이다.

ESF 시험, 과전류 시험 및 효율 시험을 하면 사용 전동기의 성능을 관찰할 수 있으며, 사용자가 금전적으로 절약하는 데 도움이 될 수 있다. *ESF* 시험은 전동기를 *ESF*로 어느 정도 근접하게 동작시키는가를 정의하게 된다. 서비스 인자 시험은 열화 상태를 예측하고 사용 전동기의 온도 상태를 평가하는 데 이용된다.

전원 상태는 전동기에 불필요한 스트레스를 줄 수 있다. *NEMA* 정격출력 낮춤인자(derating factor)는 고조파와 전압 불균형에 의해 나타난다. 아울러 *NEMA* 정격출력 낮춤인자는 부하와 전원이 최적의 상태가 아닌 상태에서 전동기가 운전될 때의 최대 부하를 나타낸다. 이를 따르지 않으면 전동기는 열에 의한 스트레스를 과도하게 받을 수 있다.

7.1.4 연속적인 시간축 감시 기법

(1) 부하 시험

이 시험은 측정된 부하 레벨과 지금 현재의 부하레벨을 비교하는 것으로써 일정 부하로 운전되고 있는 전동기에 대하여, 부하 이력 시험을 실시하면 운전 중인 부하에 얼마나 변화가 발생하고 있는지를 알 수 있는 데 착안한 것이다. 부하 시험에서는 먼저 이전(i-1) 측정된 부하와 함께 그 전동기의 현재 부하 레벨을 표기한다. 이렇게 하여 먼저 시험한 것과 비교하여 부하 상태가 변했는지를 사용자가 평가할 수 있게 된다.

이 시험 결과는 공장 운용상의 전후 상황을 고려하는 데 유용하게 사용된다. 만약 공정의 수정으로 인하여 부하가 변화되었다면, 이 부하의 변화는 중요하다. 운전 조건 각 유도 전동기는 토크-속도 특성 곡선과 전류-속도 특성 곡선을 갖고 있다. 만약 유도 전동기의 운전 상태가 건전한 상태에서 고장난 상태로 변화되었다면 이러한 곡선이 바뀌게 된다. 예를 들어, 온도가 상승되었든지, 주변에 진동 상태가 발생했든지, 전원 공급 상태가 변했든지, 또는 회전자 케이지가 부러졌든지 하면 전동기의 운전 상태가 변화된다. 운전 상태에서의 차이는 다음의 두 가지로 나타난다.

- 운전 공정에서의 변화
- 전동기의 운전에 영향을 미치는 상태 변화

상기의 변화가 감지된다는 것이 전동기, 부하, 또는 전원 장치에 결함이 있다는 것을 직접적으로 의미하지는 않는다. 그러나 사용되고 있는 전동기의 운전 상태를 감시하는 것은 매우 중요하다. 눈에 띄는 변화는 향후 그 전동기를 운전하는 데 반영될 수 있다.

(2) 효율 시험

효율은 전기적 입력 전력과 기계적 출력 전력의 비로서 식 (7-49)와 같이 표현할 수 있다.

$$\eta = 100 \cdot \left(1 - \frac{P_{loss}}{P_{in}}\right) \tag{7-49}$$

여기서, P_{loss} 는 손실 전력이며 주로 열을 의미한다. P_{in} 는 입력 전력이다.

P_{loss}는 소비하는 전력 비용에 포함되는 에너지로 볼 수 있으며 전동기의 건전성을 감쇠시킨다. 효율 시험은 전동기의 현재 운전 효율과 먼저 측정한 전동기 효율을 나타낸다. 효율 시험에서 결과값이 낮으면 전동기의 보수를 제안한다. 효율이 내려간다는 것은 전동기의 온도가 상승한다는 것을 나타내며, 전동기 성능의 급격한 감쇠의 원인이 된다.

상용 프로그램에는 20,000개 이상의 서로 다른 전동기 설계 자료가 수록되어 있으며, 유사한 설계가 미국 EPAct'92(환경 보호 법령, Environment Protection Act)에 따른 효율 상태에서 수행될 수 있다. 그러한 전동기들은 현재 운전 중인 부하점에 관하여 평가되고, 효율이 비교된다. 현재 테스트 중인 전동기의 효율이 EPAct 전동기에서 보여지는 목적 효율보다 현저하게 낮다면, 경고 또는 주의 문구가 나타나게 된다.

전동기 효율 시험의 특징은 다음과 같다.

- 특수한 운전 조건에서 사용자 전동기의 효율을 점검한다.
- 방대한 데이터베이스에 의해 설계된 유사한 전동기와 시험할 전동기의 성능을 비교한다.
- 정비비용을 절약할 수 있는 방법과 전동기 교체 시점 결정에 도움을 준다.

(3) 기동(in-rush)/시동(start-up) 시험

기동 전류(in-rush current)는 초기 전동기 기동시 부하가 과도 상태에서 안정 상태로 변화하기까지 전류가 일시적으로 급격히 증가하다가 안정되는 현상을 말한다. 기동/시동 시험은 전동기 기동시 전류의 변화를 감시하는데 이용된다. 높은 돌입전류의 변화는 전동기 건전성 판단에 좋은 기준이 된다. 기동/시험은 시작 때 지정된 한 상의 전류만 측정한다.

전동기의 기동은 매우 동적인 프로세스이다. 기동시 전류를 감시함으로써 계전기의 설정값을 확인할 수 있다. 만일 빈번히 기동해왔던 전동기가 오늘 고장을 일으켰을 경우, 이전에 전류 징후 분석을 했던 기록이나 현재의 기동 실패 기록을 결함 수정 프로세스에 이용하는 것은 별 실효가 없다. 기동 전류만을 측정해서는 기동시에 전압의 상태가 열화로 인해 토크 생성이 작아지고 기동 시간이 늘어나는 현상이나 회전자 봉이나 단락환의 균열에 따른 전동기의 정격 용량이 작아졌는지에 대한 올바른 판단이 불가능하게 된다.

본 기동 시험과 관련한 많은 현장 관련 시험 결과는 만일 전압과 전류의 과도상태가 모두 기록될 수 있다면 낮은 전압으로 인해 기동 시간이 길어졌는지, 아니면 전압 상태와는 무관하게 길어졌는지를 파악할 수 있다는 것을 보여준다. 따라서 기동시에 전압과 전류를 동시에 측정하는 것이야 말로 기동시의 과도 현상을 정확하게 진단하는 가장 기본적인 요소이다.

(4) 기동 토크 감시

토크는 시간의 함수로써 전류와 전압을 이용하여 계산할 수 있다. 기동 전압과 전류, 그리고 토크를 알 수 있다면 기동과 관련한 전동기 결함 수정이 가능해진다. 낮은 전압은 기동 시간을 늘어나게 한다. 대규모 부하(예를 들어 휀의 경우 댐퍼의 열림)의 경우는 전압 파형은 변동되지 않지만 기동 시간은 늘어난다. 이 경우 토크 과도 신호를 분석해 보면 전동기는 과거와 같은 기동 토크를 발생시키는 것을 알 수 있다.

전압은 변동되지 않았는데 토크 레벨이 이전 기동시와 같지 않다면 전동기 자체의 열화 현상으로 결론지을 수 있다. 이러한 열화의 예는 회전자 봉의 파손이나 단락환의 균열을 들 수 있다. 그림 7-14는 기동 토크의 프로파일을 보여주고 있다.

기동 토크를 적용하여 진단하는 또 다른 경우는 권선형 회전자를 가진 유도전동기 권선 저항의 절체와 관련한 타이밍을 확인하는 것이다. 권선 저항의 절체가 최적 상태보다 늦었는지 또는 빨랐는지를 기동 토크 측정으로 식별하여 최적 시점에 절체가 되도록 함으로써 전동기에 대한

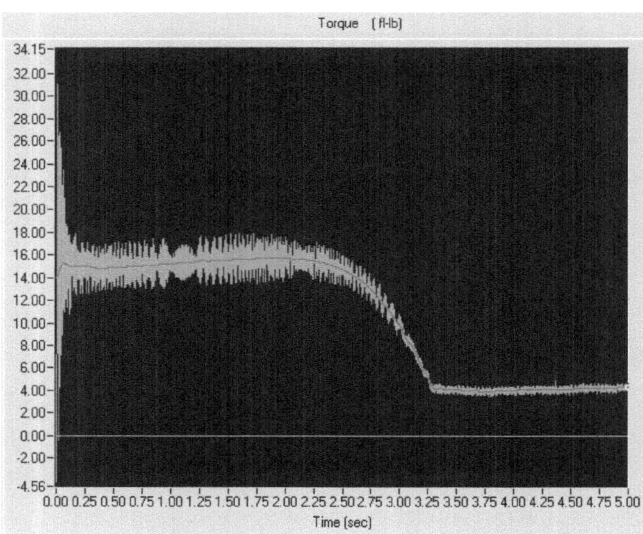

그림 7-14 전동기의 기동 토크 프로파일

스트레스를 줄일 수 있다. 권선형 회전자의 기동시 절체 토크 곡선의 인벨롭(envelope)은 최적의 상태에서는 연속적이어야 한다. 만일 너무 늦게 낮은 저항으로 절체되었을 경우 토크 곡선이 급격히 증가하게 되고(jump up) 너무 빨리 절체될 경우에는 토크 곡선이 급격히 떨어지게(jump down) 된다. 전동기의 시간에 따른 토크 곡선은 권선형 전동기에 대한 기동 과정을 최적의 상태로 튜닝할 수 있도록 한다.

(5) 토크 리플(torque ripple)

토크 리플은 토크의 순시치를 시간에 따라 기록함으로써 파악할 수 있다. 토크는 전동기에 공급되는 전압과 전류를 이용하여 계산되며, 이 토크는 전동기의 공극에서 생성되는 토크이며 전동기 내부 손실은 고려하지 않은 것이다. 전동기에 공급되는 전류 신호를 이용하여 진동여부를 파악하는 MCSA 기법은 전동기 고장에 대한 전류의 징후신호가 전원의 기본파 주파수(60 Hz)에 의해 변조되어 측대역 주파수 형태로 나타나는 문제점이 있다. 즉, 미세한 징후 신호가 매우 강력한 전원 주파수에 의해 변조됨에 따라 파악이 힘들어질 뿐만 아니라, 원래의 주파수에 징후 신호가 나타나지 않고 측대역에 나타나므로 측정이 까다로운 문제점이 있다는 것이다. 하지만 전압과 전류의 곱 신호로 표기되는 토크 신호와 전력신호는 변조파가 아닌 원래의 징후신호를 나타내므로 쉽게 관찰할 수 있는 장점이 있다.

전동기의 공극 토크 순시치의 변화량(ripple)을 이용하여 진단하는 본 기법은 예측진단 기법으로 널리 활용될 수 있으므로 기계적인 불평형과 베어링 고장, 펌프 성능 저하, 가변 주파수 구동 기기의 기계적 공진, 컨베이어 벨트의 늘어짐, 낡은 완충기, 펌프의 수격 현상, 부하의 상실 등을 파악하는 데 활용될 수 있다.

토크 리플 시험 결과는 전동기에 부과되는 부하의 스트레스를 나타낸다. 토크의 실효값(RMS)은 전압 또는 전류 신호의 순시값에 포함된 평균 에너지의 정확한 측정값이다. 만약 실효값만 표기된다면 전동기 부하에 나타나는 피크 스트레스는 발견할 수 없다. 순시 파형을 분석하면 부하 변동을 시간 변화 또는 순간 변화로 볼 수 있다. 따라서, 부하로 전달된 평균 전력이 명판 데이터를 초과하지 않았더라도, 운영자는 피크 펄스가 전동기의 명판 데이터보다 높은 경우를 볼 수 있다.

부하의 초기 과도 현상으로 나타나는 진동현상은 전동기의 성능을 나타내는 중요한 부분이 될 수 있다. 동손 및 이와 관련한 열은 전류의 제곱에 비례하며, 전류에 비례하지는 않는다. 따라서 부하의 초기 진동현상은 평균 운전 토크 값만큼이나 아주 중요하다. 토크 리플 시험은 전동기에 인가된 부하가 급격하게 변하였는지를 즉시 감지할 수 있다. 예를 들어, 팬이 깨졌거나 컨베어 벨트에서 롤러 베어링이 닳아서 끼치는 영향을 모두 화면에서 순시 토크 파형으로 볼 수 있다.

토크 리플은 정상상태에서의 토크에 대한 과도상태에서의 토크를 백분율(% torque ripple)로 식 (7-50)과 같이 계산한다.

$$\% Tq_{ripple} = 100 \cdot \left(\frac{Tq_{pk} - Tq_{ss}}{Tq_{ss}} \right) \tag{7-50}$$

여기서, Tq_{pk} 는 피크 토크이고 Tq_{ss} 는 정상 상태 토크이다.

(6) 토크 경향 분석

어떤 기기의 시간에 따른 동작 거동을 경향(trend)으로 분석하면 그 기기의 결함을 파악할 수 있다. 원자력발전소의 전동기 구동밸브의 시험에 사용되는 이 방법은 밸브 구동기의 작동 성능뿐만 아니라 결함 여부도 토크 경향을 이용하여 판별할 수 있다.

토크 경향분석을 통해 판별할 수 있는 전동기 구동밸브의 성능 결함 요소는 다음과 같다.

- 토크 스위치 바이패스 설정 불량
- 스프링 팩 완전 압착
- 밸브 스템 휨
- 기어세트 풀림
- 백시팅
- 웜 베어링 너트, 스템 너트 락너트 풀림
- 스프링 팩 갭
- 하이드로릭 락킹
- 웜 및 웜기어 정렬 불량
- 웜기어 이 절단
- 스위치 동작 불량
- 과도한 스러스트 및 관성력

그림 7-15은 축이 휜 전동기 구동밸브의 열림과 닫힘 행정시의 토크 경향 곡선을 나타내고 있다. 정상적인 스템의 경우, 기어의 맞물림 토크 발생 후 정상 상태 토크가 일정하게 발생되어야 하나 스템의 휨으로 인해 토크가 완만히 증가되었다가 감소되어 정상 상태 토크로 진전되는 것을 알 수 있다.

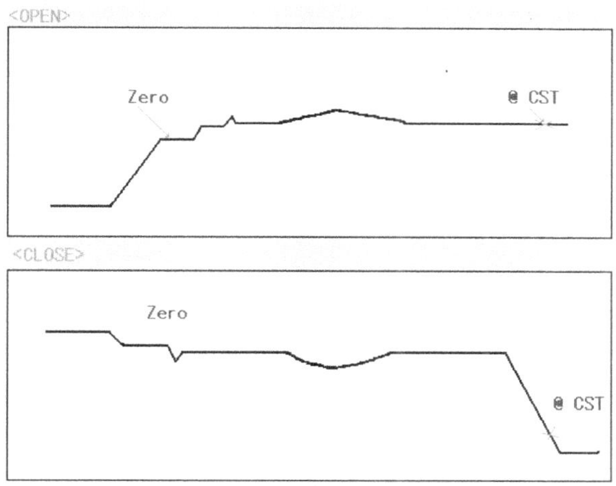

그림 7-15 축(stem)이 휜 전동기 구동밸브의 토크 경향 곡선(열림과 닫힘 행정)

(7) 영상 전류(zero sequence current)

3상 시스템의 불균형은 대칭적인 성분으로 나타낼 수 있으며 고장 분석을 위한 전력 시스템 분석이 행해진다. 식 (7-51)은 상 'a'에 대한 영상, 정상 및 역상 성분 계산 공식을 나타낸다.

$$\begin{bmatrix} I_a^0 \\ I_a^+ \\ I_a^- \end{bmatrix} = \frac{1}{3} \cdot \begin{bmatrix} 1 & 1 & 1 \\ 1 & \psi & \psi^2 \\ 1 & \psi^2 & \psi \end{bmatrix} \tag{7-51}$$

여기서, $\psi = e^{j\frac{2}{3}\pi} = -0.5 - j0.866$, 위 첨자 0은 영상 성분이고 a, b, c는 각 상(phase)이다.

점검 기기에 나타난 영상 전류는 어느 주어진 시간에 측정한 전류합의 1/3과 같다. 접지된 전동기에 대한 키르히호프의 전류 법칙(KCL)에 의하면 상 a, b, c에 대한 전류의 합은 접지 전류와 같다. 접지 고장 보호 기능은 접지 전류(영상 전류)가 탐지될 때 전동기를 즉시 차단하는 것이다.

이 기능을 계측기로 활용하기 위해서는 식 (7-51)에 의해 계산된 영상 전류가 각 상의 전류 측정치 오차 보다 높아야 한다. 완벽하게 접지된 계통의 경우, 접지 보호 기능이 먼저 동작하고 또한 전류 센서의 오차가 크기 때문에 무의미해진다.

본 기법의 현장 적용과 관련한 결론은 다음과 같다. 상 전류를 측정할 때 진단 장비에 의해 나타나는 영상 전류는 오차의 합을 나타내야 한다. 예외적인 사항은 매우 드물다.

예제 7-3 영상 전류 오차 계산의 예

예를 들어 100마력 480볼트용 전동기를 300 A CT 클램프를 이용하여 시험할 때, 이 클램프 CT의 전범위 1%라면 CT당 최대 오차는 3 A에 이른다. 한 상의 CT만이 이 오차를 지녔고 이 오차는 전 범위 오차의 1/3 이라고 하더라도 영상 전류는;

$$I^0 = \frac{1}{3}((I_a + I_b + I_c) + \Delta I_a) = \frac{1}{3}(\Delta I_a) = 0.3A$$

예제 7-3과 같이 영상 전류가 1/3 암페어 정도 흐르게 되면 완전히 접지된 계통에서는 접지 고장 보호 계전기가 작동되므로 이 값을 표시하는 것에 대한 실효성에 의문을 품게 한다. 하지만 영상 보호 회로가 없거나 연속 감시가 이루어지는 경우에는 전동기의 접지 고장을 탐지하는 좋은 수단으로 사용될 수 있다.

(8) 역상 임피던스(negative sequence impedance) 측정 기술

$$\begin{bmatrix} I^0 \\ I_a^+ \\ I_a^- \\ I_b^+ \\ I_b^- \\ I_c^+ \\ I_c^- \end{bmatrix} = \frac{1}{3} \cdot \begin{bmatrix} 1 & 1 & 1 \\ 1 & \psi & \psi^2 \\ 1 & \psi^2 & \psi \\ \psi & 1 & \psi^2 \\ \psi^2 & 1 & \psi \\ \psi & \psi^2 & 1 \\ \psi^2 & \psi & 1 \end{bmatrix} \begin{bmatrix} I_a \\ I_b \\ I_c \end{bmatrix} \quad (7\text{-}52)$$

여기서, $\psi = e^{j\frac{2}{3}\pi} = -0.5 - j0.866$, 0 은 영상 성분, + 는 정상 성분, - 는 역상 성분이고 a, b, c 는 각 상을 나타낸다.

3상 전류 성분을 영상성분, 정상성분 및 역상성분으로 변환되는 공식은 식 (7-52)와 같다.

역상 임피던스 식 (7-54)는 식 (7-53)의 역상 전압을 식 (7-52)의 역상 전류로 나누는 것이다.

$$\begin{bmatrix} V^0 \\ V_a^+ \\ V_a^- \\ V_b^+ \\ V_b^- \\ V_c^+ \\ V_c^- \end{bmatrix} = \frac{1}{3} \cdot \begin{bmatrix} 1 & 1 & 1 \\ 1 & \psi & \psi^2 \\ 1 & \psi^2 & \psi \\ \psi & 1 & \psi^2 \\ \psi^2 & 1 & \psi \\ \psi & \psi^2 & 1 \\ \psi^2 & \psi & 1 \end{bmatrix} \begin{bmatrix} V_a \\ V_b \\ V_c \end{bmatrix} \tag{7-53}$$

여기서, $V_a = \frac{V_{ab}}{\sqrt{3}}$, $V_b = \frac{V_{bc}}{\sqrt{3}}$, $V_c = \frac{V_{ca}}{\sqrt{3}}$

$$\begin{bmatrix} Z^0 \\ Z_a^+ \\ Z_a^- \\ Z_b^+ \\ Z_b^- \\ Z_c^+ \\ Z_c^- \end{bmatrix} = \begin{bmatrix} V^0 / I^0 \\ V_a^+ / I_a^+ \\ V_a^- / I_a^- \\ V_b^+ / I_b^+ \\ V_b^- / I_b^- \\ V_c^+ / I_c^+ \\ V_c^- / I_c^- \end{bmatrix} \tag{7-54}$$

1985년 Williamson과 Mirzoian은 턴간(turn to turn)에 녹아 붙은 형태의 단락이 발생할 때 3상 전류의 평형이 깨진다는 것을 발견했고, 후에 Kohler 등은 이 현상을 역상 전류 감시와 역상 임피던스 감시를 통해 확인했다. 전압 레벨의 불평형과는 다른 형태의 불안정도가 발생하는 것을 추가적으로 확인하였다.

동간(copper to copper) 단락은 고정자 전류에서 관측 및 진단될 수 있는 불평형을 발생시킨다. 이 불평형을 관측하기 위한 또 다른 방법들이 개발되어 왔다. 이 분야에서는 전동기 제어반 또는 VFD 인버터에서 손쉽게 감시하기 위한 좋은 기법들이 개발되어 왔다. 이러한 동간 단락에 의한 내부 전류는 정격전류의 12배에서 20배에 이르는 기동전류의 2배 이상인 것으로 알려져 있다. 내부 전류에 의해 전동기 내부에서 발생하는 열은 I^2R에 비례하며 대충 정격 발열량의 140배에서 400배에 이른다. 이러한 지나친 발열은 절연을 수 분에서 수 초 이내에 파괴시킨다. 이러한 결함은 상-접지(phase to ground)에 이르기 전에 정지되어야 한다. 이러한 결함은 전동기를 심각하게 파괴시켜 수리 불가능 상태로 만든다.

상 불평형에 의한 상 임피던스 인덱스는 턴간 절연 상태를 나타내는 좋은 지표가 되며 낮은 레벨의 역상 임피던스와 낮은 레벨의 접지 고장은 권선-대지 절연 상실의 지표가 된다.

이 기법은 전동기 파라미터의 불평형을 이용한다. 동간 접촉에 의한 턴간 결함이 발생하면 상 인덕턴스 또는 다른 파라미터가 반드시 변화된다. 따라서 이 기법은 전동기가 심각하게 손상되는 것을 방지하고 화재의 위험이나 인명 위해를 방지하기 위해, 턴간 결함 발생시 즉시 정지시키는 보호회로를 구성하는 데 유용하게 사용된다. 하지만 이 기법은 턴간 결함이나 절연 열화를 조기에 탐지할 수 있는 기법으로는 사용될 수 없는데, 누설 전류라는 것은 동간 접촉이 일어나기 전까지는 측정할 수 있을 만큼 충분한 양이 흐르지 않기 때문이다.

이 기법을 개발한 연구자는, 비록 동간 접촉이 발생하더라도 상-접지로는 진전되지 않도록 함으로써 결함이 심각한 손상으로 발전되지 않도록 하는, 보호기기용으로 이 방법을 개발하고 있다. 현장 담당자들은 이와 같은 결함이 발생될 경우, 수 사이클 이내에 전동기의 전원을 차단시켜 치명적인 손상이 발생되지 않기를 기대하고 있다.

각 전동기에 대한 정기 진단은 대부분 매 6개월마다 적용된다. 따라서 턴간 결함을 역상 임피던스 측정으로 진단하는 이 기법은 물리적으로도 유용하지 않고 과학적으로 증명할 수도 없다. 수 초 또는 수 분 이내에 동간 결함에서 동-접지로 이어지는 고장이 발생되는 이 결함을 6개월 주기의 역상 임피던스 측정 시험을 통해 탐지하는 것이 불가능하기 때문에 현장 기술자에게 예측진단 기법으로 추천할 수 없다. 현장 기술자에게 틀린 정보를 제공하게 되면 전동기와 인명에 심각한 손실을 끼칠 수 있다.

오히려 역상 임피던스 방법은 기존의 인덕턴스 불평형(inductive unbalance), 저항 불평형이나 절연 저항(메거) 시험을 쉽게 대체할 수는 있을 것이다. 현 시점에서 예방진단 기법으로 사용할 수 있는 턴간 결함 조기 탐지 방법은 IEEE522에서 규정한 서지 시험(surge test)이 유일하다. 턴간 결함이 발생하기 전까지 기다리는 것은 매우 늦은데 전동기를 수리 불가능 상태로 만들기 때문이다.

역상 임피던스를 계산하는 것은 비교적 간단하므로 상시 감시 기기의 경우, 연속적인 계산을 통해 경보를 제공하도록 할 수는 있다. 하지만 턴간 결함이 발생하는 시점에 디지털 보호계전기는 이미 동작할 것이므로 경제적 이득은 별로 없을 것으로 판단된다.

7.1.5 시간축 진단 기준

시간축에서의 진단은 전압, 전류 및 전동기 감시 변수를 이용하여 표 7-7에서 7-9까지의 기준에 의해 전동기의 운전상태가 경보 설정치나 주의 설정치를 초과하지 않는지에 대한 기본적인 지침을 제공하는 데 그 목적이 있다.

표 7-4 전동기 감시 변수 진단 기준

감시 변수	설정치 조치사항		지속 시간
	주의	경보	
In-rush	7FLA, 10FLA		
Startup Time	10%	15%	
Impedance Imbalance	7%	12%	-
Frequency Line	1 Hz	2 Hz	-
Power Factor	10%	20%	-
Motor Torque		명판 정브에 따름	-
Motor Efficiency		명판 정브에 따름	-
Effective Service Factor	>1.1	>1.25	-

주: FLA = 정격 최대 전류

각종 감시 변수는 위에서 설명한 각종 시간축 감시 기법에 더한 것을 총괄하며, 설정치 및 조치사항에 대한 기준은 NEMA 또는 IEEE 규격에서 제공하는 값을 이용하여 작성하였으나 전동기의 상태, 운전 조건 등 현장 여건에 따라 다르게 적용될 수 였다.

표 7-4는 전동기 제작사에서 제공하는 정보를 이용하여 작성하는 감시 변수의 진단 기준이다. 특히 전동기의 토크와 효율은 명판 정보에 따라 관리되어야 한다. 지속 시간이란 감시 변수의 값이 설정치를 초과하여 지속된 시간을 말하며 in-rush 시험 및 start-up time 감시 시 적용된다.

표 7-5는 전압 감시변수의 진단 기준을 정리한 것이다. 설정치 조치사항은 NEMA 또는 IEEE의 규격에서 제공하는 값으로써 전동기의 상태, 운전 조건에 따라 달라질 수 있다. 표 7-8에서 전압의 sag, swell, transient 상태 등은 일정 시간이 지속된 후 주의나 경보 신호를 발생시킨다.

표 7-5 전압 감시변수 진단 기준

감시 변수	설정치 지속시간		지속 시간
	주의	경보	
Volt Imbalance	1%	3%	-
Volt Low	- 5%	- 10%	1분이상
Volt High	+ 5%	+ 10%	1분이상
Voltage C.F.	2	3	-
Volt THD	3	5	-
Volt HVF	0.8	1	-
Volt Sag_Instantaneous	-	0.1 ~ 0.9 PU	0.5 ~ 30주기
Volt Sag_Momentary	-	0.1 ~ 0.9 PU	30주기 ~ 3초
Volt Sag_Temporary	-	0.1 ~ 0.9 PU	3초 ~ 1분
Volt Swell_Instantaneous	-	1.1 ~ 1.8 PU	0.5 ~ 30주기
Volt Swell_Momentary	-	0.1 ~ 0.9 PU	30주기 ~ 3초
Volt Swell_Temporary	-	0.1 ~ 0.9 PU	3초 ~ 1분
Voltage Interrupt_Momentary	-	0.1 PU 이하	0.5주기 ~ 3초
Votage Inturrupt_Temprary	-	0.1 PU 이하	3초 ~ 1분

주: PU = Percent Unit

표 7-6 전류 감시변수 진단 기준

감시 변수	설정치 조치사항		지속 시간
	주의	경보	
Current Imbalance	6%	10%	-
Current RMS	> FLA	FLA + 5%	-
Current C.F.	6	10	-
Current FLA	>110%	> 120%	-

표 7-6은 전류 감시변수의 진단 기준을 정리한 것이다. 설정치 조치사항은 NEMA 또는 IEEE 규격에서 제공하는 값으로써 전동기의 상태, 운전 조건에 따라 달라질 수 있다. 전동기 전부하시 전류는 명판 정보를 이용하여 주의 및 경보 신호를 발생시킨다.

7.2 주파수축 진단기법 개요

전류 신호 분석 기법을 이용한 초기 상용화 방법들은 주로 유도전동기의 회전자 봉 결함을 고정자 전류의 측대역 주파수를 관찰하여 진단하는 데 기초를 두고 있었다. 최근의 연구는 유도전동기의 제반 결함뿐만 아니라 DC 전동기나 인버터 구동 전동기, 그리고 변압기나 전원 공급장치와 같은 정지 기기의 결함을 전원 신호를 이용하여 진단하는 것에 초점이 맞추어져 있으며 일부 상용화한 제품에 기능이 추가되어 출시되고 있다.

전류의 측대역 주파수 분석을 위해서는 고속 푸리에 변환(FFT) 기법이 사용되어 왔으며, 최근에는 신호처리 기법과 장비의 발달로 인해 웨이블릿, DFLL, 위그너-빌 기법 등이 활발하게 연구되어 적용되고 있다. 또한 전류 신호 분석을 발전시켜 공극 토크와 순시전력 등의 측대역 분석도 활발하게 이루어지고 있다. 이러한 방법을 적용하기 위해서는 전류신호에 의한 데이터보다 더 많은 데이터를 처리해야 하는 문제점이 있으나 전류 분석에 의해 다룰 수 없는 다양한 다른 잠재적 가능성을 제공한다.

이 장에서는 주파수축 분석 및 진단을 위한 이론적 배경과 각종 모델링 기법에 대해 설명하고 각종 공식과 기법을 이용한 전동기 및 구동기기의 실제 진단 사례를 기술한다. 아울러 각 방법론을 현장 실무에 적용 시 발생했던 제약사항도 삽입하였다.

7.2.1 전동기 결함의 모델링 기법

(1) 모델 기반 결함 분석 기법

유도전동기 내부 구성품의 동적 성능을 예측하기 위한 새로운 방법으로서 다음의 두 가지 모델링 방법이 대표적으로 발표되고 있다.

- 기계적 분석을 위한 변조 모델 분석 방법
- 전기적 분석을 위한 회전자계 모델 분석 방법

공극편심을 포함한 변조 모델 진단기법은 전동기의 편심에 따른 전동기 공극의 크기 변화를 상호 인덕턴스 변화로 분석하고, 인덕턴스 변화에 따른 고정자 전류의 각주파수와 베어링과 같은 전동기 내부 구성품에서 발생하는 특성 주파수의 변조 여부를 모델링하는 것이다. 모델기반 진단기법은 진단 프로세스에 대한 "모델"이 요구된다. 모델은 복잡하지 않아야 하고 정확해야만 한다. 모델기반 진단의 가장 일반적인 형태는 다음의 두 단계로 정의될 수 있다.

- 측정된 운전변수들을 통해 나타나는 계통의 실제 운전과 계통의 모델에 의해 예측된 운전을 비교하고 고장으로 인한 영향이 반영된 차이점을 도출한다.
- 차이점에 대한 평가 및 모델기반의 역 프로세스를 통해 차이점을 발생시킨 고장이 무엇인지 확인한다.

모델기반 접근방식의 가장 큰 이점은 센서기반 접근방식으로는 구별하기 힘든 유사한 형태로 나타나는 센서 신호에 대해 고장과 정상 운전 상태를 구별하기 용이하다는 점이다.

1) 변조자계(modulated flux) 모델을 이용한 공극 결함 분석 방법

유도기기는 다음과 같은 상황에서 고정자 또는 회전자 권선이 비대칭적으로 연결된 상태로 운전될 수 있다. 아래의 상황 중 전동기의 정적, 동적 공극의 불규칙은 편심, 불균형 등에 기인한다.

- 고정자상 권선의 하나 또는 두개 회로의 개방 또는 단락으로 인한 턴간 고장
- 고정자 권선의 비정상적인 연결
- 회전자 봉의 파단 또는 회전자 단락환의 균열
- 정적, 동적인 공극의 불규칙
- 고정자 코어와 권선에 심각한 손상을 입힐 수 있는 고정자와 회전자 간의 마찰
- 구름요소 베어링의 외륜, 내륜, 케이지/트레인 결함

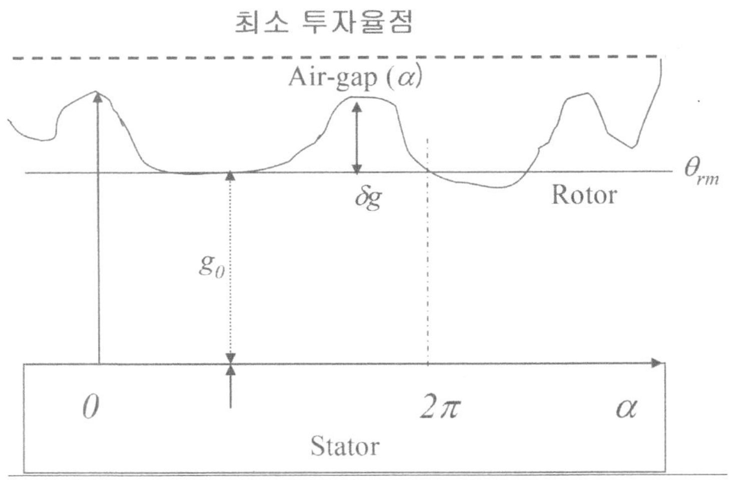

그림 7-16 전동기의 기계적 결함시 회전자 위치에 따른 공극 변화

그림 7-16은 전동기 기계적 결함 발생시 회전자 위치에 따른 공극의 변화를 나타낸다. 전동기의 축 휨이나 회전자 불균형이 발생하면, 기계적 회전자 위치(θ_{rm})에 의해 최소 공극이 결정되는 동적 편심이 생긴다. 정렬 불량은 공극 길이를 항상 변화시킨다. 회전자가 최소 공극을 갖는 위치에 있게 되는 정적 편심 상태에서는 회전자의 자계는 최대가 된다.

회전기기에서 발생하는 기계적인 결함은 진동을 발생시키고 전동기에 전파된다. 결함의 위치와 정도는 기계적인 진동 스펙트럼으로부터 탐지할 수 있다. 전동기에 전파되는 진동을 감시하기 위해서는 정규화 방법(normalization method)을 적용한다. 공극은 유효 공극 함수에 의해 식 (7-55)와 같이 특성화할 수 있다.

$$g(\phi_s) = g_0 - \delta g \cdot \cos(\phi_s - \theta_{rm}) \tag{7-55}$$

여기서,
- $g(\phi_s)$: 유효 공극 함수
- δg : 고정자 내경에 연관된 수평방향의 회전자 옵셋
- θ_{rm} : 기계적인 회전자 위치
- g_0 : 편심이 없는 경우의 방사상(radial) 공극 길이

결함에 의한 기계적 진동과 공극의 변위량은 상관관계를 갖고 있다. 공극의 변위는 고정자의 각위치(stator angular position, ϕ_s)와 회전자의 위치(rotor position, θ_{rm})에 따라 변동되는 공극 투자율(permeance, μ_{ag})과 공극의 자기력(magnetomotive force, mmf_{ag})로 특성화시

킬 수 있다. 공극의 쇄교자속은 공극 경로의 자기력과 투자율의 곱으로 표현할 수 있다. 이는 공극의 투자율은 공극 함수와 진폭변조 함수에 영향을 받는다는 것을 의미한다. 이들 파라미터들은 식 (7-56)과 같이 정의된다. 공극의 쇄교 자속 ϕ_{ag}은 식 (7-57)과 같이 정의된다.

$$\phi_{ag}(\theta_{rm},\phi_s) = \mu_{ag}(\theta_{rm},\phi_s)\cdot mmf_{ag}(\theta_{rm},\phi_s) \tag{7-56}$$

$$\mu_{ag}(\theta_{rm},\phi_s)= \mu_0(1+g(\phi_s)\cdot \cos(\phi_s-\theta_{rm})) \tag{7-57}$$

여기서, μ_0는 정상 상태에서의 공극 투자율, $g(\phi_s)$는 회전자 옵셋과 기계적 회전자 위치를 고려한 유효 공극 함수이다.

만일 두 함수중 하나가 변하게 되면 상호 인덕턴스와 자기 인덕턴스가 변하게 된다. 따라서 비정상 상태에 의한 공극의 변화를 전원 신호의 특성 주파수 스펙트럼의 분석을 통해 탐지할 수 있게 된다. 고정자 권선 "a" 와 회전자 권선 "A" 간의 상호 인덕턴스는 식 (7-58)과 같이 정의된다.

$$l_{ab}(\theta_{rm})= \frac{\int_0^{2\pi}(N_a\cdot\phi_{ag}(\theta_{rm},\phi_{ag}))d\phi_s}{i_{mmf}} \tag{7-58}$$

여기서, N_a 는 고정자 'a'상의 유효 턴 수이다.

이와 같은 가정을 바탕으로, 유도 전동기 등가회로를 이용해 고정자 'a'상의 전류를 모델링한 결과는 식 (7-59)와 같다.

$$I_a = \frac{E_a}{jX_M+\frac{R_R'}{s}+jX_L}\otimes M(f) \tag{7-59}$$

여기서, E_a = A·$sin2\pi\ f_0$:는 고정자 인가 전압 (V), XL = X_{ls} / k + X'_{lr} / k^2 는 고정자와 회전자의 등가 자기 리액턴스(Ω), X_M = X_{ms} / k:는 등가 상호 리액턴스(Ω), k = X_{ms} / (X_{ms} + X_{ls}), ⊗ M (f)는 진폭 변조 함수와의 컨벌루션(convolution)이다.

이미 설명한 바와 같이 식 (7-55) ~ 식 (7-58)까지는 전동기 축 휨이나 정렬 불량, 또는 베어링 결함 시 나타나는 특성주파수를 모델링하기 위해 사용된다.

공극 편심에 의한 인덕턴스 변화와 관련한 모델링 내용은 부록 VI에 상세히 설명되어 있다.

2) 변조자계 모델을 이용한 구름 베어링 결함 분석 방법

구름 베어링 결함은 볼/런너 결함과 내륜/외륜결함, 두 그룹으로 나뉠 수 있다. 볼/런너 결함은 볼/런너의 형상에 따라 특정한 부하 위치에 진동을 전파시킨다. 주파수 영역에서 베어링 결함을 분석하기 위해서는 베어링의 부하 분포, 부하에 의해 발생하는 임펄스의 변조와 진동의 전파가 고려되어야 한다.

베어링이 회전하면 주기 T_d 를 갖고 결함의 위치에 따라 변하는 임펄스가 주기적으로 식 (7-60)과 같이 발생한다.

$$d(t) = d_0 \sum_{k=0}^{\infty} \delta(t - kT_d) \tag{7-60}$$

여기서, $d(t)$는 진폭 d_0를 갖는 임펄스 시리즈이고 $\delta(t)$는 포인트 결함 부위를 한번 타격하여 발생하는 임펄스 함수이다.

샤프트가 회전할 때 마다 베어링의 내륜이 부하 부분을 통과하면, 시간축에는 주기함수가 나타나고 주파수축에는 임펄스의 시리즈가 나타난다. 예를 들어, 내륜/외륜 결함으로 인한 부하 분포가 일정하고 임펄스가 단위 스텝 함수이면 볼/런너 결함은 부하 분포로 인한 시뉴소이덜 함수에 변조된 임펄스 형태를 갖는다.

방사상 부하가 인가되는 회전체의 원주 방향에 분포되는 부하는 식 (7-61)과 같이 근사화할 수 있다.

$$q(t) = q_0 [1 - (0.5\epsilon)(1 - \cos\theta)]^n \qquad for\,/\theta/ < \theta_{\max} \tag{7-61}$$

$$q(t) = 0 \qquad elsewhere$$

여기서, $\theta = \cos 2\pi f_s t$, q_0은 최대 부하 강도 [K.N], ε은 부하 분포 인자 (<0.5), θ_{max}은 부하 부분의 각 범위(angular extent, $<\pi/2$), n은 상수이다. 상수 n은 볼 베어링일 경우 3/2를 적용하고 롤러 베이링인 경우 10/9의 값을 적용한다. f_s은 축 회전 주파수이다.

용어 q_0, ε 그리고 θ_{max}는 베어링과 인가 직경방향의 여유공간(diametral clearance) 이다. 컨벌루션 이론에 의해, 식 (7-60)과 (7-61)에 의해 결정된 두 파라미터가 주파수축에서 곱해지면, 식 (7-62)와 같은 단순 식으로 표현할 수 있다.

$$M(f) = D(f) * Q(f) \tag{7-62}$$

상기 식들을 적절히 적용함에 따라 변조 자속밀도 모델은 각 비정상 상태시에 나타나는 특성 주파수를 식별할 수 있도록 한다. 이와 같은 변조 자속밀도 모델을 이용하여 전류와 전력에 포함된 특성 주파수 성분을 분석하게 된다.

7.2.2 회전자계 모델 분석 방법

교류 전원은 매 사이클 마다 양의 피크에서 음의 피크로 변화하는 정현 파형의 전압이다. 특성상 많은 전기적 또는 기계적인 문제들이 같거나 유사한 주파수에서 진동을 일으킬 수 있다. 전원은 고정자 내를 흐르는 자화 전류가 어느 순간에 양 또는 음의 최대일 때 최대가 되는 고정자와 회전자 사이의 전자기력을 발생한다. 그 결과로서 전류와 기본 자속파가 0을 통과할 때의 점에서 제로까지 감소하는 전압 또는 전류 파형의 매 사이클 동안 2개의 피크 힘이 생긴다. 이는 전원 주파수의 2배와 같은 진동 주파수를 일으킨다. 이 진동은 전동기 받침대의 평탄도, 프레임과 베이스 강성 및 고정자와 회전자 사이의 공극의 일치 정도 등에 매우 민감하다. 또한 회전자의 편심에 의해서도 영향을 받는다.

3상 고정자권선과 유도된 회전자 전류에 의해 발생되는 공극 자속의 작용에 의해 유도 전동기에 전자기 토크가 발생된다. 회전자와 고정자 표면 사이에 방사되는 자기력은 자속 밀도의 제곱에 비례하고, 자기력에 의해 고정자 코어와 권선의 진동이 발생한다. 회전자, 고정자 권선 그리고 공극변화와 관련하여 발생되는 고장은 정상 공극 자속 파형을 변화시키고 공극 자속의 크기 또한 변화시킨다.

(1) 공극 토크의 각 주파수 분석 방법

공극 토크의 각 주파수 변화 분석을 통해, 전동기 구성품의 고장 시 발생되는 특성 주파수 성분을 파악할 수 있다.

유도전동기에 존재하는 결함들에 의해 발생하는 대부분의 토크 고조파는 다음의 세 가지 극단적인 경우와 관련이 있다.

- 정상 운전상태
- 단상 고정자를 갖는 경우
- 단상 회전자를 갖는 경우

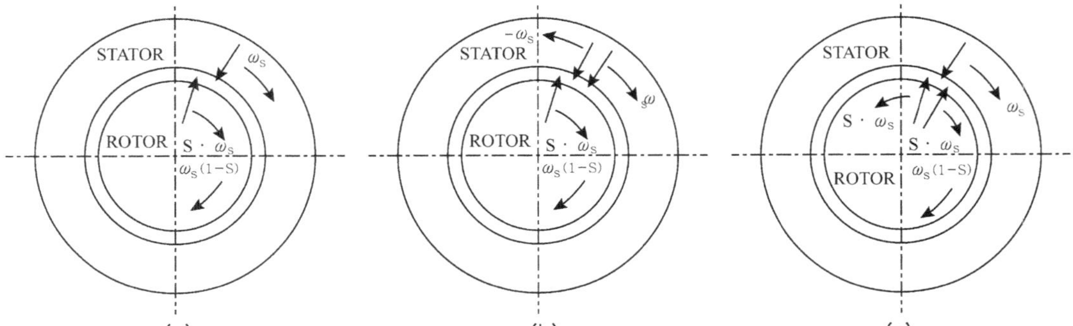

그림 7-17 전동기 구성품 고장시 발생되는 특성주파수 발생 매커니즘

그림 7-17 (a)는 고정자와 회전자, 공극이 정상적인 상태의 회전자계를 보여준다. 정상적인 고정자 자계에 의해 정상적인 공극의 유도 자계가 발생되고, 또한 정상적인 회전자 자계가 유도된다. 그림 7-17 (b)와 같이 고정자 자계에 문제가 발생하면 역상 고정자 자계 성분으로 인해 전원 주파수의 2배에 해당하는 주파수 성분이 급격히 증가한다. 그림 7-17 (c)의 경우는 회전자 불량의 경우를 나타내며, 회전자 유도자계에 역상 성분이 발생되므로 2배의 전원 주파수에 슬립 주파수가 곱해지는 특성주파수 성분으로 나타난다.

그림에서 ω_s는 고정자 회전자계의 정상 성분 각주파수이다. 위에서 설명한 바와 같이 고정자에 결함이 발생하면 역상 성분 각주파수 $-\omega_s$가 발생한다. $s\omega_s$는 회전자 자계의 각속도이다. 역시 회전자의 각주파수는 $\omega_s(1-s)$이고, 첨자 s는 슬립이며 각속도 ω_s는 $2\pi f$이다. 여기서 f는 전원 주파수를 나타낸다.

토크의 부호는 고정자와 회전자의 자계의 상대적인 위치에 의존한다. 다른 말로 표현하면, 토크의 각주파수는 이들 자계의 상대속도로부터 유도된다. 정상 운전상태시의 이상적인 공극 토크에 의한 주파수 성분은 발생하지 않는다.

유도전동기의 정상 운전상태에서의 토크의 각주파수를 계산하면, 이미 설명한 바와 같이 정상 성분만 존재하므로 식 (7-63)과 같은 결과를 얻는다.

$$\text{토크 각주파수} = \omega_s - \left[\omega_s(1-s) + s\omega_s\right] = 0 \qquad (7\text{-}63)$$

단상 고정자 권선을 갖는 전동기는 그림 1의 b)와 같은 각속도 $\pm\omega_s$로 정상 혹은 역상의 고정자 회전자계를 발생시킨다. 정상 고정자의 회전자계는 일정 토크를 생성한다. 회전자의 자계와 상호 작용하는 역상 고정자의 자계는 이와 관련된 고조파 토크를 발생한다. 고조파 토크의 주파수는 식 (7-64)와 같다. 계산된 결과와 같이 고정자 권선에 결함이 있는 전동기의 경우 기본 주파수의 2배에 해당하는 각주파수 성분을 발생시킨다.

$$\text{토크 각주파수} = \omega_s - [\omega_s(1-s) + s\omega_s] = -2\omega_s \quad (7\text{-}64)$$

단상의 회전자 권선을 갖는 전동기는 각속도 $\pm s\cdot\omega_s$로 정상 또는 역상의 회전 자의 회전자계를 발생시킨다. 정상 성분의 회전자계는 일정한 토크를 발생시키지간 고정자의 자계와 상호작용하는 역상의 회전자 자계는 고조파 토크를 생성한다. 고조파 토크의 주파수는 식 (7-65)와 같이 고정자의 각주파수에 2배의 슬립을 곱한 형태의 각주파수를 발생시킨다.

$$\text{토크 각주파수} = \omega_s + [-\omega_s(1-s) + s\omega_s] = 2s\omega_s \quad (7\text{-}65)$$

(2) 회전 자계 주파수 계산 공식

회전자계 주파수를 계산하기 위해서는 공극 토크의 각주파수 분석에 의해 규명된 고정자 자계, 회전자 측에서 관측된 회전자계, 그리고 회전자 자계가 전동기의 각 구성품의 결합 시 어떻게 나타나는지를 파악해야 한다. 이미 설명한 바와 같이 고정자, 회전자, 공극의 자계는 결합에 의해 역상 성분이 발생하므로 이를 일반화한 공식을 많은 연구자들이 발표하여 그 효용성을 인정받고 있다. 다음에 설명될 식 (7-66)부터 식 (7-70)까지는 식 (7-63)부터 식 (7-65)까지의 모델링 결과를 일반화한 것이다.

1) 정적 편심

공극 내의 자속의 공간적 배분은 회전자/고정자의 기하학적 불균일성에도 기인한다. 회전자의 품질, 케이지의 불평형, 케이지 전도성의 변화, 베어링의 불평형 및 적층들의 자기적 배열이 공극의 교란을 초래할 수 있으며 파손된 봉의 증상과 구분이 매우 어렵다. 편심은 회전자의 회전자계에 역상 성분을 발생시키므로 이를 탐지하는 결과식은 단상 회전자의 공식과 유사해진다.

두 가지 방법이 공극 이상을 탐지하는 공식으로 제안되었다. 첫 번째 방법은 슬롯 주파수의 측대역 주파수를 탐지하는 것이다. 공극 이상과 연관된 측대역 주파수들은 식 (7-66)과 같다. 식 (7-66)은 슬롯 편심과 관련한 다음과 같은 특정 성분들이 회전자 슬롯, 정적 및 동적 편심의 함수로써 자속 밀도 파형 내에 발생할 수 있다는 것을 나타낸다. 기본 슬롯 고조파 성분은 식 (7-66)에서 $n_d = 0$, $n_w = 1$, $k = 1$로 놓으면 얻을 수 있다.

$$f_{slot+ecc} = f_e\left[(kR \pm n_d)\left(\frac{1-s}{p/2}\right) \pm n_\omega\right] \quad (7\text{-}66)$$

여기서, f_e는 공급 주파수, k는 1,2,3, ⋯ , R 는 회전자 슬롯의 수, n_d 는 회전 편심의 차수이며 정적 편심인 경우는 0, 동적 편심인 경우는 1을 적용한다. s는 전동기 슬립이고, p 는 극 수, n_w는 고정자 MMF 고조파의 차수(1, 3, 5, 7 등)이다.

식 (7-66)은 공극 편심에 의해 발생된 스펙트럼 성분을 구분할 수 있다는 이점을 갖는 반면, 회전자의 슬롯 수와 같은 전동기 구조에 대한 지식이 요구되는 단점이 있다.

두 번째 방법은 전원 주파수의 기본차수 측대역 주파수를 이용하여 전류의 징후를 감시하는 것이다. 관심 대상 주파수는 식 (7-67)과 같다. 이 방법은 전동기의 구조에 대한 지식이 필요하지 않다는 장점을 갖는다.

$$f_{ecc} = f_e\left[1 \pm m\left(\frac{1-s}{p/2}\right)\right] \tag{7-67}$$

여기서, m=1, 2, 3, ⋯ 이다.

공극 편심의 심각도를 예측하기 위해서는 공극의 함수로 계산되는 유도전류 성분의 진폭을 알아야 한다. Cameron 등이 발표한 결과에 의하면, 여러 주파수 성분들의 계산 값과 측정 값 사이의 차이는 주어진 정적 편심 레벨에 따라 7.1%에서 300% 이상까지 편차가 발생하므로 심각도를 계산한 결과는 단지 참조 값으로만 사용될 수 있다.

그러나 회전자 슬롯 통과 주파수들(n_d = 0) 크기의 증가를 관찰함으로써 정적 편심이 증가되는지 여부를 탐지할 수 있다. 만약 동적 편심(n_d = 1)에 의한 전류 성분들이 전류 스펙트럼에서 명백히 관찰된다면, 공극 동적 편심이 있다고 진단할 수 있다. 또한 정적 편심과 동적 편심이 동시에 발생할 때는 식 (7-68)과 같은 부가적인 저 주파수 성분의 특징 주파수가 전류 신호 내에 유도될 수 있다. 그러나 이들 성분의 크기는 결함 심각도의 함수로서는 예측할 수 없다.

$$f_{ecc\_low} = \left| f_e \pm k \cdot f_{rm} \right| \tag{7-68}$$

여기서, f_{ecc_low}는 편심에 의해 발생되는 저주파 성분(Hz), f_{rm}는 회전자의 회전 주파수(Hz), k는 1, 2, 3 등의 정수이다.

현재 이들 특징 주파수는 공극 편심을 감지하고, 심각한 문제를 진단하기 위한 전류 감시에 사용할 수는 있으나, 편심의 유형, 즉 정적 편심인지 또는 동적 편심인지를 건실하게 진단할 수 없고, 문제의 심각도에 대한 정확한 예측은 불가능하다. 현재로는 이들 성분의 크기의 증가를 검지하기 위해서는 정상 상태의 기록이 필요하나, 산업 현장의 경우에는 결함이 발생하기 이전에 이를 얻는 것이 용이하지 않다는 것이 문제다.

2) 회전자 봉 파손

그림 7-18의 (a)와 (b)는 하나의 회전자 봉 파손에 따라 인접 봉에 전류가 재분배되는 패턴을 보여주고 있다. 파손된 봉내에 흐르던 전류의 대부분은 이제 인접한 두 봉으로 흐른다. 그림 7-18 (a)는 회전자 바가 모두 건전한 경우이고 (b)는 하나의 봉이 파손된 경우를 나타낸다.

$$f_k = f_e\left[\left(\frac{k}{p/2}\right)(1-s)\pm s\right] \tag{7-69}$$

여기서 f_e는 전원 주파수(보통 60Hz), k 는 고조파 인덱스(k = 1,2,3,⋯), p는 전동기 극수이고, s는 전동기의 기당 슬립(per unit slip)이다.

비록 예측된 주파수들이 식 (7-67)의 공극 편심의 경우와 식 (7-69)의 회전자 봉의 경우가 같다고 하더라도 특정 고조파 차수에서는 상이하므로 기본 차수 외에 특성 주파수의 고조파 차수까지 검사를 통해 두 결함에 대한 구별이 가능하다.

특이 주파수 성분들의 크기는 회전자 봉 파손의 경우에는 고조파 차수가 늘어나도 비교적 서서히 감소한다는 사실이 중요하다. 이것은 회전자 MMF가 단계별로 불연속한 결과에 의하기 때문이다.

봉 파손에 기인한 전류의 스펙트럼 성분들과 부하 영향에 의한 다른 성분들을 구분하는 것과 전동기에 있는 파손된 봉의 수를 예측하기 위해 전문가 시스템이 적용되고 있다.

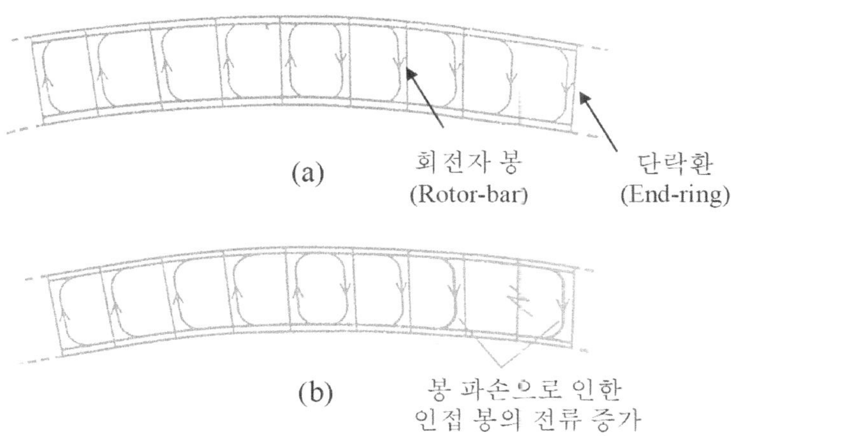

그림 7-18 회전자 봉 파손에 따른 인접 봉의 전류 재분배

기존 연구에서의 검출기법들은 부하 토크가 회전속도를 변화시키지 않는다고 가정한다. 부하 토크가 회전자 속도를 변화시킨다면 결함 검출은 매우 어려워진다. 고정자 전류 스펙트럼에 자계의 이상과 토크 진동의 효과는 봉에 대한 사고와 부하 토크의 공간적인 위치의 정보 없이 분리될 수 없다. 따라서 다수의 주파수들이 전동기 조건을 예측하기 위하여 온라인 검출 기법이 검토되어야 한다.

동일한 전동기에 있어 비대칭에 기인하는 전원 주파수의 측대역의 진폭이 바 하나의 파손에 의한 것과 대등하거나 더 크고, 높은 차수의 고조파들에 있어 비대칭 성분의 진폭이 바 파손에 의한 것보다 훨씬 빠른 속도로 감소한다. 유추될 수 있는 첫 번째 결론은 단일 바 파손을 검출하기에 충분한 감도가 주어지는 상태에서 제조상 또는 기타의 비대칭이 바 파손의 진단에 오류를 야기할 수 있는 충분한 가능성이 있다는 것이다. 가능한 두 번째 결론은 높은 차수의 고조파들의 진폭에 대한 시험에 의해 비대칭의 경우들은 바 파손의 경우들과 구별이 될 수 있다는 것이다.

그림 7-19는 회전자 케이지의 상부 모습을 묘사한 것이고, 그림 7-20은 회전자가 구속되어 슬립이 1일 때의 전형적인 전동기의 자속 분포를 컴퓨터를 이용해 예측한 것이다. 그림 7-20(a)는 정상적인 전동기의 자속 분포이고 7-20(b)는 회전자 봉 7, 8번에 결함이 발생하였을 때의 자속 분포를 시뮬레이션한 것이다. 그림에서 정상 상태 시에는 봉간 자속 분포가 일정하나 결함 발생 시에는 인접 봉에 자속 흐름이 커지는 것을 알 수 있다.

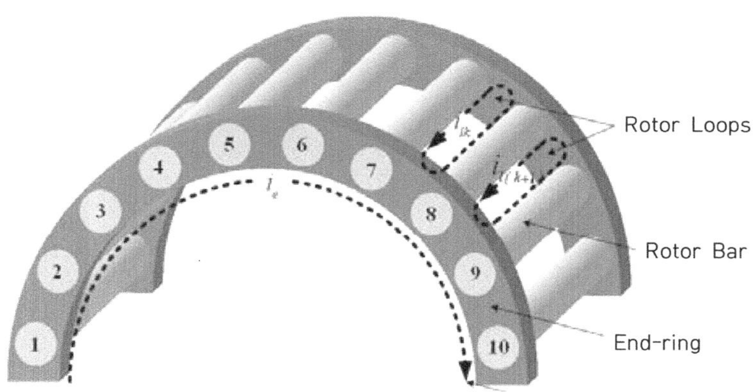

그림 7-19 회전자 케이지의 상부 묘사

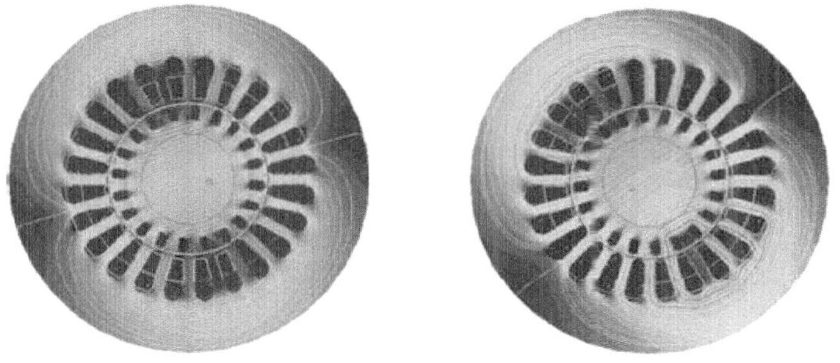

(a) 정상상태 (b) 봉 파손 상태

그림 7-20 회전자 구속시의 자속 분포

3) 고정자 결함

고정자 결함은 전동기의 기초나 공통 베드와 케이싱 사이의 볼트가 느슨해져서 전동기의 공진 주파수가 낮아지고, $2f_L$에 10% 이내로 접근하여 공진을 일으키는 경우가 많이 발생한다. 철심이나 고정자 권선이 느슨해져 고정자 진동이 증대할 때는 더 큰 진동을 수반하므로, $2f_L$의 조화 성분인 $2nf_L$ (n = 1, 2, 3 등) 성분도 발생하게 된다.

전류 신호 분석을 통하여 감지 가능한 고정자 결함 문제로는 고정자 편심, 고정자 적층부위의 층간 단락 및 철심의 헐거움이 있다. 일반적으로 전원 주파수의 2배($2f_L$) 주파수에서 높은 진동이 식 (7-70)과 같이 일어난다. 어느 부분에서도 측대역 특성 주파수는 나타나지 않는다.

$$f_{stator} = 2n \cdot f_e \tag{7-70}$$

여기서, n은 고조파 차수(n = 1, 2, 3, …)이다.

7.2.3 기계적 결함의 진단 기법

(1) 베어링 결함 모델링

베어링 구성 부품(외륜, 내륜, 구름요소, 케이지)의 결함은 다음 식으로 계산되는 특성주파수를 발생시킨다. 이 공식은 내륜이 회전 속도로 회전하는 것으로 가정한 것이다. 즉, 외륜은 고정되어 있고 구름 요소 사이에는 미끄럼 접촉이 아닌 굴림 접촉만이 발생한다고 가정한다.

$$f_{inner} = \frac{n}{2} f_{rm} \left[1 + \frac{BD}{PD} \cos\beta \right] \tag{7-71}$$

$$f_{outer} = \frac{n}{2} f_{rm} \left[1 - \frac{BD}{PD} \cos\beta \right] \tag{7-72}$$

$$f_{cage} = \frac{f_{rm}}{2} \cdot \left[1 - \frac{BD}{PD} \cos\beta \right] \tag{7-73}$$

$$f_{spin} = \left(\frac{PD}{2 \cdot BD} \right) \cdot f_{rm} \left[1 - \left(\frac{BD}{PD} \right)^2 \cdot \cos^2\beta \right] \tag{7-74}$$

여기서, f_{inner}는 내륜 주파수(BPFI), f_{outer}는 외륜 주파수(BPFO), f_{cage}는 케이지 주파수(FTF), f_{spin}는 외륜주파수(BPFO), PD는 베어링 피치, BD는 볼 직경, β 는 구름요소와 케이지의 접촉각이다.

식 (7-71)부터 식 (7-74)에서 각 구성 부품의 물리적 정의는 그림 7-21과 같다.

베어링의 결함 요소별 시간 파형 및 주파수 스펙트럼 형상을 정리한 결과는 표 7-7과 같다.

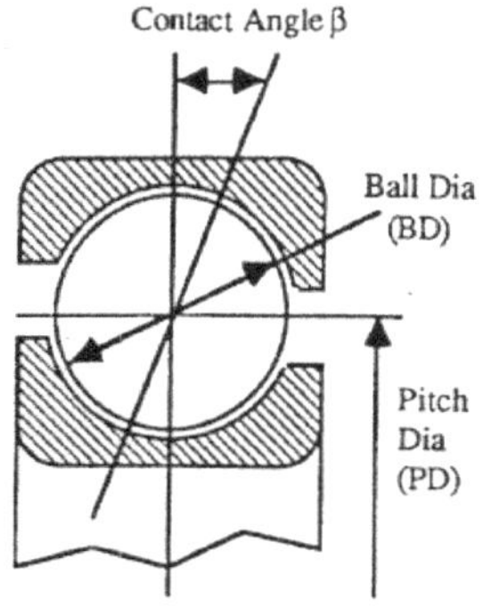

그림 7-21 베어링의 구성 부품의 물리적 정의

표 7-7 베어링의 결함 요소별 시간 파형 및 주파수 스펙트럼 형상

결함		발생 주파수	시간 파형/스펙트럼 형상
외륜 결함		BPFO와 그 조화성분	BPFO의 조화성분
내륜 결함		BPFI와 그 조화성분	결함 초기 : 감소된 크기의 조화성분 결함 성장 : 운전속도에 의해 변조된 조화성분
전동체 결함		BSF 또는 FTF 및 그 조화성분	FTF로 변조된 고유진동수
부적절한 윤활		고유진동수, BPFI	BPFI로 변조된 고유진동수
느슨함	축과 베어링	회전속도(1X) 및 고차 조화성분 (2X, 3X, …)	3X 또는 그 이상의 조화성분이 탁월
	하우징과 베어링		1X와 4X 성분이 탁월
과대한 내부 틈새		고유진동수	운전 속도의 배수가 고유진동수를 변조

(2) 기어

기어를 사용하는 기계의 종류 중 대표적인 것으로는 전동기 구동밸브, 웜 드라이브 등이 있다. 주로 감속이나 증속을 위해 작동되는 기어에 결함이 발생하면 전형적으로 복잡하고 넓은 진동 스펙트럼이 발생하고 축 회전 속도 보다 훨씬 낮은 주파수에서쿠터 기어 맞물림 주파수의 수 배까지 이르는 특성주파수가 발생하게 된다.

기어 맞물림 주파수는 기어 이의 개수와 축 회전수의 곱으로 정의되며 식 (7-75)와 같이 표기된다.

$$f_m = \frac{N \cdot Z}{60} \tag{7-75}$$

여기서, f_m는 기어 맞물림 주파수, N은 기어의 회전 속도(RPM), Z는 기어의 이 수이다.

이 반복 주파수는 한 기어가 변형되거나 비정상적인 부분이 다른 기어의 이와 같은 부분과 맞물릴 때 발생하며 식 (7-76)와 같이 표기된다.

$$f_{tr} = \frac{N_g}{60N_p} \tag{7-76}$$

여기서, f_{tr}은 이 반복 주파수, N_g는 기어의 속도(RPM), N_p는 피니언의 회전 속도이다.

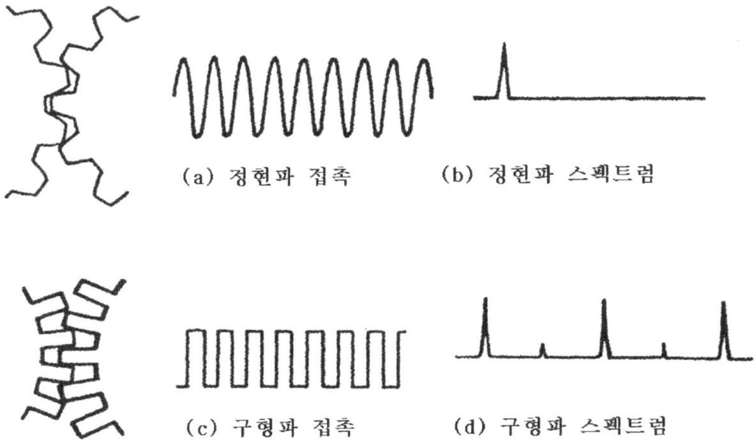

그림 7-22 정현파와 구형파 형태 접촉시 기어 이 주파수 스팩트럼 발생 예

기어 맞물림 주파수 진폭의 변화는 기어의 이 수가 많을수록 적어지고, 기어비가 작을수록 적어지는 특성이 있다. 또한 이 연마 정도가 적을수록, 기어에 작용하는 부하가 낮을수록 역시 적어진다. 기어의 상태는 통상 회전 주파수의 5-10배 이상의 고조파의 관찰을 통해 진단할 수 있다.

그림 7-22는 정현파 형태의 접촉과 사각파 형태의 접촉(충격)이 발생하는 기어 이를 비교한 것이다. 이의 형태에 따라 발생되는 충격파의 형태가 달라지므로 이를 분석하여 이 반복주파수가 계산된다.

(3) 벨트 결함

그림 7-23의 벨트 구동장치는 일반적으로 구동 및 피동 장치의 회전 주파수 성분을 갖으며, 축 회전 주파수가 높으면 벨트 장력이 부적절할 경우라고 판정한다. 벨트 구동 기계에서 측정되는 스펙트럼은 전동기와 피동 장비의 운전 주파수 및 이와 관련된 성분들이 포함된다. 부적절한 벨트 장력은 축 회전 주파수에서 높은 진동을 일으킨다. 이 경우에는 운전 중인 기계의 진동이 최소 레벨이 되도록 벨트의 장력을 조절할 것이 권장된다. 이 과정에는 적절한 안전을 위한 예방조치가 취해져야 한다.

벨트의 결함이나 손상에 의해 발생하는 기본 벨트 통과 주파수(belt-pass frequency)는 전동기 또는 피동 장비의 회전 주파수보다 낮을 수 있다. 기본 벨트 통과 주파수는 식 (7-77)에 의해 계산될 수 있다.

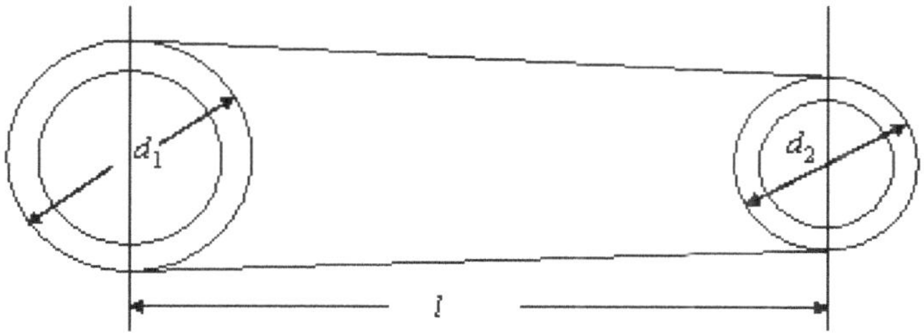

그림 7-23 벨트 전동 장치의 구성 예

$$f_b = \frac{\pi \cdot d_1}{L} \cdot N_p \tag{7-77}$$

여기서, d_1은 구동 측 풀리의 직경(m), N_p는 구동 측 풀리의 실제 회전 주파수(Hz), L은 다음 식에서 정의되는 벨트 길이(m)이고 $L = 2 \cdot l + \frac{\pi}{2}(d_1 + d_2)$로 표기한다.

벨트의 결함은 매 회전 동안 적어도 2개의 풀리, 즉 구동 및 피동 측의 풀리와 접촉할 수 있기 때문에, 스펙트럼에서 관측된 가장 높은 결함 신호는 기본 벨트 통과 주파수 × 풀리 수에 대응한다. 따라서 통상 벨트 결함을 감시하는 경우, 관심 주파수 대역은 계산된 벨트 통과 주파수의 10% 이하에서 벨트 수와 풀리 수, 그리고 벨트 통과 주파수를 곱한 값까지가 된다.

벨트에 이상이 발생하였을 경우, 벨트의 고유 진동수 부근의 진동 특성을 살펴보면 다음과 같다.

- 벨트가 느슨하면, 고유 진동수는 감소
- 벨트를 너무 조이면, 고유 진동수는 증가
- 벨트가 고속 운전하면 고유 진동수는 증가
- 벨트에 국부 결함이 있으면, 고유 진동수의 충격 진동이 발생
- 벨트가 마모되면, 스펙트럼 상에서 고유 진동수의 피크 부근의 감쇠 계수가 증가하여 스펙트럼이 넓어진다.

7.2.4 전동기 및 구동기기 결함의 주파수축 진단

이 절에서는 상기에서 알아본 각종 결함에 대한 특성주파수 모델링 결과를 이용하여 전동기와 구동기기의 결함 발생을 진단하는 방법에 대해 기술한다. 7.2.4절에 수록된 주파수 스펙트럼들은 실제 취득된 것이 아니라 독자의 이해를 돕기 위해 공식에 따라 저자가 생성한 것임을 밝힌다.

(1) 편심의 진단

1) 정적 편심의 진단

정적 편심은 높은 주파수 대역 스펙트럼이나 낮은 주파수 스펙트럼을 관찰하여 진단할 수 있다. 높은 주파수 대역을 이용한 정적 편심 진단은 중심 주파수의 측대역 성분을 이용한다. 식 (7-78)는 7.2.2절의 식 (7-68)를 풀어 쓴 것이다. 식에서 중심 주파수 성분은 계산되지 않는데 이는 중심 주파수가 스펙트럼 상에서 피크로 나타나는 것이 아니고 분석을 위한 기준을 나타내는 것이기 때문이다.

따라서 정적 편심은 회전자 봉의 수와 전동기 회전 주파수의 곱으로 계산되는 중심 주파수를 기준으로 전원주파수의 홀수 배수 측대역 주파수를 관찰하여 진단할 수 있다.

$$f_{ecc\_static} = (RB \cdot f_{rm}) \pm n \cdot f_e \qquad \textbf{(7-78)}$$

여기서 f_{ecc_static}은 정적 편심의 특성 주파수, RB는 회전자 봉 수이다.

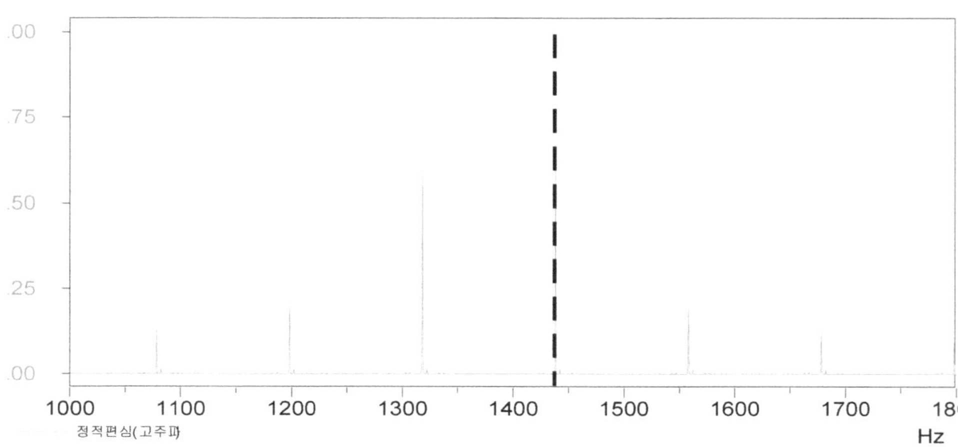

그림 7-24 정적 편심시 전동기의 전류 스펙트럼

그림 7-24는 정적 편심의 경우 발생하는 주파수 스펙트럼을 나타낸 것이다. 1378 Hz의 중심 주파수를 기준으로 양 측대역에 기본파 전원 주파수, 3차, 5차 전원 주파수가 발생되었음을 알 수 있다. 그림에서 점선은 중심 주파수의 위치를 나타낸다.

예제 7-4에 정적 편심을 판별하는 예제를 수록하였다. 검사자는 1318.5 Hz, 1438.5 Hz 대역과 1198.5 Hz, 1558.5 Hz 대역에 주파수 파형이 존재하는 지를 관찰하여 정적 편심 여부를 판별할 수 있다.

예제 7-4 정적 편심 판별

전동기가 1760RPM의 속도로 운전되고, 47개의 회전자 봉으로 구성되어 있다고 가정할 경우 그림 7-24 스펙트럼이 정적 편심을 보이는 전동기의 경우인지 여부를 판별한 결과는 다음과 같다.

항 목	계산 결과
전동기 회전주파수	1760/60 = 29.33 Hz
중심 주파수	47 x 29.33 Hz = 1378.5 Hz
측대역 주파수	1378.5 Hz ± 60 = 1318.5Hz, 1438.5 Hz
2배 전원 주파수에 의한 측대역 주파수	1378.5 Hz ± 3*60 = 1198. 5Hz, 1558.5 Hz

식 (7-78)은 전동기 회전자 봉 수를 알아야 사용할 수 있으나 실제의 경우 회전자 봉 수와 고정자 슬롯의 수는 거의 알려져 있지 않다. 따라서 중심 주파수 계산은 전동기를 분해하지 않고는 가능하지 않다. 그러나 높은 주파수 스펙트럼에 120 Hz, 360 Hz 간격의 파형이 나타난다면, 이를 통해 전동기의 정적 편심을 파악할 수 있고, 역으로 전동기 회전자 봉의 수도 추정할 수 있다.

낮은 주파수 스펙트럼을 관찰하여 정적 편심을 진단하는 식은 (7-69)와 같으며, 이는 편심에 의한 회전자 주파수가 전류 스펙트럼에서 전원 주파수의 측대역에 나타나는 것을 이용하여 판별할 수 있다. 이 판별법은 이미 설명한 바와 같이 편심의 심각도를 알 수 없고 편심이 동적인 것인지 정적인 것인지의 여부도 명확히 파악할 수 없는 단점이 있다.

그림 7-25는 전동기 편심시의 낮은 주파수 스펙트럼을 보여준다.

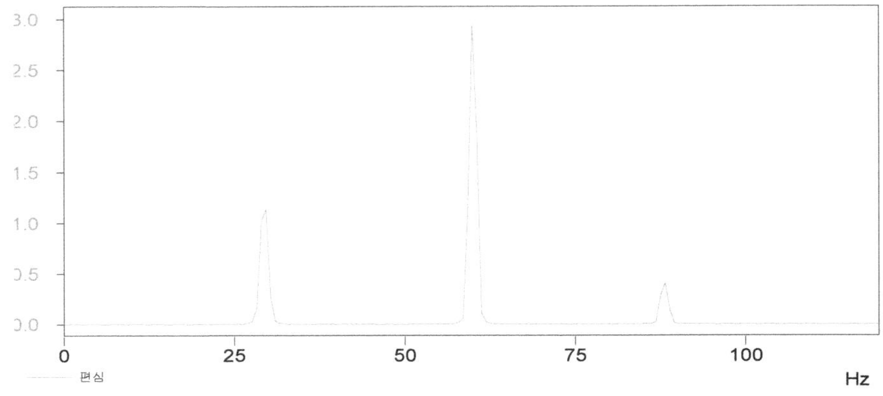

그림 7-25 전동기 편심시의 전류의 낮은 대역 주파수 스펙트럼

2) 동적 편심의 진단

동적 편심의 스펙트럼은 정적 편심과는 다르게 회전 주파수가 중심 주파수의 측대역으로 관찰되는 특징이 있다. 이를 간략히 표현하면 식 (7-79)와 같다.

$$f_{ecc\_static} = (RB \cdot f_{rm}) \pm (n \cdot f_e) \pm f_{rm} \tag{7-79}$$

위 식은 정적 편심시의 주파수 스펙트럼이 다시 회전 주파수와 합과 차의 형태로 나타난다는 것을 의미한다. 그림 7-26은 이 식을 스펙트럼으로 나타낸 것으로써, 그림에서 점선은 중심 주파수를 나타낸다. 따라서 관찰 대상 주파수는 정적 편심 주파수의 주위에 위치한다.

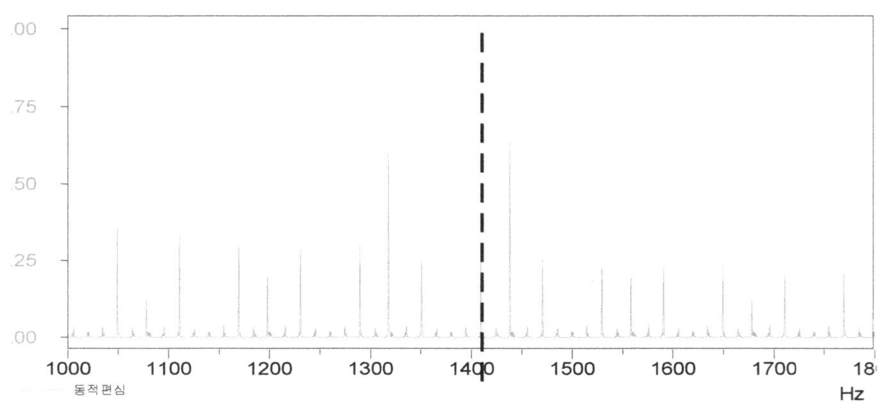

그림 7-26 전동기 동적 편심시의 전류 주파수 스펙트럼

(2) 고정자 상태 분석

고정자 권선의 결함은 고정자 슬롯 주파수를 관찰함으로써 판별이 가능하다. 이때의 중심 주파수는 편심의 경우와 유사하게 고정자 슬롯의 수에 회전 주파수를 곱하여 계산하게 된다. 전동기 고정자 결함시에는 중심 주파수의 주변에 회전자 주파수가 측대역 성분으로 나타나게 된다.

$$f_{stator} = (SS \cdot f_{rm}) \pm f_{rm} \tag{7-80}$$

여기서, f_{stator}는 고정자 결함 주파수, SS는 고정자 슬롯 수이다.

그림 7-27은 고정자 결함을 나타내는 주파수 스펙트럼이다. 좌측 실선이 중심 주파수 위치를 나타내며 좌측 실선은 회전자 주파수가 변조된 측대역 주파수 위치를 나타낸다.

고정자 슬롯의 수는 고정자 결함 전류 주파수 스펙트럼을 이용하여 다음과 같이 계산할 수 있다. 그림과 같이 120 Hz 간격의 주파수가 높은 주파수 스펙트럼에 나타나고 전동기의 상태가 고정자 결함으로 판별될 경우, 표 7-8의 예와 같이 슬롯 수를 계산한다.

$$N_{slot} = \frac{f_{center}}{RS} \tag{7-81}$$

$$f_{center} = \frac{f_{sb\_low} + f_{sb\_high}}{2} = 1231.9\ \mathrm{Hz}$$

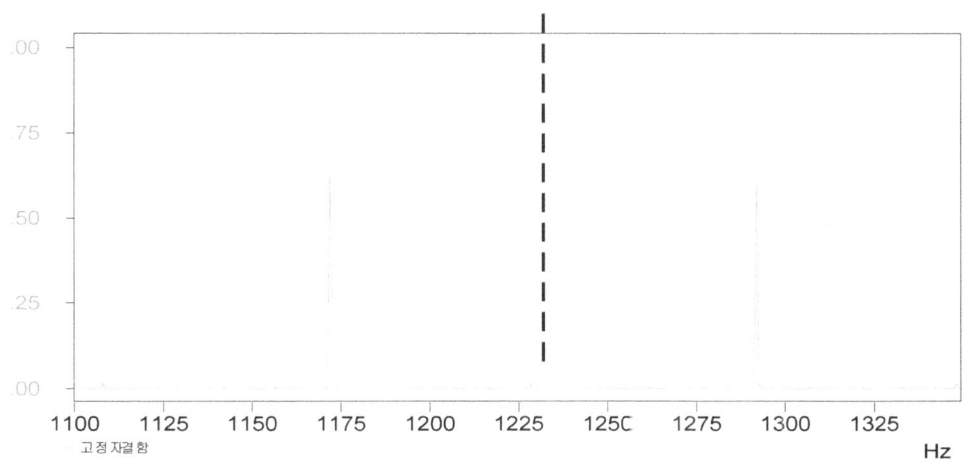

그림 7-27 고정자 결함을 나타내는 전동기의 전류 주파수 스펙트럼

표 7-8 고정자 결함 주파수 관찰을 통한 슬롯 수 계산

항 목	계산 결과
전동기 회전주파수	1760/60 = 29.33 Hz
중심 주파수	(1291.9+1171.9)/2=1231.9 Hz
전동기의 극수	4 극
슬롯의 수	1231.9 / 29.33 = 42개

표 7-8은 그림 7-27의 스펙트럼을 관찰하여 고정자 슬롯 수를 계산하는 예제를 보여준다.

(3) 회전자 결함 진단

1) 회전자 봉 결함

회전자 봉 결함 진단은 회전자 봉 파손에 의한 다음의 사항을 피하기 위해 수행한다.

- 전동기 과열
- 효율 저하
- 절연 수명 단축
- 코어 손상

회전자 봉 파손 진단을 위해서는 회전자 측대역 주파수의 크기를 점검하고, 회전자 케이지의 신호를 평가하게 된다. 회전자 봉 시험에서는 특성 주파수 요소를 판정하게 되는데, 전류 스펙트럼에서 회전자 케이지의 성능이 떨어지면 특성주파수가 발생하게 된다. 이러한 특성 주파수는 또한 미리 저장된 한계값과 비교하게 된다. 회전자 봉 시험에서 평가되는 주파수 공식은 식 (7-69)와 같다.

회전자 케이지가 손상되면, 고정자 전류는 여러 개의 주파수 성분을 만들게 된다. 회전자 케이지의 건전성은 이러한 성분의 상대적인 크기에 따라 측정될 수 있다. 상용 MCSA 진단 기기를 이용한 회전자 봉 시험에서 다음의 경우는 진단의 정확도가 낮아질 수 있다.

- 부하 레벨이 매우 낮은 경우
- 데이터를 수집할 때 전원의 기본파 주파수가 일정하지 않은 경우
- CT, PT의 출력이 작아 잡음에 비해 입력 신호가 낮은 경우

회전자 봉의 파손은 전류 스펙트럼에서 전원 주파수로부터 슬립 주파수(sf_L)의 2배인 $2sf_L$ 만큼 떨어진 2개의 측대역 주파수 성분이 전원 주파수의 좌우에 발생한다. 즉, 결함 주파수는 $f = (1 \pm 2s)f_L$이 된다. 좌측 성분이 직접적으로 결함에 의한 성분이고, 우측 성분은 연속적인 속도 리플(ripple)에 기인하는 성분이다.

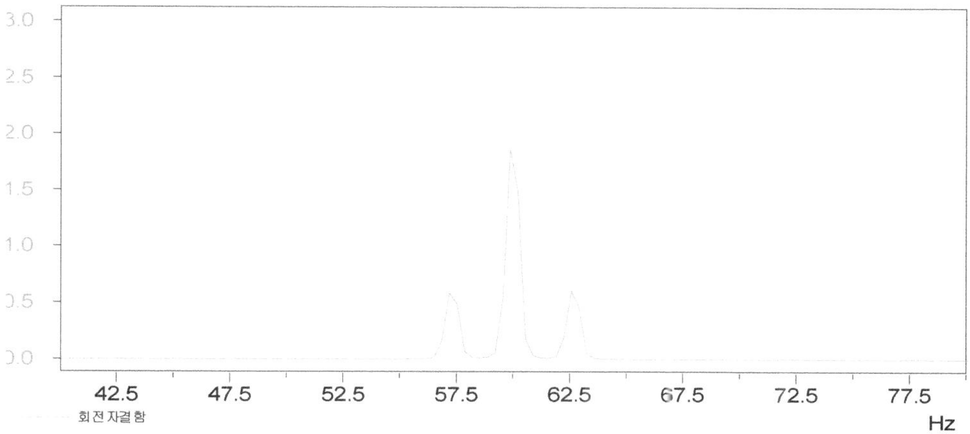

그림 7-28 회전자 결함이 있는 전동기의 전투 스펙트럼

그림 7-28에 회전자 결함이 발생한 전동기의 전류 스펙트럼을 보여준다. 속도 리플이 무시할 수 있을 만큼 작게 나타나는 전동기에서는 측대역의 우측 성분은 발생하지 않는다.

이들 두 성분 진폭의 합이 회전자의 결함 심각도에 적절한 상관관계를 가지고, 매우 훌륭한 진단 지수로 사용될 수 있음이 입증되어 있다. 그러나 결함 정도가 낮은 초기 결함에서는 회전자 결함을 파악하는 유용한 특징 결함 주파수인 $f = (1 \pm 2s)f_L$ 성분이 잡음에 둘러싸이기 때문에 명확하게 결함 주파수 성분을 분리하기가 어려운 문제가 있다.

2) 회전자 내부의 오염 등에 의한 기계적 불균형 진단

회전자 내부에 오염 물질 등에 부착되어 발생하는 기계적인 불균형(unbalance)은 관찰 가능한 주파수 스펙트럼을 발생할 뿐만 아니라 전동기의 정지시 특정 오염 부분에서 급격히 구속(rocking)되는 현상을 나타내어 수명을 단축시킨다. 이러한 불균형은 회전자 봉에 회전 주파수를 곱한 중심 주파수 대역 주위에 위치한 짝수 배수의 전원 주파수 고조파를 관찰하여 판별할 수 있다. 하지만 2극 전동기의 경우, 회전 주파수는 전원 주파수에 근접하여 나타나므로 사용자가 세심한 주의를 기울여야 불균형 현상을 판별할 수 있다.

전류 신호에서 회전자의 기계적 불균형을 판별하는 공식은 식 (7-83)과 같다.

$$f_{ecc\_static} = (RB \cdot f_{rm}) \pm n \cdot f_e \qquad (7\text{-}83)$$

여기서, n는 정수 1, 2, 4, …… 이다.

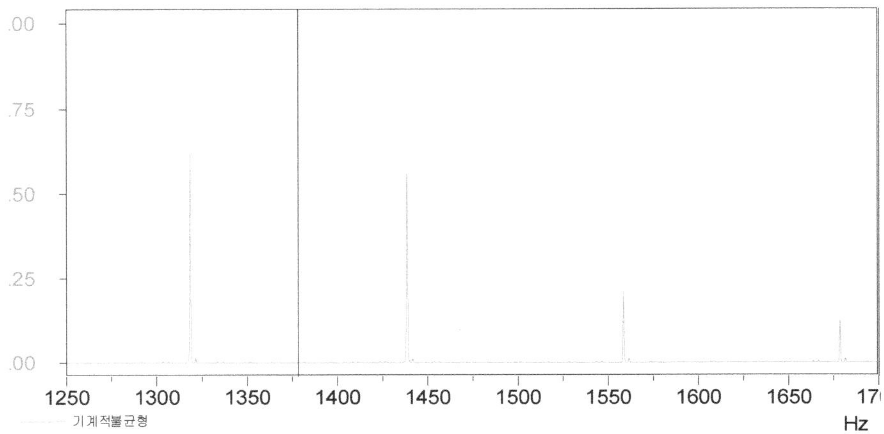

그림 7-29 회전자 오염에 의한 기계적 불균형시의 전류 스펙트럼

그림 7-29는 회전자 오염에 의한 기계적 불균형시의 전류 스펙트럼을 나타낸다. 그림에서 실선은 중심 주파수를 나타낸다.

(4) 기계적 결함의 진단

전동기의 기계적 결함은 전동기 구성부의 기계적 결함과 전동기에 연결된 전동기 구동 회전기기의 결함으로 양분된다. 전동기 구성부의 결함은 4장에서 이미 설명된 바와 같이 공극 편심, 불평형, 정렬 불량, 베어링 불량으로 나눌 수 있고, 전동기 구동 회전기기의 결함은 다양한 사례가 조사되고 있으나, 이 장에서는 가장 대표적인 결함인 베어링 결함, 기어 결함과 벨트 결함, 임펠러 및 날개 결함 등으로 나누어 살펴보고자 한다.

1) 베어링 결함의 진단

볼 또는 롤러로 구성된 구름요소 베어링에서 결함이 발생되어 이것이 진행되면 매우 특별하고 예측 가능한 특성 주파수가 발생한다. 이는 가속도계 등을 이용한 기계적 진동 감시 기술에서 오랫동안 사용되어 온 기술로써, 전원 신호분석에도 이 예측 가능한 특성 주파수가 혼입된다. 7.2.1절에서 전원신호에 변조된 베어링의 특성주파수 성분에 대해 자세히 기술하였다.

구름 요소 베어링의 진단을 위해서는 사전에 다음의 중요 사항에 대한 이해가 선행되어야 한다.

- 베어링 손상 주파수는 레이스나 볼에 불연속의 홈이 있을 때 발생된다. 이들 주파수에 진동이 있으면 언제나 한 개 또는 여러 개의 홈들이 있음을 나타낸다.
- 베어링 손상 주파수는 비동기이다. 이것은 흔히 복잡한 스펙트럼에서 일반적으로 비슷한 구역에 나타나기도 하는 펌프 깃 통과 주파수와 같은 동기 성분과 베어링 손상을 구분하는 주요 인자가 된다. 드물게는 손상 주파수의 고조파가 축 회전 주파수의 배수와 일치한다.
- 베어링 손상 주파수는 추력의 변화에 기인한 접촉각의 변화에 따라 변하며 미끄럼이 발생할 때도 그러하다. 그러므로 비록 측정된 값과 계산된 값이 정확히 일치하지 않는다 할지라도 계산된 값에 근접한 비동기 주파수는 베어링 손상 주파수일 확률이 높다.
- 같은 크기의 손상 정도임에도 외륜 손상 주파수에서의 진폭이 내륜의 그것보다 더 크다.

그림 7-30에 베어링의 가동 시간에 따른 손상률의 변화와 손상 형태를 나타내었다. 베어링의 손상은 진동, 속도, 전기신호등을 이용하여 초기에 탐지할 수 있으며, 초기에 탐지될수록 플랜트의 불시정지를 예방할 수 있다.

대부분의 베어링 제작자들은 회전 주파수의 차수로 표시된 베어링 손상 주파수표를 표 7-13의 예와 같이 가지고 있으며, 상용 진동 장비나 MCSA 장비 제작사들 역시 이 표를 데이터베이스화하여 약 25,000여 베어링에 대한 표를 사용하고 있다.

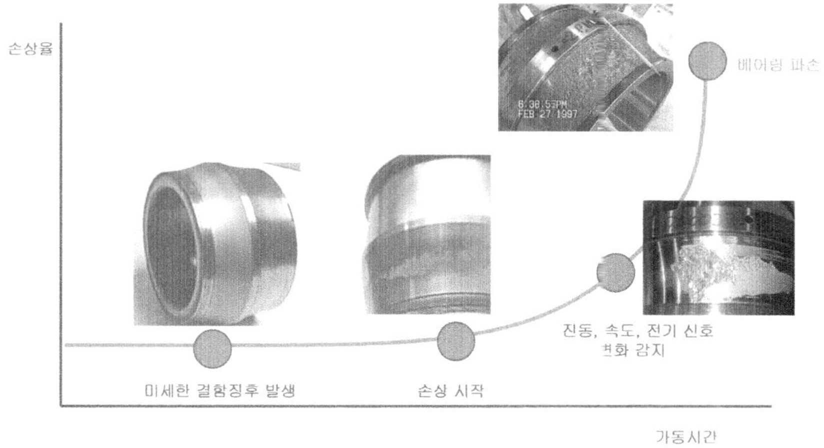

그림 7-30 베어링의 가동 시간에 따른 손상률의 변화와 손상 형태

표 7-9 베어링 호칭번호별 베어링 손상 주파수표 (예시)

베어링 호칭번호	외륜주파수	내륜주파수	볼자전 2배주파수	트레인 케이지주파수
2312H	4.7278	7.2722	4.0822	0.3940
2313H	4.7367	7.2633	4.1136	0.3947
2314H	4.7444	7.2556	4.1414	0.3954
2315H	4.7510	7.2490	4.1652	0.3959
2317H	6.2297	7.7703	4.4602	0.4023
2319H	4.7709	7.2291	4.2388	0.3976
2322H	6.2193	7.7807	4.4214	0.4015

표 7-9의 베어링 번호별 베어링 손상 주파수표를 이용하여 진단 주파수 대역을 결정하는 예제를 다음 예제 7-5와 같이 작성하였다.

예제 7-5 베어링 손상 주파수를 이용하여 계산된 진단 주파수 대역

전동기의 속도가 3600 RPM이고 베어링 번호가 2322 H일 때의 베어링 구성 성분별 특성주파수 산출 결과는 다음과 같다.

Frequency = RPM x Bearing factor

항 목	계산 결과	비고
외륜 주파수 (BPFO)	60 x 6.2193 = 313.18 Hz	Ball Pass Frequency Outer Race
내륜 주파수 (BPFI)	60 x 7.7807 = 466.842	Ball Pass Frequency Inner Race
볼스핀 2배 주파수 (BSF)	60 x 4.4214 = 266.28 4Hz	Ball Spin Frequency
트레인/케이지 주파수 (FTF)	60 x 0.4015 = 24.09 Hz	Cage Frequency or Fundamental Train Frequency

그림 7-19는 베어링 외륜 결함이 발생하였을 때 주파수축에서 탐지한 전류 스펙트럼을 나타낸다. 비교적 낮은 주파수에서 특성 주파수 성분을 탐지하는 것이 가능한 장점이 있다. 그림의 실선은 외륜 결함시에 나타나는 기본 주파수 대역이다. 이 신호가 전원 주파수에 변조되어 전류 스펙트럼에 나타나게 된다.

전류 스펙트럼에서 베어링 외륜의 결함 주파수를 판별하는 공식은 식 (7-84)과 같다.

$$f_{BPFO} = (BPFO \cdot n \cdot f_{rm}) \pm n \cdot f_e \tag{7-84}$$

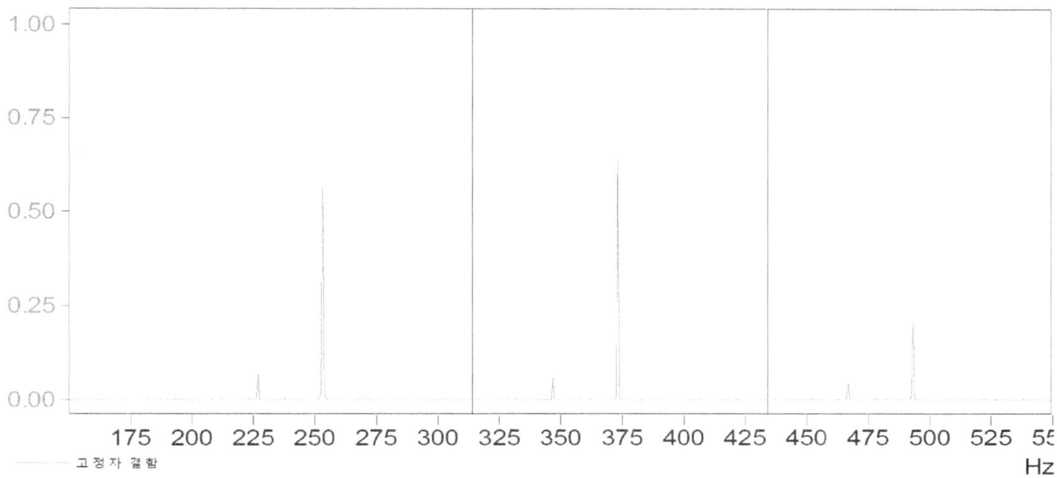

그림 7-31 베어링 외륜 결함 발생시의 전류 스펙트럼

2) 기어를 가지고 있는 유체 기기

기어를 사용하는 기계의 종류 중 대표적인 것으로는 전동기 구동밸브, 웜 드라이브 등이 있다. 주로 감속이나 증속을 위해 작동되는 기어에 결함이 발생하면 전형적으로 복잡하고 넓은 진동 스펙트럼이 발생하고 축 회전 속도 보다 훨씬 낮은 주파수에서부터 기어 맞물림 주파수의 수배까지 이르는 특성주파수가 발생하게 된다.

기어 맞물림 주파수(gear mesh frequency)는 기어 이(tooth)의 개수 × 축 회전주파수로 정의되며 식 (7-85)와 같이 표기된다.

$$F_{\geq ar} = N_P \cdot F_m \tag{7-85}$$

여기서, F_{gear}는 기어 맞물림 주파수, F_m은 기어의 회전 주파수(RPM), N_p는 기어의 이 수이다.

이 반복 주파수(toth repeat frequency)는 한 기어가 변형되거나 비정상적인 부분이 다른 기어의 이(tooth)와 같은 부분과 맞물릴 때 발생하며 식 (7-86)과 같이 표기된다.

$$F_{tr} = \frac{N_g}{60N_p} \tag{7-86}$$

여기서, F_{tr}은 이 반복 주파수, N_g는 기어의 속도(RPM), N_p는 피니언의 이 수이다.

기어 맞물림 주파수 진폭의 변화는 기어의 이빨수가 많을수록 적어지고, 기어비가 작을수록 적어지는 특성이 있다. 또한 이빨 연마 정도가 적을수록, 기어에 작용하는 부하가 낮을수록 역시 적어진다. 기어의 상태는 통상 회전 주파수의 5-10내 이상의 고조파의 관찰을 통해 진단할 수 있다.

식 (7-85)를 이용하여 기어 맞물림 주파수를 결정하는 예제는 다음과 같다.

예제 7-6 기어 맞물림 주파수 산출

샤프트 속도 1760RPM으로 운전되는 20개의 이를 가진 구동 기어가 100개의 이를 가진 반구동 기어에 동력을 전달할 때 기어 맞물림 주파수를 구하면 다음과 같다.

항 목	계산 결과
반구동 샤프트 속도	1760 × 20/100= 352 RPM (6.87 Hz)
샤프트 동작 주파수	1760/60 = 29.33 Hz
기어 맞물림 주파수	29.33 × 20 = 587 Hz

3) 벨트 구동장치

소형 압축기, 송풍기, 휀과 공작 기계 등에는 전동기의 동력 전달을 위해 풀리와 벨트로 이루어진 기계 장치를 사용한다.

식 (7-87)은 벨트 주파수를 계산하는 공식이다.

$$F_{belt} = \frac{C_p}{L} \cdot N_P \tag{7-87}$$

여기서, F_{belt}는 벨트 주파수, C_p는 한 풀리의 원주, L는 벨트의 길이, N_p는 풀리 C_p를 rpm으로 표시한 속도이다.

벨트 구동장치는 일반적으로 구동 및 피동 장치의 회전 주파수 성분을 가지며, 기계의 회전주파수 성분이 다른 쪽보다 클 경우는 풀리가 정렬 불량이거나 다른 쪽 기계의 상태가 비정상적이라고 진단할 수 있다. 축 회전 주파수가 고진동 상태이면 벨트 장력이 부적절할 경우라고 판정한다.

식 (7-87)을 이용하여 벨트 주파수를 결정하는 예제를 예제 7-7과 같이 작성하였다.

예제 7-7 벨트 주파수 결정

전동기가 1760 RPM의 속도로 운전되고, 구동부 풀리 직경이 4인치이며 반구동부 풀리 직경이 8인치인 벨트 시스템의 풀리와 풀리 중심간 거리는 40인치이다. 이 시스템의 벨트 주파수를 구하면 다음과 같다.

항 목	계산 결과
반구동 축 속도	1760 x 4"/8"= 880 RPM (14.67 Hz)
벨트의 전체길이 L	(40" x 2) + (0.5(4π + 8π))=98.85"
벨트 표면 속도 N_p	2π x 4"/2 x 1760 RPM = 368.6 inch/s
벨트 주파수 F_{belt}	368.6 inch/s / 98.85 inch = 3.72 Hz

4) 날개 또는 깃 통과 주파수 계산

송풍기, 휀의 날개(blade) 통과 주파수나 펌프의 깃 통과 주파수는 축회전 주파수에 블레드나 깃의 수를 곱하여 구한다.

결함이 있는 날개의 통과 주파수는 전원 주파수를 중심으로 측대역 주파수 형태로 나타난다.

$$f_{blade} = (N_{blade} \cdot f_{fm}) \pm f_e \tag{7-88}$$

이 성분은 전류 스펙트럼에서 뚜렷하게 나타나는데 전원 주파수와의 변조로 인해 진동 성분이 측대역에서 나타나게 된다.

지금까지 진단 기술은 날개 또는 임펠러 깃 손상으로 인한 가진이 기본 주파수로 발생하는 정현파 가진으로 가정하였으나 실제의 경우는 순수 정현파와 상당히 다를 수 있으며 심지어 사각 파형일 수도 있다. 이런 경우, 가진은 축 회전 주파수로부터 고차의 고조파까지 광범위하게 넓혀질 것이다.

날개 또는 임펠러가 빠진 경우 고조파가 발생되고 진폭에 영향을 주게 된다. 그러나 날개 또는 임펠러의 간격이 변하지 않는 한 기본 주파수는 변하지 않는다. 즉, 8개의 임펠러로 이루어진 시스템에서 1개의 임펠러가 상실되어도 관찰 대상 기본 주파수는 변하지 않는다는 것을 의미한다. 이는 중단된 파형의 기본 주파수가 같은 주기를 가지는 연속파형의 주파수와 같다는 것을 고려하면 쉽게 이해할 수 있다.

7.2.5 전동기 결함 주파수 성분의 종합

표 7-10은 전동기의 주파수 성분을 측정하여 결함 내용을 진단하는 방법을 종합적으로 정리한 것이다. 각 결함 원인별 중점적으로 측정해야 할 결함 주파수 성분이 표기되어 있다. 진단에 사용하는 주파수 성분은 다음과 같은 종류로 나뉜다.

표 7-10 전동기 결함 유형 및 결함 특성 주파수 판별 공식

결함 유형	결함 특성 주파수
정적 축편심	$f_{ecc\_static} = (RB \cdot f_{rm}) \pm n \cdot f_e$
동적 축편심	$f_{ecc\_static} = (RB \cdot f_{rm}) \pm (n \cdot f_e) \pm f_{rm}$
고정자 결함	$f_{static} = (SS \cdot f_{rm}) \pm f_{rm}$
회전자 봉 파손	$f_k = f_e\left[\left(\frac{k}{p/2}\right)(1-s) \pm s\right]$
회전자 봉 오염	$f_{ecc\_static} = (RB \cdot f_{rm}) \pm n \cdot f_e$
베어링 외륜 결함	$f_{outer} = \frac{n}{2} \cdot f_{rm}\left[1 - \frac{BD}{PD} cos\,\beta\right]$
베어링 내륜 결함	$f_{inner} = \frac{n}{2} \cdot f_{rm}\left[1 + \frac{BD}{PD} cos\,\beta\right]$
베어링 케이지 결함	$f_{cage} = \frac{f_{rm}}{2} \cdot \left[1 - \frac{BD}{PD} cos\,\beta\right]$
베어링 볼 결함	$f_{spin} = \left(\frac{PD}{2 \cdot BD}\right) f_{rm} \cdot \left[1 - \left(\frac{BD}{PD}\right)^2 \cos\beta\right]$
기어 결함	$F_{tr} = \frac{N_g}{60 N_p}$
벨트 결함	$F_{Belt} = \frac{C_P}{L} \cdot N_P$
날개 또는 임펠러 결함	$f_{blade} = (N_{blade} \cdot f_{rm}) \pm f_e$

7.3 시간-주파수축 분석

복잡한 시스템에서 진동의 근원은 회전체 기계이다. 회전진동체의 축의 불균형, 이상배열, 불안정한 베어링상태 및 기계적으로 느슨한 상태로 인한 이상신호들은 원인에 따른 고유의 스펙트럼을 가지며, 이러한 특징을 포함하는 진동들은 시스템을 진단하기 위해 사용되는 중요한 변수들이다.

주파수 스펙트럼 분석은 일정시간 동안의 전체 시간신호에 더한 주파수 성분을 표현하므로 일정시간 동안의 시간변화에 따른 주파수성분의 변화를 볼 수 없다는 단점이 있다. 따라서 시간-주파수 축 정보가 동시에 제공될 경우, 신호 분석은 좀 더 쉬워진다. 6.3장, "신호처리기법"에서 기술한 바와 같이, 위그너-빌 분포(WVD)는 회전체기계가 이상상태의 징후를 나타낼 때 시간에 따른 이상상태 주파수분포의 변화과정을 기존 해석방법보다 종합적으로 나타낸다. WVD 기법을 적용한 분석은 기존의 스펙트럼 분석에서 보여주는 시간 및 주파수성분에 관한 정보를 손상없이 잘 표현하지만 컴퓨터의 계산 성능이 크게 향상됨에도 불구하고 WVD 기법의 처리를 위한 계산시간은 실시간 처리에 장애로 작용되는 단점으로 작용한다. 이를 실시간처리 수준으로 온-라인화하기 위해서는 DSP(Digital Signal Processor)와 같은 전용 프로세서를 사용하여 계산속도를 향상하는 등의 해결책도 제시될 수 있다. 아울러 최적의 윈도우 함수를 선정하거나 WVD의 단점인 간섭항의 제거에 대한 꾸준한 노력이 필요하다.

7.3.1 주파수축 분석과 시간-주파수축 분석 결과의 비교

그림 7-32는 정상상태시와 베어링 외륜 손상시의 전류 신호에 대한 주파수 스펙트럼을 비교한 것이다. 그림과 같이 주파수 스펙트럼을 이용한 직관적인 상태 분석은 많은 경험과 전문적인 지식이 요구된다. WVD는 시간(block)에 대한 주파수(Hz) 변화를 하나의 스펙트럼으로 표현하므로 시간에 따른 기기의 상태 변화를 쉽게 관찰할 수 있다. 반면에 주파수 스펙트럼은 단위 주기 동안의 주파수 파형을 나타내므로 직관적인 이해가 곤란하다.

그림 7-33은 위그너빌-분포기법을 사용하여 정상 상태와 축정렬 불량상태를 분석한 결과를 3차원으로 표시한다. 베어링 외륜 고장의 예와 같이, 축정렬 불량의 경우에도 에너지 밀도차가 크게 나타난다. 이와 같이 시간-주파수축 분석기법은 주파수축 분석 기법보다 시간에 따라 변화하는 신호를 잘 관찰할 수 있도록 해 주므로 고장을 자동 진단하는 각종 알고리즘을 도입할 때에도 유용하다.

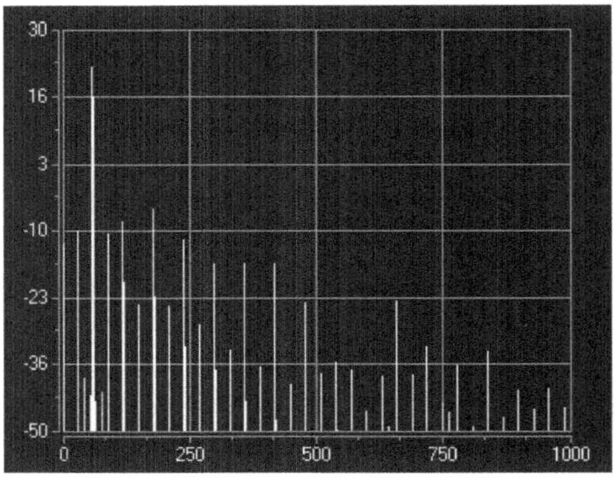

(a) 정상 상태 파형

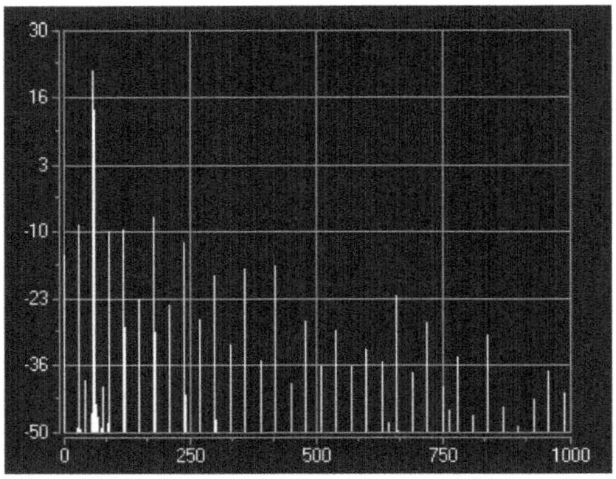

(b) 베어링 외륜 손상 파형

그림 7-32 정상상태시와 베어링 외륜 손상시의 주파수 스펙트럼 비교결과

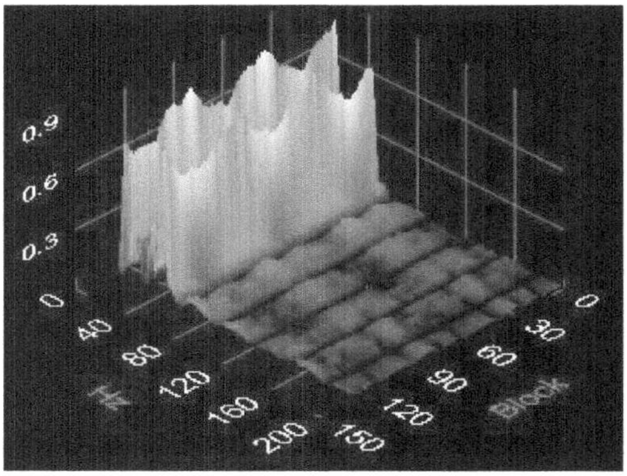

(a) 정상 상태 파형

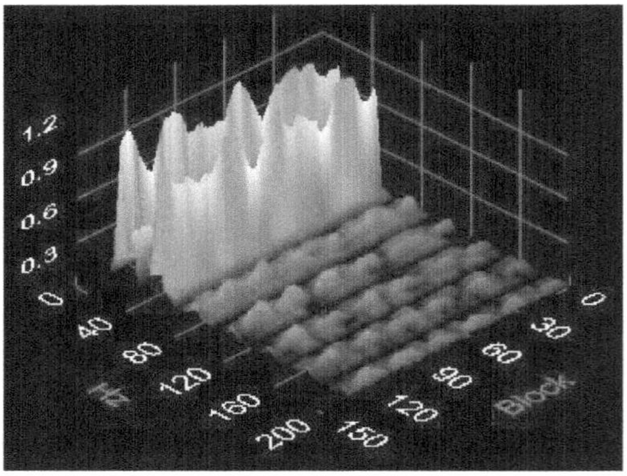

(b) 축편심 상태 파형

그림 7-33 WVD 기법을 이용한 전동기 전류 신호의 분석 결과

전동기 비정상 상태나 고장초기단계에서 스펙트럼분석만으로 이상원인을 정확히 진단하는 일은 오랜 경험과 고도의 전문가적인 지식을 요구한다. 또한 파악된 원인추정에 오류가 발생했을 때 다른 사고를 유발할 가능성도 있으며, 이에 따른 경제적 손실도 피할 수 없으므로 각종 진단 정보를 가지고도 플랜트 운영자가 쉽게 기기 상태에 대한 결론을 내리지 못하게 된다. 그러므로 이상진단 및 고장진단의 자동화를 통해 진단의 정확도를 제공할 수 있는 수단이 꼭 필요하다. 회전기기의 상태분석은 그 발생원인 분석이 매우 복잡하여 진단이 어렵기 때문에 이를 자동화하기란 쉽지 않다고 알려져 왔다. 그러나 산업체에서 이미 검증된 진단결과를 데이터베이스화하여 일정 수준 이상의 자동진단 시스템을 구현하는 것은 가능하다. 이러한 자동화를 통해 고도의 전문지식 없이도 쉽게 전동기 및 회전기기에 대한 상태 진단결과를 얻을 수 있다.

7.3.2 전동기 비정상 상태 자동진단 알고리즘

WVD의 분석정보는 회전기기 비정상 상태 발생 원인을 자동으로 진단하기 위한 시스템을 구축하는 데 직접 사용할 수 있다. 이미 많은 연구자들이 MCSA 기법과 전원신호 분석 기법을 이용한 전동기 비정상 상태 자동 진단을 위한 다양한 방법들을 소개하고 있다. 본 절에서 소개하는 자동진단 알고리즘 역시 다양한 연구 성과 중 하나로써 계산과정에 오랜 시간이 걸리는 복잡한 인공지능 기법이나 신경망 기법을 사용하지 않고 통계적인 방법만으로 현장 실무에 실시간으로 직접 적용할 수 있는 방법이다.

전동기의 비정상 상태 분석을 자동화하기 위한 그림 7-34의 알고리즘은 통계적 추출구간 설정 기법과 자동 추출 루틴으로 다음과 같이 구성되어 있다.

- 데이터 선별 루틴 : 데이터를 선별하여 초기 감시 데이터를 최소화하는 루틴
- 비정상 주파수 구간 선택 루틴 : 비정상 상태를 가장 잘 표시하는 주파수 구간 선택
- 자동 판별 루틴 : 예상 구간 자료와 실제 입력 데이터를 비교하여 고장 여부를 자동 판별

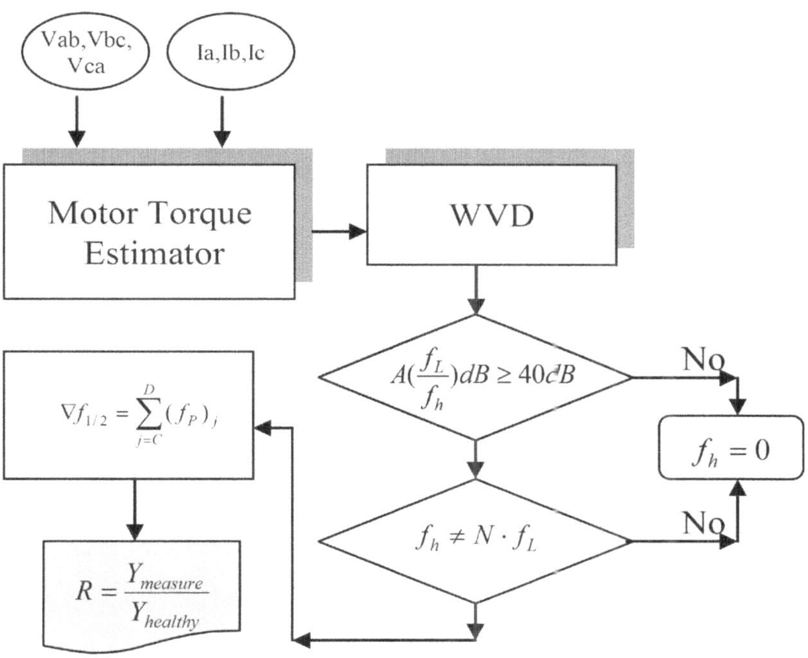

그림 7-34 전원 신호를 이용한 전동기 비정상 상태 자동 진단 알고리즘 개념도

(1) 데이터 선별 루틴

전술한 바와 같이 의사 위그너-빌 기법은 시간 경과에 따른 주파수축 스펙트럼을 3차원적으로 표시하는 기능을 가지고 있으며, 가중함수 기능을 추가시켜 시간에 따라 주파수가 급격히 변하는 것을 완만하게 함으로써 특이 주파수 추출 및 판별이 쉽도록 하는 장점이 있다. 따라서 본 특이 주파수 추출은 먼저 각 시간-주파수 축에서의 피크 값을 기준으로 i개의 피크를 선정한 다음 이를 합산하여 판별이 가능한 정보를 만드는 방법을 사용한다.

데이터 선별구간 선정 루틴은 위그너 빌 기법을 이용하여 시간축-주파수축으로 분석한 주파수축 데이터는 PSD(power spectral density) 모드로 입력된다. 측정된 데이터는 샘플링 시간에 비례하여 표본 수가 결정되므로 전체 데이터를 대상으로 분석하기에는 컴퓨터 처리 부담이 너무 커 빠른 시간 내 결과를 제공할 수가 없다. 따라서 데이터를 선별하여 초기 감시 데이터를 최소화하는 작업이 필요하다. 본 루틴은 시간 주기 별, 주파수 별 진폭 값을 입력 받아 평균분포를 계산한 후 일정 값 이하의 데이터를 제거하는 루틴으로서 잡음으로 인한 신호분석의 부정확성을 제거하기 위해 도입된다.

먼저 데이터 선별을 위한 문턱 값(PSD_{th})은 사전 설정된 가중치(M_{th})와 최빈값($P_b(ij)$)의 곱으로 결정한다. 식 (7-89)에서 i는 일정 주기 동안 FFT에 의해 얻어진 데이터의 집합이며, j는 주파수 해상도를 나타낸다.

$$PSD_{th} = \frac{N_{tj} \cdot P_{(b)ij}}{j} \tag{7-89}$$

(2) 비정상 주파수 구간 선택 루틴

데이터 선별구간에서 처리된 데이터를 최대값으로부터 순서대로 정렬하는 기능과 비정상상태에 대해 탐지가 가능한 첨두치 영역을 찾아내는 알고리즘으로 구성된다.

문턱값을 구하는 또 하나의 방법은 전원 주파수의 진폭과 데이터의 진폭 차이를 이용하는 방법이다. 즉, 전원 주파수를 0데시벨로 설정한 후 각 주파수 라인이 일정 값 이내의 데시벨 차이를 가진다면 이를 유효한 값으로 결정하는 것이다. 식 (7-90)은 80 dB의 문턱값을 가진 주파수를 선정하는 논리를 나타낸다. 전원 주파수는 특정한 기본 주파수 성분 외에 고조파 성분을 가지고 있으므로 기본 주파수 및 고조파 성분에 의한 영향을 배제해야 한다.

$$\text{If } PSD\left(\frac{f_L}{f_h}\right)dB \geq 80dB \text{ and } f_h \neq N \cdot f_L \text{ then } f_h = f_P, \text{ otherwise } f_h = 0 \tag{7-90}$$

여기서, N = 상수(1, 2, 3, …)이고 *PSD*는 출력 스펙트럼 밀도로 표기된 주파수의 진폭을 나타낸다.

첨두치 영역은 1주기 동안 입력되는 4096개의 데이터를 대상으로 기본 고조파 성분구간의 데이터를 제외한 상위 20개의 데이터를 대상으로 20주기 동안의 데이터가 90% 이내의 표준편차 신뢰도 구간에 있고 일정한 평균치 내에 있을 때의 데이터를 기록하며 그 결과는 식(7-91)과 같다.

$$PSD = \left[PSD_{1j},\ PSD_{2j},\ \cdots\ PSD_{ij} \right] \tag{7-91}$$

여기서, *i*는 피크의 차수이고, *j*는 주파수 해상도이다.

특이 신호구간 추출 방법은 Peak-picking 방법에 의해 식 (7-92)와 같이 피크의 최대값에 해당하는 주파수와 PSD 값이 절반으로 감쇄되는 점의 주파수 구간 (C-D)합을 구하였다. 그림 7-35에 특이 신호 구간 추출 개념도를 나타내었다.

$$\nabla PSD_{oj} = \sum_{j-C}^{E} (PSD)_{ij} \tag{7-92}$$

여기서 주파수 영역 C와 D는 식 (7-92)를 만족하는 구간 주파수이다.

각 시간축에서의 피크 구간을 모두 표시하면 식 (7-93)의 형태가 된다.

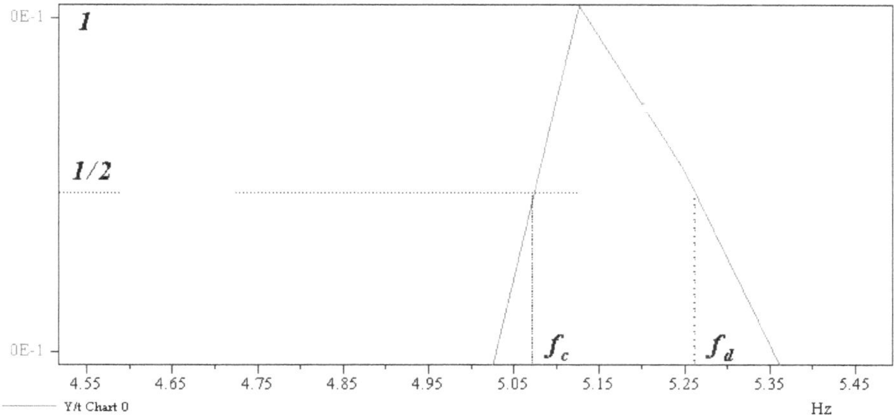

그림 7-35 Peak-picking 방법에 의한 특이 신호구간 추출 개념도

$$Y=\left|\begin{matrix}\nabla PSD_{(11)} & \nabla PSD_{(12)} & \nabla PSD_{(13)} & \cdots & \nabla PSD_{(1k)} \\ \nabla PSD_{(21)} & \nabla PSD_{(22)} & \nabla PSD_{(23)} & \cdots & \nabla PSD_{(2k)} \\ - & - & - & \cdots & - \\ \nabla PSD_{(i1)} & \nabla PSD_{(i2)} & \nabla PSD_{(i3)} & \cdots & \nabla PSD_{(ik)}\end{matrix}\right. \tag{7-93}$$

(3) 자동 판별 루틴

자동 판별구간 설정은 식 (7-90)에서 얻은 k개의 첨두치(면적과 주파수 대역 모두 만족하는 경우)가 데이터베이스로 구축되어 있는 대역과 문턱값에 포함되는지 여부를 식 (7-94)와 같이 판단함으로써 결정된다. 이는 전동기의 상태가 정상 상태일지라도 일정한 편심, 회전자 결함 징후가 초기 상태부터 발생할 수 있으므로 이를 보정하기 위한 것이다.

$$R_{PSD}=\frac{\sum_{i=1}^{N} PSD_{ij}}{\sum_{k=1}^{N} PSD_{kl}}=\frac{y_{ij}}{y_{kl}} \tag{7-94}$$

여기서, PSD_{kl}는 정상 상태의 PSD 첨두값이다.

이러한 자동 판별구간 값을 이용하여 전동기의 전반적인 상태를 판단하는 지시계를 식 (7-95)와 같이 구성할 수 있다. 즉, 정상 상태 시 취득하여 기억시킨 특이 주파수 합과 운전 중인 전동기의 특이 주파수 합을 이용하여 이 값이 1 이상이 되면 전동기가 비정상 상태로 진전되고 있음을 나타낸다. 이러한 트렌드를 이용하여 전동기의 최적 정비 시점을 결정할 수 있다.

$$H_{PSD}=\frac{\sum_{j=t_0}^{t_e}\sum_{i=1}^{N} PSD_{ij}}{\sum_{l=t_0}^{t_e}\sum_{k=1}^{N} PSD_{kl}}=\frac{y}{y_h} \tag{7-95}$$

여기서, H_{PSD}는 전동기 상태 비교 계수이고 y_h는 정상 상태 PSD 합을 나타낸다.

판별의 정확도를 높이기 위해 계수기에 의해 반복적인 신호만을 최종 선정, 판단에 참여하게 되며, 본 알고리즘은 n회의 반복적 탐지가 가능할 때 판정 결과를 출력하도록 한다.

7.4 회전 속도 예측

7.4.1 순시 신호의 주파수 스펙트럼을 이용한 회전수 예측

센서 사용을 최소화 하면서 유도전동기의 효율을 정밀하게 예측하기 위해서는 유도전동기의 운전속도를 정확하게 예측하는 것이 선행되어야 한다. 산업 현장에서는 시험 대상기기에 물리적으로 접근하거나, 근접하는 속도 센서를 이용하지 않고 속도를 예측하는 방법이 요구된다.

순시 신호의 주파수 파형을 관찰하면 전동기의 회전수 예측이 가능해진다. 그러나 많은 연구결과에서 보여지듯이 전동기의 속도를 전류 주파수 스펙트럼의 측대역(sideband) 성분만을 이용하여 예측하는 경우 오차가 발생할 수 있다. 3상 전류 신호를 각각 주파수 파형으로 변환한 후 측대역을 관찰하여 보면 각상이 나타내는 측대역의 성분이 정확하게 일치하지 않는 경우가 있다. 이와 같은 속도 예측 오차를 피하기 위해 여러 순시 신호를 이용한 다양한 속도 예측기법이 소개되었다. 사용되는 순시신호들은 전압, 전류의 물리량을 계산한 결과값들이다.

표 7-11은 현재 사용되고 있는 순시 신호들로써 이 신호들의 측대역 주파수 성분을 측정하여 속도를 예측한다.

표 7-11에서 저역통과 영역이 "적용"으로 표기된 것은 측대역을 2번에 걸쳐 관찰하는 방법을 사용하는 것을 말하며 먼저 저역통과 필터를 사용하기 전에 측더역을 관찰한 후, 저역 필터를 통과한 전압과 전류 순시치를 이용하여 물리적으로 계산된 각종 신호들에서 측대역을 예측한 결과를 취득한다. 그림 7-36은 속도 예측 절차를 도식적으로 나타낸다.

표 7-11 속도 예측에 사용가능한 순시 신호 종류 및 관찰 측파 대역

신호 종류	상부 측대역	하부 측더역	저역통과필터
상 전류	$f_l + f_r$	$f_l - f_r$	적용안함
전류 벡터	$2f_l - f_r$	f_r	적용
상 전력	$2f_l - f_r$	f_r	적용안함
전력 합	$2f_l - f_r$	f_r	적용안함
상 무효전력	$2f_l - f_r$	f_r	적용안함
무효전력 합	$2f_l - f_r$	f_r	적용안함
임피던스 절대값	$2f_l - f_r$	f_r	적용
임피던스 각	$2f_l - f_r$	f_r	적용
순시 토크	$2f_l - f_r$	f_r	적용

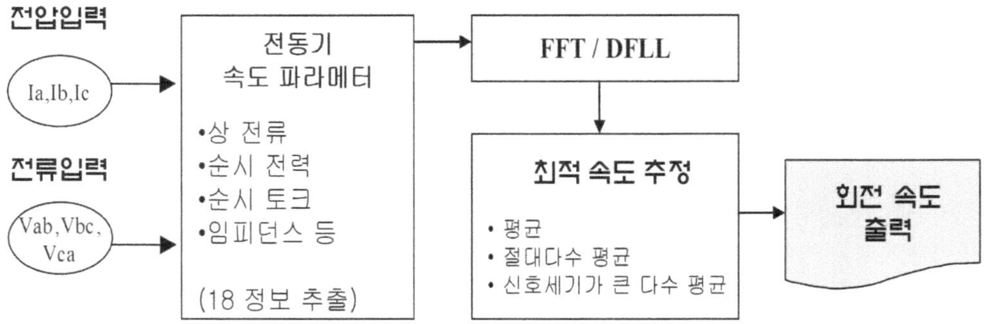

그림 7-36 속도 예측 절차 도식

7.4.2. 회전자 주파수 계산에 사용되는 순시 신호의 계산법

속도 예측에 사용되는 순시신호들은 전압, 전류를 이용하여 계산된 물리량이다. 이산적 계산을 위하여 샘플의 수와 샘플링율이 입력으로 사용된다. 표 7-18에 소개한 속도 예측에 사용가능한 순시 신호는 다음 식들을 이용하여 계산한다.

- **상 전류** : 각 상의 전류 순시치를 말하며 각각의 상전류는 속도 예측에 사용된다. 특별한 신호처리가 요구되지 않는다.
- **전류 벡터** : 전류 페이서라고도 하며 dq 좌표계로 변환된 전류로부터 계산된다. 이 경우 속도 예측을 위하여 단지 전류 페이서의 진폭만을 이용한다. 이 진폭은 순시적인 값으로서 식 (7-89)를 이용하여 계산한다.

$$I_{phasor}(t) = \sqrt{(i_d(t))^2 + (i_q(t))^2} \tag{7-96}$$

- **상 전력** : 순시 상 전력은 식 (7-97)에 의해 계산되는 각 상 전력과는 다른 정의를 가진다. 즉, 식 (7-98)과 같이 순시 전류와 순시 전압의 곱으로 나타낸다. 식 (7-97)은 식 (7-96)과 주기 T의 적용 여부에 차이가 있으며, 식 (7-96)의 파형은 주기 적용으로 인한 영향을 받는다.

$$P(t_0) = \frac{1}{T}\int_{t_0}^{t_0+T}(i_i(t)\cdot v(t))dt \tag{7-97}$$

$$p_i(t) = v_i(t)\cdot i_i(t) \tag{7-98}$$

일반적인 경우, 관찰대상 주파수들을 기술할 때 전원주파수 성분에 대한 적분 곱셈 형태나 적분 나눗셈 형태로 표현하는 것은 가능하지 않다. 즉, 예제 7-8의 예에 나타내듯이 주기 T를 적용하는 경우, 관찰대상 주파수와 겹쳐 예측이 곤란하게 되는 경우가 있다.

예제 7-8 전원 주파수에 의해 가려지는 회전 주파수의 예

4극 전동기가 동기 속도로 회전할 때 회전주파수는 30 Hz와 90 Hz 에서 관찰된다. 그러나 주기 T를 전원주파수 60 Hz의 2배(2_s/60)로 선정하게 되면 식 (7-89)에서 알 수 있듯이 파형 P(t)는 모든 시간에서 30 Hz와 90 Hz 성분에서는 관찰되지 않는다.

7.4.3. 전류 신호를 이용한 회전 속도 추정

전동기 고정자에 인가되는 전류 신호를 분석하여 속도를 예측하는 다양한 방법이 소개되고 있다. 고정자나 회전자 슬롯의 수와 측대역 주파수를 이용하여 속도를 예측하는 방법은 고정자/회전자 슬롯의 수를 설계자나 제조사에 문의하지 않고서는 현장에서 파악하기 어렵기 때문에 그리 실용적이지는 않다. 그러나 전류 파형으로 관측할 수 있는 회전자 편심 주파수를 이용한다든지 하는 또 다른 방법은 센서를 이용하지 않고 전동기의 속도를 파악하는 또 다른 유용한 방법이다.

모든 전동기는 제작상의 공차에 의한 편심을 갖고 있다. 완전한 구형을 만든다는 것은 인간의 힘으로 불가능하고, 아울러 경제적이지도 않기 때문이다. 이러한 근본적인 전동기의 편심으로 인해 회전자의 위치에 따라 공극 길이에 변화가 생기는 것은 이미 그림 7-16으로 설명한 바 있다.

이러한 회전자 위치에 따른 공극 변화는 회전자의 매 회전마다 자화 인덕턴스 변화에 의한 상전류를 변화시키므로 공극의 크기에 따라 진폭이 결정되는 변조파를 측대역 주파수 형태로 전류의 주파수 파형으로 나타내게 한다. 전동기 등가회로 상의 자화 인덕턴스 L_m의 크기는 공극의 길이에 비례한다.

그림 7-37의 등가회로에서 자화 인덕턴스는 회전자의 각도(ϕ)의 함수이다. 회전자 속도는 편심 주파수 피크를 감지하거나, 극 통과 주파수(PPF)를 감지하여 회전 속도를 매우 정확하게 추정할 수 있다. 극 통과 주파수는 슬립에 전동기의 극수를 곱한 것이다. 상기 두 방법을 이용한 회전자 속도 추정 절차는 다음과 같다.

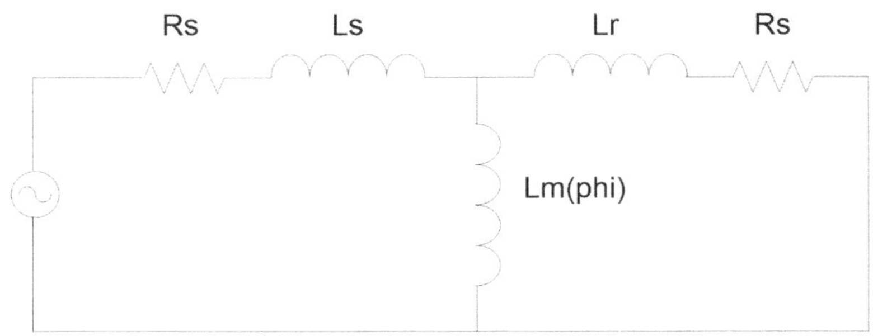

그림 7-37 전동기 등가회로

(1) 편심 주파수 피크를 이용한 속도 추정

1) 먼저 전동기 명판 데이터를 확인하여 전동기의 극수와 동기 회전주파수를 결정한다. 제작사로부터 전동기의 속도와 전류의 상관곡선을 취득할 수 있다면, 현재의 전류치를 이용하여 회전주파수 범위를 대략적으로 추정할 수 있다. 유도전동기의 회전 속도는 동기 속도보다 항상 낮다. 모든 전동기는 자기 극의 쌍(magnetic pole pairs)을 이루도록 권선이 감겨져 있다. 최소의 극수는 2이고 최대값은 무한대로 할 수 있으나 현실적으로는 72극 이상은 거의 사용되지 않는다. 일반적으로는 2, 4, 6, 8 및 10극 정도가 가장 많이 사용된다.

2) 전동기의 회전수를 추정하기 위해 슬립을 결정해야 한다. 슬립의 정의는 식 (7-99)와 같다.

$$s = \frac{n_{sync} - n_m}{n_{sync}} \times 100\,\% \tag{7-99}$$

3) 따라서 회전자 속도는 식 (7-100)과 같이 표현할 수 있다.

$$n_m = (1 - s)\phi n_{sync} \tag{7-100}$$

표 7-12 전동기 극수에 따른 동기 회전주파수 및 속도

극수 (P)	전동기 동기 회전 주파수 (Hz)	동기 회전 속도 (RPM)
2	60	3600
4	30	1800
6	20	1200

4) 식 (7-101)에 의해 회전수를 구한다. 회전수는 기본파 주파수에서 편심에 의한 측대역 주파수를 뺀 값을 분 단위로 나타내기 위해 60을 곱하여 결정한다.

$$rpm = 60\phi(f_n - f_{sb}) \tag{7-101}$$

(2) 극 통과 주파수를 이용한 회전 속도 추정

1) 전류 스펙트럼에서 극 통과 주파수를 선정하기 위해 전원 주파수에 가장 가깝게 위치한 측대역 주파수를 기록한다.

2) 측대역 주파수는 전원 주파수에 의해 변조된 것이므로, 식 (7-102)를 이용하여 원래의 극 통과 주파수를 계산한다.

$$PPF = f_e \pm f_{sb\_low} \tag{7-102}$$

여기서, PPF 는 극 통과 주파수 (pole passing frequency), f_{sb_low} 는 전원 주파수의 낮은 측대역 주파수이다.

3) 슬립 주파수와 회전자 주파수를 식 (7-103)과 (7-104)를 이용하여 각각 계산한다.

$$f_{slip} = \frac{PPF}{P} \tag{7-103}$$

$$f_{rm} = f_{sync} - f_{slip} \tag{7-104}$$

여기서, f_{slip}은 슬립 주파수, f_{sync}는 동기 주파수이다.

4) 전류 스펙트럼을 RMS 복조 처리한 파형에서 계산된 회전 주파수가 존재하는지 확인한다. 만일 복조 파형에서 회전 주파수 파형을 확인하였을 경우, 슬립주파수와 회전 주파수를 결정하고 회전 속도 추정절차를 완료한다. 그러나 확인되지 않았을 경우, 두 번째 측대역을 다시 측정하여 2)번 절차부터 다시 시작한다.

예제 7-9 동기 주파수와 전원 주파수가 같을 경우의 주파수 감시 방법

전원 주파수 : 60 Hz, 0 dB
측대역 성분 : 59.2 Hz, - 60 dB (축편심 등에 의한 특성 주파수 측대역 성분)
회전자 주파수 : 59.2 Hz, - 65 dB

- 결론 : 판별 불가
- 대책 : 120 Hz 대역 관찰

측정자는 상기 두 절차를 모두 사용하거나 상호 검증을 위해 사용할 수 있다. 2극 전동기의 경우는 PPF 주파수를 이용한 상기의 절차를 따르는 것이 다소 어려워질 수 있다. 왜냐하면 동기 주파수가 전원 주파수와 같으므로 측대역 주파수는 0 Hz와 120 Hz에 근접하기 때문이다. 2극 전동기는 전원 주파수보다는 120 Hz 대역에서 관찰하는 방법을 사용하여야 한다.

(3) 회전 속도 추정 정확도 향상을 위한 기법

상 전류를 이용한 속도 추정 방법은 편심 주파수 또는 극 통과 주파수가 전원 주파수에 변조되어 측대역 파형이 나타나므로 원 파형에서 전원 주파수 성분을 빼야 하는 단점이 있는 반면, 원래 특성이 그대로 보전되므로 복조 후 전류 신호보다 주파수 해상도가 높은 장점이 있다.

전류를 제외한 각 순시 신호들은 상부 측대역은 존재하나 하부 측대역에는 원래의 속도 주파수가 위치하므로 관찰이 용이한 장점이 있다.

따라서 회전 속도 추정의 정확성 향상을 위하여 전류를 포함한 모든 측정 가능 신호의 낮은 측대역을 대상으로 추정을 실시한다. 전류 신호 역시 낮은 측대역을 이용하는 이유는 신호의 진폭이 높은 측대역보다 크기 때문이다.

그러나 이 방법은 많은 주파수 성분들을 이용하므로 회전 속도 추출을 어렵게 만들 수 있다. 표 7-11에 명기된 속도 추출 방법은 18개의 서로 다른 정보를 제공한다. 하지만 하나의 방법으로 추출한 속도 정보가 나머지 17개 정보와 일치하는 경우는 거의 없다. 따라서 가장 개연성이 높은 속도를 측정하는 다음의 세 가지 방법이 사용된다.

1) 평균법

모든 예측 속도 성분의 평균값을 얻는 방법으로써 전원 신호에서 추출한 속도값이 다른 값들과 일치하지 않기 때문에 편차로 작용하게 되므로 결과에 대한 신뢰성이 높지 않다.

2) 절대 다수 평균

이 방법 역시 모든 예측 속도 성분을 대상으로 하는 점은 평균법과 같으나 평균값에 근접하는 절대 다수만을 대상으로 평균을 취하는 방법에 차이가 있다. 평균값에서 2 rpm 이내의 값만을 대상으로 평균값을 구한다. 이 방법은 신뢰도가 높고 정확한 속도를 제공하며 데이터 수집 장치의 해상도에 의해 정확도가 영향을 받는다. 이 방법의 신뢰도는 95% 이상이며 데이터 수집 주기를 늘릴 경우, 더욱 신뢰도가 높아진다.

3) 신호 세기가 큰 다수 평균

운영자에 의해 속도 예측을 할 경우 잘못된 결과를 얻을 수 있는 가능성이 매우 작은데 이는 운영자는 상대적인 신호세기를 평가하여 의심 나는 신호는 속도 예측에 포함시키지 않기 때문인 것으로 밝혀졌다. 이와 같은 수동에 의한 진단 사례를 이용하여 이 방법은 표 7-11에 제시된 18개 신호 채널 중 미약한 신호 6채널을 제외하고 속도 평균을 취하도록 한다.

만일 신호 취득 주기를 극도를 짧게 하지만 않는다면 이 방법은 매우 신뢰할 만한 속도 예측 결과를 제공하는 것으로 확인되었다. 현재 사용되는 FFT 방법을 이용한 주파수 변환의 경우 15초의 데이터 수집 주기가 필요하고 DFLL의 경우 6초가 요구된다.

(4) 운전 속도를 추출하기 위한 신호처리 기법

고속 푸리에 변환(FFT)은 시간 영역 데이터로부터 주파수 스펙트럼을 추출하는 일반적인 기법이다. FFT 변환은 파형 정보를 구하기 위한 복잡한 수학적 처리 단계가 필요 없는 비교적 간단한 방법이라는 데 그 장점이 있다. 주파수 스펙트럼을 계산하는 또 다른 방법은 디지털 주파수 폐루프법(DFLL)을 사용하는 것이다. DFLL은 FFT와 비교할 때 100배의 주파수 해상도를 갖고 있는 것으로 평가된다.

제5장에 FFT 기법과 DFLL 기법에 대한 이론적 사항과 컴퓨터 계산을 위한 이산적 방법을 상세히 기술하였다.

예제 7-10에 전동기 속도 추정 시 FFT 기법과 DFLL 기법간의 정확도를 비교하였다. 5장에서 상세히 설명한 바와 같이 DFLL 기법은 계산에 소요되는 데이터 샘플 수는 FFT보다 작게 요구되어 속도 변화가 심한 전동기의 속도 변화를 추정할 수 있는 장점이 있으나 데이터 처리 시간이 FFT보다 많이 걸린다는 단점이 있으므로 이 두 기법을 상호 보완적으로 사용하는 것이 필요하다.

예제 7-10 전동기 속도 추정 정확도

일반적으로 전동기의 속도 추정 정확도는 ± 0.5 RPM 이내가 될 것을 요구하고 있으며 이를 주파수 해상도로 역산하면

$\Delta f = \dfrac{\frac{\pm 0.5}{\min} f_{\max}}{\frac{60s}{\min}} = 0.0083\,\mathrm{Hz}$이다. $\dfrac{f_{\max}}{N} = \dfrac{1}{T}$의 관계에서 T는 샘플링 시간이므로 FFT 기반의 속도 추정을 위의 정확도로 하기 위해서는 $\dfrac{1}{0.0083\,\mathrm{Hz}} = 120s$의 데이터 수집주기가 필요하다. 즉, 정수 단위로 RPM을 추정하기 위해서는 2분 정도의 데이터 수집주기가 요구된다는 것이다. DFLL 기법은 10초 정도의 데이터를 가지고 속도를 정확히 추정할 수 있어 매우 빠르게 처리할 수 있는 장점이 있다.

7.4.4 주파수축 진단 기준

(1) 회전자 봉 결함 진단 기준

표 7-13은 유도 전동기의 결함에 대한 오랜 현장 경험을 바탕으로 Berry와 James에 의해 제안된 회전자 봉의 결함에 대한 심각도 레벨(severity level)을 나타낸다. 기본파 성분의 진폭과 좌측 측대역 성분의 진폭 차를 이용하여 회전자 봉의 결함 심각도를 유추하고, 이를 바탕으로 결함 상태 및 권장 조치에 대한 개략적인 지침을 얻을 수 있을 것이다.

표 7-13 회전자 봉의 손상 심각도 레벨(Berry & James, 1999)

등급	진폭 차	저항 증가율	상태 평가	권장 조치
1	> 60 dB	< 0.6%	우수(Excellent)	없음
2	54 ~ 60 dB	1.2 ~ 0.6%	양호(Good)	없음
3	48 ~54 dB	2.4 ~ 1.2%	적절(Moderate)	경향 데이터
4	42 ~ 48 dB	4.8 ~ 2.4%	회전자 봉 결함 발생	경향 관리 주파수 증가
5	36 ~ 42 dB	9.6 ~ 4.8%	1개 또는 2개 봉 파손	Source 확인을 위한 진동 시험 수행
6	30 ~ 36 dB	19.2 ~ 9.6%	다수의 봉 파손	가능한 빨리 보수
7	< 30dB	> 19.2%	심각한 회전자 봉 문제 가능한 빨리 보수 요망	가능한 빨리 보수 또는 교체

(2) 기타 관찰 대상 신호의 판별 기준

진단자는 각 결함 내용별 진폭의 피크치와 특성 주파수 대역을 설정해야 하며 경험적인 초기 판별식을 정리하면 식 (7-105)와 같다. 즉, 전원 주파수의 진폭과 특성 주파수의 진폭차가 60 dB 이내가 되면서 신호의 세기가 배경 신호보다 20 dB 이상 크다면 관찰 대상 신호로 판정한다.

$$If\, dB(f_p) > dB(f_b) + 20dB\; and\; then\; \frac{dB(f_p)}{dB(f_e)} < 60dB\; then\; status = Caution \qquad (7\text{-}105)$$

관찰 대상 신호의 판별 후 결함의 판정 여부는 심각도에 대한 기준이 전동기 또는 구동 기기마다 다를 수 있으므로 현장 경험자와의 협의를 통해 수립하는 것이 바람직 할 것으로 판단된다.

상기 표 7-13을 기준으로 현장 여건에 맞게 주의값이나 경도값을 설정하는 것도 하나의 대안이 될 수 있을 것이다.

7.5 전원 신호 분석 사례

7.5.1. 500HP 분쇄기의 토크 분석

(1) 명판 데이터와 설정

이 예는 국내 전력설비에서 점검된 사례로 전동기의 용량은 500 마력이다. 아래 그림과 같이 전동기의 명판에 표기된 전류와 속도는 54 A, 882 rpm이다. 명판에 표기된 속도는 다른 일반적인 8극 전동기에 비해 속도가 낮았다. 이는 오래 전에 전동기가 설계되었거나 명판에 적힌 속도가 정확하지 않은 것으로 추정되었다.

이러한 정격의 8극 전동기는 통상적으로 885 rpm이나 890 rpm 속도가 일반적이며 슬립은 회전자의 동손과 비례하므로 슬립이 큰 이 전동기는 근래에 설계된 전동기보다 효율이 떨어지거나, 또는 명판 정보에 오류가 있는 것으로 판단된다.

N_p Speed	882	Volts	6600
HP	500.00	Amps	54.00

(2) 전동기 시험 결과

시험은 전동기의 공급 전압과 전류가 높은 관계로 PT와 CT 2차 측에 전압 클램프와 전류 클램프-온 센서를 설치하여 MCC에서 수행하였다.

측정 항목	측정 값	판정 결과
Voltage Level	106.80%	전압 편차
Voltage Balance	0.74%	-
Voltage Distortion	1.0 % THD	-
Current Level	80.70%	-
Power Factor	0.77	낮은 역률
Input Power	406.4 kW / 544 hp	-
Speed	886.2 rpm	명판 속도보다 높음
% Load	100.30%	속도 대비 매우 높음
% Efficiency	92.00%	-

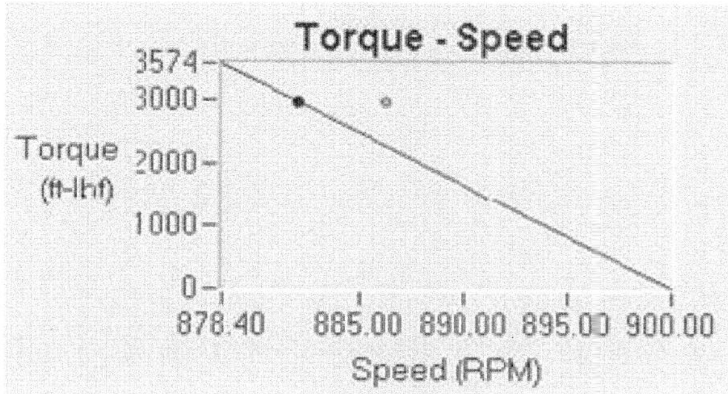

그림 7-38 슬립선에 따른 운전점

측정된 전동기는 그림 7-38과 같이 명판의 슬립선보다 슬립이 매우 작게 나타나고 있다. 슬립선은 오른쪽 아래에 있는 동기 속도 900 RPM, 토크 0 N·m에서부터 실선 상의 점으로 표기된 정격 속도까지 그어져 있다. 실제 전동기의 동작점이 실선의 오른쪽에 놓여 있다. 이것은 전동기가 명판에 적혀 있는 속도보다 고속으로 운전되고 있다는 것을 나타낸다. 그러나, 부하율은 100.3%로서, 이 수치는 예상보다 매우 높다. 명판에 표기된 슬립에 따라 부하율을 예측해보면, 그 결과는 76.7% 가 된다. 계산 부하율은 실제 동작 슬립을 정격 슬립으로 나눈 값이다.

이 사례에서 입력 전력은 전동기의 전부하시보다 8.8%가 높다는 것을 알 수 있다. 이와 같은 정보를 이용할 경우, 다음과 같은 두 가정 중 하나를 올바로 선택해야 한다.

- 97%의 높은 효율에서 5% 과부하 상태로 운전되는 경우.
- 91.2%의 낮은 효율에서 100% 부하율로 운전되고 있는 경우.

바른 선택을 위해, 전동기 축의 토크와 운전 속도를 곱해서 전동기의 출력을 계산해 보면 원하는 결과를 구할 수 있다. 운전 토크를 구하는 법은 7.1절에 기술하였으며 Park's 벡터 정리에 의해 작성된 공식을 이용하여 산출한다. 회전자 속도는 전류 스펙트럼 분석에 의해 계산된다. 따라서 전동기의 기계적인 출력을 입력 전력으로 나눌 경우 운전 효율이 구해진다.

전동기를 100% 부하율로 운전시키기 위해서는 전원 품질이 아주 좋아야 하나, 이 사례에서는 전압 불균형이 낮고 전압 왜형율이 낮으므로 97%의 높은 효율에서 5% 과부하 상태로 운전되는 경우로 추정할 수 있다.

7.5.2 화력 발전소의 순환수 펌프 진단

(1) 설계 기준

다음은 미국의 화력발전소의 순환수 펌프 기능 명세서에 명기된 내용이다. 이 명세는 EPRI의 기준에 따른 것이다.

Critical	기능적 중요도가 높고 상실시 심각한 위해도를 줄 수 있음. 전력을 생산하기 위한 안전 필수 또는 규제 적용 대상임.
High Duty Cycle	연속 운전 조건에서 작동됨.
Severe Condition	극히 높은 습도, 가혹한 온도 조건 또는 온도 변화가 심할 뿐만 아니라 염분, 부식, 높은 방사선, 분무, 증기 및 높은 진동 조건에서 운전됨. 3600 RPM 이상의 고속 회전기임

(2) 분석 결과

순환수 펌프는 발전소 복수기에 냉각수를 공급하며 전체 출력 732 MW인 수중 펌프 3대로 구성되고 있다. 3대의 펌프는 토출관에서 공통 모관으로 연결되어 단일 유량계에 의해 관리되고 있다. 펌프의 전류와 속도를 측정한 결과, 2대의 전동기는 비교적 낮은 속도로 그리고 고정자 전류는 높게 운전되고 있는 반면, 3번 전동기는 높은 속도와 낮은 고정자 전류 조건에서 운전되고 있었다. 바닷물 속에 설치된 수중 펌프이므로, 진동을 측정하기가 곤란하였다.

그러나 속도와 전류값이 인접 펌프의 측정치와 상이하다고 해서 펌프 운전을 중단하고 점검해야 할 기준이 없었고 아울러 계속 운전이 계통에 미치는 영향과 심각성을 인지하지 못했으므로 펌프는 계속 운전되고 있었다.

하지만 전원 신호분석 기법을 이용하여 펌프 전동기의 순시 토크 파형을 취득함으로써 상황을 정확히 파악할 수 있게 되었다. 3번 펌프의 전동기는 낮은 입력과 역률 조건에서 운전되고 있었고 속도는 빠른 반면 고정자 전류는 작게 측정되고 있었다.

그림 7-39는 양호한 2대의 전동기에 대한 순간 토크 신호와, 3번 전동기의 토크 신호를 비교한 결과이다. 그림의 (a)와 같이 정상 펌프는 3번 펌프 보다 높은 평균 토크로 운전되고 있으며, 정격 토크 이하에서 양호한 상태로 운전되고 있다. 또한 토크 리플이 작고 일정한 상태를 유지하고 있다. 그림 (b)는 의문시되는 펌프의 토크 파형을 나타낸 것이다. 정상 상태 토크가 양호한 것으로 판단되는 펌프 전동기의 75% 수준에 머물고 있고 토크 리플 폭이 매우 크며 일정하지 않다. 이 두 가지 특이점으로 해석한 결과, 이 펌프에 심각한 문제점이 발생하였다고 확실하게 지적할 수 있었다.

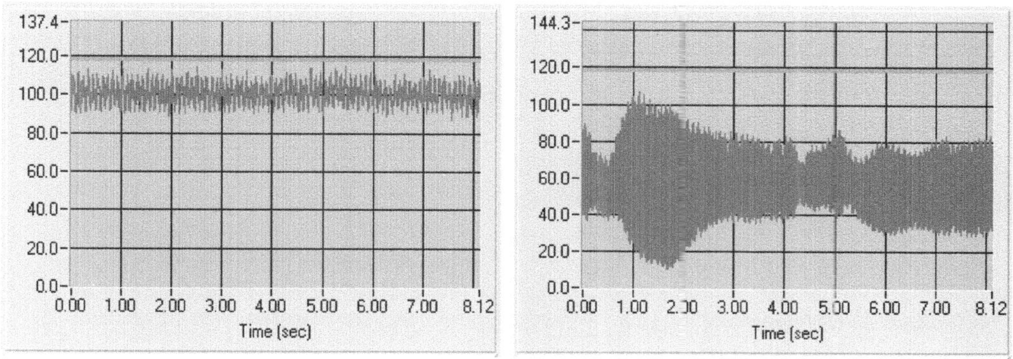

(a) 정상상태　　　　(b) 진단대상

그림 7-39 정상 상태 펌프 전동기와 진단 대상 펌프 전동기의 순간 토크 파형

잠수부를 동원하여 펌프를 검사한 결과 펌프에서 엔드벨(end bell)이 떨어져 나간 것을 확인할 수 있었다. 그림 7-40은 펌프와 엔드벨을 보이고 있다. 엔드벨의 기능은 funnel과 유사하게 동작하여 펌프의 유량을 일정하게 유지토록 하는 데 있다. 따라서 엔드벨이 없으면 임펠러가 서서히 회전할 때에만 유량을 일정 양정으로 토출하지만 유량이 커지던 해수를 배관으로 밀어내지 못하고 해수는 펌프 내에서 순환하게 된다.

일정 양정으로 해수를 토출하는 데 요구되는 토크와 펌프 내에서 순환만 되는 데 요구되는 토크는 큰 차이가 있으므로, 3번 펌프의 토크가 낮게 유지되는 것에 대한 설명이 될 수 있었다. 임펠러 깃이 헛돌게 되면 펌프는 진동하게 되고 공동화 현상(cavitation)이 발생하게 된다. 이것이 바로 전원 신호 분석시 발견된 토크 리플의 원인으로 최종 결론이 내려졌다.

그림 7-40 엔드벨이 분리된 해수 순환 펌프

근본적인 원인이 파악되었으므로 펌프는 즉시 인양되어 보수를 실시하였다. 보수 후, 펌프를 재 설치하고 가동한 결과 토크 레벨이 높은 수준으로 정상적으로 되돌려짐을 확인할 수 있었다. 3번 전동기의 토크 리플과 다른 두 펌프의 토크 리플이 먼저보다 현저하게 감소되었다. 케비테이션으로 인해 발생된 압력 변화가 배관을 통해 다른 두 펌프에게도 약간 영향을 미치게 되어 양호한 두 펌프의 토크 리플을 증가시키게 된다는 것을 알 수 있다.

7.5.3 베어링 외륜 손상 상태 진단

(1) 손상 베어링 사양

제작사	번호	BPFI	BPFO	BSF	회전자 주파수
SKF	6207	353.9016	242.4959	154.11	29.65

(2) 전동기 토크의 주파수 스펙트럼을 이용한 베어링 손상 진단

그림 7-41의 파형은 운전중인 전동기의 토크 스펙트럼을 나타낸 것으로 SKF 사의 6207 베어링을 대상으로 외륜 (BPFO), 내륜 (BPFI), 볼 표면 (BSF)의 손상 여부를 진단한 것이다. 베어링 상태 진단을 위해 먼저 순시 토크를 계산한 결과를 이용하여 이를 주파수 스펙트럼으로 변환한다. 먼저 회전 주파수를 베어링의 구성품별 주파수에 곱하여 기본파 베어링 주파수를 계산하였다. 상기 표에 베어링의 기본파 주파수를 수록하였다.

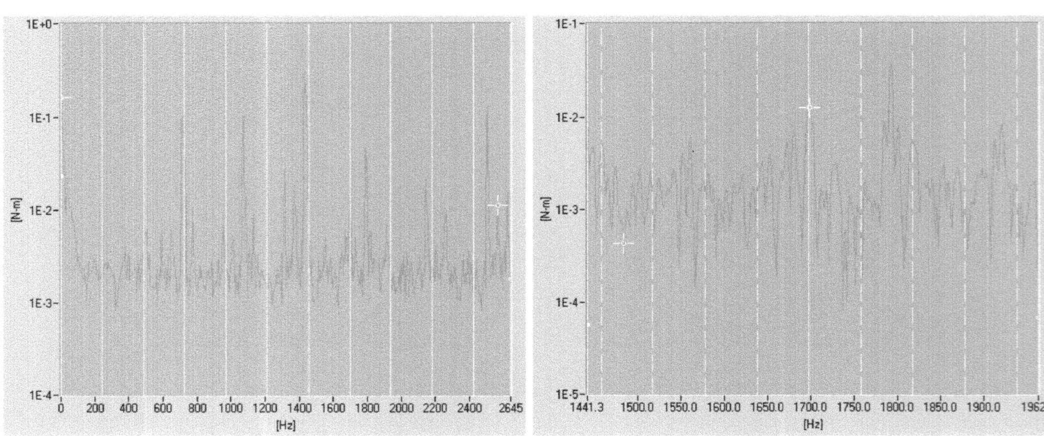

그림 7-41 베어링 손상 징후가 있는 전동기 토크의 주파수 스펙트럼

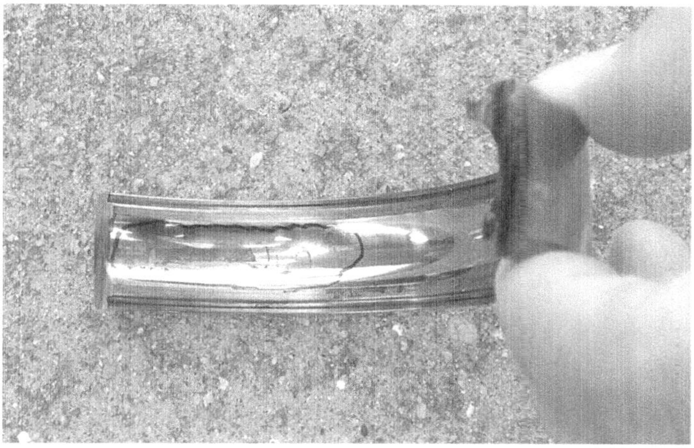

그림 7-42 외륜에 손상이 발생한 베어링의 분해 모습

이 기본파 주파수와 고차 주파수를 토크 스펙트럼에 표시하여 베어링 외륜을 점검한 결과는 그림 7-40에 수직 실선으로 나타내었다.

판정은 BPFO 주파수 선과 토크 선이 일치하면 1차적으로 베어링 외륜이 손상되었다고 가정하였다. 그러나 이 징후만으로 베어링이 손상되었다고 단정하면 판단에 오류가 있을 수 있으므로 전류 스펙트럼에서 측대역 주파수를 추가로 확인하였다. 기준선이 토크 스펙트럼과 일치하고 역시 측대역 주파수와도 일치한다면 베어링이 손상되었다고 판단할 수 있다. 그림 (a)에서 BPFO 실선 중 7번째의 실선이 토크 피크와 일치하고 있으며, (b)의 전류 파형에서도 동일한 측대역에서 BPFO가 발생한 것을 검증하였다.

그림 7-42는 베어링을 분해하여 점검한 것이다. 외륜에 매우 깊은 홈이 생긴 것을 알 수 있다. 이 정도의 외륜 손상이 발생할 경우, 전동기의 소음을 통해 청각으로 먼저 인지할 수 있다.

7.5.4 벨트 풀리가 파손되어 토크 리플이 발생한 배기용 휀의 결함

진단 대상 벨트 구동장치는 홈이 있는 V형 고무 벨트와 Groove 가 있는 풀리로 이루어져 있는 전형적인 동력 전달 장치의 형상을 하고 있다. 이 진단 사례는 풀리 Groove가 파손되어 토크 리플이 발생한 배기용 휀의 결함을 탐지한 경우를 보여준다. 진단 대상 전동기의 명세는 다음과 같다.

(1) 진단 대상 전동기의 사양

정격 전압	380 V	정격 전압	11.9 A
정격 출력	6.5 kW	정격 속도	1760 RPM

(2) 진단 결과

3상 전류 파형을 관찰한 결과 그림 7-43 (a)와 같이 전류 파형의 왜율이 심하게 나타났으며 그림 (b)의 스펙트럼 분석 결과 역시 측대역 주파수 이외에서 현저한 피크가 발생한 것을 확인하였다.

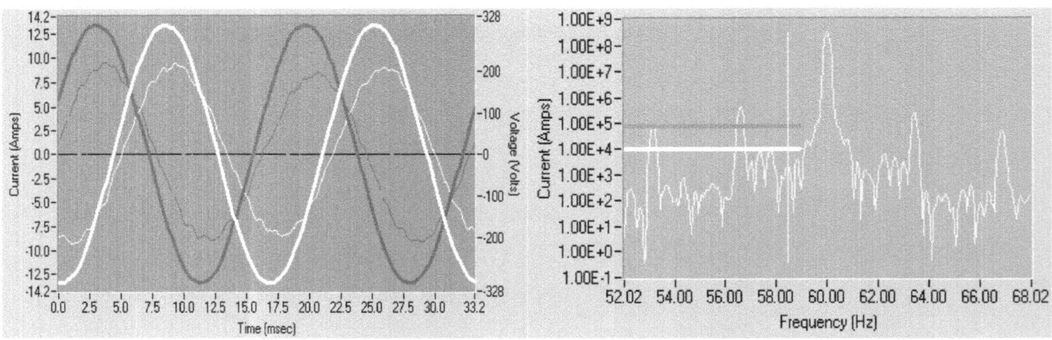

(a) 순시 파형 (b) 주파수 스펙트럼

그림 7-43 3상 전류 파형을 관찰한 결과(a) 및 전류 스펙트럼 분석 결과 (b)

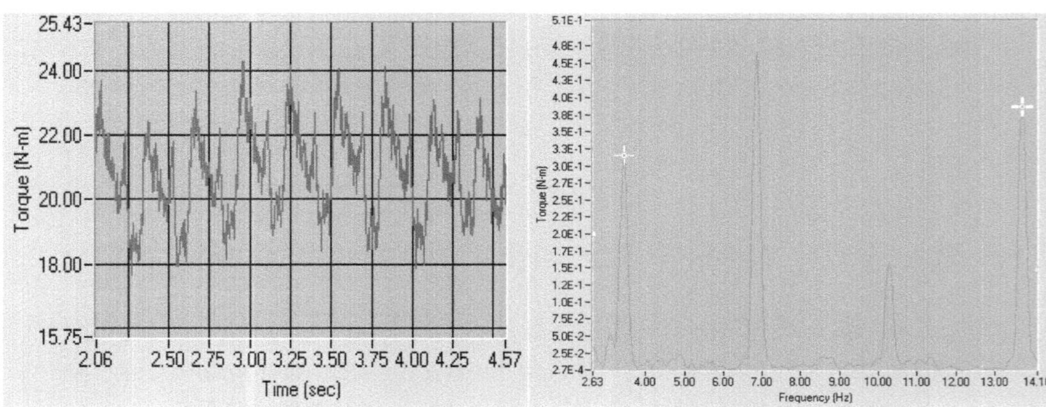

(a) 토크 파형 (b) 주파수 스펙트럼

그림 7-44 벨트 결함 전동기의 토크 파형 및 토크의 주파수 스펙트럼

전류 스펙트럼 피크를 분석한 결과, 회전자 봉 파손과는 관련이 없는 것으로 확인되었으므로 토크 파형에 대한 추가적인 분석을 실시하였다. 그림 7-44(a)와 같이 토크가 0.29초의 주기로 큰 리플 상태를 보이고 있으며 주파수 분석 결과도 3.4 Hz의 주기로 토크가 진동하고 있음을 확인할 수 있었다. 즉, 풀리 그루브의 결함으로 인해 풀리에서 벨트로 전달되는 동력이 원활하지 않아 발생한 것으로 풀리 교체 후 추가적인 결함 징후는 없었다.

7.5.5 회전자 봉 결함 진단

이 진단 사례는 LNG 플랜트의 2차 펌프 전동기에서 회전하고 있는 회전자의 봉에 균열과 부러진 상태가 발생한 것을 전류 스펙트럼으로 진단한 결과를 보여주고 있다.

(1) 전동기 명세

정격 전압	6600 V	정격 전류	84.5 A
정격 출력	745 kW	정격 속도	3568 RPM

(2) 진단 결과

전동기의 전류 스펙트럼을 분석한 결과, 그림 7-45(a)와 같이 2배의 슬립 주파수 성분이 전원 주파수 양측에 큰 진폭으로 위치하고 있는 것을 확인하고 전동기 분해 점검을 실시하였다. 그림 7-45(b)와 같이 봉 파손이 심각함을 확인하고 새로운 회전자로 고체하여 수리를 완료하였다.

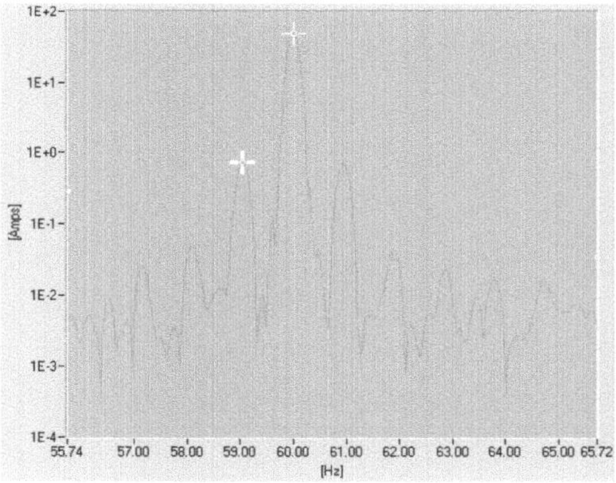

(a) 측대역 주파수 스펙트럼

(b) 봉 파손

그림 7-45 회전자 봉 손상 전동기의 전류 측대역 스펙트럼 및 봉 파손 모습

7.5.6 심각한 턴간 결함이 발생한 전동기의 진단

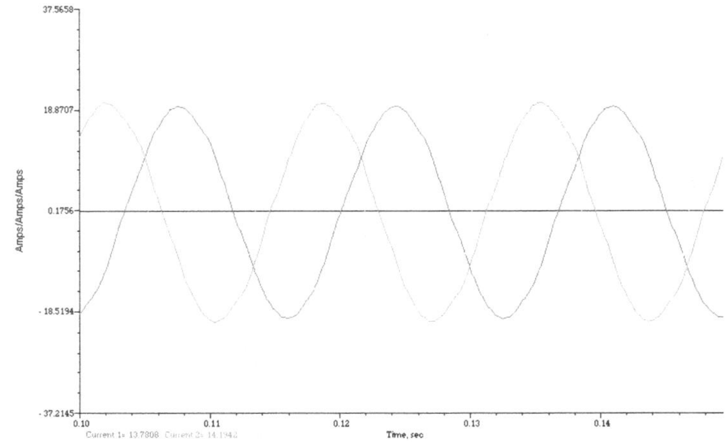

그림 7-46 심각한 턴간 결함이 발생한 15 마력 전동기의 3 상 전류 파형

그림 7-46은 15마력 전동기의 3상 전류 파형을 보여준다. 본 파형에서 I_c 상의 불평형률은 38%로써 연속 구동 전동기의 허용 불평형률을 크게 초과하고 있다. 전동기의 분해 점검 결과, I_c 상의 턴간 단락이 거의 절반에 이르는 것으로 확인되었다.

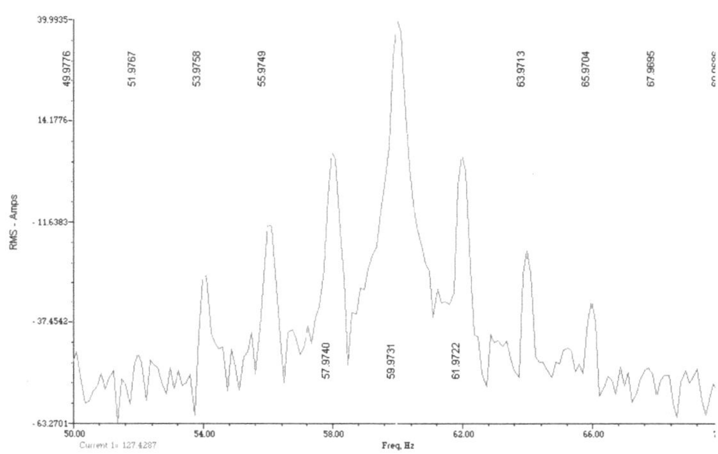

그림 7-47 300 마력 전동기 전류 파형의 주파수축 분석 결과
(전원 주파수의 측대역에 극통과 주파수 성분이 위치)

그림 7-47의 스펙트럼은 회전자 봉 파손시의 전류 파형을 주파수축으로 변환하여 분석한 것이다. 전원 주파수 근처에 커다란 극통과 주파수의 측대역 성분이 자리하고 있음을 알 수 있다. 연속된 측대역 성분을 조사한 결과는 다음과 같다.

최대 피크는 제 1 측대역 주파수에 위치하며 59.974 Hz이다. 따라서 이 측대역 주파수를 전원 주파수에서 뺀 극통과 주파수는 1.999 Hz이다.

	제2 측대역 Low	제1 측대역 Low	전원주파수	제1 측대역 High	제2 측대역 High
측정주파수	56.9748	57.974	59.9731	61.972	63.9713
극통과 주파수	1.9992	1.9991		1.9989	1.9993

7.5.7 전원 공급기 직결 DC 전동기의 결함 진단

가변 주파수 드라이브와 같은 별도의 전원 공급기로부터 전원을 공급받는 DC 전동기의 경우, 전기자(armature) 전류 감시를 통해 문제를 파악한다. 그림 7-48은 DC 전동기의 전류 스펙트럼을 보여준다. 360 Hz 에서 보여진 가장 높은 피크는 DC 구동기의 전파 정류 파형을 나타내고, 120 및 240 Hz의 높은 피크는 DC 구동기의 제어 회로에 문제가 있음을 나타낸다.

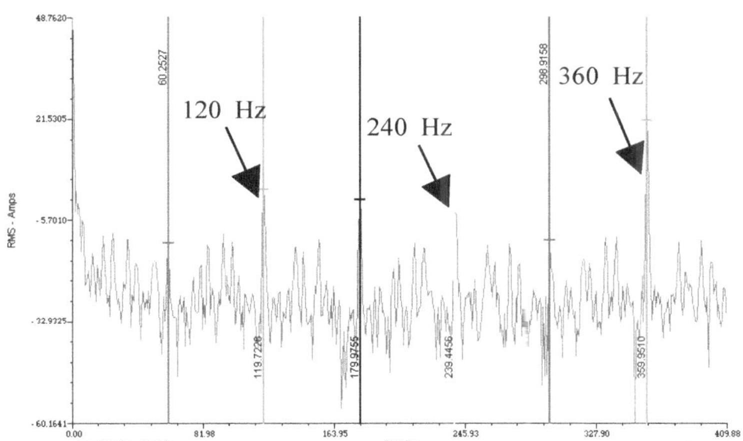

그림 7-48 DC 전동기의 구동기 결함 특성을 나타내는 전류 스펙트럼

7.5.8 정적 편심 전동기의 진단

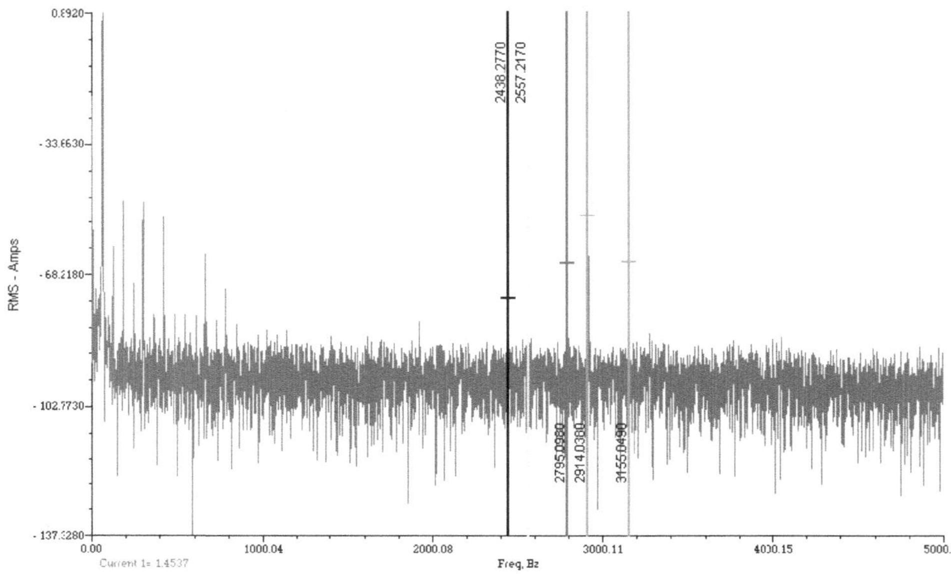

그림 7-49 1750 HP 전동기의 회전자 봉 통과 패턴(정적 편심시)

그림 7-49는 유연한 바닥에 설치된 1750 HP 전동기의 전류 스펙트럼을 보여준다. 유연한 바닥에 전동기를 설치하면, 정적 편심이나 공극 변동이 발생한다. 정적 편심은 회전자 봉 통과 주파수 피크로써 확인될 수 있으며 그림에서 실선으로 표시된 주파수이다. 이러한 상태 분석은 일회의 시험을 통해서도 확인할 수 있으며, 결함 상태의 전동기를 계속해서 운전하게 되면, 정적 편심에 의한 피크 진폭은 점점 커지게 된다.

7.5.9 시뮬레이터를 이용한 시간-주파수 분석

(1) 시험용 시뮬레이터 구조

다음의 사례는 20마력 전동기를 대상으로 시간-주파수 분석을 실시한 결과이다. 시험에 사용된 시뮬레이터는 자중 게이지(dead weight guage)와 유압 실린더, 마찰 브레이크에 의해 토크를 생성시키는 구조를 가지고 있다. 자중 게이지는 유압 실린더에 공급되는 유압을 중량에 의해 매우 정밀하게 조정할 수 있다. 유압 실린더에는 마찰 브레이크가 부착되어 있으며 전동기의 축에 직

그림 7-50 전동기 시뮬레이터

결된 플라이 휠에 토크를 인가한다. 그림 7-50에 전동기 시뮬러이터의 사진을 수록하였다. 시간-주파수 분석은 다음 결함 종류를 대상으로 실시한 결과이다.

- 정상 상태
- 정적 편심 상태
- 베어링 외륜 불량 상태

(2) 전동기 명세

정격 전압	220 V	정격 전류	39.1 A
정격 출력	15 kW	정격 속도	1760 RPM

전동기의 정상 상태 스펙트럼은 그림 7-51과 같다. 그림 (a)는 시간-주파수축에서 위그너-빌 분포 기법으로 분석한 스펙트럼이고 그림 (b)는 주파수축에서 분석한 스펙트럼이다.

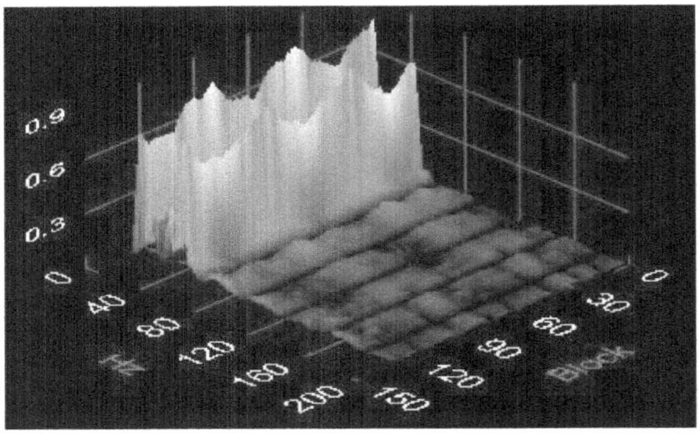

(a) 시간-주파수축 분석 스펙트럼

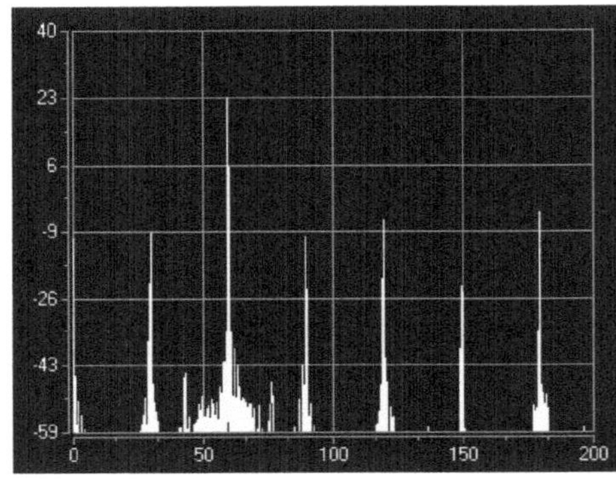

(b) 주파수축 분석 스펙트럼

그림 7-51 정상 상태 스펙트럼

정적 편심 시의 스펙트럼은 그림 7-52와 같다. 정상 상태의 스펙트럼과 비교하면 시간-주파수축에 분석에서는 특이 주파수 대역의 진폭이 커지는 것을 쉽게 파악할 수 있으며, 전류 파형의 주파수 스펙트럼을 분석해 보면 먼저 전동기 편심을 나타내는 주파수 대역의 진폭 역시 증가함을 알 수 있다.

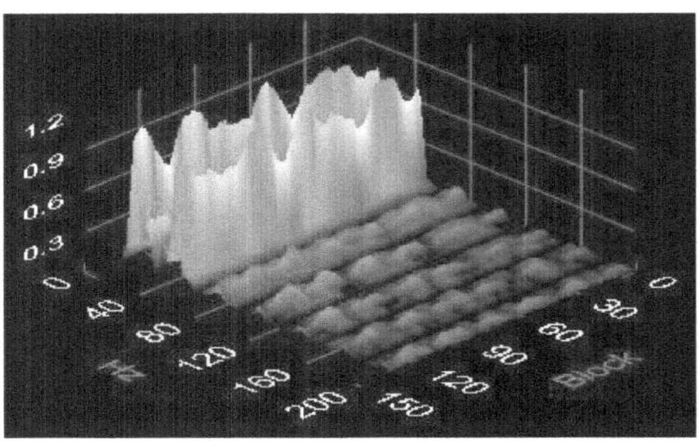

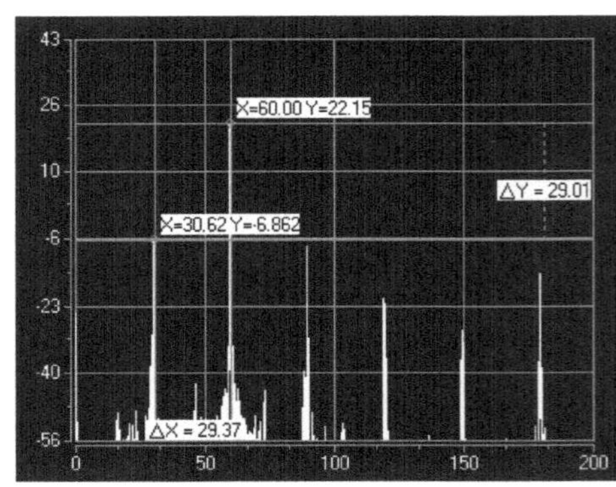

그림 7-52 정적 편심시의 스펙트럼

베어링 외륜에 1 mm 정도의 구멍을 뚫으면, 베어링 볼은 전동기 회전 속도에 따라 임펄스 형태의 결함 신호를 발생하게 된다. 임펄스 주파수는 볼의 개수에 전동기의 회전 주파수를 곱한 것이며, 이는 전원 주파수에 의해 변조된 스펙트럼으로 나타난다. 그림 7-53과 같이 시간-주파수 스펙트럼에서는 결함이 잘 관찰되나, 주파수 스펙트럼으로는 별다른 특이점이 관찰되지 않음을 알 수 있다.

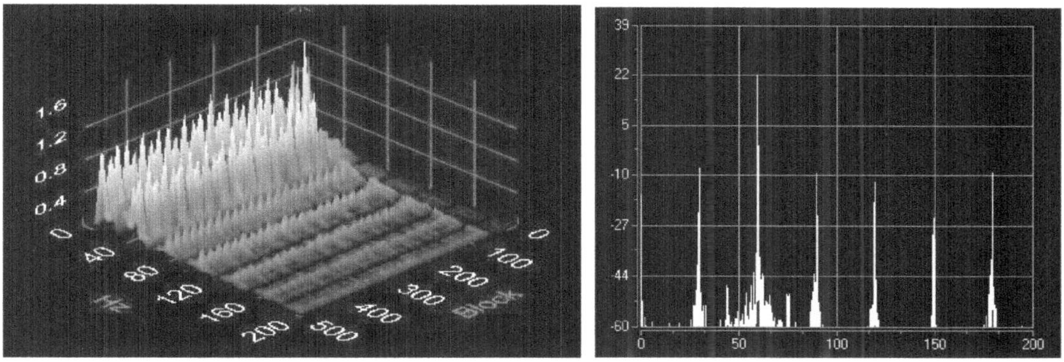

그림 7-53 베어링 외륜 결함시의 스펙트럼

7.5.10 전동기 토크 계산 결과

시험 장치를 이용하여 회전기기의 토크를 측정한 결과와 계산에 의해 확인한 결과를 비교하면 그림 7-54와 같다. 그림 (a)는 정상 상태시의 토크 파형이고, 그림 (b)는 축 편심 시의 토크 파형이다. 토크 트랜듀서에 의해 측정한 값 (변화가 심한 파형)과 예측한 값 (움직임이 완만한 파형)의 변화 곡선은 모두 부하의 변화를 잘 추종함을 알 수 있다.

토크와 토크 트랜듀서에 의해 측정된 값의 상대오차를 계산한 결과, 예측 토크의 최대 상대오차는 정상 상태시 3.69%, 축 정렬 불량 시는 3.46%로 나타나고 예측 토크값을 이용한 정확한 성능 감시가 가능함을 입증하였다.

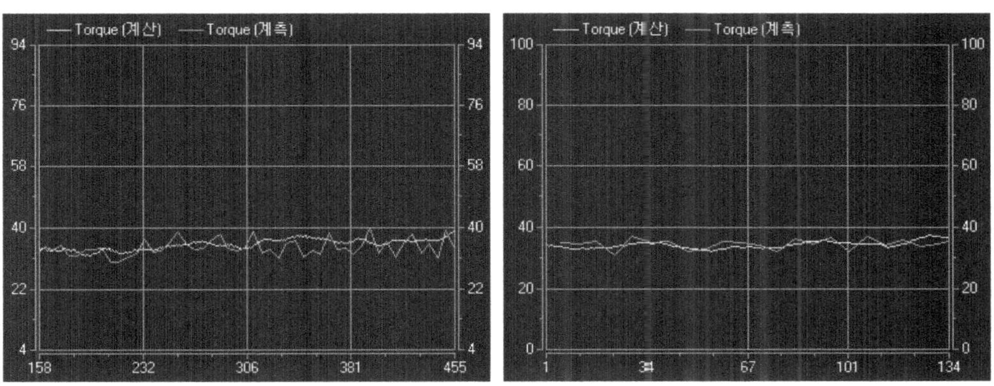

(a) 정상 상태 (b) 축 편심시

그림 7-54 전동기 토크의 오차 분석 결과

7.5.11 위그너-빌 분포에 의한 원자력발전소 냉각재 펌프 진단 결과

(1) 전동기 명세

정격 전압	13,600 V	정격 전류	39.1 A
정격 출력	15 kW	정격 속도	1188 RPM

대형 회전기기의 운전 중 전력선 신호 취득을 위해 원자력발전소의 원자로 냉각재 펌프의 구동시 신호를 취득하였다. 이 펌프는 6극기로써 13.6 kV의 매우 높은 전압이 인가되는 전동기에 의해 구동된다.

전원 신호분석 기법이 대형 전동기에 적용 가능함을 입증하기 위해 정기 보수를 위해 펌프가 정지되는 시점과, 보수 후 기동되는 시점의 동일한 운전 조건에서 펌프 전원 신호를 취득하였다. 이 펌프의 정기 보수기간 중 펌프의 축밀봉 장치, 구동축, 임펠러 등의 내장품이 교체되었으므로, 펌프의 보수에 따른 파형의 변화 정도를 파악할 수 있을 것으로 기대하였다. 전원 신호분석 기법의 적정성을 평가하기 위해, 펌프 보수 전과 후에 변위 센서에 의한 극 파형을 감시하였다.

그림 7-55는 원자로 냉각재 펌프의 보수 전 상태와 보수 후 상태시의 위그너-빌 분포이다. 그림에서 관찰할 수 있듯이 보수 전에 비해 보수 후 파형의 진폭이 약간 줄어든 것을 알 수 있다. 위그너-빌 분포의 프로그램 시 데이터 갯수는 512×512(시간×주파수)로 설정하였으므로, 단위 측정 주기당 출력 데이터량은 262,144개이다.

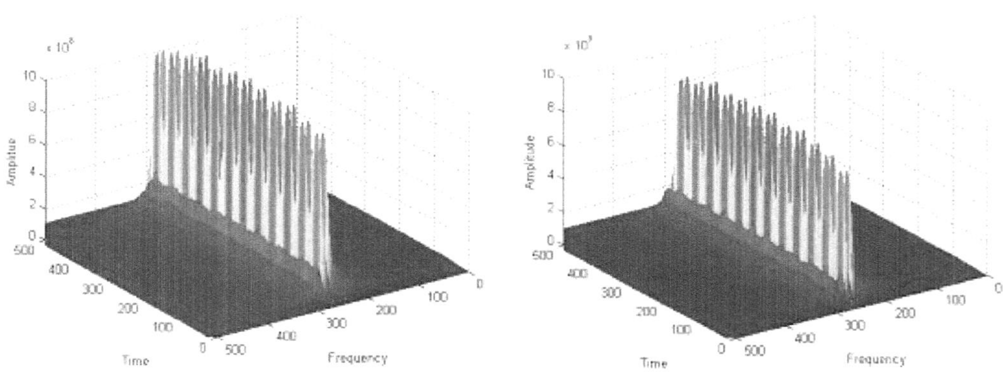

(a) 보수 전 (b)보수 후

그림 7-55 냉각재 펌프 보수 전후의 의사 위그너-빌 분포도

위그너-빌 분포에 자동 진단 기능을 부가하기 위해 특이 신호를 추출하여 정상 상태의 참조 데이터와 비교하는 시험을 수행하였다. 단위 측정 주기당 자동 진단 알고리즘에 입력되는 데이터량은 262,144개로 설정되었다. 식 (7-89)에 의해 선별된 후 출력된 데이터 량은 7,500개로 감소되었다. 식 (7-90)에 의해 전원 주파수 성분과 고조파 성분 데이터인 50개의 데이터를 삭제할 수 있었으므로 실제 진단에 사용된 데이터량은 단위 시간 주기당 7,450개로 감소되었다.

표 7-14에 위그너-빌 분포 방법과 특이 신호 추출 기법에 의해 산출된 펌프의 보수 전후의 데이터 처리 결과를 수록하였다. 계산이 완료된 위그너-빌 분포값 중 식 (7-89)에 의해 데이터 선별이 완료된 값의 합은 sum_0v로 출력시켰으며 식 (7-93)에 의해 필터링된 전원 주파수와 고조파 피크의 합은 sum_pk로 출력하여 sum_0v와 sum_pk의 차의 평균값을 avg_bf 와 avg_af로 각각 산출하였다.

본 방법의 현장 적용 시에는 현장 상기의 절차에 의해 얻은 avg_af 값과 정상 상태시 얻은 참조값 avg_ref를 입력으로 하여 식 (7-94)의 R_{PSD} 를 구한 결과가 1보다 큰 값일 경우, 기기의 상태가 비정상 상태로 이동하고 있다고 판단할 수 있다.

위그너-빌 분포 방법을 이용한 비정상 상태 진단 결과를 검증하기 위해 전류의 주파수 성분을 그림 7-56과 같이 분석하였다. 그림과 같이 냉각재 펌프의 보수 전 기생 고조파는 보수 후에 비해 다소 많은 것으로 나타났으며 이는 표 7-24의 회전기기 성능 분석 방법에 의해 진단된 결과와 일치하는 것으로 판단되며, 본 방법이 회전기기의 운전 시간 경과에 따른 성능 변화를 감시하는 간편한 수단으로 활용이 가능함을 알 수 있다.

상기의 진단 결과를 변위계에 의한 진동 감시 기법과 비교한 결과는 그림 7-57과 같다. 그림과 같이 펌프 축 교체에 따라 편심 현상이 제거되었음을 알 수 있다.

표 7-14 위그너-빌 분포 방법과 특이신호 추출기법에 의해 산출된 펌프 보수 전후 데이터 처리 결과

펌프 상태	분석에 사용한 위그너-빌 분포 계산 결과 데이터	전체 데이터 합과 고조파 피크의 합	보수 전, 후 데이터 평균
보수 전	출력 데이터 수 = 7500 삭제 데이터 수 = 50	sum_0v = 1926.234 sum_pk = 9517.546	avg_bf = 1.277523
보수 후	출력 데이터 수 =7500 삭제 데이터 수 = 50	sum_0v = 1227.786 sum_pk = 6670.676	avg_af = 0.8953927

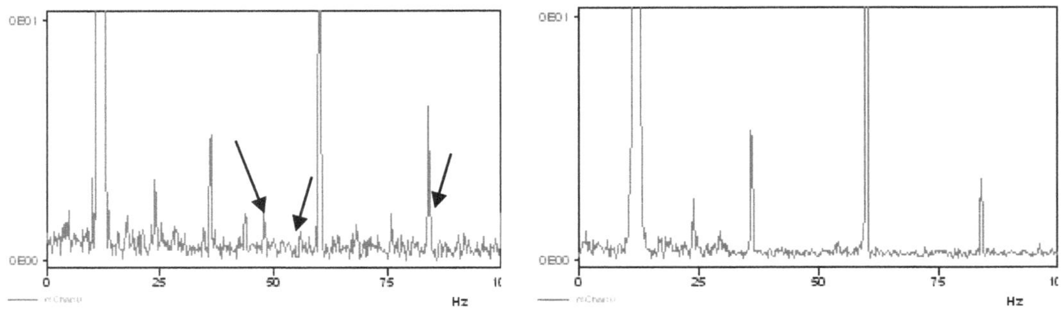

(a) 보수 전 (b) 보수 후

그림 7-56 냉각재 펌프의 보수 전, 후 기생 고조파 감소 추이

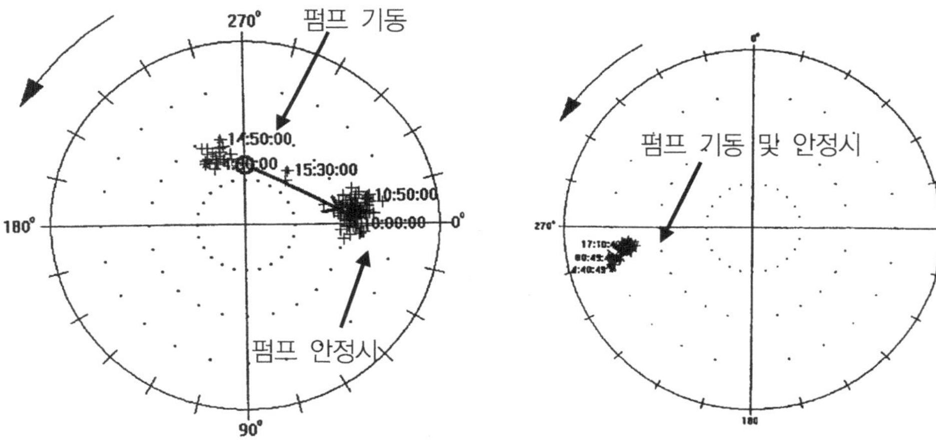

(a) 보수 전 (b) 보수 후

그림 7-57 변위계를 이용한 펌프의 보수 전, 후 극 선도

7.5.12 인버터 구동 전동기의 상태 진단

(1) 인버터 구동 전동기 구성 요소별 발생할 수 있는 고장 요약

산업 응용분야에서 유도전동기 구동계통의 예상치 않은 고장은 전체 계통의 정지, 막대한 손실 등을 가져올 수 있다. 3상 유도전동기 구동시스템은 그림 7-58과 같이 전원, 정류기, dc 링크 필터, 인버터, 제어기, 유도전동기의 구성요소들을 갖는다. 각각의 구성 요소에 대하여 발생할 수 있는 고장을 요약하면 다음과 같다.

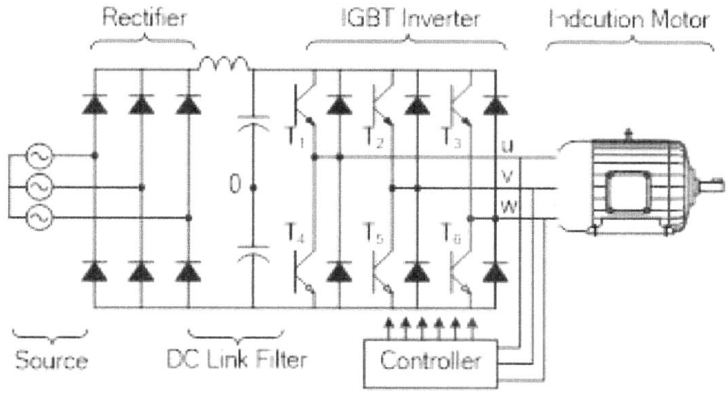

그림 7-58 전동기 구동시스템의 구성도

- **전원 및 링크** : 한 상 또는 상간의 단락 및 개방
- **정류기** : 다이오드의 절연파괴
- **DC 링크 필터** : 커패시터의 절연파괴
- **인버터 및 제어기** : 전력소자 및 제어 부의 고장
- **유도전동기** : 전기, 기계적인 고장

(2) 인버터 고장의 특성 분석

인버터에 발생하는 고장 중에서 전력소자의 절연파괴와 제어부의 고장은 잘못된 구동신호를 발생시킨다. 따라서 전력용 스위칭 소자의 단락시 단락보호장치가 가동되므로 회로 개방 여부를 진단하여 고장을 식별할 수 있다. 전력 스위칭 소자의 고장은 그림 7-58에서 각각의 소자 T1~T6에서 발생하며, 각 소자가 작동되지 않을 경우 유도전동기에 DC 토크 성분을 생성하게 한다. 그것은 유도전동기의 기계적 부분에 빠른 마모를 일으키고, 구성요소 수명에 영향을 끼치며, 결국에는 유도전동기 구동시스템의 돌발적인 고장에 이르게 할 수 있다.

고장 검출 및 진단을 위한 신호는 3 상 유도전동기의 고정자에 전력을 공급하는 각각의 상 전류로부터 가져온다. 이들은 스위칭 소자의 on-off 구동을 위해 제어부에서 사용하는 전류센서의 값이다. 센싱 신호는 두 가지 단계를 거쳐 인식 신호로 사용한다.

3상 전류의 변수(i_a, i_b, i_c)로부터 팍스 벡터(Park's Vector)의 성분(i_d, i_q)으로 변환하는 공식은 식 (7-106) 및 (7-107)과 같다.

$$i_d = \left(\frac{\sqrt{2}}{\sqrt{3}}\right)i_a - \left(\frac{\sqrt{1}}{\sqrt{6}}\right)i_b - \left(\frac{\sqrt{1}}{\sqrt{6}}\right)i_c \tag{7-106}$$

$$i_q = \left(\frac{1}{\sqrt{2}}\right)i_b - \left(\frac{1}{\sqrt{2}}\right)i_c \tag{7-109}$$

이상적인 조건에서 팍스 벡터 성분은 식 (7-108) 및 (7-109)와 같다. 여기서 i_M 은 3상 전류의 최대값이다.

$$i_d = \left(\frac{\sqrt{6}}{2}\right)i_M \sin(\omega t) \tag{7-108}$$

$$i_q = \left(\frac{\sqrt{6}}{2}\right)i_M \sin\left(\omega t - \frac{\pi}{2}\right) \tag{7-109}$$

그림 7-59에서 실선으로 나타낸 원형 궤적은 정상 시컨스(Positive-sequence) 만을 포함하는 경우이고, 인버터의 이상으로 인해 나타난 타원 궤적은 역상 시컨스(Negativ-sequence)가 포함됨에 따른 영향으로 점선으로 표기된다.

시컨스 다이어그램에서 장축의 길이는 전동기 공급 전류의 정상과 역상분 진폭의 합에 의한 것이며, 단축의 길이는 두 성분의 진폭차에 비례한 것이다.

고장 진단은 먼저, 3상 전류를 d-q 전류를 구한 후 다음으로 평균 전류벡터를 구하여 수행한다. 그림 7-60은 인버터에 스위칭 소자의 고장이 발생하였을 때에 이상적인 d-q상 전류벡터의 경로를 보여준다. 그림 (a)는 정상 모드로 구동할 때에 횡축 d축 전류와 종축 q축 전류의 경로이며, (b), (c)와 (d)는 스위칭 소자 T1~T6의 개방회로 고장이 발생하였을 때에 d-q상 전류벡터의 경로들을 보여준다. 여기서는 시각적으로도 손쉽게 패턴을 구분할 수가 있으며, 고장의 종류를 판별하기가 쉽다.

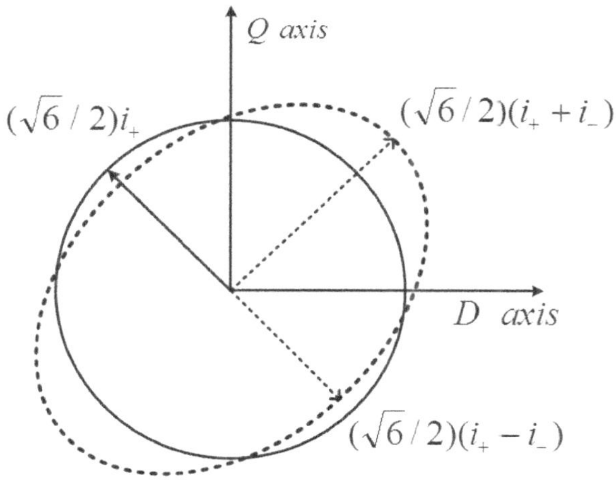

그림 7-59 이상적인 팍스벡터 패턴(실선)과 전동기 또는 인버터 고장시의 팍스벡터 패턴(점선)

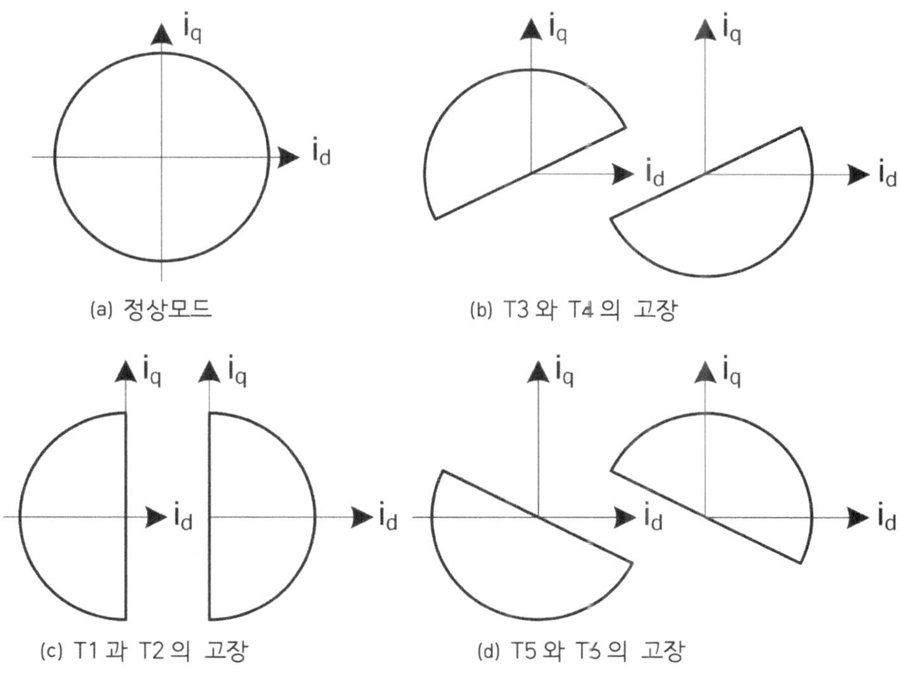

그림 7-60 d-q 상전류 벡터의 이상적인 경로

그러나, 실제 구동시스템의 경우에는 해석적으로 규명하기가 어려운 많은 섭동 및 외란의 요인들을 갖는다. 또한, 그 섭동 및 외란들은 그림 7-61과 같이 d-q상 전류벡터의 경로의 형상보다 복잡하게 하여 패턴을 인지하기가 어렵게 한다. 또한, 그러한 d-q상 전류벡터는 인식 신호로 사용하기가 적절하지 않으므로, 그림 7-62와 같이 정규분포를 갖는다고 가정한 각 주기의 평균전류벡터들을 가지고 고장 진단 및 인식을 수행한다.

평균 전류벡터의 패턴은 실제적으로 발생 가능한 섭동과 외란의 요인들을 고려하여 적절한 범위에서 랜덤한 섭동 및 외란을 인가하여 구하며, 그 결과는 그림 7-63과 같다.

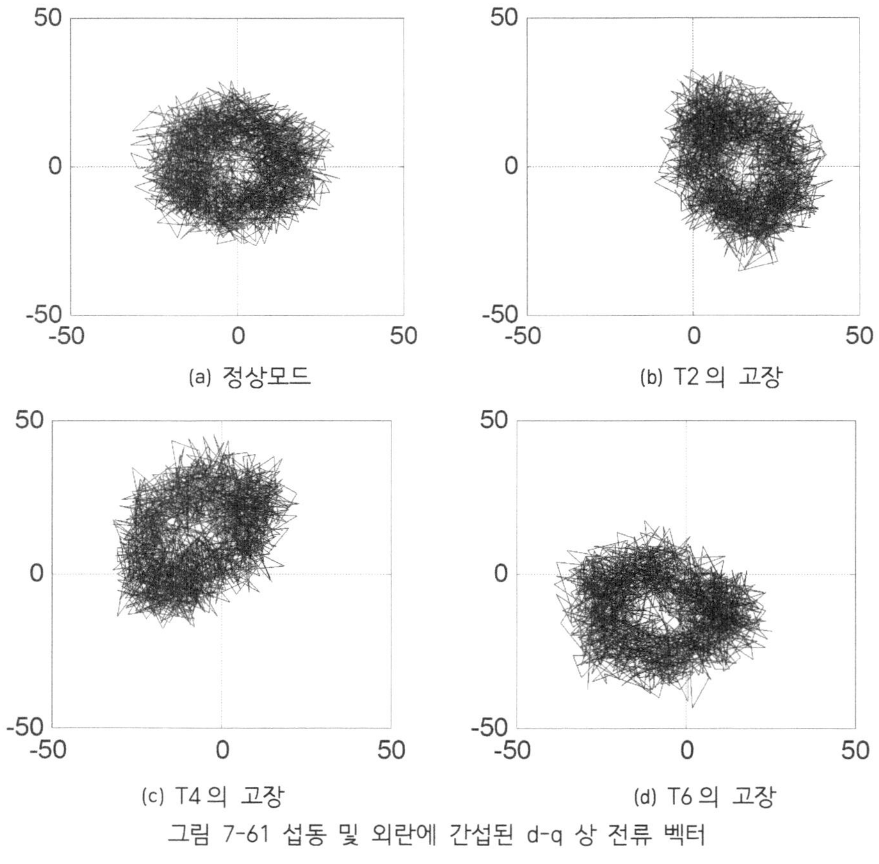

그림 7-61 섭동 및 외란에 간섭된 d-q 상 전류 벡터

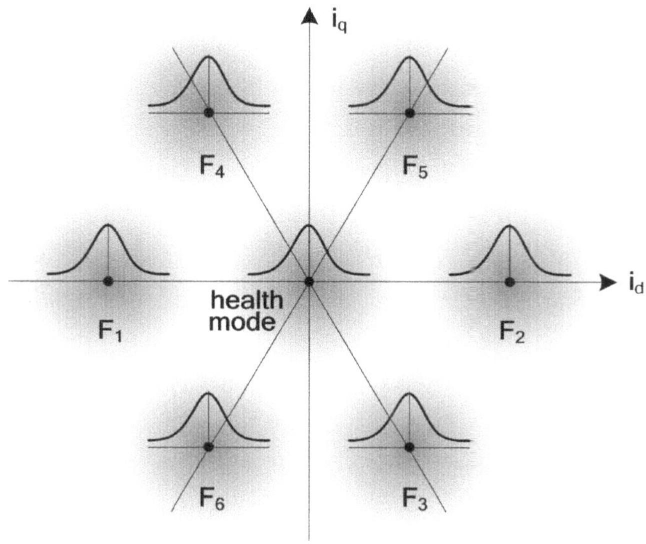

그림 7-62 평균전류벡터들의 분포

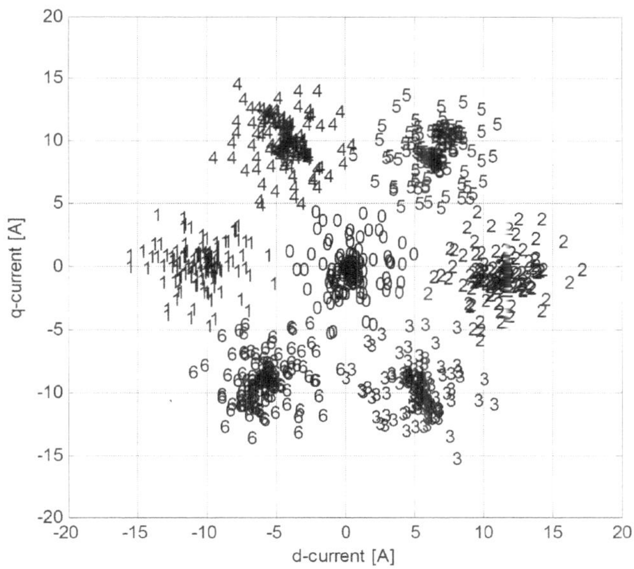

그림 7-63 평균 전류 벡터들

참고문헌

[1] P.C. Krause, O. Wasynczuk, S.D. Sudhoff, “Analysis of Electric Machinery,” IEEE Press New York, ISBN 0-7803-1101-9.

[2] G.B. Kliman, R.A. Koegl, W.J. Premerlani, “ A Demonstration of a Sensorless Torque Meter for AC Motors”, IEEE IAS Proceedings, 1996, pp. 633.

[3] C.M. Riley, B.K. Lin, T.G. Habetler, R.R. Schoen, “ A Method for Sensorless On-line Vibration Monitoring of Induction Machines”, IEEE Proceedings Industry Applications Society, New Orleans 1997, pp. 201.

[4] E.J. Wiedenbrug, A. Ramme, E. Matheson, A. von Jouanne, A. Wallace, “Modern On-line Testing of Induction Motors for Predictive Maintenance and Monitoring”, IEEE Proceedings on Pulp and Paper International Conference, Portland OR 2001

[5] D. Doan, E.J. Wiedenbrug, “Comparison of Duct-mounted Vibration and Instantaneous Airgap Torque Signals fir Predictive Maintenance of Vane Axial Fans”, IEEE, SDEMPED, 2003

[6] E.J. Wiedenbrug, “Instantaneous Torque as Predictive maintenance Tool for Variable Frequency Drives and Line Operated Motors”, Western Pulp and Paper Conference, Prince George, Canada 2000

[7] W.D. Stevenson Jr., “Elements of Power System Analysis”, McGraw-Hill Series in Electrical Engineering, 1982(fourth edition)

[8] S. Williamson, P. Mirzoian, “Analysis of Cage Induction Motor with Stator Windings Faults”, IEEE Transcations on Power Applications, Vol. 104, No. 7, 1985

[9] J.S. Kohler, J. Sottile. F.C. Trutt, “Alternatives for Assessing the Electrical Integrity of Induction Motors”, IEEE Transactions on Industrial Applications, Vol. 28, No. 5, pp. 1101-1117, 1992

[10] G.B. Kliman, W.J. Premerlani, R.A. Koegl, D. Hoeweller, “Sensitive, On-Line Turn-to-Turn Fault Detection in AC Motors”, Electric Machines and Power Systems, 28:915-927, 2000

[11] M.A. Cash, T.G. Habetler, G.B. Kliman, “Insulation Failure Prediction in Induction Machines Using Line-Neutral Voltages”, IEEE Proceedings on Industrial Applications Society. New Orleans, 1997, pp. 208-212.

[12] R.M Tallam, T.G. Habetler, R.G. Harley, "Stator Winding Turn-Fault Detection for Closed-Loop Induction Motor Drives", IEEE Proceeding of the Industrial Application Society, Pittsburgh 2002

[13] R.M. Tallam, T.G. Habetler, R.G. Harley, "Transient Model for Induction Machines with Stator Winding Turn Faults", IEEE Transactions on Industrial Applications, Vol.38, May/June 2002. pp. 632-637.

[14] A Bonnett, B. Gibbon, "The Results are in: Motor Repair's Impact on Efficiency", EASA White Paper, presented in the EASA annual meeting, Cincinnati 2002.

[15] W.Y. Cho, at el., "Electromagnetic Analyses of Squirrel Cage Induction Machines with the Rotor Bar and End-ring Faults", CMD 2006

[16] S. Nandi, H. Toliyat, "Performance Analysis of a Three Phase Induction Motor under Abnormal Operation Condition", IEEE IAS Proceedings 1997, pp. 54-59

[17] E.J. Wiedenbrug, A. von Jouanne, A. Wallace, "A Model of Dynamic Eccentricities of Three Phase Induction Motors for Speed Determination", IEEE SDEMPED, 2001

[18] E.J. Wiedenbrug, "A Measurement Analysis and Efficiency Estimation of Three Phase Induction Machines using Instantaneous Electrical Quantities", A Dissertation submitted to Oregon State University, September 1998, pp. 33-39

[19] Peter Vas, "Parameter Estimation, Condition Monitoring, and Diagnosis Electric Machines", Clarendon Press Oxford, 1993, pp. 307.

[20] E. Wiedenbrug, "Measurement Analysis and Efficiency Estimation of Three Phase Induction Machine using Instantaneous Electrical Quantities", a Dissertation submitted to Oregon State University, September 1998, pp. 33-39

[21] P. D. McFadden and J. D. Smith, Model for the Vibration Produced by a Single Point Defect in a Rolling Element Bearing, Journal of Sound and Vibration, 96(1), 1984

[22] R.R. Schoen and Thomas G. Habetler, " Effects of Time-Varying Loads on Rotor Fault Detection in Induction Machines", IEEE Trans, Ind. App., Vol. 31, No. 4, 1995

[23] Mamid A. Toliyat, et al., A Method for Dynamic Simulation of Air Gap Eccentricity in Induction Machines, IEEE Trans, Ind. App., Vol. 32, No. 4, 1996

[24] Wenyi Wang, et al., The Effects of System Characteristics on the Diagnosis of Bearing Defects, Draft Paper Presented at Maintenance and Reliability Conference, Knoxville, Tennessee, 1997

[25] R.R. Schoen, Brian K. Lin, Thomas.G. Habetler, An Unsupervised, On-Line System for Induction Motor Fault Detection using Stator Current Monitoring, IEEE Trans, Ind. App., Vol. 31, No. 6, 1995

[26] G.B. Kliman, R.A. Koegl, Noninvasive Detection of Broken Rotor Bars in Operating Induction Motor, IEEE Trans, Energy Conversion, Vol. 3, No. 4, 1988

[27] G.B. Kliman and I. Stein, Methods of Motor Current Signature Analysis, Electric Machines and Power Systems, 20:463-474, 1992

[28] S. F. Legowski, A. H. M. Sadrul Ula, Andrzej M. Trzynadlowski, "Instantaneous Power as a Medium for the Signature Analysis of Induction Motors," IEEE Trans., Ind. App., Vol. 32, No. 4, 1996

[29] John S. Hsu, "Monitoring of Defects in Induction Motors through Air-Gap Torque Observation," IEEE Trans., Ind. App., Vol. 31, No. 5, 1995

[30] David G. Dorrell, William T. Thomson, and Steven Roach, "Analysis of Airgap Flux, Current, and Vibration Signals as a Function of the Combination of Static and Dynamic Airgap Eccentricity in 3-Phase Induction Motors," IEEE Trans., Ind. App., Vol. 33, No. 1, 1997

[31] Belle R. Upadhyaya and J. Patrick McClanahan, "Monitoring Electric Aging using Vibration and Current Signatures," UTNE/DUKE/97-04, The University of Tennessee, Sep. 1998

[32] J. C. Jung and P. H. Seong, "Development of an Induction Motor Abnormality Monitoring System (IMAMS) using Power Line Signal Analysis," Maintenance and Reliability Conference Proceedings, Knoxville, Tennessee, May 1997

[33] Randy R. Schoen, B. K Lin, Thomas G. Habetler, J. H. Schlag, S. Farag, "Unsupervised, On-Line System for Induction Motor Fault Detection using Stator Current Monitoring," IEEE Trans., Ind. App., Vol. 31, No. 6, 1995

[34] Fiorenzo Filippetti, Giovanni Franceschini and Carla Tassoni, "Neural Networks Aided On-line Diagnostics of Induction Motor Rotor Faults," IEEE Trans., Ind. App., Vol. 31, No. 4, 1995

[35] Randy R. Schoen, Thomas G. Habetler, "Evaluation and Implementation of a System to Elimination Arbitrary Load Effects in Current-Based Monitoring of Induction Machines," IEEE Trans., Ind. App., Vol. 33, No. 6, 1997

[36] J. C. Jung, Y. W. Chang and P. H. Seong, "Application of Power Line Signal Analysis

Method to the Monitoring of Safety Related Machinery in Nuclear Power Plant," American Nuclear Society Winter Meeting, Nov. 2002

[37] Birsen Yazici and Gerald B. Kliman, "An Adaptive Statistical Time-Frequency Method for Detection of Broken Bars and Bearing Faults in Motors using Stator Current," IEEE Trans. Ind. App., Vol. 35, No. 2, 1999

[38] Douglas L. Jones and Richard G. Baraniuk, "A simple Scheme for Adapting Time-Frequency Representations, IEEE Trans. Signal Processing," Vol. 42, No. 12, Dec. 1994

[39] Boualem Boashash and Peter J. Black, "An efficient real time implementation of the Wigner-Ville Distribution," IEEE Trans., Acoustics, speech and signal processing, Vol. ASSP-35, No. 11, Nov. 1987

[40] P/PM Technology Magazine, "Machine Condition Monitoring," June 1996

[41] J. C. Jung, P. H. Seong, "An improved method for reactor coolant pump abnormality monitoring using power line signal analysis", Nuclear Engineering and Design, Vol. 236 Issue 1, Jan. 2006

[42] J. C. Jung, P. H. Seong, "An Application of an Integrated Power Line Signal Analysis Methodology to the Detection of Major Rotating Machine Abnormalities in NPPs Nuclear Engineering and Design, Vol. 229, Issues 2-3, April 2004

[43] J. C. Jung, P. H. Seong, "Error Analysis in Improved Motor Control Center Method for Stem Thrust Estimation of MOVs in Nuclear Power Plants IEEE Transaction of Nuclear Science(Vol. 50, Issue 3)

[44] J. C. Jung, at el., "Motor Driven Machinery Abnormality Detection Method by Motor Efficiency Analysis using Electric Power Signature CMD2007-IEEE PES, April 2006

[45] J. C. Jung, P. H. Seong, "Development of MOV Dynamic Test System Using Power Line Signal Analysis Method Maintenance and Reliability Conference 2001, The University of Tennessee, Oct. 2001

[46] S. Williamson, et, al., "Analysis of cage induction motors with stator winding fault," IEEE Trans. on Power Apparatus and Systems, vol. PAS-104, no. 7, pp. 1838-1842, July 1985.

[47] A. J. M. Cardoso et al., "Inter turn stator winding fault diagnosis in three phase induction motors, by Park's Vector Approach," IEEE Trans. Ind Applicat., vol. 29 no.3, pp.595-598, Sept. 1999.

[48] G. B. Kliman, et al.,"A new approach to on-line turn fault detection in AC motors," Conference Records IEEE-IAS Annual Meeting, vol.1, pp.687-693, 1996.

[49] Sang-Bin Lee, et al., "A robust, on-line urn-fault detection technique for induction machines based on monitoring the sequence component impedance matrix", PESC, Volume 4, pp 2217-2223, June 2001.

[50] A. J. M. Cardoso et al., "Inter turn stator winding fault diagnosis in three phase induction motors, by Park's Vector Approach," IEEE Trans. IA, vol. 29 no.3, pp.595-598, Sept. 1999.

[51] F. Filippetti, et al., "Integrated condition monitoring and diagnosis of electrical machines using minimum configuration artificial intelligence" Proceedings of EPE97, 1997, Vol 2, pp. 983-988.

[52] D. W. Kim, Y. B. Kim, J. H. Ha, Y. H. Lee, "Directional Wigner-Ville Distribution and Its Application to Rotating Machinery", The Korean Society for Noise and Vibration Engineering, Vol. 6, pp. 341-347, 1996

[53] S. B. Lee, Karim Younsi, G. B. Kliman, "An Online Technique for Monitoring the Insulation Condition of AC Machine Stator Windings," Trans. Energy Conversion, vol. 20, no. 4, Dec. 2005.

[54] S. B. Lee, T. G. Habetler, "An Online Stator Winding Resistance Estimation Technique for Temperature Monitoring of Line-Connected Induction Machines," IEEE Trans. Ind. App., vol. 39, no. 3, May/June 2003

[55] S. B. Lee, R. M. Tallam, T. G. Habetler, "A Robust, On-Line Turn-Fault Detection Technique for Induction Machines Based on Monitoring the Sequence Component Impedance Matrix," IEEE Trans. Power Elec., vol. 18, no. 3, May 2003.

[56] "Vibration Monitoring of Rotating Equipment in Nuclear Power Plants", Part 14 of ASME OM-S/G, 1994

[57] B. Boashash and P. O'shea, "A Methodology for Detection and Classification of Some Underwater Acoustic Signals Using Time-Frequency Analysis Techniques", IEEE Trans. Acoustics, Speech, and Signal Processing, Vol. 38, No. 11, Nov. 1987

[58] M.Chiollaz and B. Favre, "Engine Noise Characterization with Wigner-Ville Time-Frequency Analysis", Mechanical Systems and Signal Processing, 375-400, 1993

[59] P. Daponte and et al, "Detection of Echoes Using Time-Frequency Analysis Techniques", IEEE Trans. Instrument. and Measurement, Vol. 45, No. 1, Feb. 1996

[60] L.Cohen, "Time-Frequency Analysis", Prentice-Hall, Inc., 1995

[61] T.A.C.M Claasen and W.F.G.Mecklenbrauker, "The Wigner Distribution- a tool for time-frequency signal analysis", Phillips J. Res. 35, 217-250, 1980

[62] T.A.C.M Claasen and W.F.G.Mechlenbrauker, "The Wigner Distribution-a tool for time-frequency signal analysis PART II : Discrete-Time signal", Phillips.J.Res.35, 277-300, 1980

[63] L. Stankovic, "A Method for Time-Frequency Analysis", IEEE Trans. Signal Processing, Vol. 42, No.1, Jan. 1994

[64] T.J. Wahl and J.S.Bolton, "The Application of the Wigner Distribution to the identification of Structure-Borne Noise Components", Journal of Sound and Vibration 163, 101-122, 1993

[65] L.Cohen, "On a Fundamental Property of the Wigner Distribution", IEEE Trans. Acoustics, Speech, and Signal Processing, Vol. ASSP-35, No.4, Apr. 1987

[66] B. Boashash, "Note on the Use of the Wigner Distribution for Time-Frequency Signal Analysis", IEEE Trans. Acoustics, Speech and Signal Processing, Vol. 36, No.9, Sep. 1988

[67] W. Martin and P.Rlandrin, "Wigner-Ville Spectral Analysis of Nonstationary Process", IEEE Trans. Acousics, Speech, and Signal Processing, Vol. ASSP-33, No. 6, Dec. 1985

[68] T.A.C.M Claasen and W.F.G.Mecklenbrauker, "The Aliasing Problem in Discrete-Time Wigner Distributions", IEEE Trans. Acoustics, Speech and Signal Processing, Vol. 31, No.5, Oct. 1983

[69] L.Cohen, "Time-Frequency Distrbution-A Review", Proceeding of the IEEE, Vol.77, pp. 941-981, 1989

[70] G. Andria and M. Savino, " Interpolated Smoothed Pseudo Wigner-Ville Distribution for Accurate Spectrum Analysis", IEEE Trans. Instrument. and Measurement, Vol. 45, No. 4, Aug. 1996

[71] B. Boashash and P.J. Black, "An Efficient Real-time Implementation of the Wigner-Ville Distribution", IEEE Trans. Acoustics, Speech and Signal Processing, Vol. 35, No.11, Nov. 1987

[72] J.G. Proakis and D.G. Manolakis, "Digital Signal Processing : Principles, Algorithms, and Applications - Chapter 8", Third Edition, Prentice-Hall, Inc., 1996

[73] 충북대학교, “전동기 고장진단”, 전력산업연구개발사업보고서, 2002

[74] 송명현 박규남 한동기 양철오, "팍스벡터 패턴을 이용한 회전자 바 고장 자동 진단", 2007년도 대한전기학회 하계학술대회 논문집, 2007

[75] 송명현 박규남 한동기 양철오, "왜곡률을 이용한 고정자 권선고장 자동진단", 2007년도 대한전기학회 하계학술대회 논문집, 2007

[76] 양보석, "회전기계의 이상진동 진단시스템의 개발", 한국진동소음공학회지, 제6권, 제3호, 1996

8 전동기 효율 예측

“기업은 혁명이 아닌 진화를 원한다. 혁신은 작은 데서 출발하는 것이며, 품질과 절차를 조금이라도 개선하는 게 혁신이다.”

(항공 우주 글로벌기업 UTC “데이비드” 회장의 중앙일보 인터뷰 기사에서)

8.1 전동기 운전 효율의 적정성 평가 개요

전력선 신호분석 기술은 전동기와 전동기 구동회전기기의 상태 감시 기능뿐만 아니라 효율을 감시하고 성능을 평가하는 기능도 갖고 있다. 이 기술은 3상 우도 전동기의 전압과 전류 순시치를 입력으로 사용하므로 회전 기기에 직접 개입하지 않고 효율을 측정, 분석하고 성능을 예측하여 기존 방법으로 효율 및 성능 감시가 불가능했던 기기를 최적의 조건에서 운전할 수 있는 장점이 있다.

유도전동기의 효율이 낮다는 것은 구동기기의 고장이 임박하여 예방 보전이 필요하거나 기기와 전동기의 결합이 잘못되었다는 것을 의미한다. 효율 측정은 유도 전동기 명판에 기록된 정격 효율이 유지되고 있는지를 확인하는 "건전성 확인"의 의미도 갖고 있다.

본 장의 구성은 다음과 같다. 제 8.2절에서는 표준화된 효율 측정법에 대해 알아보고자 한다. 명판법, 슬립법, 등가회로법, 공극토크법 등 산업현장에서 다양하게 사용되고 있는 효율 측정법에 대해 종합적으로 정리하여 현장의 측정 조건과 허용 오차 기준에 따라 다양한 선택이 가능토록 하였다. 각 효율 측정기법에 대한 상세한 내용을 파악할 수 있도록 참고 논문을 기법별로 표기하였다. 본 장에서는 측정이 간편하면서도, 비교적 정확도가 높은 공극 토크법에 대해 상세히 기술하였다. 이 방법은 3상 유도 전동기의 전압, 전류 순시치를 이용하여 공극 토크를 구하고, 전류와 전력 신호를 이용하여 속도를 예측한 후, 손실을 고려한 축동력(전력으로 변환)을 구하여, 입력 전력과의 비(比)로써 효율을 구하는 방법에 관한 것이다. 현장에서 활용이 가능하도록 이론적 설명과 함께 실무적 내용도 추가하였다.

제 8.3절에서는 공극 토크를 이용하여 전동기구동 회전기기의 작동 성능을 평가하는 방법에 대해 기술하였다. 8.3.1절에서는 공극 토크, 유량-성능곡선 등을 이용하여 펌프의 토출 유량을 간접적으로 추정하는 기법에 대해 기술하였다. 본 기술을 유량계를 설치, 운영하기 곤란지역이나, 임시 성능 시험이 필요한 계통에 적용한다면 많은 이점이 있을 것으로 기대한다. 8.3.2절에서는 국내외 원자력발전소에서 수행하였던 전동기구동밸브(MOV)에 대한 성능 시험 내용을 소개한다.

8.2 전동기 효율 예측 기법

8.2.1 효율 측정 표준

일반적으로 유도전동기는 모터링 영역에서 운전되나 만일 제너레이팅 영역에서 운전되고 있다면 사전 확인이 가능하다는 가정하에 표준화된 효율 측정법에 대해 설명한다.

모든 기기류 및 전기기기의 효율은 식 (8-1)과 같이 정의된다.

$$\eta = \frac{P_{output}}{P_{input}} \tag{8-1}$$

여기서 P_{input}은 입력 전력이고 P_{output}은 유도전동기의 축에서 발생하는 기계적 출력이다. 그런데 효율은 상황에 따라 각기 정의를 달리하는 경우가 있어 다양한 정의는 명확하게 구분되어야 한다. 운전 효율이란 어떠한 특정한 시점에서 운전중인 유도전동기의 효율로 정의된다.

IEEE Std. 112a는 정상상태에서 운전 효율을 측정하는 절차에 대해 규정하고 있다. 정격효율, 명판효율, 또는 공칭 효율은 유도전동기의 명판에 기록된 효율이다. 이 값은 유도전동기 제작사에서 규정하며 IEEE Std. 112b 의 절차를 이용하여 특정 모델, 특정 용량에 대해 표본 전동기를 대상으로 제작사의 실험실에서 실시한 효율 시험 결과값을 기록한 것이다. 시험 결과 데이터는 평가 단계를 거쳐 제작사의 특정 모델에 대한 명판 효율로 정의된다. 개념적으로 IEEE Std. 112a 와 IEEE Std. 112b 표준을 이용한 효율 산정 방법에는 차이점이 있다. IEEE Std. 112a의 경우, 정밀한 순시 효율을 얻기 위한 절차에 초점이 맞추어져 있다. 이러한 이유로 인해 본 표준은 입출력 효율 측정 방법의 클래스를 결정하는데 이용된다.

반면, IEEE Std. 112b 는 두 종류의 정보를 제공하는데 주안점을 두고 있다.

첫째는 부하곡선, 규정전류, 역률, 효율, 운전 온도, 그리고 정격 전압이 공급되는 상태에서 25%, 50%, 75%, 100% 125%, 150% 기계적 부하시 운전 속도에 대한 정보를 제공하는 것이다.

둘째는 손실 항목을 분별하는 방법으로써 유도전동기에서 발생하는 손실 항목을 각각의 카테고리로 다음과 같이 나누게 된다.

- 회전자 전도성 (I^2R) 손실 : p_{RCL}
- 고정자 전도성 (I^2R) 손실 : p_{SCL}
- 코어(히스테리시스손 및 와류손) : p_{CORE}
- 마찰 및 풍손 : $p_{F\&W}$
- 포유손(표면 효과 등에 의한 손실) : p_{STRAY}

시스템 관점에서 본다면 IEEE Std. 112a는 특정 유도전동기의 특정한 운전 효율을 명시하려는 목적이 있는 반면, IEEE Std. 112b는 특정 유도전동기의 구동력을 명시하려는데 목적이 있다. NEMA는 또 다른 효율값을 규정하고 있는데 최소 효율 또는 보증 효율값이다. NEMA에 따르면 선언된 명판 데이터는 특정 유도전동기 모델에 대한 정격 상태에서의 평균 효율을 나타내야 한다. 최소 효율은 어떤 명판 효율값을 가진 정상 상태 유도전동기가 정격 상태 이하에서 운전할 때의 하한 효율점을 나타낸다.

8.2.2 효율 예측 방법

전술한 바와 같이 플랜트 운영자와 책임자는 유도전동기의 운전 효율을 조사하기 위한 필요성이 있으며 IEEE Std. 112a와 IEEE Std. 112b는 효율 측정 절차의 세부 사항을 제시하고 있다. 기본적인 시험 절차는 전압이 평형을 유지하는 상태에서 토크와 속도를 측정하는 것이다.

하지만 전동기와 기기 간에 토크 센서를 부착하는 것과 같은 프로세스 개입에 의한 직접적인 측정 기법은 IEEE 규격에 의해 현장에서 효율을 측정하는 것을 기피하게 하고 단지 실험실 수준에서 선택적으로 표준 시험을 하는데 이용된다. 이에 따라 다양한 종류의 간접적인 효율 예측 기법이 현장 시험 적용을 목적으로 개발되어 왔다. 이러한 예측 기법은 측정 자료 취득을 위한 낮은 수준의 프로세스 개입을 요구하나 그의 결과로 인해 예측 효율의 정확도는 많이 떨어지게 된다.

운전 중 전동기 효율을 예측하는 기법은 단일 기본 알고리즘을 도입하거나 서로 다른 기본 알고리즘을 복합적으로 사용한다. 각종 논문에서는 각 기법들을 전동기에 대한 침투 수준(intrusion levels)과 정확도에 따라 구분하고 있다. 침투 수준은 각 방법이 요구하는 데이터 수준과 데이터 수집 프로세스와 장비 설치에 소요되는 비용, 그리고 장비 운용 계획에 따라 구분된다. 정확도는 축 토크와 속도 직접 계측을 통한 효율 측정 결과와의 비교를 통해 평가된다.

본 절에서는 스무 종 이상의 가장 중요한 전동기 효율 예측 방법을 물리적 특성에 따라 분류한 결과를 소개하고자 한다. 각 방법에 대한 자세한 사항은 참고 논문 [3]-[20]을 참조하기 바란다.

표 8-1 전동기 효율 예측 기법의 분류

효율 예측기법	세부 방법	오차
명판법	표준 명판법	
	Volgelsang and Benning (V&B) 방법 I, II	Option I : ±1% Option II : ±3%
슬립법	표준 슬립법	
	Ontario Hydro 개선 슬립법	
	상부 슬립법	
전류법	표준 전류법	
등가 회로법	표준 등가회로법 (IEEE Std-112 Method F/F1)	
	Ontario Hydro 개선기법 F (OHMF)	
	명판 등가회로 기법 (ORMEL96)	20%
	Rockwell 전동기 효율 마법사 기법 (RMEW)	±1%
	회전자 구속법	
	Standstill 주파수 응답 방법	
분리 손실법	분리손실법 (IEEE Std-112 Method E1)	±2%
	Ontario Hydro 개선기법 E (OHME)	±2%-3%
토크법	전동기 공극 토크법	±1%-4%
	축 토크법	±0.5%
경험적 방법	Stanford Wilke Method	
통계법	Statistical Method	
특정 계측기 방법	순시 전류법	
	MotorMaster+ 방법	
	Vectron (ECNZ) 방법	
	MAS-1000 방법	
	Esterline Angus 방법	

표 8-1은 각 방법론들의 분류 결과와 일부 기법의 오차를 명기하였다. 오크리지 국립연구소의 J.S Hsu는 효율 예측기법 전반에 대한 평가를 별도로 수행한 바 있다. 따라서 본 절에서는 표 8-1의 효율 예측기법 중 J.S Hsu의 논문에서 고려되지 않은 경험적 방법과 특정 계측기 방법은 설명에서 제외하였다. 그러나 관련 참고 논문들은 인용하고 있으므로 참조가 가능하다.

(1) 명판법

명판법은 가장 보편적이고 프로세스 개입 필요성이 거의 없으나 가장 낮은 정확도를 보이는 방법이다.

이 방법은 기기는 언제나 정격 효율로 운전된다는 가정에 기초하여 부하의 변동이나, 전압 변동 상태, 기기의 건전성 여부를 전혀 고려하지 않는다. 정격 효율은 명판에서 얻는다. 물론 기기가 정격 효율 하에서 운전된다는 것은 기대하기 어렵다. 부하의 변동과 전원의 불균형 그리고 고조파 성분의 유입 등은 효율을 떨어뜨린다. 평가 대상 기기의 초기 효율이 명판 효율과 유사하리라고 보증하기도 역시 힘들다. 또 다른 커다란 효율 저하 요인으로는 전동기의 수리가 부적절하게 이루어졌거나 권선의 소음 등으로 인해 권선을 다시 감았을 경우를 들 수 있다.

(2) 슬립법

그림 8-1은 일반적인 유도전동기의 토크/속도 곡선을 나타낸다. 일반적으로 본 토크-속도 곡선을 이용하여 정격 운전 범위를 예상하게 된다.

정상 상태 운전점은 슬립 0에서 0.1의 범위 이내에서 결정되므로 좋은 효율을 갖고 있는 전동기의 토크/속도 곡선은 선형 구간이 된다. 따라서 이 방법은 유효한 접근 방법이다. 유도 전동기의 운전 출력은 회전자 속도와 정격 슬립을 이용하여 명판으로부터 간단하게 구할 수 있다. 운전 효율은 기계적 출력을 입력 전력으로 나누어 얻을 수 있다.

슬립법의 단점으로는 운전 속도는 좀처럼 얻기 어려우므로 NEMA는 명판 슬립의 20% 이상의 오차를 규정하고 있다는 점이다. 이 오차는 효율 계산의 신뢰성을 매우 낮게 한다. 또 다른 단점은 회전자의 손상이 발생하면 주어진 토크에서 운전 속도가 심하게 낮아진다는 점이다. 역으로 얘기하면 슬립법을 적용할 경우, 큰 기계적 출력점에서 속도가 낮아지므로 실제 전동기 내부에서 발생하는 효율과는 상관없이 전동기의 효율이 높아지는 것으로 나타나므로 예방 보수 차원에서 좋지 않은 결과를 초래할 수 있다는 것이다.

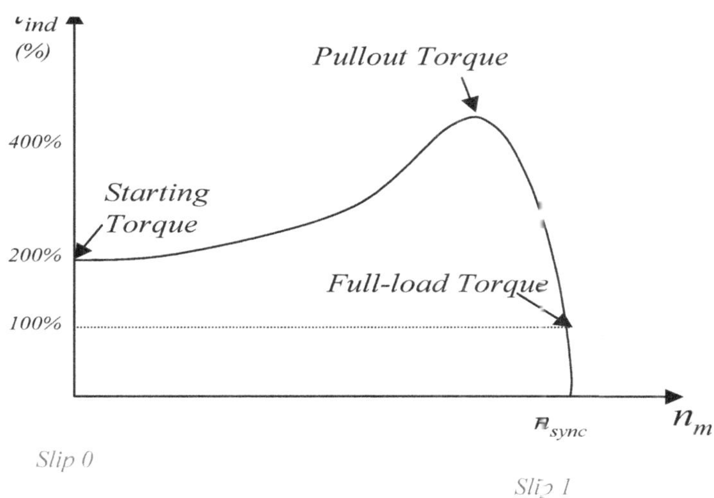

그림 8-1 유도전동기의 토크/속도 곡선

(3) 전류법

또 다른 효율 예측 방법으로는 기계적 부하의 척도로서 전류 실효값을 쓰는 것이다. 이 접근법은 토크 발생 성분 산정시 벡터도에서 수직 방향으로 발생하는 자화 전류의 페이서를 고려하지 않기 때문에 심각한 오류를 발생시킨다.

이 방법은 낮은 마력의 전동기에서 비교적 높은 값을 갖는 회전자와 고정자 권선에서의 손실을 무시한다. 그림 8-2의 원선도는 실제 부하 전류와 계산된 합성 전류의 부하점이 차이가 있음을 보여준다. 이 차이가 바로 오차로 나타난다.

이러한 명백한 이론적 오류 이외에도 일반적인 명판 자료에 의한 오차도 더해지게 된다. 즉, 정격 전류 오차는 정상적인 유도 전동기의 경우 대략 10% 정도 높다고 NEMA 자료에 기술되어 있다. 언급된 모든 오차 항목을 더하게 되면 결국 전류법이란 대략적인 기계 부하를 추정하는 데 사용될 수 있을 뿐 신뢰성 있는 부하 예측은 가능하지 않음을 알 수 있다.

(4) 통계법

통계법은 그룹을 대표하는 전동기에서 추출된 경험식과 유도 전동기로부터 측정한 데이터를 복합적으로 이용한다. 일반적인 전동기의 고정자와 회전자 저항, 마찰손과 권선손실, 스트레이 손실 등을 경험적으로 대입하고 측정된 고정자 전류와 극수를 프로그램에 입력한다. 예측된 일반적인 손실 항목과 고정자 전류를 이용한 부하점 예측과는 별도로 프로그램은 운전 효율도 예측한다. 이 방법 역시 전술한 다른 방법과 유사한 오차율을 갖는데 실제적인 성능과 명판에 기록된 기기 정보와의 편차가 역시 예상되기 때문이다.

아울러 통계적으로 얻어진 정보는 조사대상기기 정보가 지식 기반의 평균값에 접근할 때만 가능하다. 이런 이유로 이 방법은 예측 보전 기법에 적용하기에는 적절치 않은데 정규화 편차가 고려되지 않기 때문이다.

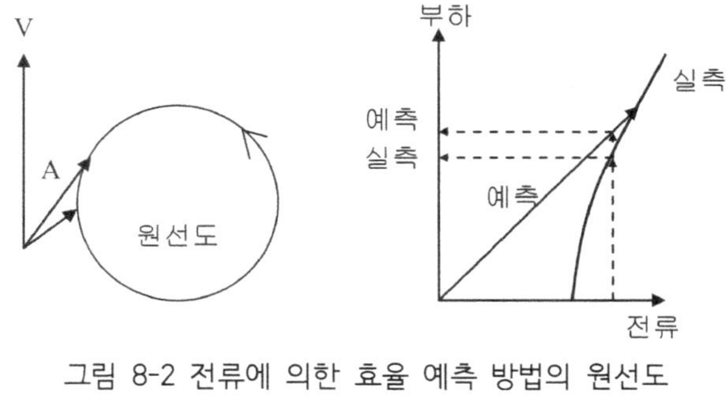

그림 8-2 전류에 의한 효율 예측 방법의 원선도

(5) 등가 회로법

그림 **8-3**은 유도전동기 한"상"의 등가 회로를 보인다. 고정자와 회전자의 등가 저항이고 X_s, X_r 고정자와 회전자의 누설 인덕턴스이다. X_m은 상호 또는 자화 인덕턴스이고, R_0은 코어의 손실, 그리고 S는 주어진 운전 조건에서의 슬립이다. 등가 회르의 각 요소들의 값은 특정한 적용 대상에 따라 달라진다.

공통적으로 전원이 연결되지 않은 상태에서 고정자 저항 R_s가 측정되고 무부하 상태에서 측정한 값을 이용하여 R_r을 예측하게 된다. 설계값과 같은 추가적인 명판 정보는 $\frac{X_s}{X_r}$ 비를 얻는데 이용되고, 무부하 상태와 각 부하점에서 측정한 역율은 각 인덕턴스 회로값을 분리하는데 사용된다. 본 등가 회로법은 각 부하점에서의 운전 효율을 예측할 수 있도록 하는 수단을 제공하나 마찰손, 권선 손실, 스트레이 손실과 같은 값을 무시하므로 정확성이 떨어진다.

본 등가 모델은 또한 고조파 성분이나 상간 불평형 값 등 효율 예측에 필히 사용되어야 하는 값을 고려하지 않는 점도 불리한 점이 될 수 있다. 또 다른 불리한 점으로는 본 방법은 기기 무부하와 전원 미가압 상태, 그리고 운전 부하에서의 다양한 측정값이 필요한 것이다. 아울러 기기 등가 회로 파라메터들이 유도전동기의 온도와 자속에 영향을 받지 않는다고 가정하는 것 역시 오차로 작용하게 된다.

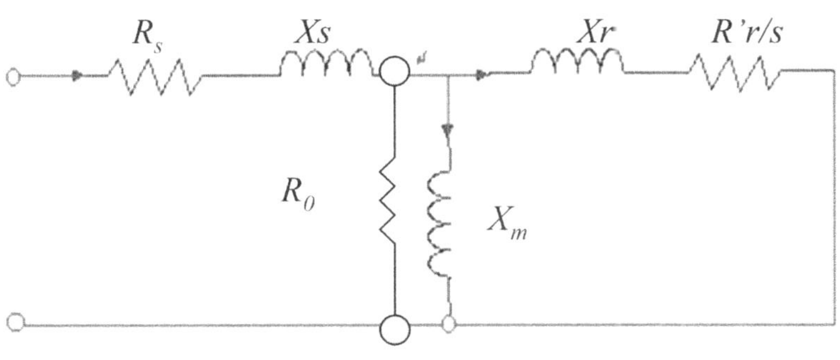

그림 8-3 유도전동기의 등가 회로

(6) 분리 손실법

이 방법도 등가회로법과 유사하며 식 (8-2)를 사용한다.

$$\eta = 1 - \frac{P_{loss}}{P_{in}} \tag{8-2}$$

총 전력 손실인 P_{loss}는 요소 별로 특성화시킨 후 전동기 입력전력P_{in}을 측정하여 효율 η를 구한다. 고정자 손실은 전원 미 가압상태에서 측정한 R_s를 이용하여 $I^2 \cdot R_s$을 계산하여 얻는다.

코어 손실과 마찰 및 권선 손실, 그리고 포유 손실 등은 공통적으로 지식 기반에 의해 예측한다. 회전자 저항값은 일반적으로 무부하 측정을 통해 구한다. 이 방법의 적용은 Vogelsang과 Benning에 의해 특허 등록되었다.

본 손실 분리 접근법은 등가 회로법과 유사한 장점이 있으나 측정 장치의 운전점에서 벗어난 부하 상태에서 성능을 예측하는 데는 별 장점이 없다.

(7) 공극(Air-Gap) 토크 방법

본 방법은 전동기 제어를 위해 광범위하게 사용되는 공극 토크식을 사용한다. 공극 토크는 전동기의 공극에서 발생하는 출력으로써 전동기의 축에서 생성하는 출력과 마찰손, 권선손, 그리고 표유 손실 토크를 합한 값과 같다. 따라서 전동기의 축 출력을 이용하여 효율을 추정하기 위해서는 전동기의 기계적 출력을 계산해야 하며, 이때 전동기 속도가 입력되어야 한다. 전술한 바와 같이 효율 계산에 필요한 공극 토크와 입력 전력은 전동기의 고정자에 공급되는 전압과 전류를 이용하여 계산한다.

전동기 구동기 제조업체의 많은 적용 결과 이 방법은 기기에 직접 센서를 설치하여 데이터를 얻을 필요가 없으면서도 높은 정확도를 갖는 것으로 판명되었다. 본 방법의 단점은 고정자 저항의 (R_s) 측정 또는 예측이 필요하고, 각종 손실이 적절히 예측되지 않으면 정확성을 기할 수 없다는 데에 있다. 본 방법의 현장 적용을 위한 상세한 내용은 8.3절에서 상세히 설명한다.

(8) 축 토크 방법

이 방법은 입력 전력과 기계 출력을 직접 측정하므로 가장 정확한 효율 측정이 가능하다. 기계적 출력은 토크 변환기(Torque Transducer)를 유도전동기와 부하간에 설치하여 측정한다. 단점으로는 센서를 직접 축에 설치하는 것이고, 산업 현장에서 전동기의 축에 고정된 센서를 설치하여 운영하는 것이 쉽지 않은 점이다. 토크 변환기를 교체하기 위해서는 상당한 기기 정지 시간이 소요되므로 생산성 저하를 가져온다.

아울러 토크 변환기는 적절히 고정되지 않을 경우, 정확도가 떨어질 수 있다. 따라서 실험실에서의 교정이 선행되어야 한다. 알려진 바와 같이 토크 변환기는 기계적 구조가 약하므로 빈번한 설치로 인한 손상이 쉽게 발생하고 재 교정이 요구된다.

의심의 여지없이 축 토크를 직접 측정하는 것은 중소규모 기기의 토크를 측정하는 가장 정확한 방법이며 대형기기에서는 정확도가 낮아진다. 그러나 센서를 축에 설치하는 치명적인 단점이 있어 현장에서는 선택적으로만 적용이 가능하다. 또한 대형 기기는 95% 이상의 효율로 운전되므로 기계적 토크를 정밀하게 측정하는 것은 실험실 환경 하에서는 기대하기 힘들다.

8.3 유도 전동기의 순시치를 이용한 효율의 측정, 분석 및 예측

8.3절에서는, 8.2절에서 고찰한 많은 효율 예측기법 중에서 측정의 편이성과 정확도, 그리고 경제성 및 실용성을 고려하여 공극 토크법에 대하여 상세하게 설명하고자 한다.

8.3.1 전동기 효율의 정의

식 (8-1)과 (8-2)을 이용하여 전동기 효율의 백분율을 표시하면 식(8-3)과 같이 정의할 수 있다.

$$\eta = \frac{P_{output}}{P_{input}} \cdot 100\% = 100\% - \frac{W_{LOSS}}{P_{input}} \cdot 100\% \qquad (8\text{-}3)$$

공극 토크법에 의한 효율 예측기법의 전체적인 개념은 그림 8-4와 같다. 그림에서 중요 항목에 대해 세 절로 나누어 설명하기 위해 블록 내부와 외부에 항목 번호를 추가하였다.

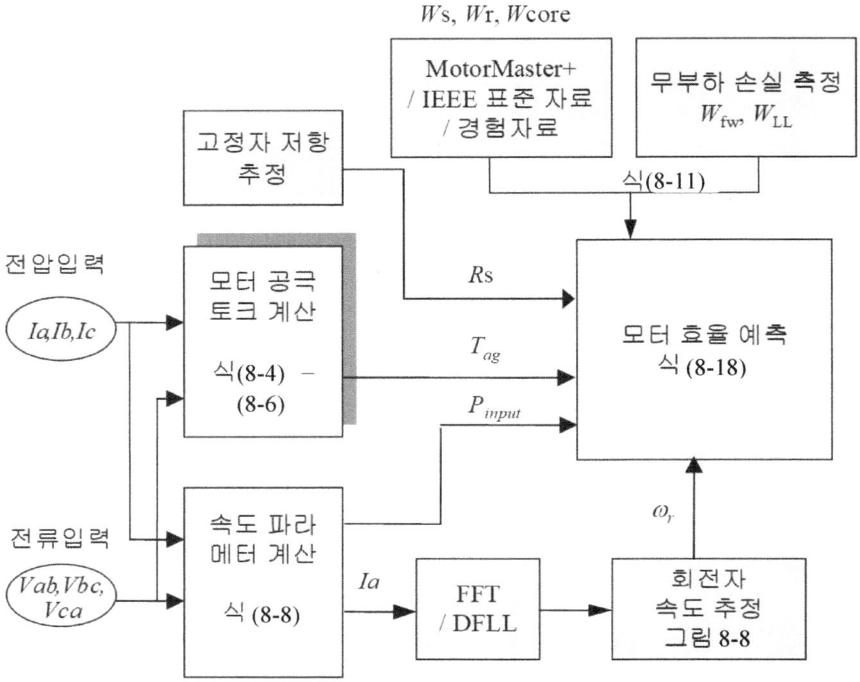

그림 8-4 공극 토크법에 의한 효율 예측 개념도

8.3.2 효율 예측 절차

그림 8-4와 같이 공극 토크법은 3상 유도 전동기의 입력 전압, 전류 순시치를 이용하여 공극 토크를 구하고, 전류와 전력 신호를 이용하여 속도를 예측한 후, 손실을 고려한 축동력(전력으로 변환)을 구하여, 입력 전력과의 비(比)로써 효율을 구하는 절차를 사용한다. 본 기법의 장점은 전동기의 설치위치가 아닌 전동기 제어반 (또는 부하반, 스위치기어반)이 설치된 전기실에서 정확도가 비교적 좋은 효율을 예측할 수 있다는 점이다.

본 기법은 다음의 주요 알고리즘이 사용된다.

- 전동기 공극 토크 계산 알고리즘
- 전동기 전력 계산 알고리즘
- 손실 측정 알고리즘
- 회전자 속도 추정 알고리즘

(1) 전동기 공극 토크 계산 알고리즘

1) 토크 계산 공식

전동기 공극 토크 T_e는 식 (8-4)를 이용하여 구할 수 있다. 공극 토크 T_e는 전동기의 출력과 마찰손, 권선손, 그리고 표유 손실 토크를 합한 값과 같다.

$$T_e = \frac{P}{2\sqrt{3}}\left\{(i_a - i_b)\cdot\int[v_{ca} - R_s(i_c - i_a)]\,dt - (i_c - i_a)\cdot\int[v_{ab} - R_s(i_a - i_b)]\,dt\right\} \quad (8\text{-}4)$$

전동기가 중성점이 연결되어 있지 않은 Y 결선이거나, Δ 결선인 경우, 두 상 전류값과 두 선간 전류, 그리고 선간 저항의 1.5배값을 이용하여 계산하는 공식은 식 (8-5)와 같다.

$$T_e = \frac{P\cdot\sqrt{3}}{6}\left\{(2\cdot i_a + i_b)\cdot\int[v_{ca} - R_s(i_c - i_a)]\,dt - (i_c - i_a)\cdot\int[-v_{ba} - R_s(2\cdot i_a + i_c)]\,dt\right\}$$

..........(8-5)

이 식을 d-q 좌표계를 이용하여 다시 기술하면 식 (8-6)과 같다.

$$T_e = \left(\frac{3}{2}\right)\left(\frac{P}{2}\right)(\lambda_{ds}\cdot i_{qs} - \lambda_{qs}\cdot i_{ds}) \quad (8\text{-}6)$$

여기서, P는 전동기의 극수, $\lambda_{ds,\,qs}$는 0°와 90° 지점에서의 고정자 기준 좌표계 (Reference Frame) 자속이고 $i_{as,\,ds}$는 0°와 90° 지점에서의 고정자 전류를 각각 나타낸다. 분석은 정지 좌표계에서 수행되므로 θ는 상수가 된다. 3상 좌표를 2상 d-q 좌표계로 변환하는 방법은 부록 1에 상세하게 기술되어 있다.

2) 고정자 저항 예측

상기의 방법을 이용하여 전동기 토크를 계산하기 위해서는 고정자 권선 저항을 아는 것이 중요하므로 전동기 정지시 $\mu\Omega$ 측정기를 이용하여 저항을 정확하게 측정하는 것이 가장 좋으나 본 절에서는 퍼센트 유닛(pu) 기법과 DC 주입법을 이용하여 고정자 저항을 예측하는 방법을 다루고자 한다. 소형 전동기는 (0.1pu)의 고정자 저항을 갖고 있는 반면 대형 전동기의 경우, 일반적으로 0.01pu 정도의 값을 갖는다. 고정자 저항 값을 지수에 따라 조절하는 슬라이딩 스케일(Sliding scale)방법은 유사한 지식 기반을 이용하여 유추하며 지침으로서 전동기의 정격 전력의 사용자 입력 값을 이용한다.

이 가정에 의해 발생하는 오차는 토크 계산에 직접적인 오류를 가져온다. 그럼에도 불구하고, 현장 적용의 경우 고정자 저항 산정 오차에 의해 같은 데이터를 이용하여 계산한 토크가 큰 오차를 나타내지는 않는다. 그 이유는 그림 8-3 등가회로의 주 전류 경로를 보면 알 수 있는데 전류가 등가회로의 외부 메쉬를 순환하기 때문이다. 회전자 저항 성분 R_r은 고정자 저항 성분 R_s과 같은 오더의 크기를 갖는다. 전동기가 표준 운전 상태에 있고 60 Hz로 운전될 때 R_r을 슬립 s로 나누면 고정자 저항과 비교하여 매우 큰 등가 부하 저항이 된다. 이 같이 큰 저항 성분은 회전자에 인가된 기계적 전력과 저항 손실 I^2R로 모델링된다. 이와 같이 매우 큰 전압 강하는 외부 메쉬의 회전자 등가 저항 요소에 의해 나타나기 때문에 고정자 저항에 의한 오차가 상대적으로 적으며 토크에 미치는 영향도 크지 않게 된다.

그러나 전동기가 정격 주파수로 운전되지 않고 가변 주파수 드라이브의 낮은 주파수 대역에서 운전될 경우, 고정자 저항 오차는 매우 큰 토크 오차를 일으킨다. 따라서 가변 주파수 드라이브에 의해 운전되는 기기의 경우, 고정자 저항은 정밀 측정값을 사용해야 한다. 3)절에 온라인 상에서 전동기의 저항값을 감시하는 회로를 설명하였다.

3) DC 시그널 주입 방법에 의한 고정자 저항 예측기법

DC 시그널 주입 방법은 고정자 저항 Rs을 매우 정확하게 예측할 수 있는 방법이다. 그림 8-5와 같이 본 방법은 MOSFET 제어 회로를 이용하여 제어 가능한 간헐적인 DC 바이어스를 전동기에 주입하고 주입된 DC-전류의 옵셋을 측정하여 저항을 예측한다. 이 방법의 장점은 다음과 같다.

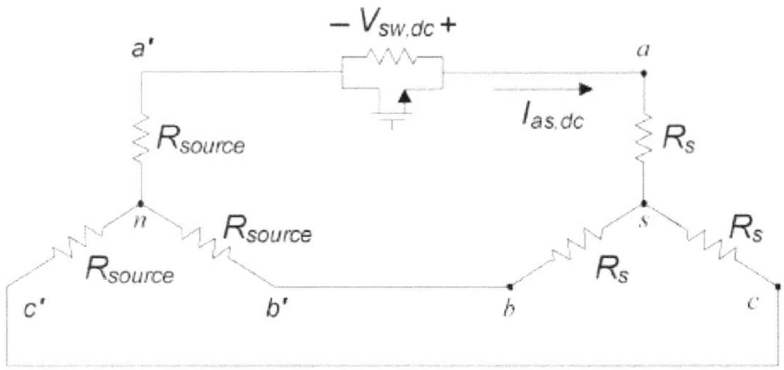

그림 8-5 DC 시그널 주입 방법에 의한 고정자 저항 예측 회로도

- 고정자 저항 예측값이 매우 정밀하다.
- 전동기의 과도 상태시에도 적용 가능하다.

그러나 이 방법은 다음의 단점도 있다.

- 추가적인 회로가 필요하고 비용이 증가한다.
- 주입회로의 설치는 매우 높은 수준의 침투 방법이다.
- 주입된 DC 신호로 인해 고정자의 불균형이 초래된다.

(2) 전동기 전력 계산 알고리즘

1) 실효값의 계산

3상 전압과 전류값은 각각의 실효치를 계산하는 입력으로 사용된다. 실효치를 구하기 위해 식 **(8-7)**이 사용된다.

$$rms(f) = \frac{\sqrt{\sum_i (f(i))^2}}{n} \qquad \textbf{(8-7)}$$

여기서, n은 함수 $f(i)$의 샘플수이다.

다음은 채널당 유효전력 P_j를 전압-전류 채널을 수치 적분하여 식**(8-8)**과 같이 구한다.

$$P_j = \frac{1}{T}\int_{t_0}^{t_0+T}(v_j(t)\cdot i_j(t))dt \qquad \textbf{(8-8)}$$

시간-이산적 신호를 처리하여 적분값을 얻기 위해서는 수치적 근사 방법을 사용한다. 적분값은 다음과 같은 심슨의 1/3 법칙을 개선한 식 **(8-9)**를 이용하여 세 점을 잇는 2차 곡선의 적분값을 이산적으로 산출한다. 물론 적분 함수의 수치적 근사 방법으로 마름모꼴 방법, 삼각법 등이 사용될 수 있으며 높은 샘플링률의 신호 적분 성능은 거의 비슷한 것으로 판단된다.

$$F(0)$$

$$F(n+1) = F(n) + \frac{1}{6}(f(n-1) + 4\cdot f(n) + f(n+1)) \qquad \textbf{(8-9)}$$

본 적분식은 n차의 샘플에 가중치를 두고 인접한 신호는 상대적인 영향이 적도록 조정함으로써 급격하게 변화하는 신호의 적분에 적합하도록 하였다. 이 경우, 적분 구간 선정이 적절하지 않을 경우 라운딩 오차 등이 누적되어 거짓 값(Aliasing)을 출력할 수 있으므로 주의해야 한다.

각 상 전력은 적분된 전압-전류 스트링의 결과 값을 샘플링 시간으로 나누어 계산한다. 역율을 구하는 공식은 식 (8-10)을 사용한다. 각 채널의 전압과 전류의 실효치를 곱한 결과가 각 상의 피상 전력(Complex power)이 된다. 식에서 s가 피상 전력이다.

$$pf = \frac{P}{S} \tag{8-10}$$

3상 종합 역율은 각 상의 역율 평균을 취해서는 얻어지지 않는다. 페이서를 이용하여 실수 성분과 복소수 성분으로 나누어 계산 후 종합해야 얻을 수 있다.

2) 손실 측정 알고리즘

전동거의 기계적인 운전 토크와 전기적으로 계산되는 공극 토크와의 차이는 전동기의 마찰손실, 권선손실 및 포유손실에 의해 발생한다.

이와 같은 손실은 지식기반 추론엔진을 이용하여 예측할 수 있다. 통계적 방법론에 기반을 둔 이 엔진은 전동기의 극쌍수와 정격데이터 그리고 제작사의 설계자료를 종합적으로 이용하여 손실량을 산출한다. 만일 예측 토크와 측정 토크를 이용한 교정 데이터를 이용할 경우 지식기반 추론엔진의 정확도는 획기적으로 높아진다. 즉, 전동기의 축과 다이나모메터와 같은 부하 발생장치 사이에 토크 센서를 부착하고 부하의 변동에 따라 전동기의 축에서 발생하는 기계적 토크(T_m)를 실제로 측정한 후 이를 전기적 토크(T_e)와의 차이를 구하면 이는 실제 전동기의 총 손실이 된다. 이 데이터를 추론엔진이 예측한 결과와 비교하면 정확도를 산출할 수 있다.

그러나 모든 용량, 모든 형식의 전동기를 모두 검증한 데이터는 존재하지 않으므로 높은 예측 정확도가 요구되는 전동기의 경우는 시험을 위한 테스트 설비를 갖추어 손실량을 결정한 후 이 결과를 추론엔진에 입력시켜 예측 정확도를 높이는 방법을 사용할 필요가 있다. 이러한 경우라 할지라도 전동기는 운전 시간 경과, 보수, 사용 환경 요인 등에 따라 성능이 변하게 되므로 기계적 예측 토크에 대한 일정 이상의 오차는 피할 수 없다.

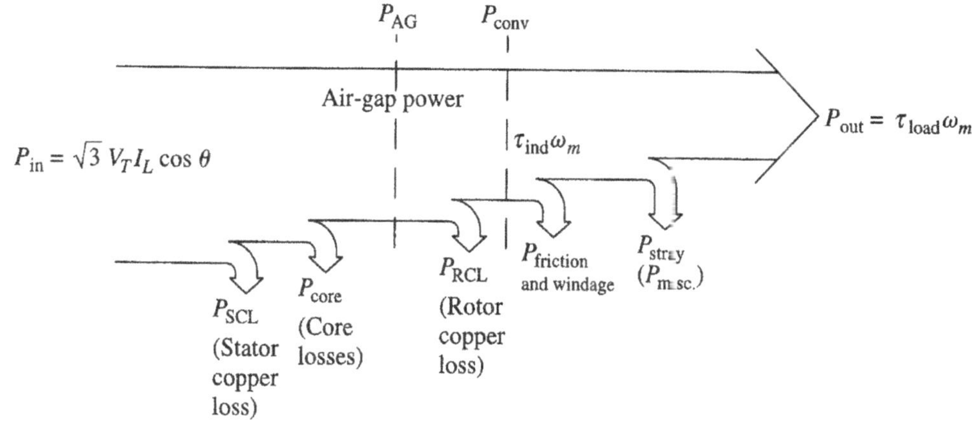

그림 8-6 손실과 전력의 흐름도

그림 **8-6**은 손실과 전력의 흐름도를 나타낸다. 유도전동기에 전압과 전류가 입력되어 전력의 형태로 공급되면 고정자에서 공극으로도 전력이 전송된다. 물론 이 과정은 순수한 전력의 형태가 아닌 자속의 형태로 전송되지만 간략하게 전력으로 전송된다고 가정할 때 전송과정의 손실은 고정자 동손과 히스테리시스손 및 와류손이 가장 크다.

이 전력이 공극을 거쳐 회전자에 전송되는 과정에는 다음의 손실이 발생한다.

- 회전자 전도성 (I^2R) 손실 : P_{RCL}
- 고정자 전도성 (I^2R) 손실 : P_{SCL}
- 코어(히스테리시스손 및 와류손) 손실 : P_{CORE}
- 마찰 및 풍손 : $P_{F\&W}$
- 표유손(표면 효과 등에 의한 손실) : P_{LL}

전동기의 총 손실을 확인하는 것은 전동기의 효율을 예측하는 것과 같다. IEEE Std-112 part 5는 유도전동기의 손실을 다음의 다섯 가지로 분류하고 있다.

$$\begin{aligned} P_{Loss} &= P_{input} - P_{output} \\ &= P_{SCL} + P_{RCL} + P_{CORE} + P_{F\&W} + P_{LL} \end{aligned} \tag{8-11}$$

여기서, P_{input} P_{output} = 전동기의 입력전력, 출력전력
P_{Loss} = 전동기의 총 손실
P_{SCL} = 고정자 권선 손실
P_{RCL} = 회전자 동손
P_{CORE}= 코어 손실
$P_{F\&W}$= 풍손 및 마찰손
P_{LL}= 표유손

고정자 권선 손실 P_{SCL}는 삼상 전동기인 경우 $1.5I^2R$에 비례한다. 여기서 I는 전동기 단자에서 측정 또는 계산된 전류의 실효값이고 R은 전동기 단자에서 측정한 선간 저항으로 고정자 저항 Rs의 두 배가 된다.

회전자의 전도성 손실 P_{RCL}은 회전자 권선에서 발생하는 손실이다. 권선형 회전자의 경우 브러쉬 접촉으로 인한 저항을 포함한 손실로 정의되며 식 (8-12)와 같이 슬립의 함수로써 다시 표기할 수 있다.

$$P_{RCL} = (P_{input} - P_{SCL} + P_{CORE})\cdot s \quad (8\text{-}12)$$

여기서, s는 슬립을 나타낸다.

코어의 손실 P_{CORE}는 철심의 자화 히스테리시스 및 와전류에 의한 것이다. 이는 고정 전압인 경우 대략 입력 전압의 제곱에 비례한다. 코어 손실은 무부하로부터 전부하까지 일정하므로 무부하 시험을 통해 측정한다.

풍손과 마찰에 의한 손실 $P_{F\&W}$은 전동기의 기계적 회전 시 발생한다. 이 손실 역시 무부하로부터 전부하까지 일정하므로 무부하 시험을 통해 측정한다.

표유 손실 P_{LL}은 상기 전동기의 손실 PLoss, P_{SCL}, P_{RCL}, P_{CORE}, 그리고 $P_{F\&W}$를 모두 합한 값과 총 손실 P_{Loss} 의 차로 정의된다. 이는 고정자에서의 표유손실 P_{LL}과 회전자의 표유손실 P_{LL} 두 부분으로 나눌 수 있다.

전동기에 인가된 전력이 고정자를 거쳐 공극에 전송되는 과정에서 고정자 동손과 코어 손실이 식 (8-13)과 같이 발생된다.

$$P_{AG} = P_{in} - P_{SCL} - P_{CORE} \quad (8\text{-}13)$$

유도 전동기의 기계적 출력은 식 (8-14)와 같이 표기한다. 그림에서 표기한 바와 같이 기계적 출력은 회전자의 동손을 고려한 값이나, 전동기의 마찰, 풍손과 표유손을 고려한 출력은 아니다.

$$P_{conv} = (1-s)P_{AG} \tag{8-14}$$

마찰, 풍손과 표유손을 고려한 출력은 식 (8-15)와 같이 표기한다.

$$P_{output} = P_{conv} - P_{F\&W} - P_{nise} \tag{8-15}$$

기기의 발생 토크란 출력으로 나오는 이용 가능한 실제 토크로 식 (8-16)으로 표기한다.

$$T_{ind} = \frac{P_{conv}}{\omega_m} \tag{8-16}$$

변하지 않는 공극 전력과 동기속도의 항으로 토오크 표현한 결과는 식 (8-17)과 같다.

$$T_{ind} = \frac{P_{AG}}{\omega_{sync}} \tag{8-17}$$

전동기의 등가회로가 작성되면 전동기의 손실은 그림 8-7과 같이 명판 데이터와 "MotorMaster+" 또는 IEEE 표준에 의해 산출된다. 미국 DOE에서 개발한 MotorMaster+는 20,000여 개의 AC 전동기에 대한 데이터베이스와 성능 정보를 수록하고 있다.

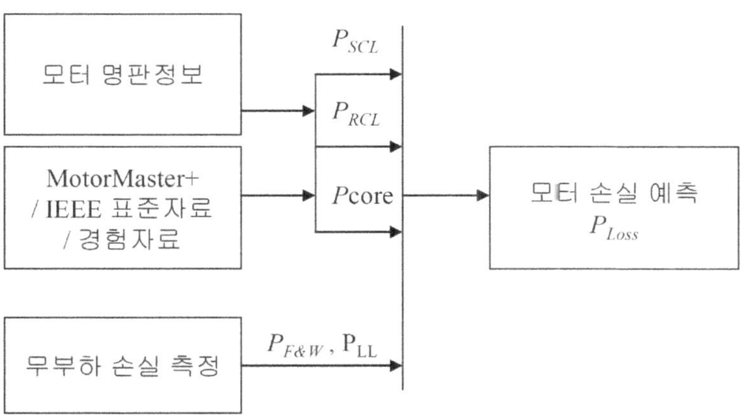

그림 8-7 전동기 손실 예측 개념도

3) 회전자 속도 추정 알고리즘

온라인 상에서 전동기의 속도를 프로세스에 대한 개입 없이 비침투법으로 예측하는 방법은 5장과 6장에서 상세히 설명하였다. 본 속도 예측 알고리즘은 다음의 기법이 사용된다.

- 편심에 의한 전동기 속도 추정 기법 : FFT 알고리즘 사용
- 디지털 주파수 폐 루프 : DFLL 알고리즘 사용

FFT 알고리즘을 사용하는, 편심에 의한 전동기 속도 추정기법은 전압, 전류, 토크, 전력, 상 임피던스 등 다양한 신호원을 이용하여 수행할 수 있다. 다음 단계는 많은 속도 주파수 성분 중에서 순수한 운전 속도 정보를 추출하는 것이다. 많은 주파수 성분들은 운전 속도 추출을 어렵게 만든다.

표 6-18에 명기된 속도 추출 방법은 19개의 서로 다른 정보를 제공한다. 하지만 하나의 방법으로 추출한 속도 정보가 나머지 18개 정보와 일치하는 경우는 거의 없다. 따라서 가장 개연성이 높은 속도를 측정하는 다음의 세 가지 방법이 사용될 수 있다.

- 모든 예측 속도 성분의 평균값을 얻는 방법
- 평균값에 근접하는 절대 다수만을 대상으로 평균을 취하는 방법
- 신호 세기가 큰 다수 평균

(3) 효율 예측

3상 유도 전동기의 단위 효율은 전동기의 입력과 출력의 비로 표시될 수 있다.

$$\eta = \frac{P_{mech} - P_{rot}}{P_{mech} + P_{res}} \quad \text{(8-18)}$$

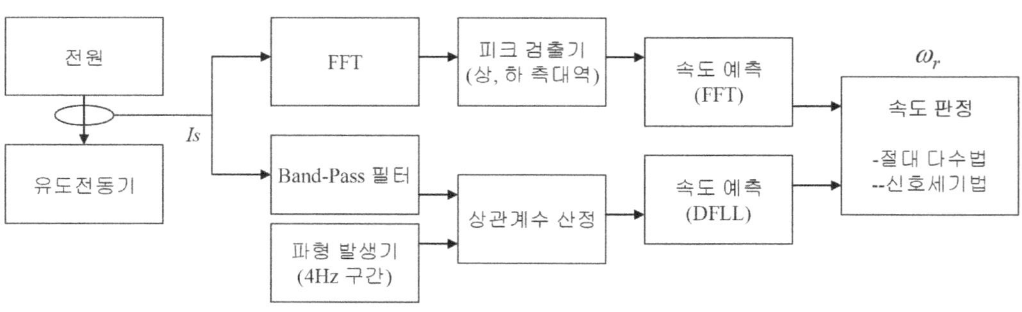

그림 8-8 속도 예측 알고리즘 개념도

여기서, P_{mech}는 3상 기계적 출력이고,
P_{res}는 저항 손실(resistive losses)이며,
P_{ort}는 회전 손실(rotational losses)이고,
h는 3상 유도 전동기의 단위 효율이다.

전동기의 효율을 예측하기 위한 입력 변수는 다음과 같이 요구된다.

- 입력 전력
- 전동기의 축 토크
- 전동기의 속도

효율 예측 알고리즘 수행의 첫 단계는 실효치 계산 블록에서 입력 전력을 구하는 것으로부터 시작된다. 입력 전력은 전압과 전류의 순시치를 이용하여 산출한다.

효율을 추정하기 위해 식 (8-19)의 기계적 출력을 계산해야 하며, 이때 전동기 속도가 입력되어야 한다. 여기서 $\omega_r = \frac{n_r}{60}$이고 n_r은 회전자 속도를 나타낸다. 따라서 회전자 속도가 정확하게 예측되어야 함을 알 수 있다.

$$P_{mech} = 2\pi \cdot \omega_r \cdot T_e \tag{8-19}$$

부하에 의해 요구되는 토크 T_L 은 식 (8-20)과 같이 표기된다.

$$T_L = \frac{P_{mech} - P_{rot}}{2\pi \cdot \omega_m} \tag{8-20}$$

여기서 ω_m는 전동기 속도이다.

부하 출력의 결과식은 식 (8-21)과 같다.

$$P_{Load} = \frac{T_L \cdot 2\pi \cdot \omega_m}{60} \tag{8-21}$$

따라서 부하 변동에 의한 전동기 효율을 식으로 나타내면 식 (8-22)와 같다.

$$\eta = \frac{P_{Load}}{P_{mech} + P_{res}} \tag{8-22}$$

8.3.3 시뮬레이터를 이용한 전동기 효율 예측 결과

(1) 시뮬레이터의 제작

전 장에서 소개한 효율 예측 이론과 구현결과에 대한 실증을 위해 실험 장치를 다음과 같이 구축하였다.

그림 8-9의 실험 장치는 파우더 브레이크에 인가되는 DC 전압을 조절하여 브레이크가 전동기의 축에 마찰력을 일으키는 형태로 제작되었고, 전동기와 파우더 브레이크 축 사이에 속도와 토크 측정용 트랜듀서가 연결된다. 트랜듀서에는 속도 지시계와 토크 지시계가 설치되었다.

시험은 기동을 거쳐 3초 동안에 30% 부하를 인가하고 60% 부하에 도달하게 하였다가 다시 최대 부하를 인가한 후 60% 부하를 거쳐 30%에 이른 후 무부하 상태가 되게 하면서 예측 토크의 값이 측정된 토크값과 일치하는지를 측정하였다. 그림 8-10과 같이 측정값과 예측값은 거의 같은 것으로 나타났다.

이 6초의 시험 시간 동안, 정지 토크, 고장 토크와 토크-속도 곡선이 계산되며 모든 운전 범위에서의 전압, 전류, 전력의 상태가 계측된다. 전동기의 생산 공정에서는 각 전동기가 충분한 열적 안정 상태를 유지하도록 하는 충분한 시험 시간을 허락하지 않는다.

반대로 수동 시험 모드는 시험 시간과 부하 상태를 시험자가 설정할 수 있다.

온도 평형은 효율 예측 장치가 지식 기반을 이용하여 예측하는 마찰 손실과 권선 손실을 예측하기 위한 열람 테이블의 정확도를 평가하기 위해 매우 중요한 환경 요소이다.

그림 8-9 전동기 효율 예측 시뮬레이터의 사진

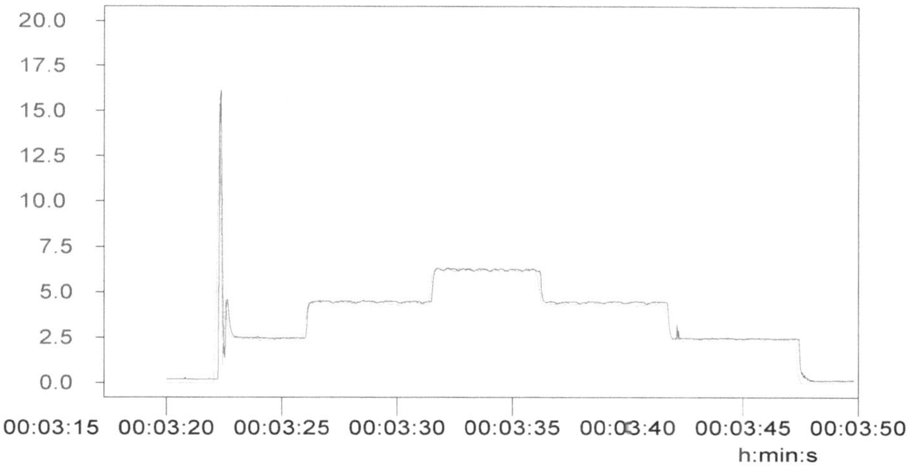

그림 8-10 전동기의 토크 시험 결과

소형 전동기 생산 공장에서는 총 10초 이내에 전동기의 설치와 시험이 완료되어야 하므로 실험실의 전동기 시험 설비와는 형태가 다른 시험 장치를 이용한다. 실험실에서 전동기와 토크 트랜듀서를 커플링으로 견고하게 체결하는 방식은 생산 공장에서는 사용할 수 없으므로 가압된 공기 구동 클러치를 이용하게 된다.

(2) 전동기 효율 측정 오차 분석

이미 설명한 바와 같이 전동기 효율의 오차 요소는 전력, 속도, 토크의 3가지 항목이다. 따라서 이 요소의 불확도를 낮게 관리하는 것이 효율 예측의 정확도를 높이는 바른 길이 된다.

표 8-2에 50% 부하시 시뮬레이터에 의해 예측된 토크값을 표기하였다.

여기서 계통 오차(biased error)는 계측치와 예측치와의 차이다. 이는 식 (8-23)에 의해 계산된 값이다. 표와 같이 토크의 계통 오차는 4% 이내로 계산되었다.

$$\epsilon_{biased} = \frac{1}{n}\sum_{i=1}^{n}\frac{|C_{C_i} - C_i|}{|C_{C_i}|}\cdot 100 \qquad (8\text{-}23)$$

여기서, ϵ_{biased}는 계통 오차(biased error(%))이고,

C_{C_i}는 측정치이며,

C_i는 예측치이다.

표 8-2 전동기의 상태별 50% 부하시 평균 토크 및 계통 오차

전동기 상태	평균 토크	계통 오차
정상 상태	34.91 N.m	3.67%
정적 편심	33.66N.m	3.46%
베어링 외륜 손상	35.45N.m	2.47%

표 8-3 전동기 속도 예측 결과 (단위 : RPM)

전동기 부하	예측 속도	측정 속도	편차
25%	1780.8	1781	0.2
50%	1770.8	1771	0.2

이 시뮬레이터의 효율 측정 오차 계산은 SRSS(Square root square sum)에 의해 다음과 같이 구하였다. 전력 측정의 오차는 1%로 가정하였고, 속도 오차는 표 8-3에 얻어진 것과 같이 최대 0.5%로 가정하였다. 이 값을 이용한 결과는 0.367%의 오차를 가지고 있음을 알 수 있다.

$$\epsilon_{eff} = \sqrt{\epsilon_{eff}^2 + \epsilon_{power}^2 + \epsilon_{speed}^2)} = \sqrt{(0.0367^2 + 0.01^2 + 0.005^2)} = 3.67\%$$

8.4 효율을 이용한 전동기 구동 기기의 진단 사례

8.4.1 펌프 유량 감시 기법

(1) 이론적 배경

전동기의 축에서 생성하는 출력을 토크와 속도의 함수로 산출하는 방법은 이미 7.3.2절에 설명하고 있고 식 (8-25)와 같다.

$$P_P = \frac{T_{load} \cdot 2\pi \cdot n_r}{60} \tag{8-25}$$

펌프를 구동하기 위해 전동기가 생성하는 식 (8-26)과 같이 전동기의 효율과 출력의 함수로 표기할 수 있다.

$$P_P = P_{motor}\frac{\eta_{motor}}{100} \tag{8-26}$$

이 출력으로부터 펌프의 축동력(BHP(P_p))를 계산하고 Q-BHP curve로부터 유량을 계산한다. 축동력(Shaft or Brake horsepower)은 전동기에 의해 펌프를 운전하는 데 필요한 동력으로 수동력에서 각종 손실(효율)을 고려한 동력이다. 식 (8-27)은 축동력을 계산하는 공식이다.

$$BHP = \frac{\gamma \cdot Q \cdot H}{3960 \cdot \eta}(HP)$$
$$BHP = \frac{0.00272 \cdot \gamma \cdot Q \cdot H}{\eta} \tag{8-27}$$

여기서, P_W = 수동력

γ = 비중량$\left(\frac{ibf}{ft^3}\right)$

Q = 유량(GPM)

H = 수두(m)

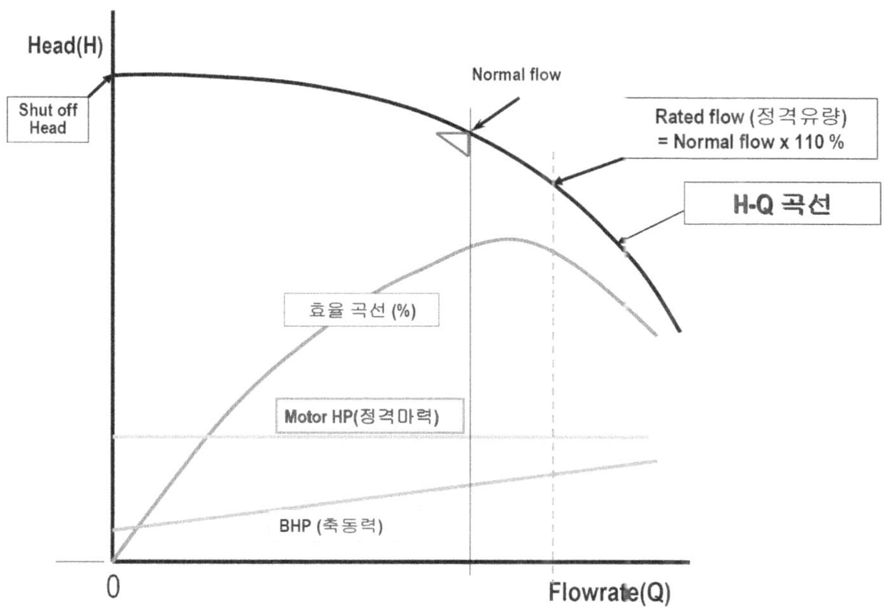

그림 8-11 펌프의 각종 상관 곡선 예시

아울러 Q-H로부터 Head를 계산하여 수동력(Hydraulic Horse Power(P_w))를 계산한다. 수동력은 펌프에 의해 유체(물)에 공급되는 동력으로 식 (8-28)과 같다.

$$P_W = \gamma \cdot Q \cdot H \tag{8-28}$$

효율 = P_w/P_p계산식을 이용하여 효율을 계산하여 효율의 변화로부터 펌프의 이상상태를 진단할 수 있다.

펌프의 효율은 전효율(Total efficiency) 체적효율(Volumetric efficiency) 및 수력효율로 다음 식과 같이 정의할 수 있다.

$$\text{전효율} = \frac{\text{수동력}}{\text{축동력}} \tag{8-29}$$

$$\text{체적효율} = \frac{\text{펌프가 송출하는 유량}}{\text{임펠러를 통과하는 유량}} \tag{8-30}$$

$$\text{전효율} = \frac{\text{축동력} - \text{손실동력}}{\text{축동력}} \tag{8-31}$$

$$\text{수력효율} = \frac{\text{실제양정}}{\text{이론양정}} \tag{8-32}$$

저 용량, 저속 전동기를 사용하는 펌프의 경우는 효율이 저하되고, 대용량이며 높은 속도로 운전되는 펌프의 효율이 증가하는 것이 일반적인 경향이다. 또한 수평 Split형 펌프의 효율이 수직 Split 펌프보다 높다.

(2) 펌프 비정상 상태와 유량 및 펌프 효율 감시 기법과의 통합

펌프의 유량 대 수두(Q-H), 유량 대 축동력(Q-BHP), 유량 대 효율(Q-효율) 곡선은 펌프가 정상으로 작동하는 상태에서의 값을 측정 또는 계산하여 얻게 된다. 따라서 전동기의 출력을 측정하여 토오크를 계산하고 펌프의 BHP를 계산한 후 Q-BHP 곡선을 이용하여 구한 유량 값은 펌프의 정상 운전상태에서의 유량값으로 한정된다.

펌프가 정상운전 상태라도 펌프후단 계통의 저항상태에 따라 펌프 운전점이 변하게 되면 BHP 값이 증가 또는 감소한다. 이 경우 펌프는 정상상태이지만 BHP는 증가하고 유량은 감소할 수 있다. 또는 반대의 경우인 BHP는 감소하고 유량은 증가할 수 있다. BHP와 유량의 변화로 펌프 운전점의 변화는 알 수 있지만 펌프의 정상 또는 비정상을 판단할 수 없다. 그러므로 펌프의 비정상 상태를 전원 분석 기법을 이용하여 별도로 판단하는 것이 필요하다.

만일 펌프가 고장이 발생하여 이상상태가 발생하면 실제상황은 BHP가 증가하지만 유량은 변화가 없게 된다. 유량변화가 있을 정도면 대형사고가 발생한 것이므로 즉시 펌프를 정지해야 한다.

(3) 펌프 유량 및 효율 예측 정확도 향상 방안

전동기 출력 측정자료뿐만 아니라 펌프 유량자료 또는 운전상태를 나타낼 수 있는 입, 출구 수두차등의 자료를 입력으로 받아 실제 펌프 운전점을 기록하여 사용하면 유량 및 효율 예측의 정확도를 향상시킬 수 있다. 실제 펌프 운전점에서 BHP를 계산하여 전동기 출력으로부터 계산한 BHP와 비교하면 펌프의 이상상태 발생여부를 판단할 수 있다. 동일한 방법으로 실제 펌프 운전점에서의 수동력을 계산하여 전동기 출력으로부터 계산한 BHP로부터 효율을 계산한 후 펌프 정상상태의 효율과 비교하여 펌프 이상상태를 진단할 수 있다.

(4) 펌프 효율 계산 결과

그림 8-12는 상기 방법을 이용하여 예측한 유량값을 실측값과 비교한 것이다. 유량 예측값이 실측치에 근사함을 알 수 있으며, 축동력이 변동하여도 잘 추종하고 있음을 알 수 있다.

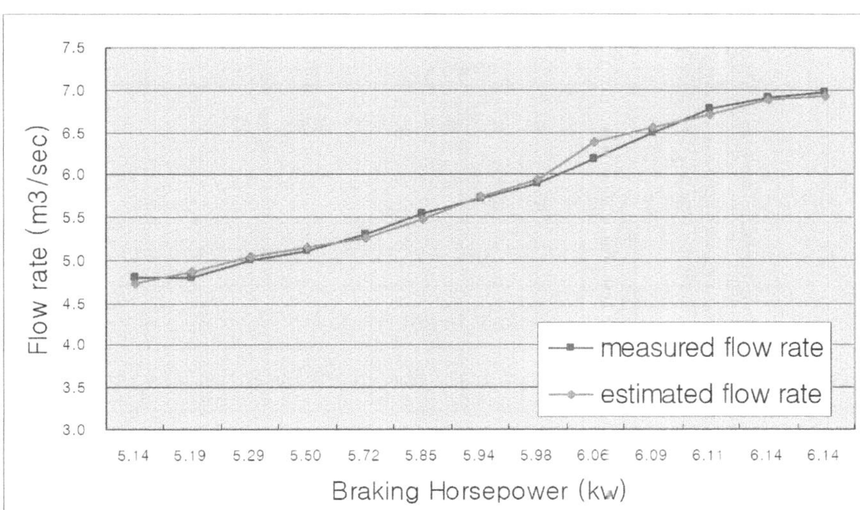

그림 8-12 축동력을 이용한 유량 예측 비교 결과

8.4.2 효율 곡선의 패턴 비교를 통한 전동기 비정상 상태 진단

그림 8-13은 전동기의 상태별 효율 곡선을 나타낸다. 전동기의 상태는 출력 단계별 효율 값을 변동시켜 전체적인 형상을 변화시킨다. 따라서 이 형상을 이용하여 전반적인 상태를 파악할 수 있다.

효율 곡선의 패턴이 정상 상태의 것과 유사한지를 파악하기 위해 상태별 곡선을 3차 다항식으로 회귀분석(Polynomial regression)하고 이를 이용하여 정상 상태와의 상관계수를 도출하였다. 3차 다항식은 식 (8-33)과 같이 표기되고 회귀분석 결과는 표 8-4와 같이 표현된다.

$$Y = A + Bx + Cx^2 + Dx^3 + \ \cdots \tag{8-33}$$

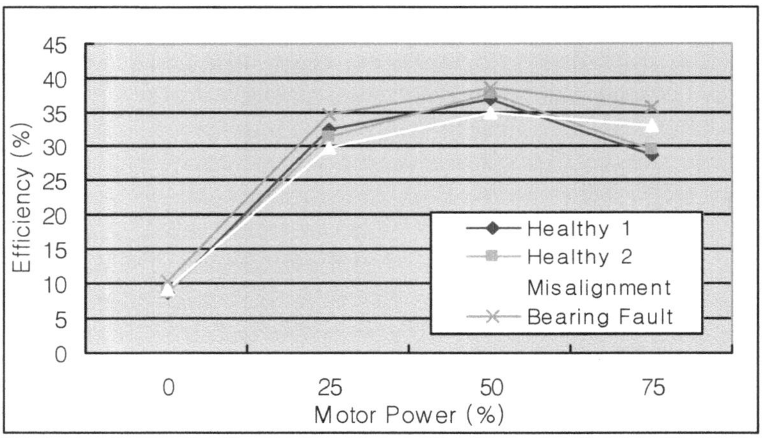

그림 8-13 전동기 상태별 효율 곡선

표 8-4 전동기의 각 상태별 다항식 표현법

Normal 1	Y = 1.0317 X^3 - 15.735 X^2 + 63.673 X - 40.29
Normal 2	Y = 0.3533 X^3 - 10.415 X^2 + 51.592 X - 32.9
Misalignment	Y = 1.4683 X^3 - 16.65 X^2 + 60.462 X - 36.23
Bearing Faults	Y = 1.755 X^3 - 20.725 X^2 + 74.26 X- 45.04
	여기서, X = 0.025 (% power)

표 8-5 각 상태별 상관 계수

	Healthy	Misalignmert	Bearing Fault
Healthy	1	NA	NA
Misalignment	0.397	1	NA
Bearing Fault	0.744	0.909	1

3차 다항식에 대한 상관 계수는 식 **8-34**에 의해 산출된다.

$$r^2 = 1 - \frac{\sum_{i=1}^{n}(y_i - y(x_i))^2}{\sum_{i=1}^{n}(y_i - \langle y \rangle)^2} \tag{8-34}$$

여기서, $\langle y_i \rangle = \frac{\sum_{i=1}^{n} y_i}{n}$

표 **8-5**는 각 상태별 상관 계수이다. 정상 상태와 축정렬 불량의 상관 계수는 **0.397**로 나타나, 자기 상관 계수보다 매우 낮게 나타나고 있다. 또한 정상 상태와 베어링 결함의 경우에는 **0.744**로 낮아짐을 알 수 있다.

참고문헌

[1] B. Lu, T. G. Habetler, and R. G. Harley, "A survey of available methods for evaluating in-service motor efficiency," Georgia Inst. Technol., Atlanta, EATONWSN Res.Rep., Oct. 2004

[2] T. G. Habetler, R. G. Harley, R. M. Tallam, S. B. Lee, R. Obaid, and J. Stack, "Complete current-based induction motor condition monitoring: Stator, rotor, bearings, and load," in Proc. CIEP VIII IEEE Int. Power Electron. Congr., Oct. 2002, pp. 3–8

[3] J. Hsu, J. Kueck, M. Olszewski, D. Casada, P. Otaduy, and L. Tolbert, "Comparison of induction motor field efficiency estimation methods," IEEE Trans. Ind. Appl., vol. 34, no. 1, pp. 117–125, Jan./Feb. 1998

[4] J. D. Kueck, M. Olszewski, D. A. Casada, J. Hsu, P. J. Otaduy, and L. M. Tolbert, "Assessment of methods for estimating motor efficiency and load under field conditions," Oak Ridge Nat. Lab., Oak Ridge, TN, Oak Ridge National Laboratory Rep. ORNL/ TM-13165, 1996

[5] A. Wallance, A. Von Jouanne, E. Wiedenbrug, E. Matheson, and J. Douglass, "A laboratory assessment of in-service and non-intrusive motor efficiency testing methods," Electr. Power Compon. Syst., vol. 29, no. 6, pp. 517–529, Jun. 2001

[6] J. D. Kueck, "Development of a method for estimating motor efficiency and analyzing motor condition," in Proc. IEEE Pulp and Paper Ind. Tech. Conf., Jun. 1998, pp. 67–72.

[7] W. Benning, "Method of determining the efficiency of asynchronous motors and apparatus for carrying out the method," U.S. Patent 5 659 232, Aug. 19, 1997

[8] R. L. Nailen, "Finding true power output isn't easy," Electr. App., Feb. 1994

[9] "In-plant electric motor loading and efficiency techniques," Ontario Hydro, Toronto,ON,Canada,MarketLiterature.

[10] B. S. Guru and H. R. Hiziroglu, Electric Machinery and Transformers, 3rd ed. NewYork:OxfordUniv.Press,2001, ch. 8.

[11] J. R. Holmquist, J. A. Rooks, and M. E. Richter, "Practical approach for determining motor efficiency in the field using calculated and measured values," IEEE Trans. Ind. Appl., vol. 40, no. 1, pp. 242–248, Jan./Feb. 2004

[12] Motors and Generators, NEMA MG1-2003 Standard, 2003

[13] IEEE Standard Test Procedure for Polyphase Induction Motors and Generators, IEEE

Standard 112-2004, Nov. 2004
[14] Y. El-Ibiary, "An accurate low-cost method for determining electric motors' efficiency for the purpose of plant energy management," IEEE Trans. Ind. Appl., vol. 39, no. 4, pp. 1205–1210, Jul/Aug. 2003
[15] A. Dell'Aquila, L. Salvatore, and M. Savino, "A new test method for determination of induction motor efficiency," IEEE Trans. Power Appl. Syst., vol. PAS-103, no. 10, pp. 2961–2973, Oct. 1984
[16] J. R. Willis, G. J. Brock, J. S. Edmonds, "Derivation of induction motor models from standstill frequency response tests," Electric Power Research Institute, Palo Alto, CA, Rep. GS-6250, Jul. 1991
[17] J. O. Ojo, V. Ostovic, T. A. Lipo, and J. C.White, "Measurement and computation of starting torque pulsations of salient pole synchronous motors," IEEE Trans. Energy Convers., vol. 5, no. 1, pp. 176–182, Mar. 1990
[18] J. Hsu and B. P. Scoggins, "Field test of motor efficiency and load changes through air-gap torque," IEEE Trans. Energy Convers., vol. 10, no. 3, pp. 477–483, Sep. 1995
[19] K. Ikuanobe and T. Wilke, "Guidelines for implementing an energy efficient motor retrofit program," unpublished.
[20] E. J.Wiedenbrüg and A. K.Wallace, "Induction machine speed extraction by analysis of stator current signatures," in Proc. Electric Manuf. Conf., Oct. 1998
[21] L. Ben-Brahim and A. Kawamura, "A fully digitized field-oriented controlled induction motor drive using only current sensors," IEEE Trans. Ind. Electron., vol. 39, no. 3, pp. 241–249, Jun. 1992
[22] P. L. Jansen and R. D. Lorenz, "Accuracy limitations of velocity and flux estimation in direct field oriented induction machines," in Proc. Eur. Power Electron. Conf., Sep. 1993, vol. 4, pp. 312–318.
[23] M. Ishida and K. Iwata, "Steady-state characteristics of a torque and speed control system of an induction motor utilizing rotor slot harmonics for slip frequency sensing," IEEE Trans. Power Electron., vol. PE-2, no. 3, pp. 257–263, Jul. 1987
[24] B. Hämmerli, R. Tanner, and R. Zwicky, "A rotor speed detector for induction machines utilizing rotor slot harmonics and an active three-phase injection," in Proc. 2nd Eur. Power Electron. Appl. Conf., 1987, vol. 2, pp. 599–604.
[25] R. Cuzner, R. Lorenz, and D. Novotny, "Application of nonlinear observers for rotor position detection on an induction motor using machine voltages and currents," in Proc.

IEEE-IAS Annu. Meeting, Oct. 1990, vol. 1, pp. 416-421.

[26] B.Williams, J. Goodfellow, and T. Green, "Sensorless speed measurement of inverter driven squirrel cage induction motors," in Proc. 4th IEEE Int. Conf. Power Electron. Variable-Speed Drives Conf., Jul. 1990, pp. 297-300.

[27] A. Ferrah, K. Bradley, and G. Asher, "Sensorless speed detection of inverter fed induction motors using rotor slot harmonics and fast Fourier transform," in Proc. IEEE Power Electron. Spec. Conf., Jun/Jul. 1992, vol. 1, pp. 279-286.

[28] ——, "An investigation into speed measurement of induction motor drives using rotor slot harmonics and spectral estimation techniques," in Proc. Int. Elect. Mach. and Drive Conf., Sep. 1993, pp. 185-189.

[29] K. D. Hurst and T. G. Habetler, "Sensorless speed measurement using current harmonic spectral estimation in induction machine drives," IEEE Trans. Power Electron., vol. 11, no. 1, pp. 66-73, Jan. 1996

[30] ——, "A comparison of spectrum estimation techniques for sensorless speed detection in induction machines," IEEE Trans. Ind. Appl., vol. 33, no. 4, pp. 898-905, Jul./Aug. 1997

[31] P. L. Jansen and R. D. Lorenz, "Transducerless position and velocity estimation in induction and salient ac machines," IEEE Trans. Ind. Appl., vol. 31, no. 2, pp. 240-247, Mar./Apr. 1995

[32] IEEE Standard Test Code for Resistance Measurement, IEEE Standard 118-1978, Mar. 1992

[33] S. Mir, M. E. Elbuluk, and D. S. Zinger, "PI and fuzzy estimators for tuning the stator resistance in direct torque control of induction machines," IEEE Trans. Power Electron., vol. 13, no. 2, pp. 279-287, Mar. 1998

[34] T. G. Habetler, F. Profumo, G. Griva,M. Pastorelli, and A. Bettini, "Stator resistance tuning in a stator-flux field-oriented drive using an instantaneous hybrid flux estimator," IEEE Trans. Power Electron., vol. 13, no. 1, pp. 125-133, Jan. 1998

[35] C. B. Jacobina, J. E. C. Filho, and A. M. N. Lima, "On-line estimation of the stator resistance of induction machines based on zero sequence model," IEEE Trans. Power Electron., vol. 15, no. 2, pp. 346-353, Mar. 2000

[36] K. Minami, M. Velez-Reyes, D. Elten, G. C. Verghese, and D. Filbert, "Multi-stage speed and parameter estimation for induction machines," in Proc. IEEE Power Electron. Spec. Conf., Jun. 1991, pp. 596-604.

[37] H. Kubota and K. Matsuse, "Speed sensorless field-oriented control of induction motor with rotor resistance adaptation," IEEE Trans. Ind. Appl., vol. 30, no. 5, pp. 1219–1224, Sep./Oct. 1994

[38] L. Zhen and L. Xu, "Sensorless field orientation control of induction machines based on a mutual MRAS scheme," IEEE Trans. Ind. Electron., vol. 45, no. 5, pp. 824–831, Oct. 1998

[39] R. Beguanne and M. E. H. Benbouzid, "Induction motors thermal monitoring by means of rotor resistance identification," IEEE Trans. Energy Convers., vol. 14, no. 3, pp. 566–570, Sep. 1999

[40] S. B. Lee, T. G. Habetler, R. G. Harley, and D. J. Gritter, "An evaluation of model-based stator resistance estimation for induction motor stator winding temperature monitoring," IEEE Trans. Energy Convers., vol. 17, no. 1, pp. 7–15, Mar. 2002

[41] A. D. Inuwa, "Smart motor protection," Ph.D. dissertation Univ. Sussex, Brighton, U.K., 1992

[42] D. A. Paice, "Motor thermal protection by continuous monitoring of winding resistance," IEEE Trans. Ind. Electron. Instrum., vol. IECI-27, no. 3, pp. 137–141, Aug. 1980

[43] S. B. Lee and T. G. Habetler, "An online stator winding resistance estimation technique for temperature monitoring of line-connected induction machines," IEEE Trans. Ind. Appl., vol. 39, pp. 685–694, May/Jun. 2003

[44] U.S.DOE Energy Efficiency and Renewable Energy(EERE), DOE Industry Tools. DOE MotorMaster+ http://www1.eere.energy.gov/industry/bestpractices/software.html

[45] Hydraulic Institute Pump Standards, 2000 Edition, ANSI/HI

[46] Pump Handbook, Second Edition, Igor J. Karassik, William C. Krutzsch, Warren,JosephP.Messima.

[47] Centrifugal and Axial Flow Pumps, 2nd Edition, Stepanoff John Wiley & Sons.

[48] Basic Principles for the Design of Centrifugal Pump Installations

전동기 권선 건전성 평가 방법

9

“자기 사고의 바탕을 바꿀 수 없는 사람은 현실 문제도 바꿀 수 없으며 결국 아무런 진보도 해낼 수 없다.”

(이집트 사다트 전 대통령, 7가지 습관에서 재전재)

9.1 전동기 권선의 절연 열화

절연열화 상태를 진단하는 연구는 1980년대 후반부터 본격적으로 시작되었다. 처음에는 부분 방전 분석기(PDA, Partial Discharge Analyzer)를 이용하여 수력용 발전기의 고정자 권선 절연 진단을 수행하였으며 1990년대 초부터는 터빈발전기 분석기(TGA, Turbine Generator Analyzer)가 개발되어 화력발전소용 발전기에 적용되고 있다.

회전기기는 각종 스트레스에 의해 절연체 중의 유기질 성분의 분자 구조가 변하고 절연층 자체에 기포나 균열이 발생하는 등 본래의 절연성능을 저하시기는 현상이 발생하는데 이것을 "절연 열화 현상"이라고 한다. 회전기기의 절연 열화 현상은 다양하지만 열화 요인을 분류하면 ① 열적 열화, ② 전기적 열화, ③ 기계적 열화, ④ 환경적 열화 등으로 분류할 수 있으며 열화는 이러한 요인이 복합적으로 작용한다.

전기품질을 제고하고 전력설비의 고장에 의한 경제적인 손실을 줄이기 위해서는 발전기 및 대형 전동기 등의 회전기기의 신뢰성이 확보되어야 한다. 권선의 절연 열화는 열적, 전기적, 기계적 및 환경적 요인이 복합적으로 작용하여 발생하므로 발생 원인으 제거와 발전기의 절연상태를 항상 감시하여 적기에 대처해야 한다. 발전기 고정자 권선의 절연재료와 절연처리 방식의 방전과 내구성 및 안정성의 증가로 신뢰성도 크게 좋아지고 있으나 철저한 절연진단에 의거 권선의 절연 열화는 미연에 방지되어야 한다.

9.1.1 열적 열화

운전 중 권선의 발열에 의한 산화 열화 또는 열분해로 절연특성이나 절연 층의 기계적 강도가 저하하는 현상을 "열적 열화"라 한다. 열화 원인에 있어 온도 변화가 기계적 응력을 일으키지만, 단지 온도만으로 절연재료에 손상을 일으킬 만큼 충분히 높은 온도상승은 일어나지 않는다. 그러나 열적 열화는 현재 사용하는 고정자 권선에 있어 아직도 중요한 요소로 고정자, 회전자 및 성층철심 절연 재료에서 발생한다. 고정자 철심은 고정자와 회전자 권선에서 발생되는 동손에 의해 간접적으로 영향을 받을 뿐만 아니라 성층 철심에서 철손에 의해 가열된다. 또한 회전기기에 사용되는 모든 절연 및 보강재료는 권선에서 발생하는 열에 의해 시간이 지남에 따라 열화가 진행된다. 그러므로 각각 구성하고 있는 재료의 열화 속도는 열 특성과 가해지는 온도에 의해 결정되며, 고정자 절연재료의 주된 열 발생원은 고정자 권선의 도체에서의 Joule열(I^2R) 손실이다.

9.1.2 전기적 열화

회전기기 권선에서 절연재료의 절연내력이 정격전압 혹은 과도전압에 더 이상 견디지 못할 정도로 약화되면 권선의 파괴에 이른다. 이러한 전기적 열화에는 부분방전, 도체 표면방전, 내부방전, 슬롯방전 및 단말권선 방전이 있다.

(1) 부분방전

부분방전은 고체절연재료 내부에 존재하는 기체에 의해 미소 공극의 절연이 파괴되는 현상으로 주로 절연체의 전계가 집중되기 쉬운 도체 부근에서 발생하며, 열화 진전이 빠른 유기물질, 결합재(폴리에스터, 에폭시, 아스팔트), 합성에나멜 등에서 시작하여 마이카와 석면 같은 무기재료로 방전하여 결국 절연파괴에 이른다.

(2) 도체 표면방전

도체 표면방전은 주 절연과 소선절연 사이에서 미소 공극에 의해 발생하며, 주절연 내부의 방전과 주절연 내의 미소 공극은 제조시 바니쉬나 수지의 부적절한 함침 혹은 절연 층의 박리에 의해 발생된다.

(3) 슬롯방전

슬롯방전은 권선 표면의 코일과 슬롯의 상대적인 움직임으로 마모되어 반 도전층을 손상시켜 일부 권선의 접지실태가 나빠지고 권선 표면에 전하가 축적되어 철심과 권선 사이에서 발생하는 방전으로 고정자 권선의 주 절연을 급격히 열화시킨다.

(4) 단말 권선방전

단말 권선방전은 회전기기의 단말 권선부 사이 또는 다른 상과의 연결지점에서 전압차로 인해 부분방전이 발생되며 단말 권선이 열화된다.

9.1.3 기계적 열화

기계적 열화는 회전기기의 과도한 진동과 기계적 스트레스에 의한 손상으로 회전기기의 기동 정지, 급격한 부하변동으로 인해 정상운전 혹은 과도상태에서 고정자 권선에 나타나는 전자력에 기인한다. 이와 같이 주기적인 전자력에 의해 슬롯 내에서 권선이 움직이며 굽힘과 압축에 의해 도체와 주 절연에 스트레스가 가해지고 절연재료가 마모된다.

9.1.4 환경적 열화

환경적 열화는 고정자 권선 표면이 여러 가지의 화학약품, 유독가스, 분진, 수분 및 기름 등에 놓여있기 때문에 단말 권선의 절연층 표면에 도전성 물질이 부착됨으로써 일어난다. 특히 발전기 정지 중에 수분과 먼지가 흡수되어 절연층 열화에 크게 영향을 미친다. 일반적으로 환경적 열화는 수력용 발전기에서 많은 영향을 받지만, 화력 발전소 발전기는 수소가스 봉입의 밀폐 형식으로 운전되므로 환경적인 열화를 거의 받지 않는다. 그러나 화력발전기도 분해 점검시 장시간 노출에 의한 환경적인 열화를 받을 수 있으므로 주의를 해야 한다

9.2 정지 중 절연진단기법

정지 중 고정자권선 절연진단은 회전기기의 제작시와 사용중으로 나눌 수 있는데 제작시 절연진단은 정격전압에서 아무런 고장 없이 사용 가능한가의 여부를 판정하기 위해 정격전압보다 높은 전압을 인가하는 고전압 절연내력 시험이고 사용중 절연진단은 회전기기 사용중에 절연상태를 판정하는 방법으로 절연저항시험, 직류전류시험, 교류전류시험, 유전정접시험 및 부분방전시험 등이 있다. 위의 2가지 절연진단방법 중에서 설비 운영과 관련된 사용 중 절연진단 방법은 다음과 같다.

9.2.1 절연저항 시험

절연저항시험은 절연물의 흡습이나 오손실태를 파악할 수 있으며, 회전기기기 운전에 필요한 충분한 절연저항을 가지고 있는가의 여부, 운전에 따른 절연저항 저하의 정도를 점검하는 시험으

로 미국 EPRI(Electric Power Research Institute)에서 제시한 판정기준에 의하면 인가전압에 관계없이 1,000 (V) Megger의 경우, 고정자 권선의 허용 최소 절연저항은 정격 선간전압 "(E) + 1" (MW) 이상이다.

9.2.2 직류전류시험

직류전류시험은 직류전압을 인가했을 때의 전류-시간특성으로부터 절연물의 흡습. 도전성 불순물의 흡입, 생성, 오손과 절연물의 결함 등 절연물의 상태를 판정하는 시험으로 성극지수 시험이라고도 한다. 전류의 크기는 시료의 형태와 크기에 따라 변하기 때문에 전류의 크기만으로 판단할 수는 없다. 절연물이 열화되거나 흡습되면 누설전류가 증가하므로 전류-시간 특성곡선에서는 누설전류의 상승으로 전류의 감쇄율이 낮아지게 된다. 이러한 특성을 이용하여 전류의 시간 변화를 나타내는 지표로서 식 (9-1)과 같은 성극지수 (P.I. : Polarization Index)를 이용하여 절연물의 흡습과 오손을 판정한다.

$$\text{성극지수}(P.I.) = \frac{\text{전압인감 1분 후의 전류}}{\text{전압인가 10분 후의 전류}} = \frac{\text{전압인감 1분 후의 저항}}{\text{전압인가 10분 후의 저항}} \qquad (9\text{-}1)$$

절연상태는 성극지수가 2보다 큰 경우, 권선상태가 건조하고 깨끗하며, P.I. 값이 1에 접근할수록 권선표면에 습기가 많고 오손상태가 심하여 고정자 권선 표면의 절연상태가 불량하다고 판정한다.

9.2.3 교류전류시험

교류전류시험은 절연물에 교류전압을 인가했을 때 흐르는 전류와 전압과의 관계, 즉 I-V 특성으로부터 절연상태를 평가하기 위한 시험으로 교류전압을 절연물에 인가하면 전압상승에 비례하여 충전전류가 증가하며, 이때 절연층 내에 결함이 존재하여 부분방전 현상이 발생하게 되면 미소공극을 단락시켜 충전전류가 급격히 증가한다. 이러한 전류 급증전압 및 전류 급증률로부터 절연물의 흡습 및 열화의 정도를 알 수 있다.

비교적 열화가 진전된 절연물에 교류전압을 인가했을 경우, 인가전압이 높아져 부분방전이 발생하면 전류는 일정하게 증가하지 않고, 그림 9-1과 같이 급증하게 된다. 이와 같이 전류가 급증하는 점의 전압을 전류 급증전압이라 부르며, 2개의 전류 급증점이 존재할 경우 낮은 전압점은 제1전류 급증점, 높은 점을 제2전류 급증점이라 한다. P_{i1}은 미소공극 내 방전에 기인하는 것으로서 부분방전 개시전압이나 tanδ증가전압과 비교적 일치하는 경향이 있고, P_{i2}는 미소공극의 섬락에 기인하는 것으로서 파괴전압과 상관관계가 있다.

교류전류 시험에서의 전류-전압 특성에 있어서 절연진단 시험에 사용되는 패러미터는 식 (9-2)와 같이 정의되는 전류증가율(ΔI)을 사용한다.

$$\Delta I = \frac{I - I_0}{I_0} \cdot 100(\%) \tag{9-2}$$

여기서 I는 정격(단자) 전압(E) 인가시 흐르는 전류이고,

I_0는 전류의 직선적 증가를 가정시, 정격전압에서의 전류이다.

일본에서의 교류전류 시험결과에 대한 판정기준은 정격전압이 11 kV 이상인 고정자 권선의 경우 1.25배 $\left(\frac{1.25E}{\sqrt{3}}\right)$ kV의 측정 전압에서 교류전류의 변화상태(DI)가 5% 미만이면 양호하다고 판정하고 있다.

9.2.4 유전정접(tanδ) 시험

절연물에 교류전압을 인가하면 일반적으로 전압에 대하여 90° 위상이 앞선 충전전류와 전압과 동상인 누설전류가 흐른다. 유전정접은 충전전류를 누설전류로 나눈 값으로 절연물에 교류전압을 인가하여 측정되는 tanδ로부터 흡습, 건조, 오손, 미소공극 유무 등의 절연상태 및 열화 정도를 측정할 수 있다.

tanδ는 절연물의 특성 치로서 전기적 손실 정도를 나타내며, 절연재료가 매우 양호할 경우 인가전압이 증가하여도 tanδ는 증가하지 않으나 고정자 권선의 주절연 혹은 주절연과 철심 사이에 공극이 존재할 때 고전압이 인가되면 이들 공극에서 부분방전이 발생하여 열과 빛을 생성하기 때문에 에너지를 소비하며 이로 인하여 권선내 전기적 손실이 증가한다. 그 결과 전압이 증가함에 따라 tanδ도 증가하며 tanδ가 증가하게 되면 부분 방전도 증가하게 되므로 tanδ시험은 부분방전의 발생 상태를 간접적으로 나타내는 척도가 된다.

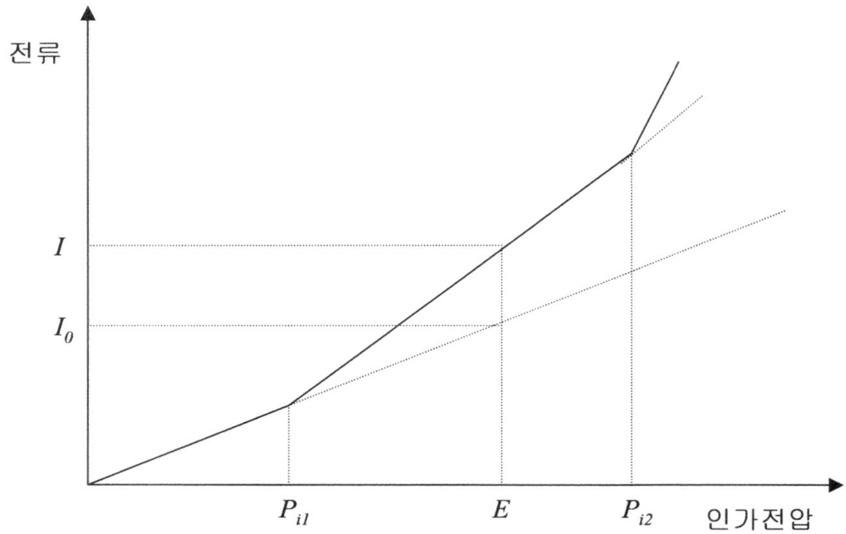

그림 9-1 교류전류-전압(I-V) 특성

미국에서는 정격 상전압의 25% - 100% 전압에서 측정한 tanδ 차이를 Dtanδ로 나타내고, 이때 Epoxy-Mica 절연 권선의 경우 1% 미만이면 양호하다고 판정하고 있으며. 일본의 경우에는 $\left(\frac{1.25\,E}{\sqrt{3}}\right)$ kV에서 2.5% 이상이 되면 불량한 것으로 판정하고 있다.

9.2.5 부분방전시험(PDT, Partial Discharge Test)

대형 고전압 회전기기 고정자 권선의 경우, 사용시간의 증가로 인해 권선이 열화 되어 절연물에 미소공극, 균열, 박리 등이 발생하면 이 결함부에서 부분방전 펄스 전류가 발생하는데 이 부분방전을 검출하여 전기적인 절연물의 열화상태 뿐만 아니라 과열이나 주기적 응력에 의한 권선 단말부에서의 표면방전, 웨지(Wedge) 이완, 그리고 슬롯방전 등의 이상 상태도 신뢰성 있게 판별할 수 있다고 알려져 있다. 절연물내의 국부적인 열화를 검출하는 수단으로서는 최대 부분방전 전하량(Q_m)을 사용하고 일반적으로 절연 열화가 진행되면 방전전하가 커지고 방전발생개수 (빈도) 또한 증가하여, Q_m이 커지면 절연 파괴전압이 저하되는 관계를 이용해서 절연 열화의 정도를 판단한다.

표 9-1 EPRI 보고서에서 제안된 고정자 권선의 절연 열화 판정기준

시험 방법	측정항목	불량 판정기준		시험 시기
Off-line	P.I.	Asphalt	2 이하(표면오손)	On-line 의 Q_m, NQN 기준을 모두 초과할 경우 에만 Off-line 진단을 실시함
		Epoxy	1분후 저항 >1000 MW :실시안함	
			1분후 저항 <1000 MW : 1이하	
	D.I.V.	$\frac{E}{\sqrt{3}}$ kV 의 1/2 이하(슬롯방전)		
	Q_m, ($\frac{E}{\sqrt{3}}$ kV)	10,000pC 이상		
	△tand ($\frac{E}{\sqrt{3}}$ kV)	1% 이상		
On-line	Q_m, NQN	Q_m과 NQN이 연속적으로 6개월에 2배 이상 증가		

부분방전 개시전압(DIV: Discharge Inception Voltage)은 절연물 내에 존재하는 미소공극 등의 결함부분 중 가장 낮은 전압에서 방전하는 결함부의 방전개시전압을 나타내는 것으로서, 일반적으로 500 pC 또는 1000 pC 크기의 방전량이 발생할 때의 전압을 기준으로 삼고 있으며, 슬롯방전이 발생하는 것을 감지할 수 있다.

표 9-1에 보이는 바와 같이 1989년도 미국 EPRI에서 발간된 보고서에 수록된 판정기준은 고정자 권선에 대한 부분방전 시험에서의 절연실태 판정기준은 $\frac{E}{\sqrt{3}}$ kV에서의 최대 부분방전 전하량(Q_m)이 10,000 pC 이하이면 수년 안에는 권선이 절연파괴 되지 않으며, 10,000 pC을 초과하면 육안검사를 수행해야 한다고 밝히고 있으며, 부분 방전 개시전압이 정격 상전압 $\frac{E}{\sqrt{3}}$ kV의 1/2 이하일 때에는 슬롯방전이 발생하고 있다고 판정한다. 한편, 일본에서는 Q_m이 10,000 ― 30,000 pC일 경우에 요주의, 30,000 pC 이상일 경우에는 권선의 절연상태가 불량하다고 판정하고 있다.

9.3 전동기 운전중 고정자 권선의 절연진단

운전중에 발전기 절연진단을 위한 부분방전시험은 시험비용을 절감할 수 있고 필요시 시험을 수행할 수 있는 장점이 있다. 또한 이 기술을 이용하여 절연열화의 문제점과 발생원인을 규명함으로써 정비가 꼭 필요한 기기만을 찾아내여 필요한 조치를 취할 수도 있다. 특히 고정자 슬롯에서 코일의 헐거워짐과 같은 특정한 문제점은 부분방전 시험에 의해 검출이 가능하다.

9.3.1 PDA의 특성

PDA는 캐나다 Ontario Hydro의 연구소 주관으로 특별한 센서인 PDA 커플러를 제작하여 외부 전기 잡음 신호를 감소시켜, 운전중 진단기술의 신뢰성을 향상시켰고, 1980년대 중반부터 실용화하여 전세계에 보급되고 있다. PDA는 커플러로부터 고정자 권선내 부분방전 신호를 도출하고 한 개 커플러로부터 부분방전의 펄스 크기를 분석하는데 수평축은 mV 단위의 부분방전의 크기이고 수직축은 수평축에 대응하여 펄스 크기에 대한 초당 부분방전의 개수이며 두 개의 정, 부극성 부분방전이 동시에 기록된다. 결과에 대한 해석의 신뢰성을 높이기 위해 권선 내에서 발생하는 방전량은 NQN(Normalized Quantity Number)에 의해 평가된다.

9.3.2 부분 방전의 패턴에 의한 진단법

출력 전압이 정극성일 경우는 부극성의 부분방전, 그리고 출력전압이 부극성일 경우는 정극성의 부분방전이 발생한다. 이러한 이론을 근거로 4가지 패턴을 설명하면 다음과 같다.

(1) 소선 및 Turn 도체와 주 절연간 손상시의 부분 방전

도체 표면이나 그 가까이서 주로 열화되어 소선 절연간 파괴, 턴 절연간 파괴, 그리고 소선 및 턴 도체와 주 절연 경계면 간의 절연 파괴시 부극성 부분방전의 크기가 크다.

(2) 주절연 내부의 박리 및 공극에 의한 부분방전

극성의 크기가 거의 같으며 유전체 전극 사이의 방전에 해당되는 주절연 내부의 절연테이프 박리현상 또는 내부의 공극에 의한 부분 방전일 경우 극성의 영향은 거의 나타나지 않음을 보여주고 있다. 이때 부하에 의한 것보다 온도에 의한 열 열화나 부하변동에 의한 부분방전의 변화가 크다.

(3) 반도전층의 손상에 의한 부분방전

주절연 표면의 반도전층 절연이 파괴되어 고정자 슬롯 내에서 방전이 발생하거나 Bar 코일과 슬롯 사이 혹은 슬롯 외부 End Wiring 부분의 표면 방전일 경우로 정극성 부분방전이 크게 나타난다.

(4) 권선 및 웨지 이완에 의한 부분방전

고정자권선과 웨지의 이완 여부는 부하전류의 증가에 따라 권선 진동폭이 커지고 부분방전의 크기가 증가하는 현상으로 판정할 수 있다.

9.3.3 NQN에 의한 절연진단

절연손상의 정도를 나타내는 NQN의 정의는 부분방전을 측정할 때 나타나는 그래프의 면적으로 물리적 의미는 일정 시간 내의 부분방전량을 합계한 값이다. NQN은 정극성의 부분방전을 기준으로 하여 손상상태를 판정하고 정비의 방법 및 시기를 결정하는데 사용한다. 부극성 NQN은 내부방전 및 도체절연 간의 방전을 나타내고, 이로 인한 손상은 정비가 불가능하여 완전히 새 권선으로 교체하여야 하기 때문이다. 또한 NQN 값만을 사용하여 권선의 손상상태를 판정하는 것은 아니며, 부하에 따라 변화하는 정도가 고려되어야 한다.

NQN이 매 6개월 정도마다 두 배 이상씩 증가하며, 절연 열화가 촉진되고 있다고 판단되며, 몇 년 동안 급격히 증가하다 평형되거나 감소하면 권선 사고가 날 확률이 커진 것이다.

9.3.4 PDM의 특성

PDM(Partial Discharge Meter)은 회전기기 고정자권선에서 발생하는 부분 방전의 크기를 현장에서 전문적인 지식 없이도 돌발적인 상태변화를 항상 감시할 수 있는 상시 감시설비이다.

9.3.5 TGA의 특성

TGA는 수소 가압중에 있는 발전기의 고정자 권선에서 발생되는 부분방전을 슬롯과 웨지 사이에 삽입한 커플러에 의하여 발전기 운전 중에 권선의 이상 유무를 진단하는 장치로 사고예방의 효과 및 진단결과에 대한 신뢰성이 인정되어 점차 확대 적용되고 있다.

PHM 기술을 활용한 기기 건전성 예측

10

“한 조각 꽃잎이 날려도 봄빛이 깎인다.”

(두보의 曲江에서, 유시화는 꽃잎 하나가 날려도 봄이 줄어든다고 시에 썼다)

10.1 PHM 개념

기기의 전조[15] 증상을 살펴 남은 수명을 예측하는 PHM은 기기의 고장을 줄이고, 진단하여 기기의 수명을 늘리기 위한 엔지니어링 과정을 뜻한다. 여기서 필자는 프로세스라는 영어단어보다 이를 과정으로 풀어서 쓰고자 한다. PHM은 일반적으로 예측정비, 예지정비 기법 도입을 통해 기기와 시스템, 플랜트의 가동과 이용률을 향상 시키는 목적으로 도입되었다. 예지라고 하면 뭔가 깊숙한 산중에서 도를 수련한 내공이 깊은 도사가 천리안을 가지고 미래를 예측하는 것을 상상할 수 있지만, 한의학에서 맥을 짚어 인체의 건강상태를 예측하는 것이 좀더 예지진단에 가까운 형태가 아닐까 생각한다. 즉, 기기(설비)의 이상징후를 사전에 인지하고 사고를 미리 예방하게 해주는 것이 바로 예측/예지 진단이고 이를 이용해 기기의 잔존 수명을 미리 알 수 있도록 하는 점이 PHM이 가진 장점일 것이다.

PHM을 도입할 경우 다음과 같은 이득을 얻을 수 있다고 알려져 있다.

- 상태기반 정비 기법을 도입, 정비 주기를 줄여 시스템의 이용률을 높인다.
- 기기의 고장이 발생되기 전에 예지정비 수행하여 기기의 고장 확률을 줄인다.
- 잔존 수명의 예측을 통해 기기의 수명을 연장한다.
- 기기의 예측/예지 진단에 인공지능 기술을 도입하여 기기검사 비용을 줄이고, 숙련된 검사자의 수를 줄일 수 있으며, 시스템의 작동 불능시간과 계획되지 않는 돌발 정비를 줄여준다.

10.1.1 PHM 접근법

그림 10-1에는 두 개의 원이 중첩되어 표기되어 있다. 하나의 원은 데이터를 기반으로 한 접근법이고, 하나의 원은 모델을 기반으로 한 접근법이다. 두 원의 중첩된 지점에 두 접근법의 장점을 살린 융합 접근법이 위치한다.

- **데이터 기반 접근법** : 이 접근법은 PHM을 실행하기 위해 특별한 지식이나 시스템 모델이 필요 없다는 것이 장점이다. 이는 전조(Prognostic) 현상을 파악하기 위해 현재 데이터와 함께 과거의 이력 데이터를 같이 사용한다. 이 방법은 이력 데이터와 경험 데이터를 얼마나 잘 확보할 수 있는가에 크게 좌우된다.

15) 영어 Prognostic을 전조 증상으로 풀어 사용했다.

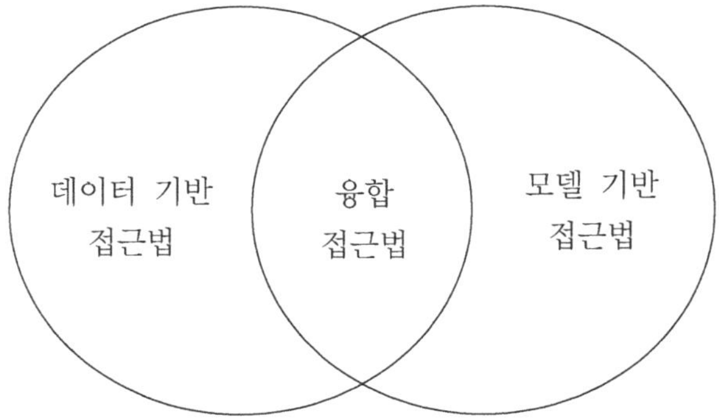

그림 10-1 PHM 접근법 개념도

- **모델 기반 접근법** : 물리적 고장의 발생을 수학식을 이용해 예측하는 것이 특징이다. 이 기법은 전문가의 지식에 대한 의존도가 큰데 시스템이 복잡해질수록 수학식으로 거동을 표현하는 것이 어려워지는 점이 풀어야 할 과제다.
- **융합 접근법** : 위의 두 접근법의 장점만을 취한 기법이다. 그렇기 때문에 정밀한 수학식이 필요하고, 충분한 이력 데이터가 확보되어야 한다는 점이 숙제다. 이 숙제만 해결되면 좀 더 정확한 결과를 제공할 수 있다.

그림 10-2는 PHM 기법의 다양한 뿌리를 나타낸다.

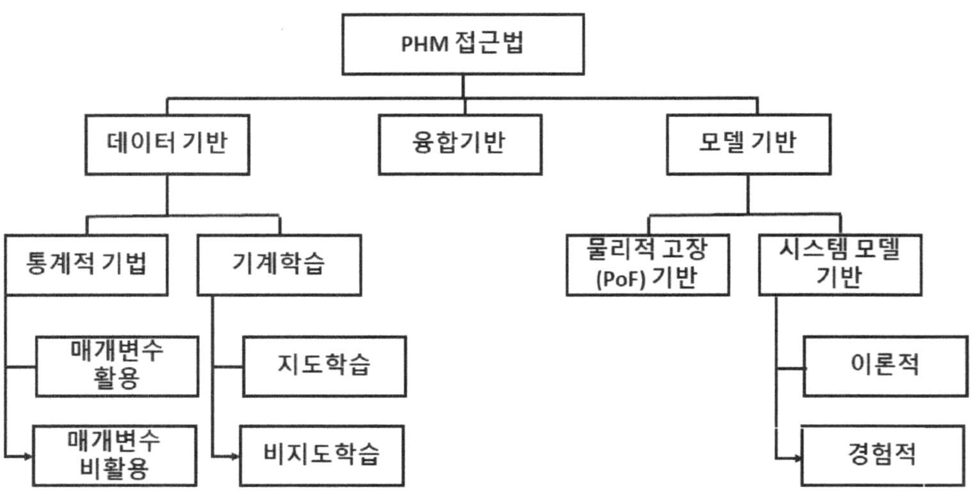

그림 10-2 PHM 기법의 다양한 뿌리

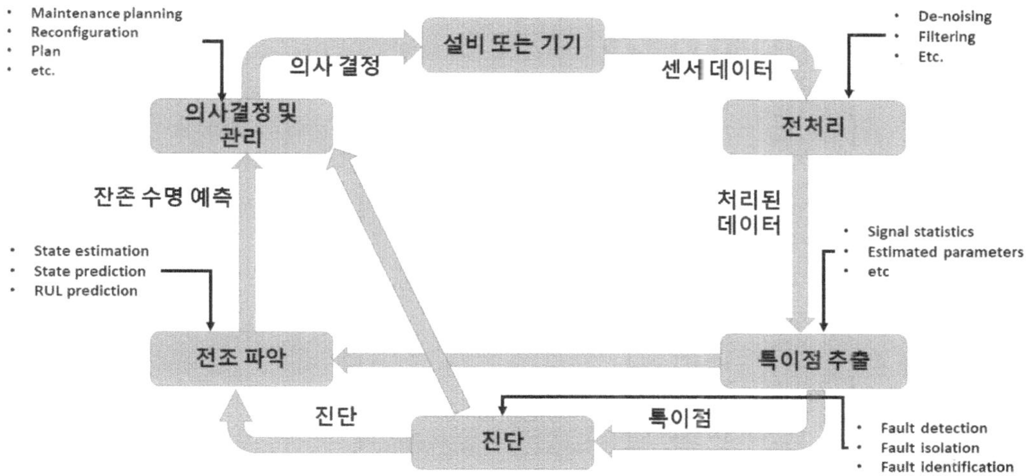

그림 10-3 PHM 흐름도

데이터 기반 접근법이 통계적 방법과 기계학습으로 다시 나뉘고, 모델 기반 접근법은 물리적 고장(PoF) 기법과 시스템 모델링 기법으로 다시 나뉨을 알 수 있다.

그림 10-3을 보자. 원자력발전소의 주 냉각재 펌프와 같은 중요성이 큰 대상 기기는 센서에 의해 그 상태를 연속적으로 감시하고 있다. 이 때 취득된 센서 신호는 노이즈 제거 기능이나 필터링 기능에 의해 전처리 과정[16]을 거친다. 전처리가 완료된 신호는 통계적 기법을 동원하거나 파라미터를 예측하는 방법을 통해 특이점을 추출[17]하게 된다. 추출된 특이점을 이용해 진단을 하게 되는데, 이 단계에서 결함의 탐지, 격리, 식별의 세 단계를 다시 거친다. 이 단계까지는 전문가가 직접 수행하거나, 간단한 수학 모델을 만들어 해결할 수 있다.

문제는 진단하려는 특이점이 많거나 복잡하게 구성된 경우이다. 이럴 경우 법칙이나 전문가의 힘만으로 처리하기에는 한계가 있다. 따라서 위에서 얘기한 데이터 기반의 접근법이나 융합 접근법이 사용되는 것이다. 또한 전조 상태를 파악하여 앞으로 남은 수명까지 예측하려면 상태 예상이나 예측 과정을 거쳐야 하고 이렇게 예측된 잔존 수명은 정비 계획을 수립하거나 기기 형상을 다시 수정하는 등의 의사결정에 커다란 도움을 준다. PHM은 이렇듯 기존의 전형적인 세 단계에 전조를 파악하고 잔존수명 예측을 통해 의사결정을 돕는 두 단계가 추가된 것이 특징이다. 이 두 단계는 처리의 복잡성 때문에 기계학습 기반의 접근법이 많이 사용된다.

16) Pre-Processing
17) Feature Extraction

10.1.2 핵심 PHM 수행 과정

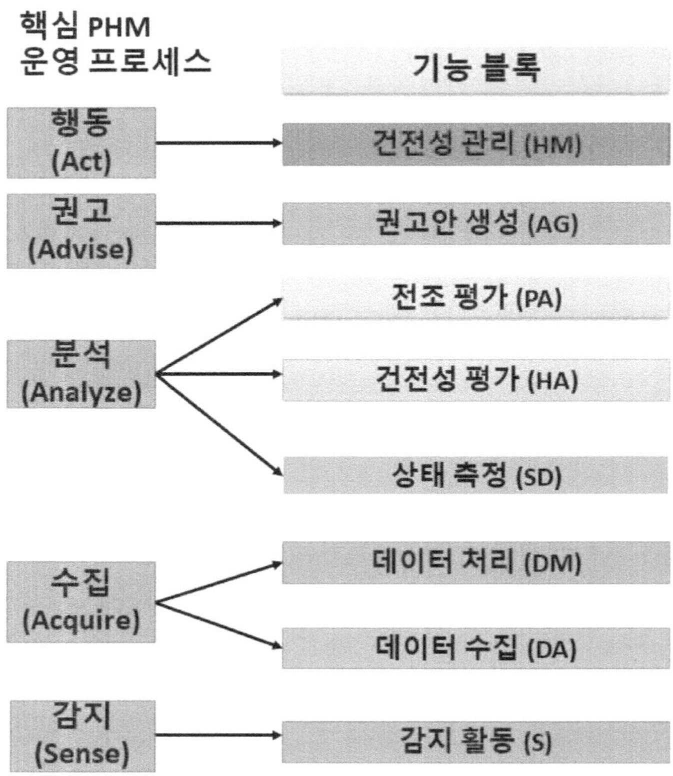

그림 10-4 PHM 수행 과정 : SA^4 프로세스

PHM 수행 과정은 그림 10-4와 같이 SA^4 프로세스로 표현한다. 감지, 수집, 분석, 조언, 조치의 영어 단어 첫 글자를 모으면 이러한 표기가 된다. 각 과정에는 하나 이상의 기능이 주어진다. 이를 테면 수집에는 데이터를 수집해 처리하는 두 가지 활동이 복합된다. 분석 역시 상태 감지, 건전성 평가와 전조 평가가 있다. 마지막 조치단계는 결함이 진전되지 않게 하거나 수정하는 활동이다. 결함이나 고장을 회피하고, 고장에 강한 기기(설비)가 되게 하거나, 좀 더 적극적으로 수리를 하는 단계가 도입된다.

10.1.3 PHM에 요구되는 성능

전자기기에 대한 PHM의 프레임워크를 명시한 표준규격인 IEEE-1856[18]은 PHM이 가져야 할 일반적인 기능과 함께 성능 요건을 다음과 같이 정의하고 있다.

- 정확성
- 효과성
- 기밀성(Confidence)
- 적시성(Timeliness)

또한 이 표준은 시스템과 소프트웨어의 수명주기 프로세스를 정의한 IEEE-15288[19]과 IEEE-12207[20]의 표준을 만족한다. 그림 10-5는 PHM 규격간의 추적성을 표기한 것이다.

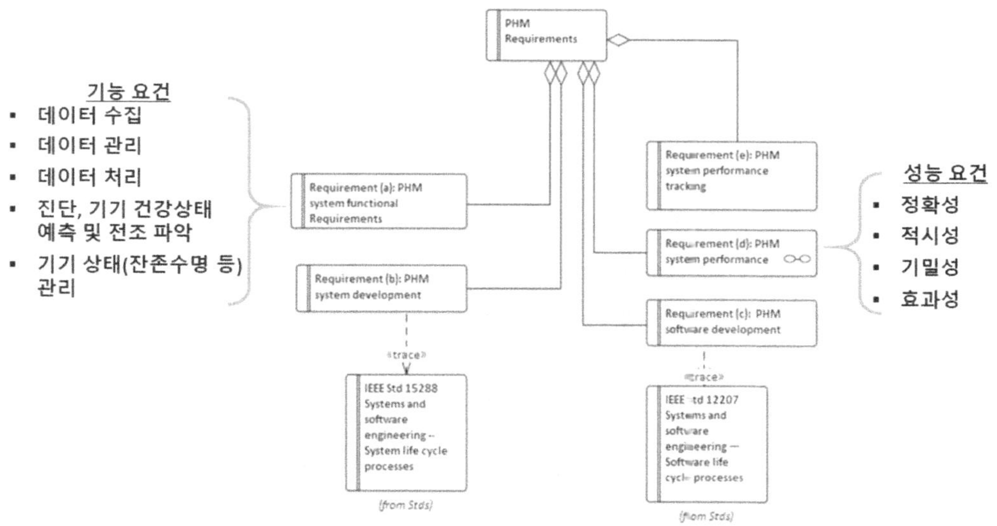

그림 10-5 PHM 요건간 추적도

18) IEEE Std. 1856: Framework for PHM of Electronic Systems
19) ISO/IEC/IEEE Std. 15288-2015, Systems and software engineering-System life cycle processes
20) ISO/IEC/IEEE Std. 12207, Systems and software engineering-Software life cycle processes

10.2 PHM의 적용 사례 1 : 원자력발전소 제어봉 제어장치 구동용 코일의 상태와 수명예측

제어봉 제어장치는 원자로의 출력을 조절하기 위해, 전자석을 사용한 구동장치를 사용한다. 이 구동장치는 코일에 가해지는 전류량에 따라 움직임이 조절된다. 그림은 이 구동장치의 작동 개념을 보여준다. 이 코일은 원자로 밖 꼭대기에 위치하고 있으며 4개의 코일에 전원을 인가하여 제어봉을 핵연료 밖으로 빼거나 삽입한다. 제어봉에는 중성자를 잡아먹는 물질이 발라져 있어 핵연료 안으로 넣으면 출력이 줄어든다. 반대로 제어봉을 빼면 출력이 늘어난다. 원자로 상태가 비정상이면 제어봉에 전원을 공급하는 차단기를 모두 개방하여 전기 공급을 중단한다. 이때 제어봉은 자체 무게와 중력이 더해져 핵연료 속으로 떨어져 순식간에 출력을 '0'으로 만든다. 이것이 제어봉을 이용한 원자로의 작동 원리다.

그림 10-6의 제어봉 구동 코일의 파형을 보자. 제어봉 구동장치 코일을 작동하기 위해 전류를 흘리면 급격히 증가하다가 평탄화되는 형태를 보인다. 문제는 코일 내에 결함이 있을 때다. 우리가 지터(Jitter)라고 부르는 이 결함을 측정하기 위해서는 코일 파형의 진전을 살펴봐야 한다. 그림 10-6 (가)는 제어봉을 빼기 위해 두 개의 구동 코일을 작동시켰을 때의 코일 파형이다. 그림 (나)는 제어봉을 넣을 때의 파형이다.

종래의 기술은 코일 전류를 측정하기 위해 전류코일 뭉치에 공급되는 전선에 동심 코일 형태의 센서를 설치하고 연속적으로 변하는 전류파형을 측정하여 결함신호가 존재하는지를 육안으로 파악하는 것이었다. 이때 측정의 정확도는 숙련된 전문가의 결함판별 능력에 좌우된다. 전문가에 의한 판별이 요구되는 이 기술은, 제어봉 구동에 이상이 발생하여 원자로가 정지했을 때 어떤 제어봉에 의해 영향을 받았는지를 알아내는 용도로 사용된다.

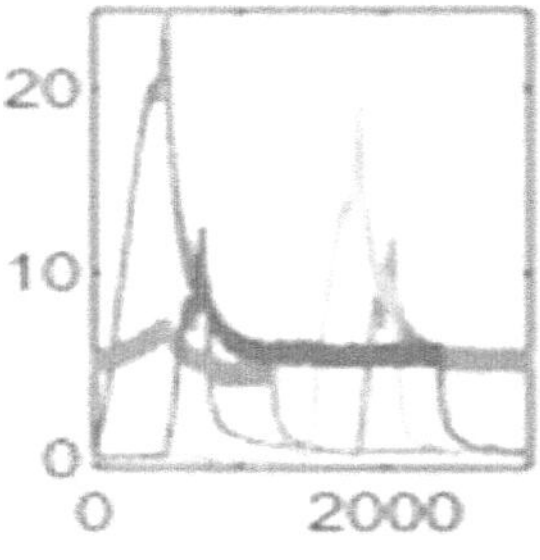

(가) 제어봉 인출파형

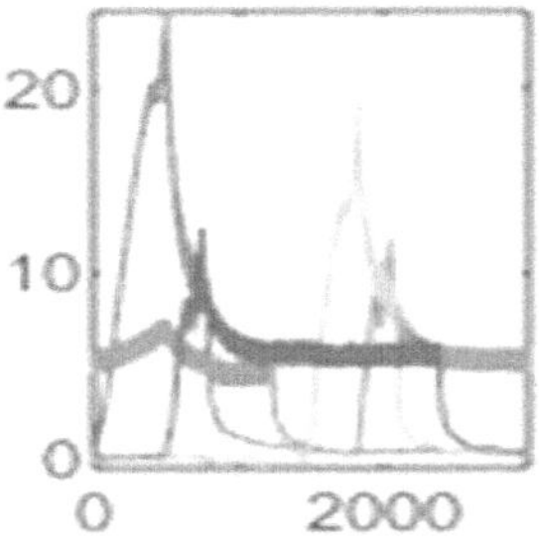

(나) 제어봉 삽입파형

그림 10-6 제어봉 구동 코일의 파형도

만일 코일의 미세한 결함 전조를 먼저 파악하여 사전 조치할 수만 있다면 원자로가 정지하는 사건은 미연에 방지할 수 있지 않을까 하는 아이디어가 가능하다.

10.2.1 코일 전류 분석에 활용될 수 있는 PHM 기법

PHM 분야에서 발표된 논문을 살펴보면 기기 상태 예측에는 다음의 기법이 많이 쓰인다.

결함의 자동 분류를 이용한 결함 탐지 방법

- 서포트 벡터 기법(SVN) : 기계학습 분야 중 하나로 패턴인식과 자료분석을 위한 지도학습 모델
- 회귀 분석 (Regression) : 시간에 따라 변화하는 데이터를 통계적으로 예측하는 방법

기계 학습을 이용한 결함 탐지 방법

- CNN[21] : 과거 이력에 종속되지 않음, 이미지 처리와 같은 분야에서 많이 사용
- RNN[22] : 연속적으로 변하는 시간 이력 신호를 처리하는데 많이 쓰임 이전의 결과가 현재의 분석을 위한 피드백 입력이 되는 특징이 있다.
- DNN[23] : 입력 층과 출력 층 사이에 여러 개의 은익 층을 두어 비선형 관계 등을 모델링 할 수 있도록 한 신경망이다. Feed-forward, 역전파(Back-propagation), RNN(recurrence) 신경망 등이 쓰인다.

이 책에서는 SVM 기법과 CNN을 이용한 예측결과를 중심으로 설명한다. 다만 인공지능 분야의 복잡한 이론적 배경이나 구현 알고리즘을 소개하는 책들도 많이 출간되어 있고, 인터넷 공간에도 관련되는 자료들이 넘쳐나므로 여기에서는 코일 전류를 이용한 예측진단에 활용했던 내용을 중심으로 간략히 설명하고자 한다.

21) Convolution Neural Network
22) Recurrence Neural Network
23) Deep Neural Network

10.2.2 CNN을 이용한 예측진단

CNN은 이미지 분석이나 비디오 판독에 특화된 기법이므로 이를 활용하기 위해서는 측정된 파형을 이미지 형태로 변환해야 한다. 웨이블릿은 시간이력 신호를 시간-주파수 영역 이미지로 바꾸기 위한 변환 기법이다. 하나의 간결한 공식으로 시간별로 측정된 전류 신호 x(t)를 $X\psi(a,b)$ 형태로 변환한다.

$$X_{\psi}(a,b) = \frac{1}{|a|^{1/2}} \int_{-x}^{x} x(t)\overline{\psi}\left(\frac{t-b}{(a)}\right)dt$$

종래의 알고리즘으로 이 공식을 구현하는 데는 전문적인 프로그래밍 기량이 필요했지만 기계학습을 지원하는 케라스[24]는 하나의 라이브러리 모듈로 이 기능을 처리하여 이미지(Scalogram)을 제공한다. 이 이미지를 받아 여러 개의 데이터 층으로 나누어 처리한 후 CNN 처리 층으로 보낸다. CNN 처리 층에서는 특이점 추출단계와 분류단계로 나누어 심화학습을 시킨다. 이미 설명한 바와 같이 기계학습이란 입력신호와 출력신호를 이용하여, 입, 출력간 어떠한 규칙을 갖는지를 찾아내기 위한 학습이 필요하다. 또한 학습의 결과가 제대로 된 것인지를 판단하기 위한 검증의 단계도 아울러 필요하다.

이 때 CNN은 규칙을 생성하기 위해 몇 개의 과정을 거쳐 학습을 시켰는지를 에포크(Training Epoch)라는 단어로 표기한다. 이 에포크는 최적화를 위해 필요한 것이다. 이를테면 본 코일 전류 파형을 이용한 예측진단에 30번의 에포크를 거쳤다면 코일 전체 데이터를 30번 이용해 학습을 거쳤다는 것을 뜻한다. 이 때 주의할 점은 이 에포크는 너무 많아서도, 너무 적어서도 안 된다는 것이다. 많으면 과적합 상태가 될 것이고, 적으면 부족 적합의 결과를 내 줄 테니 말이다.

---

24) Keras : Python(파이손) 언어로 구현된 딥러닝 라이브러리로 비전문가도 손쉽게 딥러닝 모델을 개발할 수 있도록 직관적인 API를 제공한다. 파이손은 플랫폼에 종속되지 않는 고급 프로그래밍 언어로, 컴파일 과정이 필요없는 인터프리터 언어이고, 객체지향적 속성을 가지고 있다. 풍부한 라이브러리(소프트웨어 모듈)을 제공하기 때문에 간단한 명령어로 복잡한 기능을 구현할 수 있는 장점이 있다.

10.2.3 성능 지표

기계학습이 잘 되었는지는 어떻게 알 수 있는가? 성능 지표는 TP, FN, FP, TN으로 구분되어 다음의 표 10-1와 같이 제공된다.

표에서 FP(거짓을 참이라고 진단)의 경우는 거짓 경보와 동일한 의미를 지닌다. 인공지능 기법을 자동화된 PHM 기법으로 활용하기 위해서는 False Positive 비율을 낮추는 것이 기계학습을 이용한 예측진단에 필수적이다. 또한 낮은 False Negative도 요구된다.

표 10-1 기계학습 성능지표

성능 지표	내용	설명
TN	참이고 부정적인 의견 (True Negative)	실제로 고장 상태가 존재하지 않는다는 것을 정확하게 진단한 경우
TP	참이고 긍정적인 의견(True Positive)	고장 상태가 존재한다는 것을 정확하게 진단한 경우
FN	거짓이고 부정적인 의견 , False Negative)	실제로는 고장 상태가 존재하나 존재하지 않는다고 부정확하게 진단한 경우
FP	거짓이고 긍정적인 의견 (, False Positive	실제로는 고장 상태가 존재하지 않으나 CNN이 존재한다고 부정확하게 진단한 경우

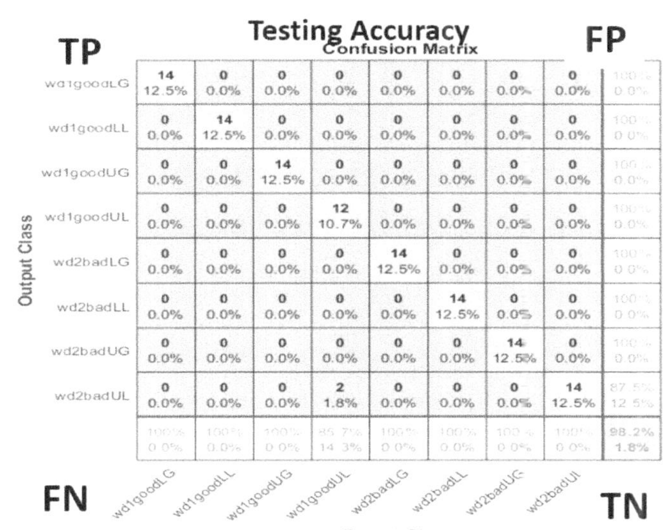

그림 10-7 성능예측 정확도

표 10-2 CNN 혼돈 행렬

지표	설명	산출 공식
정밀도(Precision)	모델이 참이라고 분류한 것 중 실제로 참인 경우	$Precision = \frac{TP}{TP+FP}$
정확도(Accuracy)	모든 예측결과에서 참을 참으로, 거짓을 거짓으로 분류한 경우	$Accuracy = \frac{TP+TN}{TP+FN+FP+TN}$
재현율(Recall)	실제 참인 것 중에서 모델이 참이라고 예측한 것	$Recall = \frac{TP}{TP+FN}$

그림 10-7은 제어봉 구동장치 코일 전류 진단의 결과를 네 개의 성능지표로 표시한 혼동행렬이다. 이 결과에서 학습 정확도는 100%를 얻을 수 있었고, 시험 정확도는 98.2%를 얻었음을 보여준다. 즉, 시험 오류 확률은 1.8%로 나타났다.

이러한 성능지표를 이용하여 정확도와 정밀도를 구할 수 있다. 일반적으로 정확도는 데이터(진단결과)가 참값에 얼마나 근접한지를 나타내고, 정밀도는 분포가 낮은 정도를 나타낸다. CNN의 혼돈행렬(Confusion Matrix)도 정밀도와 정확도, 재현율을 지표로 자주 사용한다. 이를 살펴보면 표 10-2와 같다.

10.3 PHM의 적용 사례 2 : CNN을 이용한 솔레노이드 밸브의 결함 탐지

그림 10-8은 제어봉 코일 전류 감시 방법을 SOV 밸브 진단에 적용한 결과를 보여준다. 이 알고리즘에서는 활성기능으로 LeakyReLU 정류 기능을 사용하여 진단의 정확도를 높였다. 과정은 생략하고 진단 성능을 파악하기 위해, 그림 10-9의 혼돈 행렬을 살펴보자. 이상이 없으면 없다고, 이상이 있을 때 있다고 진단한 경우가 100%로 나타나 CNN의 정확도가 높음을 알 수 있다. 표 10-3은 SOV 진단에 사용된 매개변수와 각 변수의 크기를 보여준다.

가장 중요한 기계학습에 사용한 에포크는 30단계로 설정되었고, 성능평가 지표로는 정확도를 사용했다. 그림 10-9의 혼돈행렬에서도 FN, FP가 '영'으로 나타나 정확도가 1임을 알 수 있다. 즉, 고장이 있으면 있다고 알려주고, 없으면 없다고 알려주는 것이다. 훈련결과의 출력은 정확도와 손실로, 그림 10-10과 같이 나타내었다. 그림에서 약 12 에포크 단계 정도를 지나면 더 이상 손실률이 개선되는 정도가 미미하고, 정확도 역시 더 이상 높아지지 않음을 알 수 있다.

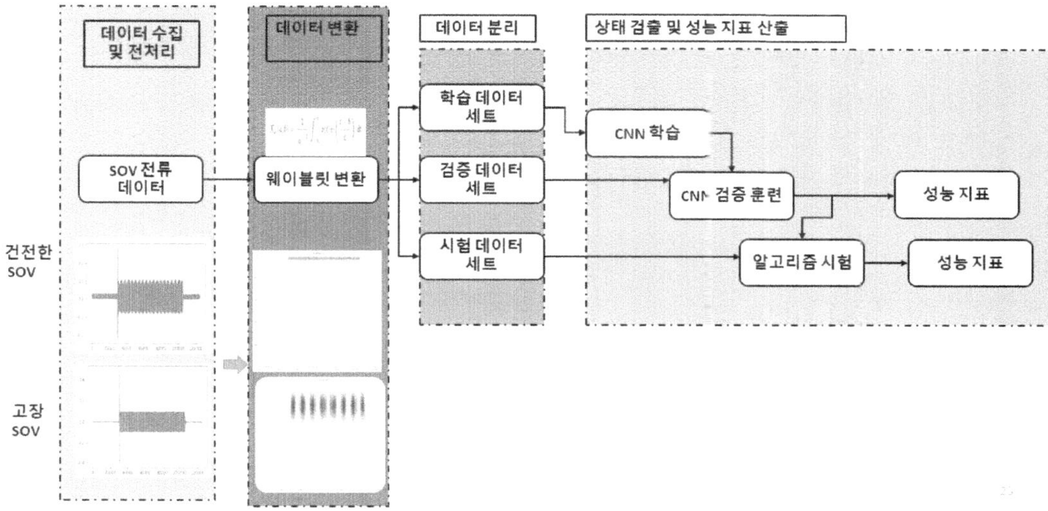

그림 10-8 SOV 밸브 진단을 위한 알고리즘 흐름도

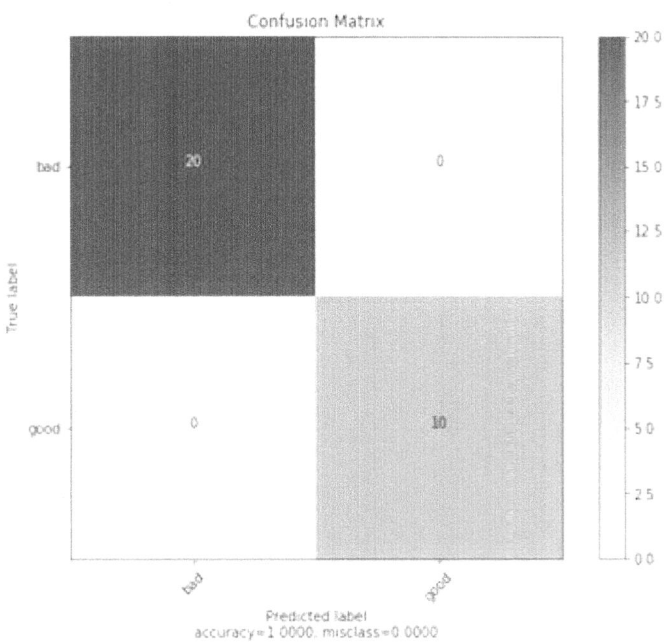

그림 10-9 SOV 밸브 진단의 혼돈 행렬

10-8에 나타낸 솔레노이드 밸브 진단 알고리즘 중에서 측정 신호를 웨이블릿 함수를 이용하여 이미지로 변환하는 과정을 그림 10-9에 확대하여 보여준다. 그림에서 (a)는 정상적인 SOV의 전류신호를 웨이블릿을 이용하여 시간-주파수축 이미지로 변환한 결과이고, (b)는 비정상적인 SOV 신호를 역시 이미지 형태로 바꾼 것이다. 이렇게 이미지로 바뀌게 되면, CNN의 특징인 이미지 텐서를 이용한 상태 학습과 검출이 가능하다.

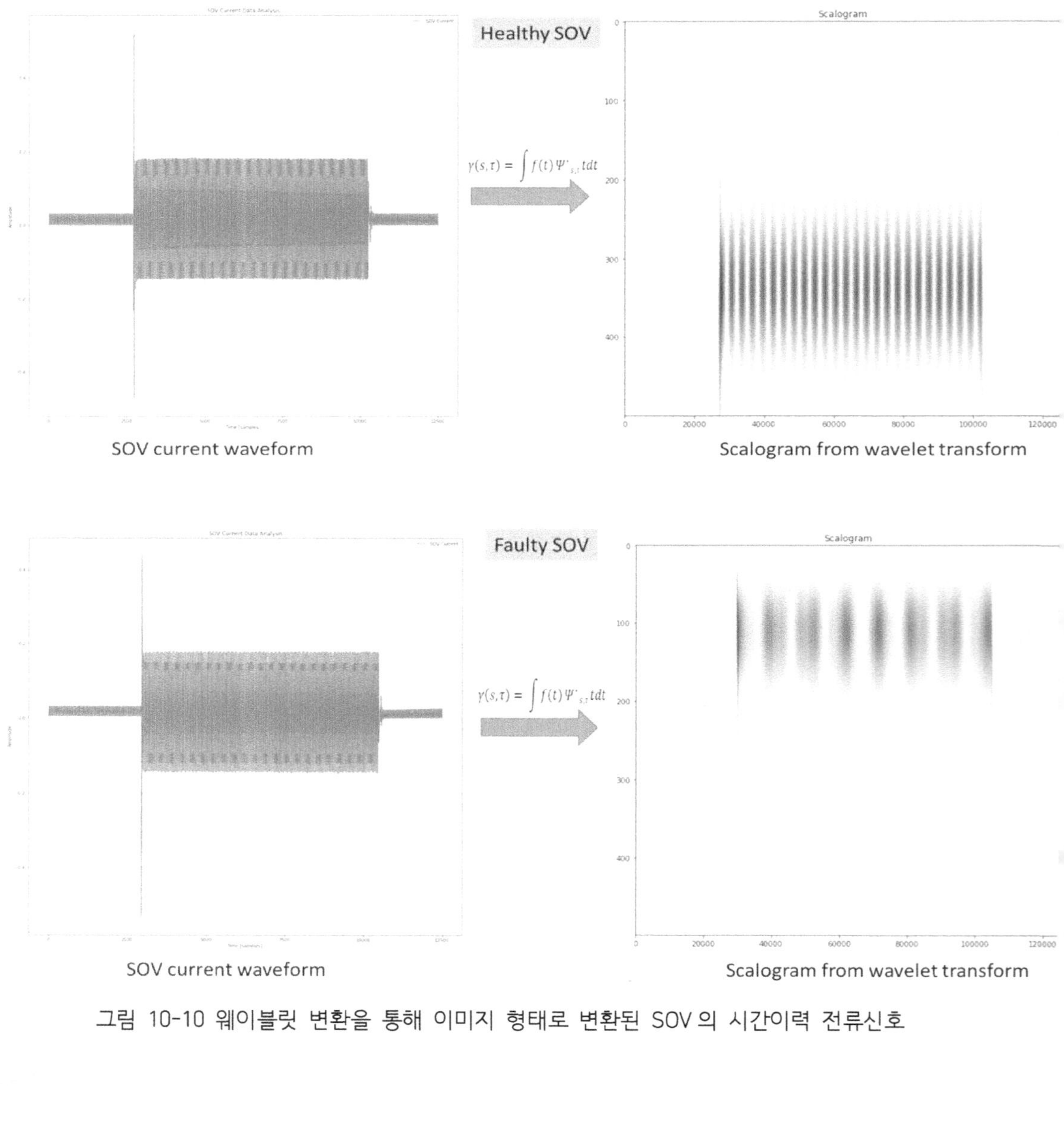

그림 10-10 웨이블릿 변환을 통해 이미지 형태로 변환된 SOV의 시간이력 전류신호

잘 알려진 바와 같이 이미지 텐서는 여러 계층의 변환을 통하여 기계가 이미지를 분별할 수 있도록 한다. 그림 10-10에서도 밸브의 상태에 따라 시간-주파수축 이미지가 확연히 구분된다.

그림 10-11은 CNN의 전체 구조이다.

CNN은 특이점 학습계층 (Feature learning layer)과 분류계층(Classification layer)으로 크게 나뉜다. 특이점 학습계층은 활성화 기능(activation function)계층과 풀링 기능계층(pooling layer)을 포함한 컨볼루션 계층(convolution layer)으로 구성된다. 분류계층은 평탄화 (flatten), 완전 연결(fully connected), 그리고 활성화 기능계층으로 구성된다. CNN은 심화학습 기법의 하나로서 웨이블릿 변환을 거친 이미지를 스케일로그램(scalogram)으로 분류하기 위해 필요하다.

그림 10-12와 13은 이미지 추출 과정에 사용된 Python 기반의 Keras 코드의 일부이다.

그림 10-12는 입력과 각종 라이브러리 함수들을 Keras 소프트웨어에서 불러들이는 코드를 보여준다. 그림 10-13에서 마지막 한 줄의 코드가 시간이력 전류신호를 웨이블릿 변환을 하는 라이브러리이다.

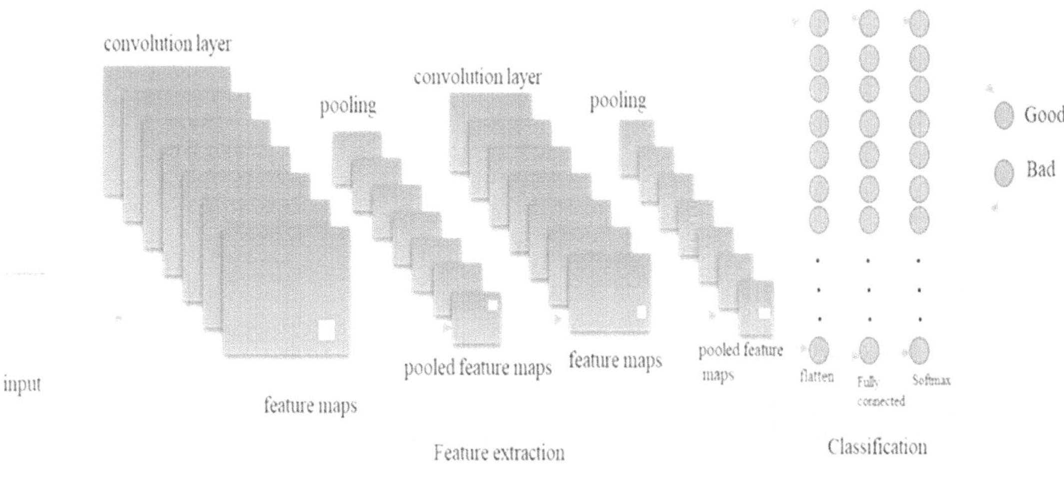

그림 10-11 SOV 진단을 위한 CNN 기법의 일반 구조

그림 10-12 웨이블릿 변환을 위한 import 함수

```
import matplotlib.pyplot as plt
import pandas as pd
from pandas import Series, DataFrame
from openpyxl import load_workbook
import numpy as np
from scipy import signal
import pywt
```

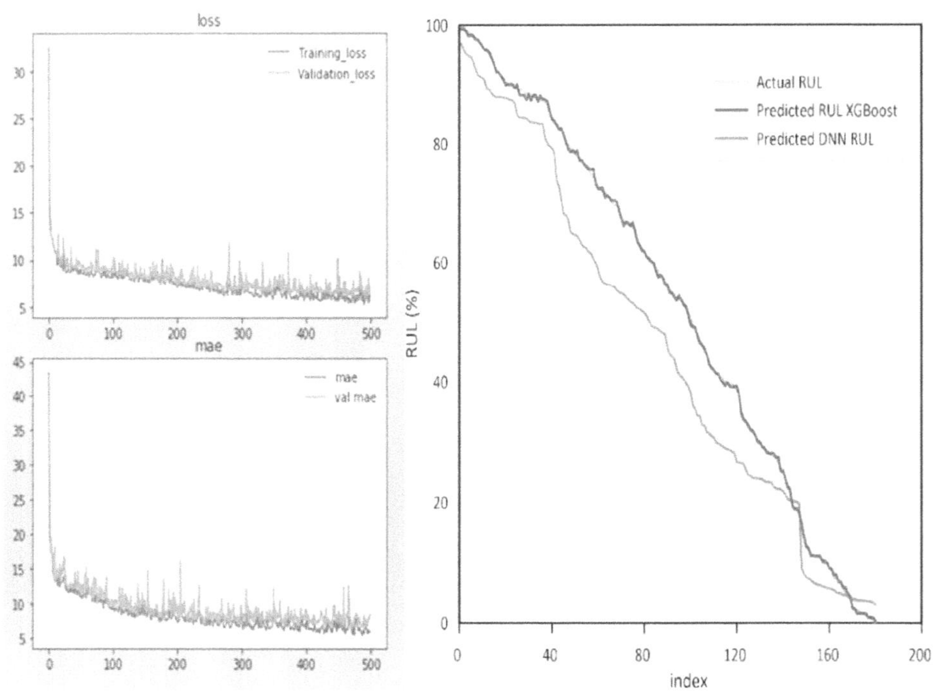

(가) (나)
그림 10-13 (가) DNN의 훈련결과, (나) 잔존수명 평가결과

표 10-3 SOV 진단에 사용된 매개변수와 각 변수의 크기

가상 매개변수	크기	번호
필터 크기	3 x 3	4
활성화 기능		LeakyReLU, Softmax (output)
훈련용 에포크	30	
배치 (Batch) 크기	32	
성능지표	정확도	
학습 비율	0.0001	
최적화기	RMSprop	
밀도 층	2	
출력 층	1	

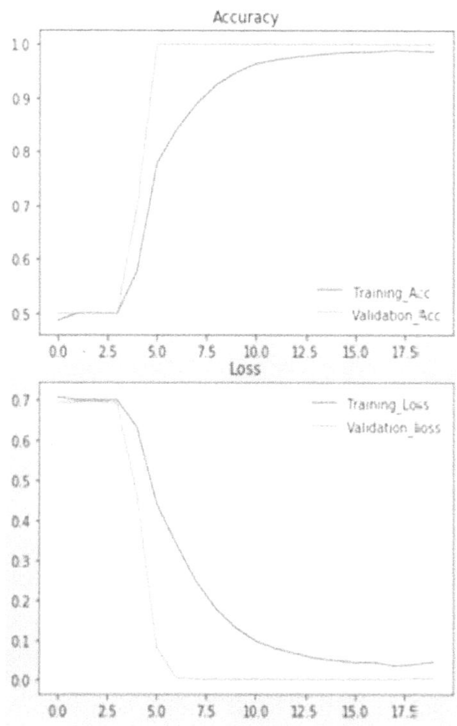

그림 10-14 SOV 에 대한 CNN 훈련결과의 정확도와 손실

10.3.1 잔존 수명의 예측

잔존 수명 예측을 위해 먼저 SOV의 고장 유형을 분석하였다. 다양한 유형의 고장발생이 예상되나 본 저술에서는 SOV의 고장 유형 중 프런저와 밸브 내부에서 발생되는 경우를 사례로 소개한다. 이에 대한 고장 유형과 영향은 다음 표 10-4와 같다.

기계학습을 이용하여 구현된 PHM은 SOV의 상태를 표 10-5와 같이 설정하도록 하였다.

표 10-4 본 연구에 적용된 SOV 고장 유형과 영향

고장유형	고장 원인	고장 구조(Mechanism)	SOV에 주는 영향
프런저	가이드 튜브 부위에 플런저가 고착	플런저와 가이드 튜브 사이의 오염물질 침적	느린 작동이나 작동 불능 상태로 진전
밸브 몸체	유체 출구가 막힘	오염이나 이물질 쌓임	유체의 흐름이 저하되거나 막힘

표 10-5 기계학습을 위해 설정된 SOV 의 상태

분류번호	상태	설명	실험 내용
1	정상	유체의 흐름을 방해하지 않으면서 SOV가 정상 작동	
2	플런저 기능 저하	플런저와 가이드 튜브 사이에 이물질 유입	• 실험을 위해 매우 얇은 0.1 mm 두께의 이물질을 1,2,3,4 개 차례로 인입시켜 실험 • PHM이 고장을 잘 예측하는 지가 본 실험의 목적임
3	고장으로 인한 SOV 열림	제어 신호를 인가 시, 플런저가 고장으로 인해 고착되어 작동되지 않아 밸브가 열림 상태 유지	인위적으로 플런저 고착 상태를 인가함

10.3.2 잔존 수명 평가를 위한 심화학습 네트워크(DNN, Deep Learning) 작성 흐름

DNN의 개념도를 그림 10-15로 소개하였다. 그림 10-16은 잔존 수명 평가를 위한 심화학습 네트워크 흐름도를 보여준다. 이미 설명한 바와 같이 DNN에서는 학습을 위한 데이터와 시험 검증을 위한 데이터를 각각 나누어 평가한다. 이 단계를 통해 나온 중간 결과물은 수명 예측을 위해 사용하고 또한 전조 증상을 이용한 진단에도 활용하게 된다.

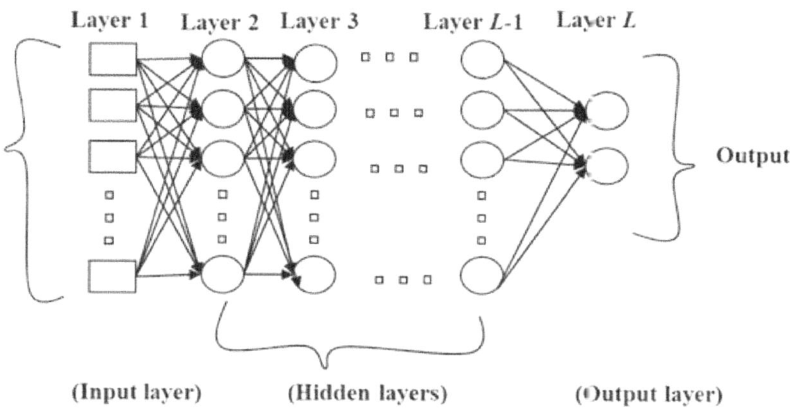

그림 10-15 DNN 개념도

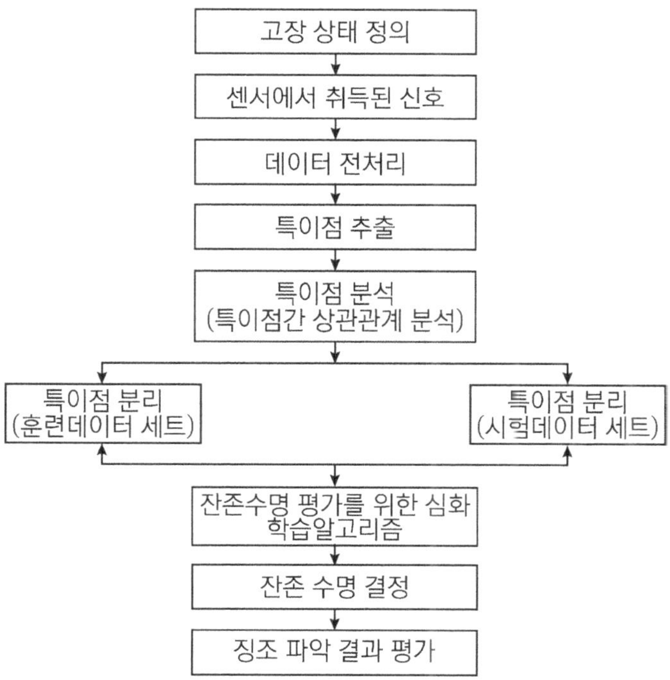

그림 10-16 잔존 수명 평가를 위한 심화학습 네트워크 작성 흐름도

표 10-5 DNN 네트워크의 파라메터

파라메터	사이즈	수
입력 층	128 neurons	1
은익층	256 neurons	6
커널 개시함수	정상	
활성 함수	입력, 은익층:정류함수 출력층: 선형	
출력층	1	1
성능지표	절대평균오차, 제곱평균오차	

표 10-5에서 입력층은 128개의 뉴런이 사용되며, 은익층에는 256 뉴런이 사용된다. 커널 개시함수는 정상상태로 유지되고, 활성함수는 정류함수(ReLU)가 쓰이고 출력은 정상 상태 함수가 쓰인다. 성능의 지표로는 절대평균오차와 제곱평균오차 방법이 사용되었다.

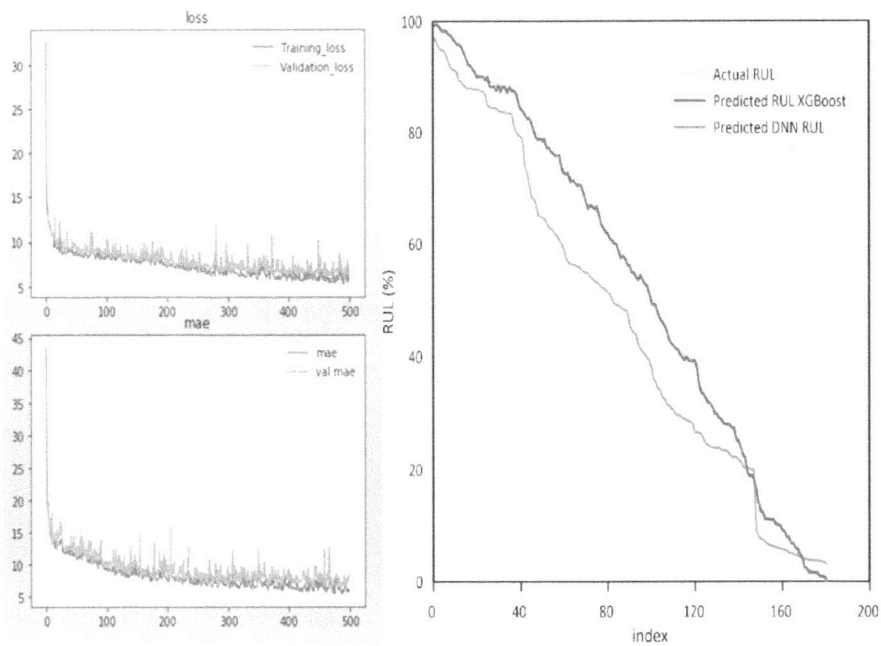

(가) (나)

그림 10-17 (가) DNN의 훈련결과, (나) 잔존수명 평가결과

그림 10-17 (가)는 DNN의 훈련 결과이고, (나)는 잔존 수명에 대한 평가결과를 예측값과 실제 결과를 비교하여 보여준다. 이 그림 (나)에서 선형회귀분석과 DNN 결과를 비교하기 위해 그레디언트 부스팅 알고리즘인 xgBoost 모델을 이용한 선형회귀 결과와 비교하여 보았다. 그림에서와 같이 선형회귀 모델이 실제 수명예측결과와 근사하게 일치하고 있는 반면, DNN 결과는 수명예측 정확도가 상대적으로 낮음을 보여주고 있다.

표 10-6은 잔존수명평가 알고리즘의 성능 지표로 절대평균오차와 제곱평균오차 방법을 사용함을 보여 준다. 절대평균오차는 예측 결과가 얼마나 실제와 가깝게 나타나는지를 나타낸다.

제곱평균오차 역시 MAE 방법과 유사하며 제곱 오차가 얼마나 실제 잔존 스명예측 결과와 근사하는지를 보여준다. 이외에도 평균 제곱근 오차도 사용된다. 이는 MSE의 근을 취한 것이다. 표 10-7은 본 실험의 결과를 DNN을 이용한 경우와 XGBoost 선형회기분석 모델을 사용한 경우의 성능지표로 나타내었다.

표 10-7에서와 같이 선형 회귀 방법을 적용한 경우가 DNN 회귀 방법보다 훨씬 좋은 결과를 보여주고 있는 반면, DNN에 의한 회귀 방법을 사용한 경우는 실제의 값과 많은 차이를 보이고 있음을 알 수 있다.

표 10-6 잔존수명평가 알고리즘의 성능 지표

- **절대평균 오차 (MAE):**

$$MAE = \frac{1}{n}\sum_{i=1}^{n} |(y_i - \bar{y}_i)|$$

- **제곱평균 오차 (MSE):**

$$MSE = \frac{1}{n}\sum_{i=1}^{n} (y_i - \bar{y}_i)^2$$

- **평균 제곱근 오차 (RMSE):**

$$RMSE = \sqrt{\frac{1}{n}\sum_{i=1}^{n} (y_i - \bar{y}_i)^2}$$

표 10-7 DNN 회귀 방법과 선형 회귀방법(XGBoost)를 적용한 결과 비교

	DNN 회귀 방법	선형 회귀XGBoost
MAE	7.499388445197211	0.33273581431839216
MSE	102.47562603057746	0.18303516281395382
RMSE	10.123024549539405	0.42782608944985323

Ⅰ. 전동기 시험과 관련한 국제표준
Ⅱ. 가중 함수의 주파수 분해능과 진폭 크리
Ⅲ. 전동기 구동기의 기어비 분석 절차
Ⅳ. 유도전동기 개요
Ⅴ. 전동기 구동밸브 효율 추정

부 록

Ⅰ 전동기 시험과 관련한 국제 표준

문서 번호	문서 제목
IEEE 11-1980, 2000	Standard for Rotating Electric Machinery for Rail and Road Vehicles (ANSI)
IEEE 43-1974 , 2000	Recommended Practice for Testing and Insulation Resistance of Rotating Machinery (ANSI)
IEEE 56-1977	Guide for Insulation Maintenance of Large AC Rotating Machinery (10,000 kVA and Larger) (ANSI)
IEEE 81-1962, 1983	Guide for Measuring Earth Resistivity, Ground Impedance, and Earth Surface Potentials of a Ground System
IEEE 95-1977	Recommended Practice for Insulation Testing of Large AC Rotating Machinery with High Direct Voltage (ANSI)
IEEE 112-1991, 1996	IEEE Standard Test Procedure for Poly-phase Induction Motors and Generators
IEEE 113-1985	Guide : Test Procedure for DC Machines (ANSI)
IEEE 115-1983, 1995	Guide : Test Procedure for Synchronous Machines (ANSI)
IEEE Std 118 . 1978	IEEE Standard Test Code for Resistance Measurements
IEEE Std 120-1989	IEEE Master Test Guide for Electrical Measurements in Power Circuits
IEEE 275-1992	Recommended Practice for Thermal Evaluation of Insulation Systems for Alternating-Current Electric Machinery Employing Form-Wound Pre-insulated Stator Coils for Machines Rated 6900 V and Below (ANSI)
IEEE 304-1977	Standard Test Procedure for Evaluation and Classification of Insulation Systems for DC Machines (ANSI)
IEEE 308-1978, 1980, 1991 2001	Standard Criteria for Class 1E Power Systems for Nuclear Power Generating Stations (ANSI)
IEEE 336-1977, 1980, 1985	Standard Installation, Inspection, and Testing Requirements for Power Instrumentation and Control Equipment at Nuclear Facilities (ANSI)
IEEE 338-1971, 1977, 1987	Standard Criatera for Periodic Testing of Nuclear Power Generating Station Safety Systems (ANSI)
IEEE Std 388 . 1992	IEEE Standard for Transformers and Inductors in Electronic Power Conversion Equipment
IEEE Std 389 . 1996	IEEE Recommended Practice for Testing Electronics Transformers and Inductors
IEEE Std 429, 1972, 1994	IEEE Standard Test Procedure for the Evaluation of sealed Insulation Systems for AC Electric Machinery Employing form Wound Slator Coils.

문서 번호	문서 제목
IEEE 433-1974	Recommended Practice for Insulation Testing of Large AC Rotating Machinery with High Voltage at Very Low Frequency (ANSI)
IEEE 434-1973	Guide for Functional Evaluation of Insulation Systems for Large High-Voltage Machines (ANSI)
IEEE Std 1068 . 1990	IEEE Recommended Practice for the Repair and Rewinding of Motors for the Petroleum and Chemical Industry
IEEE C37.96-1988, 2000	Guide for AC Motor Protection (ANSI)
ASME XI	Rules for In-service Inspection of Nuclear Power Plant Components
ASME OMCODE-1995,1998,2001	Code for Operation and Maintenance of Nuclear Power Plants
Reg. Guide 1.40	Qualification Tests of Continuous-Duty Motors Installed Inside the Containment of Water-Cooled Nuclear Power Plants (ML003740083)
Reg. Guide 1.73	Qualification Tests of Electric Valve Operators Installed Inside the Containment of Nuclear Power Plants (ML003740261)
Reg. Guide 1.118	Periodic Testing of Electric Power and Protection Systems (Rev. 3, ML003739468) (DG-1028, Proposed Revision 3, published 09/1994) (Rev. 3, ML003739468)
Reg. Guide 1.192	Operation and Maintenance Code Case Acceptability, ASM OM Code (ML030730430) (Draft guide was issued as DG-1089, ML013120051)
NEMA MG 1	Motors and Generators.

Ⅰ.1 표준 해설

(1) IEEE Std. 112

운전 효율이란 어떠한 특정한 시점에서 운전 중인 유도전동기의 효율로 정의된다.

IEEE Std. 112a 는 정상상태에서 운전 효율을 측정하는 절차를 규정하고 있다.

정격효율, 명판효율, 또는 공칭 효율은 유도전동기의 명판에 기록된 효율이다. 이 값은 유도전동기 제작사에서 규정하며 IEEE Std. 112b의 절차를 이용하여 특정 모델, 특정 용량에 대해 표본 전동기를 대상으로 제작사의 실험실에서 실시한 효율 시험 결과값을 기록한 것이다. 시험 결과 데이터는 평가 단계를 거쳐 제작사의 특정 모델에 대한 명판 효율로 정의된다. 개념적으로

IEEE Std. 112a와 IEEE Std. 112b 표준을 이용한 효율 산정 방법에는 차이점이 있다. IEEE Std. 112b 표준의 경우 정밀한 순시 효율을 얻기 위한 절차에 초점이 맞추어져 있다. 이러한 이유로 인해 본 표준은 입출력 효율 측정 방법의 클래스를 결정하는 데 이용된다.

반면에, IEEE Std. 112b는 두 종류의 정보를 제공하는 데 주안점을 두고 있다. 첫째는 부하곡선, 규정전류, 역률, 효율, 운전 온도, 그리고 정격 전압이 공급되는 상태에서 25%, 50%, 75%, 100% 125%, 150% 기계적 부하시 운전 속도에 대한 정보를 제공하는 것이다.

둘째는 손실 항목을 분별하는 방법으로써 유도전동기에서 발생하는 손실 항목을 각각의 카테고리로 다음과 같이 나누게 된다.

- 회전자 전도성 (I2R) 손실
- 고정자 전도성 (I2R) 손실
- 코어(히스테리시스손 및 와류손)
- 마찰 및 풍손
- 표면 효과등에 의한 손실

시스템 관점에서 본다면 IEEE Std. 112a는 특정 유도전동기의 특정한 운전 효율을 명시하려는 목적이 있는 반면, IEEE Std. 112b는 특정 유도전동기의 구동력을 명시하려는 데 목적이 있다.

(2) NEMA MG-1

NEMA는 IEEE Std. 112와는 또 다른 효율값을 규정하고 있는데 최소 효율 또는 보증 효율값이다. NEMA에 따르면 선언된 명판 데이터는 특정 유도전동기 모델에 대한 정격 상태에서의 평균 효율을 나타내야 한다. 최소 효율은 어떤 명판 효율값을 가진 정상 상태 유도전동기가 정격 상태 이하에서 운전할 때의 하한 효율점을 나타낸다.

Ⅱ 가중 함수의 주파수 분해능과 진폭 크기

Window function	Parameter	side lobe level (dB)	side lobe slope (dB/Oct)	3 dB width of main lobe	amplitude damping
Rectangle	---	-13	- 6	0.89	1.00
Bartlet	---	-27	-12	1.28	0.50
Hamming	---	-43	- 6	1.30	0.54
Hanning	---	-32	-18	1.44	0.50
Power of Cosine	1.00 2.00 3.00 4.00	-23 -32 -39 -47	-12 -18 -24 -30	1.20 1.44 1.66 1.86	0.64 0.50 0.42 0.38
Blackman	---	-58	-18	1.68	0.42
Blackman-Harris	---	-92	- 6	1.90	0.36
Tukey	0.25 0.50 0.75	-14 -15 -19	-18 -18 -18	1.01 1.15 1.31	0.88 0.75 0.63
Poisson	2.00 3.00 4.00	-19 -24 -31	- 6 - 6 - 6	1.21 1.45 1.75	0.44 0.32 0.25
Hanning-Poisson	0.50 1.00 2.00	-35 -39 -----	-18 -18 -18	1.54 1.64 1.87	0.43 0.38 0.29
Cauchy	3.00 4.00 5.00	-31 -35 -30	- 6 - 6 - 6	1.34 1.50 1.68	0.42 0.33 0.28
Gauss	2.50 3.00 3.50	-42 -55 -69	- 6 - 6 - 6	1.33 1.55 1.65	0.51 0.43 0.37
Flattop	---	-70	-2	3.38	0.24

Ⅲ 전동기 구동기의 기어비 분석 절차

전동기 구동기에 대한 엔지니어링 데이터가 없을 경우 전력선 신호분석 방법을 이용하여 간접적으로 기어비를 추정하는 절차로서, 전류 신호에 인입된 웜기어 이 맞물림 주파수, 웜기어 회전 주파수 및 전동기의 회전수 등을 주파수 분석 화면상에서 확인하고 전압, 전류 신호를 이용하여 계산한 전동기 토크 신호와 비교하는 방법을 사용한다.

Ⅲ.1 기어비 결정 절차

(1) 기어 A에 의해 구동되는 기어 B의 속도는 식(Ⅲ-1)에 의해 구한다.

$$N_b = N_a \cdot \frac{Z_a}{Z_b} \qquad (\text{Ⅲ-1})$$

여기서, N_a, N_b = 기어 A, B의 속도

Z_a, Z_b = 기어 A, B의 잇수

(2) 슬립 주파수는 식 (Ⅲ-2)를 이용하여 구한다.

$$f_{slip} = \frac{f_{sync} - f_{rm}}{P} \qquad (\text{Ⅲ-2})$$

여기서, f_{slip} = 슬립 주파수

f_{sync} =전동기의 동기속도

f_{rm} = 운전 속도

P = 전동기의 극수

(3) 슬립 주파수를 이용한 전동기 회전수의 계산 공식은 식 (Ⅲ-3)과 같다.

$$f_{rm} = f_e \cdot \left(\frac{30 - f_{slip}}{P} \right) \qquad (\text{Ⅲ-3})$$

여기서, f_e fline = 전원 주파수

(4) 전동기 구동기의 운전시 발생하는 각종 주파수 성분의 분석을 식 (Ⅲ-4) 를 이용하여 구한다.

$$f_{rm} = f_e \pm (f_{sync} \pm f_{slip}) \qquad (\text{Ⅲ-4})$$

전동기의 회전주파수는 슬립 주파수, 전원 주파수와 식 (Ⅲ-4)와 같이 밀접한 관계를 갖는다. 단, 위 식에서 부호 ± 는 일정하게 적용되지는 않고 양, 또는 음으로 적용될 수 있는 기호이다. 특히 슬립의 경우, (+) 방향만 적용되거나, (-) 방향으로만 적용되는 수가 많다. 기호의 적용에 대해서는 자세히 설명된 자료가 없으나, 내부 자계의 회전에 의해 영향을 받는 변수이므로 실험에 의해 결정하는 것이 바람직하다. 전동기 회전 주파수는 전원주파수와 f_{rm}(high)와 f_{rm}(low) 주파수 간격이 같아지는 값을 이용하여 결정한다.

(5) 기어 이 맞물림(WGTM) 주파수 결정

1) 이 맞물림 주파수는 전동기 토크, 전류의 시간축 트렌드에서 큰 진동 성분으로 관측된다.
2) 먼저, 전원 주파수를 기준으로 회전 주파수 양옆에 나타난 주파수를 WGTM 주파수로 가정하고 확인 절차에 들어간다. WGTM에 대한 슬립의 영향은 다음과 같다. WGTM 주파수는 전원 주파수과 WGTM(high)와 WGTM(low) 주파수 간격이 같아지는 값을 이용하여 결정한다.

$$f_{WGTM} = f_{WGTM(measured)} \pm f_{slip} \qquad (\text{Ⅲ-5})$$

여기서, f_{WGTM} = 웜기어 맞물림 주파수

(6) 전동기 피니온 기어(MP) 주파수 결정

1) 전동기 피니온 기어 주파수는 전동기 토크, 전류의 시간축 트렌드에서 미세한 진동 성분으로 관측된다.

2) 먼저, 전원 주파수를 기준으로 MP 주파수 양옆에 나타난 주파수를 MP 주파수로 가정하고 확인 절차에 들어간다. MP 주파수 역시 WGTM과 같이 슬립의 영향을 받는다. MP 주파수는 전원 주파수과 MP (high)와 MP (low) 주파수 간격이 같아지는 값을 이용하여 결정한다.

$$f_{MP} = f_{MP}(measured) \pm f_{sl\text{-}p} \qquad (Ⅲ\text{-}6)$$

여기서, f_{MP} = 전동기 피니온 기어 주파수

(7) 웜 기어 회전(WGR) 주파수 확인

1) 웜 기어 회전 주파수는 WGTM 주파수의 사이드 밴드 주파수로 나타나므로 상대적으로 확인이 어렵다. WGR은 웜과 웜 기어의 맞물림 시 기어의 유격에 의해 나타나는 현상이므로 주의 깊게 관찰하면 확인이 가능하다.

2) 사이드 밴드 역시 기준파(WGTM 주파수)의 양 옆에 동일한 주파수 간격을 가지고 나타나므로 (+)측 파형과 (-)측 파형의 간격이 일치하는지의 여부로 판별할 수 있다.

3) 단, 전동기 내부 회전자계의 영향이 (+) 또는 (-) 방향 중 한 방향에 집중적으로 나타날 경우도 있으므로 주의 깊게 관찰하고 사이드 밴드를 결정하여야 한다.

Ⅲ.2 기어비의 결정

(1) 전동기 회전 주파수, WGTM 주파수, WSR 주파수 정보는 상기 Ⅲ.1항에서 결정되었으므로 다음의 식 (Ⅲ-6)에 따라 웜 기어비를 결정한다.

$$WSGR = \frac{WGTM}{WGR} \qquad (Ⅲ\text{-}6)$$

여기서, WGSR = 웜기어비

WGTM = 웜기어 이맞물림 주파수

WSR = 웜기어 회전 주파수

(2) 전동기 기어비 (MSR) 는 다음의 식 (Ⅲ-7)을 이용하여 산출한다.

$$MSP = \frac{MS}{WGTM} \tag{Ⅲ-7}$$

(3) 종합 기어비 (OAR)를 식 (Ⅲ-8)에 의해 구한다.

$$OAR = WGST \cdot MSR \tag{Ⅲ-8}$$

Ⅲ.3 계산된 종합 기어비의 검증

(1) 전동기 토크, 구동기 토크와 구동기 효율을 이용한 기어비 검증

1) 이와 같이 결정한 기어비의 판정은 전동기에 공급되는 전력선 신호를 이용하여 산출한 전동기 토크와 스템에서 측정한 구동기 토크, 그리고 구동기 효율을 식 (Ⅲ-9)에 대입하여 산출된 기어비가 일정한 신뢰도를 갖는지 확인한다.
2) 본 절차의 경우, 구동기 효율의 정확도에 따라 기어비의 양, 부가 결정되므로 완전한 신뢰도를 갖지는 못한다.

$$OAR = \frac{AOT}{MST \cdot DVF^2 \cdot ACT_{eff} \cdot 1.1} \tag{Ⅲ-9}$$

여기서, AOT = 구동기출력 예측토크

DVF = 설계기준 전압강하비(%)

OAR = 전체 기어비

ACT_{EFF} =구동기 기어효율

MST = 전동기 토크

(2) 구동기 실측 데이터와의 확인

1) 상기 Ⅲ.2항에 의해 확인된 웜기어비 및 전동기 기어비의 Z는 산출값 중 일부를 제작사 데이터 또는 기타 실측 방법에 의해 확인할 수 있을 경우, 전동기 피니온 기어, 웜 샤프트 기어 및 웜 기어의 치(Teeth)수를 정확하게 산출할 수 있다.

2) 예를 들어 전동기 기어비가 1.88로 산출되었을 경우, 전동기 피니온의 치수를 알고 있다면, 웜 샤프트 기어의 치수 역시 확인이 가능하며, 이를 이용하여 웜 기어의 치수 역시 검증할 수 있다.

Ⅳ 유도전동기 개요

Ⅳ.1 유도전동기의 구조

유도전동기의 고정자 구조는 동기전동기와 동일하나 회전자의 구조는 다르다. 유도전동기는 회전자의 구조에 따라 농형(Squirrel Cage) 유도전동기와 권선형(Wire Wound) 유도전동기로 나뉜다.

농형 유도전동기는 회전자 표면에 슬롯을 파고 도체 봉을 나란히 넣어 그 양단을 단락환(End Ring)으로 연결한 구조를 가진다. 권선형 유도전동기는 고정자 권선과 같은 형태의 3상 권선을 회전자에 가지고 있는 형태이다. 3상 회전자는 대개 Y 결선으로 되어 있고, 3상 회전자 권선의 한쪽 끝은 회전자 축의 슬립링에 연결되어 있다. 회전자 권선은 슬립링 위에 놓여진 브러시를 통해 단락된다. 권선형 회전자를 가진 유도전동기는 고정자의 브러시를 통해 회전자 전류를 측정할 수 있고, 외부저항을 회전자 회로에 삽입하여 토크-속도 특성을 변경시킬 수 있다.

그림 Ⅳ-1 중대형 고압 유도전동기의 내부 구성도

Ⅳ.2 유도전동기의 기본 개념

고정자에 3상 전압을 인가하면 3상 전류가 흐르고 이 전류는 반시계 방향으로 회전하는 자계 B_s를 발생시킨다. 회전자계의 회전속도는 n_{sync}은 식 (IV-1)과 같다. 여기서, f_e는 Hz로 전원주파수이고, P는 기기의 극수이다.

$$n_{sync} = \frac{120 \cdot f_e}{P} \quad \text{(IV-1)}$$

회전자 도체에 유기된 전압은 식 (IV-2)로 표기한다. 여기서, v는 회전자계에 대한 회전자 도체 바의 속도이고, B는 고정자 자속밀도, 그리고 l는 회전자 봉의 길이를 나타낸다.

$$e_{ind} = (v \times B) \cdot l \quad \text{(IV-2)}$$

(1) 유도 토크

전동기의 회전자에 유기되는 유도 토크는 식 (IV-3)으로 표기 할 수 있다. 회전하는 고정자 자계 B_S는 회전자 봉에 전압을 유기시킨다. 회전자 전압은 회전자 전류를 흐르게 하고, 회전자 전류는 회전자의 인덕턴스로 인해 유기된 전압보다 위상이 지연된다. 회전자 전루의 흐름은 회전자 자계 B_R을 발생시키고 B_R은 반시계 방향의 유도 토크를 발생시킨다.

$$\tau_{ind} = kB_R \cdot B_S \quad \text{(IV-3)}$$

전동기의 토크는 반시계 방향, 회전자 유도 토크가 반시계 방향이므로 회전자는 반시계 방향으로 가속된다. 그러나 전동기는 동기 속도 이상으로는 가속되지 않는다. 만일 유도전동기의 회전자가 동기속도로 회전한다면 회전자 봉은 회전자계에 대해 상대적으로 정지하 있는 것과 같으며 전압은 유기되지 않는다.

만일 e_{ind}가 "0"이라면, 회전자 전류가 흐르지 않아 회전자 자계가 발생하지 않으므로 유도 토크는 "0"이 되어 회전자는 마찰손실에 의해 속도가 느려진다. 따라서 유도전동기는 동기속도 근처까지 속도가 상승할 수 있으나 정확히 동기속도에 도달하지는 못한다.

(2) 회전자 슬립의 개념

유도전동기의 회전자 봉에 유기되는 전압은 회전자계에 대한 회전자의 상대적 운동속도에 따라 달라진다. 유도전동기의 동작은 회전자의 전압과 전류에 달려있기 때문에 이 상대속도에 의해 동작을 설명하는 것이 더욱 논리적이다. 슬립 속도는 식 (IV-4)와 같이 동기속도와 회전자 속도와의 차이로 정의할 수 있다.

$$n_{slip} = n_{sync} - n_m \tag{IV-4}$$

여기서, n_{slip}는 전동기의 슬립 속도이고 S_{sync}는 회전자계의 속도이며 n_m은 회전자의 기계적 축 속도를 나타낸다. 슬립(Slip) 이란 백분율 또는 Percent Unit으로 나타낸 상대 속도로서 식 (IV-5)로 표기할 수 있다.

$$s = \frac{n_{slip}}{n_{sync}} = \frac{n_{sync} - n_m}{n_{sync}} \times 100\% \tag{IV-5}$$

식 (IV-5)를 각속도로 표시하면 식 (IV-6)과 같다.

$$s = \frac{\overline{\omega}_{sync} - \overline{\omega}_m}{\overline{\omega}_{sync}} \times 100 \tag{IV-6}$$

만일 회전자가 동기속도로 회전한다면 슬립은 '0'이 되고, 회전자가 정지해 있으면 슬립은 '1'이 된다. 정상적으로 운전하는 모든 전동기 속도는 이 두 속도 범위 내의 어떤 점에 존재하게 된다.

동기속도와 슬립 항으로 식 (IV-7)과 (IV-8)과 같이 회전자 축의 기계적 속도를 나타낼 수 있다.

$$n_m = (1 - s)n_{sync} \tag{IV-7}$$

$$\overline{\omega}_m = (1 - s)\overline{\omega}_{sync} \tag{IV-8}$$

(3) 회전자의 전기적 주파수

유도전동기는 회전자에 전압과 전류를 유도시키며 동작하므로 때때로 회전하는 변압기라 불린다. 변압기와 같이 1차측 (고정자)은 2차측 (회전자)에 전압을 유도하나, 변압기와는 달리 2차측 주파수는 1차측 주파수와 같지 않다.

임의의 회전속도에서 회전자 주파수는 어떻게 변할까. 식 (IV-9)와 같이 회전자가 정지한 경우에는 회전자의 주파수는 전원 주파수와 같아지고, 슬립은 '1'이 되며, 식 (IV-10)과 같이 회전자의 기계적 속도가 동기 속도와 같다면 회전자의 주파수는 '0'이 되고 슬립 역시 '0'이 된다.

$$n_m = 0 \text{ rpm} \quad ; f_r = f_e \text{Hz} \; ; \; s = 1 \qquad \text{(IV-9)}$$

$$n_m = n_{sync} \quad ; f_r = 0 \text{ Hz} \; ; \; s = 0 \qquad \text{(IV-10)}$$

임의의 속도에서 회전자 주파수는 회전자계의 속도 n_{sync}와 회전자 속도 n_m와의 차이에 비례하며 회전자의 주파수는 식 (IV-11)과 같아진다.

$$f_r = sf_e, \quad f_r = \frac{P}{120}(n_{sync} - n_m) \qquad \text{(IV-11)}$$

(4) 유도전동기의 등가 회로

유도전동기의 등가회로는 변압기의 등가회로와 유사하다. 즉, 유도전동기의 회전자 주파수가 속도에 따라 변한다는 내용을 이용하여 등가회로의 유도가 가능하다.

그림 IV-2는 유도전동기의 동작을 나타내는 각 상의 변압기 등가회로로써 권선비 a_{eff}를 가지는 이상적인 변압기로 회전자와 고정자가 연결되어 있다. 여기서 유효 권수비 a_{eff}는 회전자의 상(Phase) 당 도체수에 대한 고정자의 상 당 도체수의 비로 정의할 수 있다. 농형 회전자는 명확히 권선이 구분되지 않으므로 정의가 까다롭다.

변압기와 같이 1차측(고정자) 권선에 저항과 인덕턴스 성분이 존재하고 고정자 저항은 R_1, 고정자 누설 인덕턴스는 X_1로 표기된다. 철심을 가진 변압기와 같이, 기기의 자속은 인가전압 E_1의 적분과 관계가 있다.

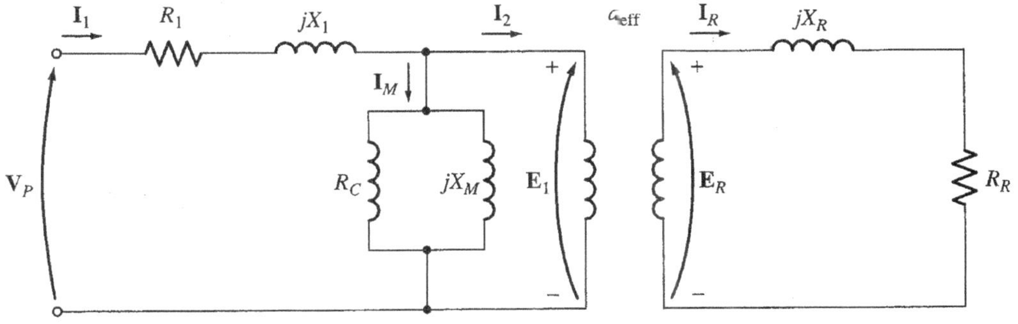

그림 IV-2 유도전동기의 변압기 모델

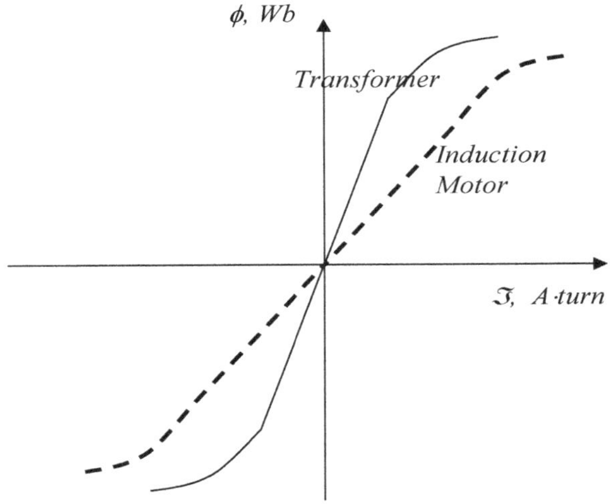

그림 IV-3 변압기와 비교한 유도전동기의 자화곡선

그림 IV-3은 변압기와 비교한 유도전동기의 자화곡선을 나타낸다. 유도전동기의 기자력-자속곡선의 기울기는 유사한 변압기의 자화곡선의 기울기보다 훨씬 낮다. 이는 유도전동기의 공극으로 인해 자로의 자기 저항이 크게 증대되고 1차측과 2차측 권선의 자기적 결합력이 감소하기 때문이다. 공극으로 인한 자기저항의 증가는 주어진 자속 레벨을 얻기 위해 훨씬 더 많은 양의 자화 전류가 필요하다 등가회로의 자화 리액턴스 X_M 은 일반적인 변압기의 자화 리랙턴스 보다 훨씬 더 작은 값을 가진다. (혹은 Susceptance B_M은 훨씬 더 큰 값을 가진다.)

1차측 고정자 내부전압 E_1은 유효 권수비 a_{eff}를 가지는 이상적인 변압기에 의해 2차측 전압 E_R과 결합되어 있다. 회전자에서 발생하는 전압 E_R은 기기의 단락된 회전자 2차측 회로에 전류를 흐르게 한다. 회전자 임피던스 R_R및 회전자 리액턴스 jX_R에서 회전자 주파수의 변화에 주로 영향을 받으므로 변압기 등가회로와는 다른 특성을 가진다.

(5) 회전자 회로 모델

유도전동기에서 고정자에 전압이 인가될 때 회전자 권선에 전압이 유도된다. 일반적으로 회전자와 고정자 자계 사이의 상대운동이 크면 클수록 회전자 유도전압은 더 커진다. 가장 큰 상대운동은 회전자가 정지하고 있을 때 발생한다. 가장 작은 전압 (0 V)은 회전자가 고정자 자계와 같은 속도로 회전할 때 발생한다.

이 두 경계 사이의 임의의 속도에서 회전자에 유도되는 전압은 회전자의 슬립에 비례하며 식 (IV-12)로 표기할 수 있다.

$$E_R = s \cdot E_{R_0} \qquad \text{(IV-12)}$$

여기서, E_{R_0}는 회전자 구속조건에서 회전자에 유도되는 전압이다.

그림 IV-4의 회전자 모델에서, 회전자 저항 R_R은, 표피 효과를 무시할 경우 슬립에 관계없이 일정하다. 회전자 리액턴스는 슬립에 따라 훨씬 복잡하게 영향받고 회전자 인덕턴스와 전압 및 주파수에 의해서도 영향을 받는다.

회전자의 인덕턴스가 L_R이면 회전자의 리액턴스는 식 (IV-13)으로 정의할 수 있다.

$$X_R = \overline{\omega}_R L_R = 2\pi f_r L_R \qquad \text{(IV-13)}$$

회전자의 주파수는 전원주파수에 슬립을 곱한 형태인 $F_r = s \cdot f_e$이므로, 식 (IV-13)은 식 (IV-14)로 표기할 수 있다. 여기서, X_{R_0}는 회전자가 구속되었을 때의 회전자 리액턴스이다.

$$X_R = 2\pi s F_e l_R = s2\pi f_e L_R) = sX_{R_0} \qquad \text{(IV-14)}$$

그림 IV-4의 회전자 회로 모델을 이용하여 회전자 전류 I_R을 구한 결과는 식 (IV-15)와 같다.

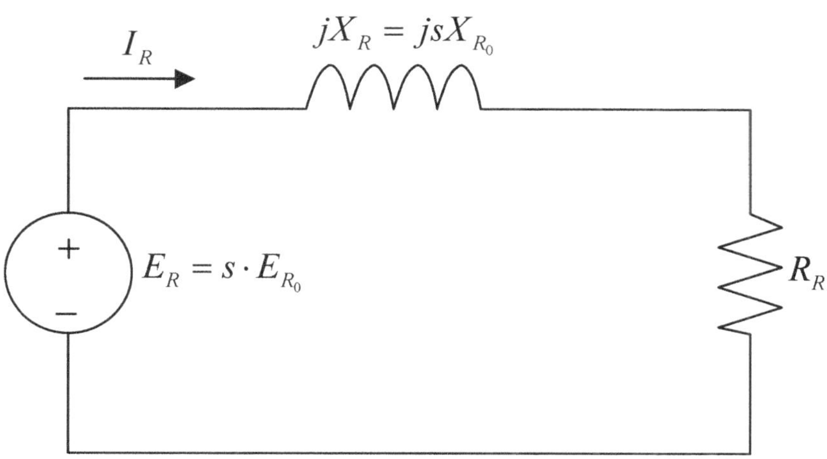

그림 IV-4 유도전동기 회전자 회로 도델

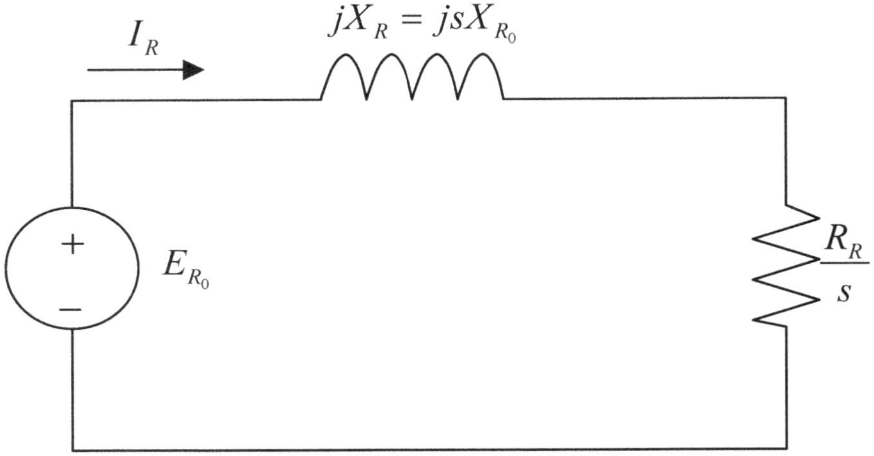

그림 IV-5 저항 R_R에 모든 주파수 슬립의 영향이 집중된 회전자 회로 모델

$$I_R = \frac{E_R}{R_R + jX_R} = \frac{E_R}{R_R + jsX_{R_0}} = \frac{E_{R_0}}{R_R/s + jX_{R_0}} \quad \text{(IV-15)}$$

식 (IV-15)에서, 정전압원 E_{R_0}로부터 전력을 공급받는 가변 임피던스를 이용하면 회전자 속도를 변화시킴으로 인해 나타나는 모든 회전자의 영향을 다룰 수 있다. 이 경우의 등가 임피던스는 식 (IV-16)과 같다.

$$Z_{R,\,eq} = R_R/s + jX_{R_0} \quad \text{(IV-16)}$$

이러한 방식을 이용한 회전자 등가회로가 그림 IV-5이다. 이 등가회로에서 회전자 전압은 상수 E_{R_0}이며 회전자 임피던스 $Z_{R,eq}$는 회전자 슬립의 변화에 대한 모든 영향을 포함하고 있다.

그림 IV-6은 회전자 속도의 함수로 나타낸 회전자 전류를 나타낸다. 슬립이 매우 낮을 경우에는 $R_R/s \gg X_{R_0}$의 관계가 되어 회전자 저항 성분이 지배적으로 나타나므로 회전자 전류는 슬립에 따라 선형적으로 변화한다. 슬립이 매우 낮을 경우에는 $R_R/s \ll X_{R_0}$의 관계가 되어 회전자 전류는 슬립이 상당히 크므로 정상 상태 값에 도달한다.

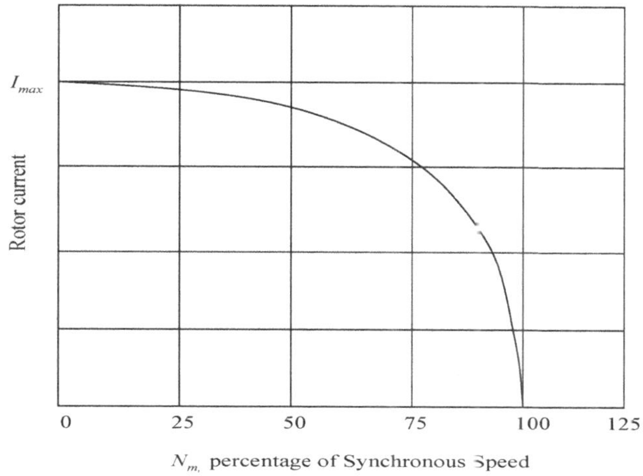

그림 IV-6 회전자 속도의 함수로 나타낸 회전자 전류

(6) 최종적인 등가 회로

위에서 알아본 바와 같이 모델의 회전자 부분을 고정자 측으로 환산하는 것이 필요하다.

그림 IV-7의 등가회로에서 회전자 전압은 식 (IV-17)과 같이 정의할 수 있다.

$$E_1 = E_R{}' = a_{eff} \cdot E_{R_0} \qquad \text{(IV-17)}$$

이때의 회전자 전류는 식 (IV-18)이 되고,

$$I_2 = \frac{I_R}{a_{eff}} \qquad \text{(IV-18)}$$

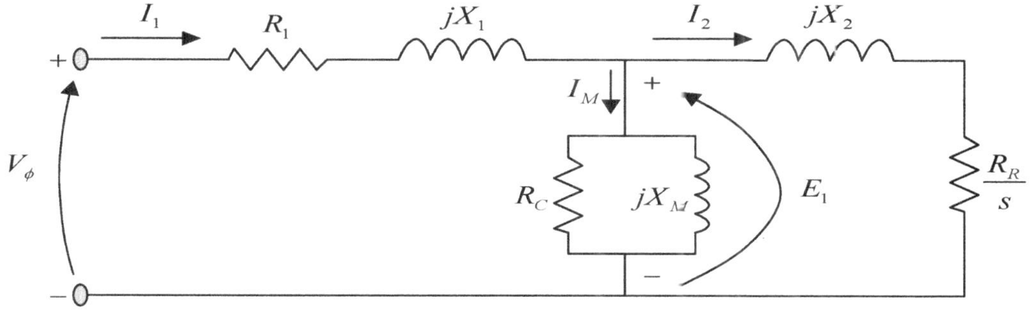

그림 IV-7 유도전동기의 각 상(Phase) 당 등가회로

회전자 임피던스 는 식 (IV-19)로 표기할 수 있다.

$$Z_2 = a^2\left(R_R/s + jX_{R_0}\right) \tag{IV-19}$$

따라서 환산 저항 R_2와 환산 리액턴스 X_2는 식 (IV-20)과 (IV-21)과 같이 표기할 수 있다.

$$R_2 = a_{eff}^2 R_R \tag{IV-20}$$

$$X_2 = a_{eff}^2 X_{R_0} \tag{IV-21}$$

그림 IV-8은 최종적인 상당 등가회로를 나타낸다.

농형 회전자에서 회전자 저항 R_R과 회전자 구속시의 회전자 리액턴스 X_{r_0}, 권선비 a_{eff}를 직접 구하는 것은 거의 불가능하다. 그러나 환산 저항 R_2와 환산 리액턴스 X_2는 직접 측정이 가능하다.

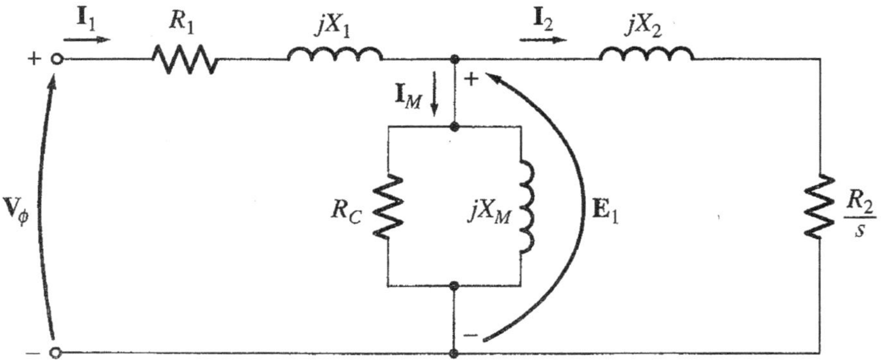

그림 IV-8 유도전동기의 각 상당 등가회로

Ⅳ.3 유도전동기의 출력과 토크

유도전동기의 출력으로 나오는 이용 가능한 실제 토크는 식 (IV-22)와 같이 표기할 수 있다. 여기서 P_{CONV}는 전기적 에너지에서 기계적 에너지 형태로 변화된 전력량이다.

$$\tau_{ind} = \frac{P_{CONV}}{\overline{\omega}_m} \tag{IV-22}$$

변하지 않는 공극의 전력과 동기속도의 항으로 토크를 표현하면 식 (IV-23)과 같다. 여기서 P_{AG}는 공극의 전력이다.

$$\tau_{ind} = \frac{P_{AG}}{\overline{\omega}_{sync}} \tag{IV-23}$$

Ⅳ.4 유도전동기의 토크 - 속도 특성

그림 IV-9(a) 는 초기에 무부하 상태로 운전하여 거의 동기 속도 근처에서 구동되고 있는 농형 유도전동기를 나타낸다.

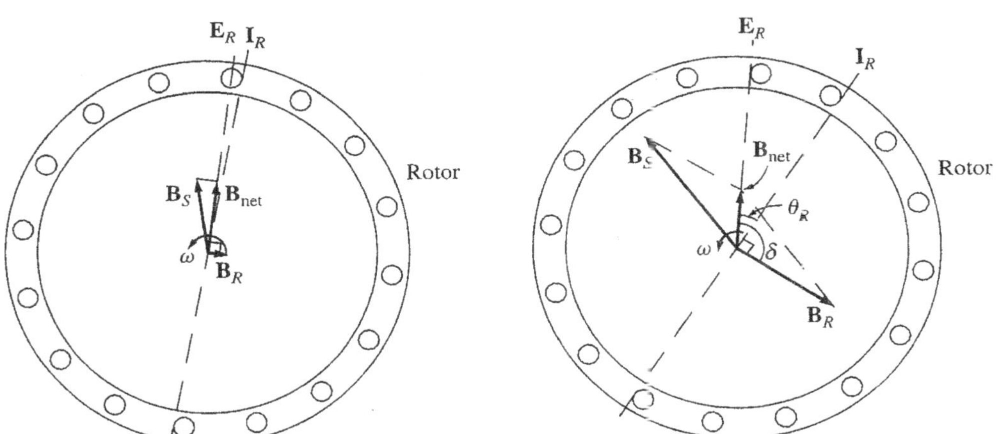

(a) 경부하시 (b) 중부하시

그림 IV-9 부하에 따른 유도전동기의 자계

합성자계 B_{net}는 전동기 등가회로에서 흐르는 자화전류 I_M에 의해 발생하며 I_M의 크기와 B_{net}은 전압 E_1에 비례한다. 전압 E_1이 일정하다면 전동기에서의 합성자계도 일정해진다. 실제의 경우, 부하가 변함에 따라 고정자 임피던스가 전압강하를 야기하나 전체 전압에 비해 무시할 만하다.

무부하시 회전자 슬립은 매우 작아, 회전자와 고정자 자계사이의 상대 운동이 매우 작다. 상대 운동이 작아 회전자 바에 유기된 전압 E_R이 작고, 전류 I_R도 작아진다. 회전자 주파수가 매우 작아 회전자 리액턴스도 '0'이 되고, 회전자계가 매우 작아 회전자 유도 토크 역시 매우 작아진다.

전동기 부하가 증가함에 따라 슬립이 증가하면, 회전자 속도는 감소된다. 회전자 속도가 느려질수록 고정자와 회전자의 상대운동이 더 커진다. 상대 운동이 커질수록 회전자 바에 유기된 전압 E_R와 전류 I_R가 크게 발생하고 큰 회전자 전류로 인해 회전자 자계 B_R 또한 증가한다. 슬립이 커지므로 회전자 주파수($f_r = sf_e$)가 증가하고 회전자 리액턴스($\overline{\omega} L_R$)도 증가하므로 회전자 전류는 회전자 전압보다 더욱 더 지연된다.

B_R이 증가하면 토크를 증가시키려는 경향을 가지며, 반면에 각도 d가 증가되면 토크를 감소시키려는 경향을 가진다.

그림 (b)와 같이 축의 부하가 증가함에 따라 $\sin\delta$항이 B_R이 증가하는 것 보다 더 많이 감소하는 점에 도달 시 발생한다. 이 점에서 부하가 더 크게 증가하면 τ_{ind}를 감소시키고 전동기는 정지하게 된다.

(1) 유도전동기의 탈출 토크(Pullout Torque)

유도 토크는 $\dfrac{P_{AG}}{\omega_{sync}}$이기 때문에, 최대 가능토크는 공극전력이 최대일 때 발생한다. 공극전력은 저항 $\dfrac{R_2}{s}$에서 소비되는 전력과 같기 때문에 최대 유도토크는 저항에서 소비되는 전력이 최대일 때 발생한다.

최대 토크값은 식 (IV-24)와 같이 구할 수 있다. 이 식은 최대 토크에서의 슬립에 관한 식을 토크식에 대입하여 구한 것이다.

$$\tau_{\max} = \frac{3V_{TH}^2}{2\overline{\omega}_{sync}\left(R_{TH} + \sqrt{R_{TH}^2 + (X_{TH} + X_2)^2}\right)} \tag{IV-24}$$

여기서, V_{TH}, R_{TH}, X_{TH}는 테브난 이론을 적용하여 산출한 전압, 저항 및 리액턴스를 각각 나타낸다.

이 토크는 공급전압의 제곱에 비례하고 또한 고정자 임피던스와 회전자 리액턴스의 크기에 반비례한다. 전동기의 리액턴스가 작아지면 작아질수록, 전동기가 감당할 수 있는 최대 토크는 더욱 더 커진다. 최대 토크가 발생할 수 있는 슬립은 회전자 저항에 직접 비례하나, 최대 토크의 값은 회전자 저항의 크기에 독립적이다.

그림 IV-10과 같이 유도전동기의 토크-속도 특성곡선의 각 단계별 정보는 다음과 같이 요약할 수 있다.

- 유도 토크는 동기속도에서 0이다.
- 토크-속도 곡선은 무부하와 전부하 사이에서 거의 선형이다. 이 범위에서 회전자 저항은 회전자 리액턴스보다 아주 크다. 따라서 슬립이 증가할 때 회전자 전류, 회전자 자계, 그리고 유도 토크는 선형적으로 증가한다.
- 초과할 수 없는 최대 가능토크가 있다. 탈출 토크 또는 전동 토크라고 불리는 이 토크는 전동기의 정격 전부하 토크의 2~3배이다.
- 전동기의 기동 토크는 전부하 토크보다 약간 크다. 따라서 이 전동기는 전전력에서 어떤 부하든지 기동시킬 수 있다.

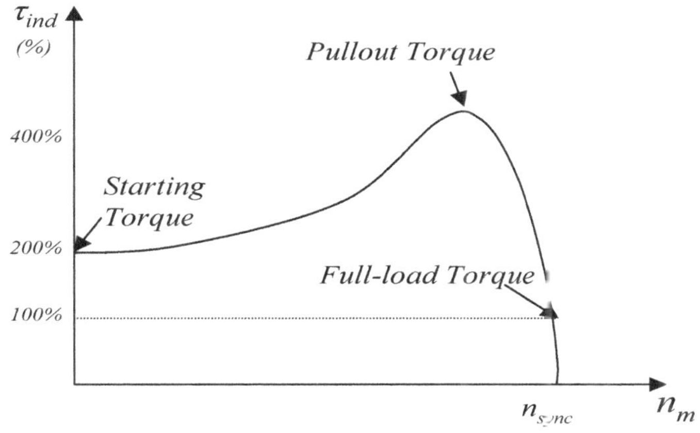

그림 IV-10 유도전동기 토크-속도 특성 곡선

V 전동기 구동밸브 효율 추정

부록 V에서는 전력선 신호분석 기술을 이용하여 전동기구동밸브의 스템 힘을 산출하고 성능을 진단하는 방법에 대한 특허 등록 내용을 소개한다. 전동기의 상태와 성능 진단은 다양한 분야에서 활용될 수 있으며, 특히 기계의 성능을 분야에 센서를 직접 부착하지 않고 진단할 수 있는 장점이 있다.

V.1 발명의 명칭

전력 신호를 이용한 모터구동밸브의 스템 힘 산출 방법 및 성능 진단 방법

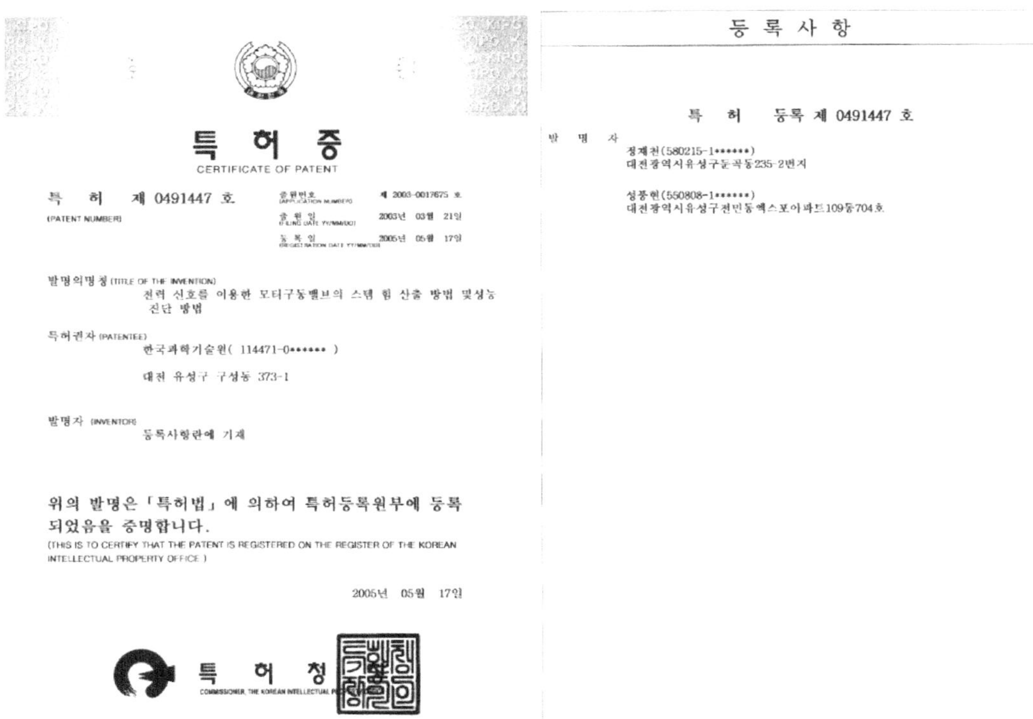
특 허 증

CERTIFICATE OF PATENT

특 허 제 0491447 호 (PATENT NUMBER)

출원번호 (APPLICATION NUMBER) 제 2003-0017675 호

출 원 일 (FILING DATE YY/MM/DD) 2003년 03월 21일

등 록 일 (REGISTRATION DATE YY/MM/DD) 2005년 05월 17일

발명의명칭 (TITLE OF THE INVENTION)
전력 신호를 이용한 모터구동밸브의 스템 힘 산출 방법 및성능 진단 방법

특허권자 (PATENTEE)
한국과학기술원(114471-0******)
대전 유성구 구성동 373-1

발명자 (INVENTOR)
등록사항란에 기재

위의 발명은 「특허법」에 의하여 특허등록원부에 등록되었음을 증명합니다.

(THIS IS TO CERTIFY THAT THE PATENT IS REGISTERED ON THE REGISTER OF THE KOREAN INTELLECTUAL PROPERTY OFFICE)

2005년 05월 17일

특 허 청

COMMISSIONER, THE KOREAN INTELLECTUAL PROPERTY OFFICE

등 록 사 항

특 허 등록 제 0491447 호

발 명 자
정재천(580215-1******)
대전광역시유성구둔곡동235-2번지

성풍현(550808-1******)
대전광역시유성구전민동엑스포아파트109동704호

그림 V-1 특허 등록증

V.2 발명이 속하는 기술분야 및 그 분야의 종래 기술

본 발명은 모터구동밸브(Motor Operated Valve; MOV)의 성능을 감시하는 장치 및 방법에 관한 것으로, 특히, 모터구동밸브에 연결된 전력선에 흐르는 신호를 이용하여 모터구동밸브의 스템 힘(stem power)을 산출하고, 산출된 스템 힘을 이용하여 모터구동밸브의 성능을 진단하는 방법에 관한 것이다.

일반적으로, 원자력 발전소를 포함한 발전 플랜트(plant)와 일반 산업 플랜트에는 워터(water) 또는 스팀라인(steam line)의 정기적인 개폐, 사고 또는 비상시의 안전하고 신속한 개폐를 위해 모터구동밸브가 설치되어 있다.

이러한 모터구동밸브의 일예가 그림 V-1에 도시되어 있다. 그림 V-1은 종래의 모터구동밸브의 개념도이다. 그림 V-1에 도시된 바와 같이, 모터구동밸브의 모터(1)에 전원이 공급되면, 모터(1)는 구동하여 회전력(즉, 토크)을 피니언과 헬리컬로 이루어진 감속기어(2)에 전달하고, 감속기어(2)는 회전속도를 감속하면서 토크를 크게 한다.

감속기어(2)에 의한 토크는 감속기어(2)의 축에 부착된 웜(4)을 회전시키며, 이에 웜 기어(5)는 회전 방향을 바꾼다. 웜기어(5)의 회전력은 드라이브 슬리브(6)와 스템 너트(7)을 통해 밸브 스템(8)에 전달되는데, 드라이브 슬리브(6)는 웜기어(5)의 회전력을 스템 너트(7)에 전달하고, 스템 너트(7)는 내부와 외부에 모두 나사산이 나 있으므로 드라이브 슬리브(6)가 전달하는 회전력을 밸브 스템(8)에 전달한다.

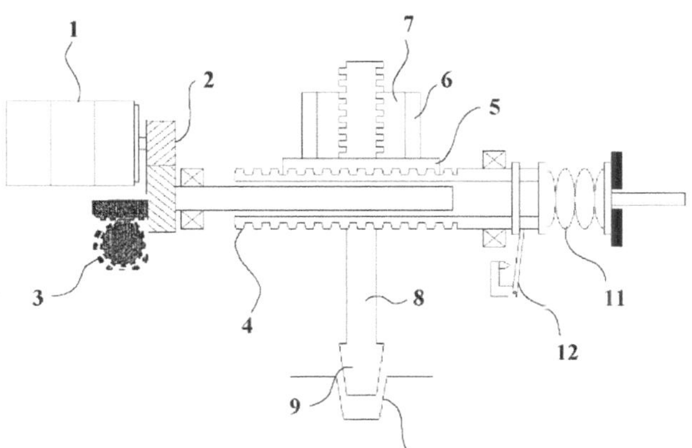

그림 V-1 종래의 전동기 구동밸브 가념도

이때, 상승 스템 방식의 밸브인 경우에, 스템 회전을 방지하는 축회전 방지 장치(미도시)에 의해 스템 너트(7)의 회전력은 상승, 하강의 수직 이동으로 바뀌게 되며, 밸브 스템 축 종단부에 연결된 밸브 플러그(9)는 밸브 시트(10)에 완전히 삽입되어 배관에 흐르는 유체를 차단하는 원리로 운전된다. 한편, 밸브 시트(10)면에 밸브 플러그(9)가 완전히 삽입되면, 웜(4)은 웜기어(5)를 회전시킬 수 없는 상태가 되어 모든 힘을 스프링팩(11)을 압축시키는데 사용한다. 이에 스프링팩(11)에 작용하는 압축 토크가 설정치 이상이 되면, 토크 스위치(12)의 접점이 작동하여 전원이 차단되고, 모터 구동밸브의 운전은 종료된다.

상술한 모터구동밸브의 구조와 더불어, 일부 모터 구동기 제작회사에서는 모터구동밸브의 성능을 간이로 측정할 수 있도록 모터(1)에 연결된 감속기어(2)에 모터 회전수 측정용 홀 센서(3)를 부착한 형태를 양산하고 있다. 따라서, 측정자는 홀 센서(3)를 통해 모터의 회전속도를 측정한 후에 이를 토크로 바꾸는 방법으로 구동기의 성능을 간이로 측정하게 된다.

최근, 원자력 발전소에서는 모터구동밸브의 성능 진단을 위해 밸브의 스템에 걸리는 힘과, 스템의 변위량을 측정하고 있다.

상기 스템에 걸리는 힘의 측정을 측정하기 위해 종래에는 토크셀, 로드셀 및 스트레인 게이지 등의 센서가 사용되고 있으며, 상기 센서들을 그림 Ⅴ-2에 도시된 스템의 나사산이 없는 부분(15)에 직접 부착하여 사용하거나 밸브의 요크(16) 등에 센서 부착장치를 사용하여 측정한다. 또한, 스템 변위량 측정을 위한 센서로는 선형 전압차 변환기, 로터리 엔코더, 가변 저항형 위치센서 등의 변위센서가 사용되며, 상기 변위센서를 모터구동기(13)에 부착하여 스템의 이동거리와 스프링 팩의 이동거리를 측정한 후 별도의 분석용 프로그램을 사용하여 모터구동밸브의 성능이 기존 측정 결과보다 운전 여유도가 낮아졌는지를 평가하고 있다.

한편, 센서를 부착하는 시험 방법 이외에 전력선 신호분석을 이용하여 모터구동밸브의 성능 진단을 하는 방법이 미국의 리버티(Liberty) 사(社)와 크레인(Crane) 사(社)에서 상용화되어 시판되고 있다. 리버티사가 개발한 모터 전력감시기(Motor Power Monitor: MPM) 방법은 기존에 수행한 모터 전력과 스템 힘의 상관관계를 이용하여 새로이 측정한 전력값을 이용하여 스템 힘을 계산한다. 이때, 상기 상관관계는 4차 근사식을 이용한다.

그리고, 크레인사가 개발한 전기실(MC^2)방법은 모터 전력, 전류, 명판 내용, 그리고 모터 커브 데이터를 이용하여 모터 토크를 계산하는 알고리즘을 사용한다. 토크를 스템 힘으로 변환하는 방법은 리버티사의 방법과 유사하게 기존 수행한 토크와 스템 힘과의 상관관계를 1차 방정식으로 만들고, 새로이 계산한 토크값을 이용하여 현재의 스템 힘을 계산한다. 두 방법 모두 계산에 따른 불확실도가 약15%에 달하고 있어서, 미국 모터구동밸브 사용자 그룹에서는 약 25% 이하의 운전여유도를 가진 밸브의 경우에는 적용 시 계산과정에 대한 별도의 정밀분석을 거치도록 권고하고 있다.

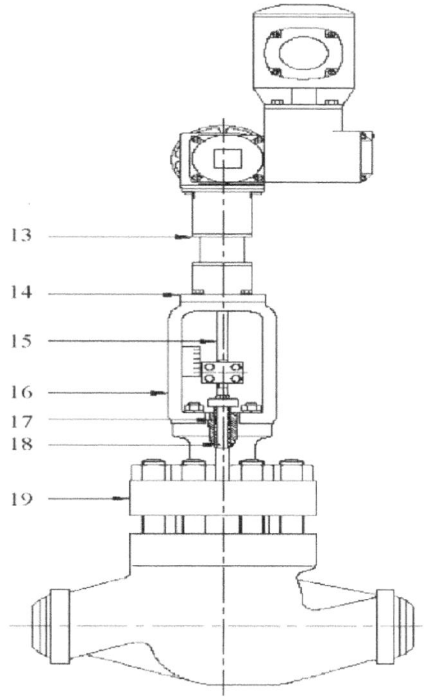

그림 V-2 종래에 사용한 모터구동밸브의 스템 힘을 측정하는 방법을 설명하기 위한 도면

국내에서는 모터구동밸브의 작동성 측정을 수행하거나, 스템 힘을 측정하는 방법이 공개특허공보 특2001-0029053호와 공개특허공보 특 2002-0043327호로 특허등록되어 있다. 두 특허 모두 기본적인 밸브의 상태를 모터 토크를 계산하여 진단하는 방법을 사용하고 있으나, 작동성 측정 방법에 대한 특허(특2001-0029053호)의 경우에는 스템에 걸리는 힘을 계산하는 과정에 스템 변위 측정을 위한 센서 출력이 필수적으로 필요하고, 스템 힘 측정과 관련한 특허(특2002-00433327호)의 경우에도 모터 구동밸브의 기준 데이터를 취득하기 위해 밸브 구동기 상부에 힘 센서를 설치하여야 하므로 완전한 센서리스 시스템으로 제안되기에는 한계가 있다.

결국, 상술한 바와 같이 종래에는 모터 구동밸브 진단을 위해 센서를 사용하거나, 단일 센서와 모터 전력성분을 측정하여 토크를 계산하므로 완전한 센서리스 방법이 될 수 없었고, 국외 제작사에서 발표한 기술의 경우에 센서리스 방식을 도입하였으나 스템 힘을 예측하기 위한 측정 불확실도가 커 운전 여유도가 적은 밸브의 경우에 적용이 어려운 단점이 있다.

V.3 발명이 이루고자 하는 기술적 과제

본 발명은 상기한 종래의 문제점을 해결하기 위한 것으로, 운전 여유도가 크면서도 센서를 이용하지 않는 센서리스 방식의 모터구동밸브 성능진단 방법을 제공하는 것을 목적으로 한다.

V.4 발명의 구성 및 작용

상기한 기술적 과제를 달성하기 위한 본 발명의 전력선 신호를 이용한 모터구동밸브의 스템 힘 산출 방법은 모터구동밸브의 닫힘 행정 시험을 수행하는 중에, 모터구동밸브의 모터에 연결된 전력선에 흐르는 아날로그 전류 및 전압신호를 인출하는 전력선 신호인출단계와, 상기 인출한 전류 및 전압 신호를 디지털 신호로 변환시키는 데이터변환단계와, 상기 변환된 전류 및 전압 신호를 이용하여 고정자 자속을 추정하는 자속추정단계와, 상기 고정자 자속과 상기 변환된 전류 및 전압 신호를 이용하여 모터 토크를 산출하는 모터토크산출단계와, 공장설비의 데이터베이스에 기 저장된 해당 모터구동밸브에 대한 다수의 밸브패킹조임상태별 모터토크, 스템 토크, 스템 힘 및 닫힘 행정시간을 이용하여, 모터구동밸브의 특성에 맞는 스템 팩터 산정식과 스템 팩터를 산출하는 스템팩터 산출단계, 및 상기 스템팩터 산출단계에 의해 산출된 스템 팩터와 상기 모터토크 산출단계에 의해 산출된 모터토크를 이용하여 스템힘을 산출하는 스템힘 산출단계를 포함한다.

양호하게는, 본 발명은 상기 전력선 신호인출단계에서 인출한 신호가 아날로그 3상 신호이면, 상기 데이터변환단계에 의해 디지털 변환된 데이터를 2축으로 표현되는 기준 좌표계의 데이터로 변환시키는 좌표변환단계를 더 포함한다.

양호하게는, 상기 스템팩터산출단계의 상기 모터토크, 상기 스템토크, 상기 스템힘과, 상기 닫힘 행정 시간은 본 발명이 수행되기 전에, 밸브 패킹의 최소조임상태와 최대조임상태를 일정한 조임 상태를 단위로 하여 구분하는 단계와, 상기 다수의 밸브패킹조임상태로 밸브 닫힘 행정시험을 수행하는 단계와, 상기 밸브 닫힘 행정시험중에 상기 다수개의 상태별로, 전력선 신호 분석을 하여 모터토크를 취득하고, 상기 스템에 부착된 스트레인 게이지의 출력에 의해 스템 토크와 스템힘을 취득하며, 시간 카운팅에 의해 닫힘 행정 총시간을 취득하는 단계를 통해 얻어지고, 상기 데이터베이스에 저장된다.

한편, 상기한 기술적 과제를 달성하기 위한 본 발명의 전력선 신호를 이용한 모터구동밸브의 성능 진단 방법은 상술한 전력선 신호를 이용한 모터구동밸브의 스템힘 산출 방법을 수행한 후에, 산출한 스템힘을 상기 데이터베이스에 기 저장된 요구 스템 힘과 비교하여 운전여유도를 산출하고, 산출한 상기 운전여유도를 사용자가 확인할 수 있게 표시하는 것으로 달성된다.

이하, 첨부한 도면을 참조로 본 발명의 실시예에 따른 전력선 신호를 이용한 모터구동밸브의 스템 힘 산출 방법 및 성능 진단 방법을 설명한다.

우선, 본 발명의 실시예에 따른 전력선 신호를 이용한 모터구동밸브의 스템 힘 산출 방법을 설명한다. 본 발명의 방법은 그림 Ⅴ-3과 그림 Ⅴ-4에 도시된 시스템을 통해 달성된다. 그림 Ⅴ-3은 본 발명의 실시예에 따른 전력선 신호를 이용한 모터구동밸브의 스템 힘을 산출하기 위한 시스템의 블록 구성도이고, 그림 Ⅴ-4는 그림 Ⅴ-을 구체화한 블록 구성도이다.

본 발명의 시스템은 모터구동밸브의 닫힘행정을 수행하는 중에 이용되는 것이 바람직하며, 전력선 신호를 인출하기 위한 전력선 신호 인출부(100)와, 인출한 전력선 신호를 연산 및 분석이 가능한 데이터 형태로 만드는 신호처리부(200)와, 신호처리부(200)에 의해 신호처리된 데이터를 연산 및 분석하여 스템 힘을 산출하는 스템힘 측정부(300)를 포함한다.

그리고, 본 발명의 시스템은 스템힘 측정부(300)에서 측정한 결과를 외부 단말과 통신할 수 있도록 하기 위해 근거리 통신망(LAN)에 연결된 통신 인터페이스부(400)를 더 포함할 수 있다. 또한, 본 발명의 시스템은 본 발명의 시스템의 장치 및 소프트웨어의 성능을 평가하기 위해 전력선 분석기(500)를 더 포함하는 것이 가능하다.

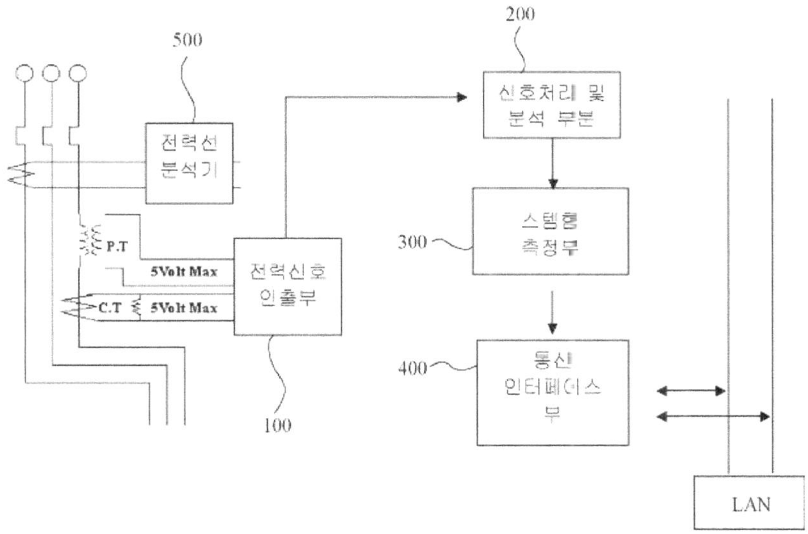

그림 Ⅴ-3 본 발명의 실시예에 따른 전력선 신호를 이용한 모터구동밸브의 스템 힘을 산출하기 위한 시스템의 블록 구성도

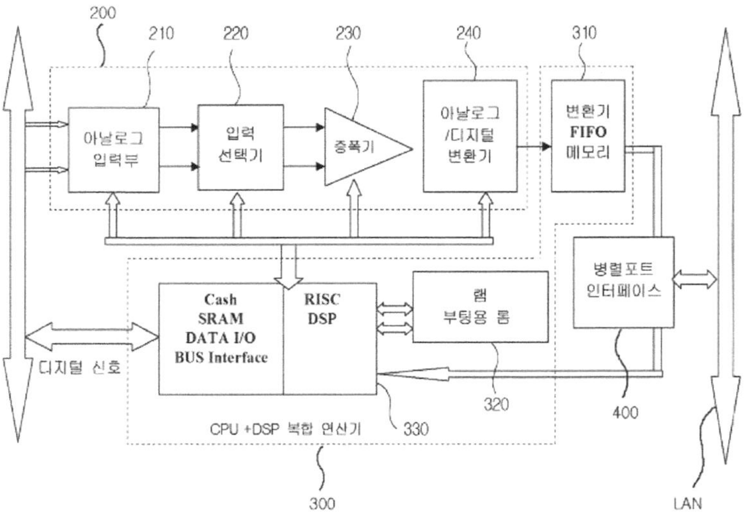

그림 Ⅴ-4 그림 Ⅴ-3을 구체화한 도면

전력선 신호 인출부(100)는 모터구동밸브의 모터(1)에 연결된 전력선에 흐르는 3상 전력 신호인 3상 전류 및 전압 신호를 인출하는 전류 변성기(CT)와 전압 변성기(PT)로 이루어진다. 전류 변성기와 전압 변성기는 기존의 센서와 전치 증폭기의 기능을 수행하며, 각각 전력선에 흐르는 아날로그 전압 성분과 전류 성분을 인출하여 목표 레벨로 만들어 신호처리부(200)에 제공한다. 여기서, 전압 변성기는 모터구동밸브의 모터를 제어하기 위해 설치된 전기실의 모터 제어반의 전압 변성기를 사용한다.

신호처리부(200)는 전력선 신호 인출부(100)의 3상 아날로그 전류 및 전압 신호를 디지털 신호로 변환시키기 위한 것이다. 보다 상세히는, 신호처리부(200)는 그림 Ⅴ-4에 도시된 바와 같이, 아날로그 입력부(210), 입력 선택기(220), 증폭기(230)와, A/D(Analog to Digital) 변환기(240)로 구성된다. 아날로그 입력부(210)는 전류 변성기와 전압 변성기의 3상 전류 및 전압 신호를 입력하고, 입력 선택기(220)는 3상 전류 및 전압 신호 중 해당 위상의 신호를 순차적으로 선택하여 증폭기(230)로 입력시킨다. 그러면, 증폭기(230)는 입력되는 신호를 설정된 목표 레벨로 적절히 증폭시켜 A/D 변환기(240)에 제공하고, A/D 변환기(240)는 입력되는 아날로그 신호를 디지털 신호로 변환시킨다. 여기서, A/D 변환기(240)는 12 비트 이상의 분해능을 가진다.

스템힘 측정부(300)는 신호처리부(200)로부터 입력되는 3상 디지털 전류 및 전압 신호를 연산 및 분석하여 스템힘을 측정한다. 보다 상세히는, 스템힘 측정부(300)는 그림 Ⅴ-4에 도시된 바와 같이, 선입선출 메모리인 FIFO 메모리(310), 램 부팅용 롬(320), CPU와 DSP 기능이 복합된 복합연산기(330)로 이루어진다. 램 부팅용 롬(320)에는 시스템 기동시 또는 데이터 전처리를 위한 소프트웨어가 저장되며, 복합연산기(330)는 램 부팅용 롬(320)의 소프트웨어를 이용하여 연산 및 분석 기능을 수행한다.

그림 Ⅴ-4에 도시된 병렬포트 인터페이스(400)는 그림 Ⅴ-3에 도시된 통신 인터페이스부(400)에 해당하며, 복합 연산기(330)의 입, 출력단에 연결되어 복합 연산기(330)가 외부의 컴퓨터 또는 내부 통신망인 LAN에 연결될 수 있게 한다.

이하, 그림 Ⅴ-5, 그림 Ⅴ-6 및 그림 Ⅴ-7을 참조로 하여 본 발명의 실시예에 따른 센서리스 방식으로 모터구동밸브의 스템 힘을 측정하는 방법을 설명한다. 그림 Ⅴ-5는 본 발명의 실시예에 따른 센서리스 방식으로 모터구동밸브의 스템 힘을 측정하는 방법을 보인 도면이다.

본 발명은 센서리스 방식으로 모터구동밸브의 스템 힘을 측정하기 위해서 전력 신호를 이용하는데, 이를 위해 전력선 신호 인출부(100)를 통해 3상 전압 및 전류 신호를 인출한다(S510). 그런 다음, 신호처리부(200)를 통해 상기 3상 전압 및 전류 신호를 디지털 신호로 변환하여 스템힘 측정부(300)에 디지털 변환된 3상 전압 및 전류 신호를 제공한다(S520). 이에 따라, 스템힘 측정부(300)는 디지털 변환된 3상 전압 및 전류 신호를 이용하여 스템 힘을 산출한다. 일반적으로 스템 힘은 식 (Ⅴ-1)과 같다.

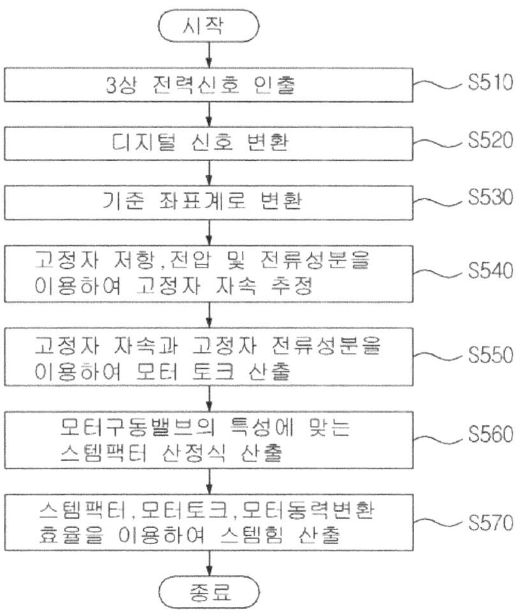

그림 Ⅴ-5 본 발명의 실시예에 따른 전력선 신호를 이용한 모터 모터구동밸브의 스템힘 산출방법을 설명하기 위한 도면

$$\text{스템힘} = \text{스템팩터} \times (\text{모터토크} \times \text{동력변환효율}) \qquad (\text{V-1})$$

그러므로, 스템힘 측정부(300)는 스템힘을 산출하기 위한 변수인 스템팩터, 모터토크와 모터동력변환효율을 구한 후에, 구해진 변수를 식 (Ⅴ-1)에 대입하여 스템힘을 산출하게 된다.

우선, 스템힘 측정부(300)는 상기 변수들을 디지털 변환된 3상 전압 및 전류 신호를 이용하여 산출하게 되는데, 디지털 변환된 3상 전압 및 전류 신호는 특정시간에 대해 3개의 좌표를 가진 점으로 표현되므로, 데이터 분석 및 신호 해석이 어렵다.

그러므로, 스템힘 측정부(300)는 디지털 3상 전류 및 전압 신호를 보다 쉽게 해석할 수 있도록 디지털 3상 전류 및 전압 신호에 대한 방정식(f_{abc})을 다음의 수학식 2와 같은 메트릭스 T(θ)에 곱하여 수학식 3과 같이 d축과 q축으로 표현되는 기준 좌표계의 신호로 표현되는 방정식(f_{dq})으로 변환한다(S530). 상기 과정(S530)을 통해 디지털 3상 전압 및 전류 신호가 기준 좌표계의 신호로 변환되면, 특정 시간에 대해 3개의 좌표값을 가진 전압 및 전류 신호가 특정 시간에 대해 2개의 좌표값을 가진 신호가 된다.

$$T(\theta) = \frac{2}{3} \cdot \begin{bmatrix} \cos\theta & \cos\left(\theta - \frac{2}{3}\pi\right) & \cos\left(\theta + \frac{2}{3}\pi\right) \\ -\sin\theta & -\sin\left(\theta - \frac{2}{3}\pi\right) & -\sin\left(\theta + \frac{2}{3}\pi\right) \\ \frac{1}{\sqrt{2}} & \frac{1}{\sqrt{2}} & \frac{1}{\sqrt{2}} \end{bmatrix} \qquad (\text{V-2})$$

$$f_{dqn}^{W} = T(\theta) \cdot f_{abc} \qquad (\text{V-3})$$

위와 같이 3상 전압 및 전류 신호가 2축 좌표계의 신호로 변환되면, 스템힘 측정부(300)는 식(Ⅴ-1)의 모터토크를 산출하기 위해, 저장된 모터 파라미터인 고정자 저항(R_s)및, dq 좌표계로 변환시킨 전압성분(V_{ds}, V_{qs})과 전류성분(i_{ds}, i_{qs})을 자속 추정식인 다음의 식(Ⅴ-4)에 대입하여 모터의 고정자에서 발생되는 자속($\lambda_{ds}, \lambda_{qs}$)을 추정한다(S540).

$$\lambda_{ds} = \int_0^t (V_{ds} - R_s i_{ds}) dt$$
$$\lambda_{qs} = \int_0^t (V_{qs} - R_s i_{qs}) dt \qquad (\text{V-4})$$

이어 스템힘 측정부(300)는 추정한 고정자 자속(λ_{ds}, λ_{qs})과 고정자 전류 성분(i_{ds}, i_{qs})을 식(V- 5)에 대입하여 모터(즉, 전동기)의 토크(T_e)를 산출한다(S550).

$$t_e = \frac{2P}{4}(\lambda_{ds} i_{qs} - \lambda_{qs} i_{ds}) \quad (V\text{-}5)$$

여기서, P는 모터의 극수이다.

스템힘 측정부(300)는 모터의 토크(T_e)를 구하면, 각각의 모터구동밸브가 가지는 특성에 부합하는 스템 팩터 산정식을 구하고, 구해진 스템 팩터 산정식으로 스템 팩터를 구한다(S560).

스템 팩터 산정식을 산출하는 과정을 그림 V-6을 참조로 하여 보다 상세히 설명한다. 모터의 회전력(토크)은 감속기어(2), 웜(4), 웜기어(5), 스템너트(7)와 스템(8)을 거치고, 그리고 밀봉장치의 마찰력에 영향을 받아서 스템에 걸리는 힘으로 작용하게 된다. 그러므로, 모터의 토크가 스템힘으로 작용하기까지는 감속기어(2), 웜(4), 웜기어(5), 스템너트(7)와 스템(8)의 동작과 밀봉장치의 마찰력에 영향을 받는다고 할 수 있으며, 이를 다시 말하면 이러한 각 장치의 동작과 밀봉장치의 마찰력에는 모터의 토크가 스템 힘으로 작용하는데 영향을 미치는 변환계수가 포함되어 있다고 할 수 있다. 이러한 변환계수들을 스템 팩터라고 한다.

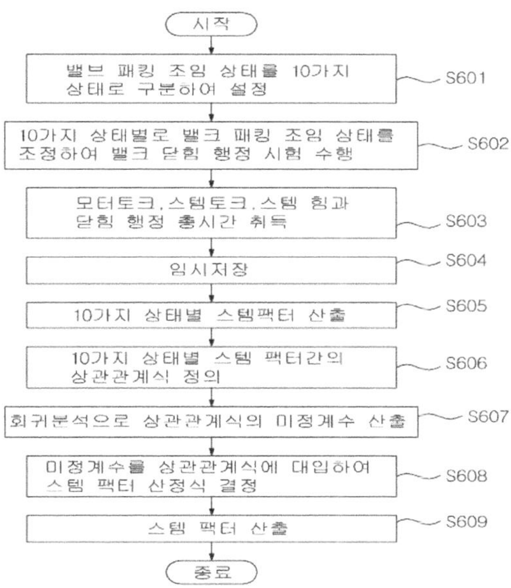

그림 V-6 본 발명의 실시예에 따른 스템 팩터 산출 공식을 구하는 과정을 설명하기 위한 도면

스템 팩터는 모터구동밸브의 성능을 진단하는데 매우 중요한 파라메터이며, 불확실도가 매우 높은 계수이기도 하다. 따라서, 본 발명은 해당 모터구동밸브의 특성에 부합하는 스템 팩터 산정식을 구하여 정확도가 높은 스템 팩터를 산출하고자 한다.

그림 Ⅴ-5에 도시된 스템 팩터 산정식 산출 및 스템 팩터 산출 과정(S560)의 보다 구체적인 설명이 그림 Ⅴ-6에 도시되어 있다. 그림 Ⅴ-6에 도시된 바와 같이, 본 발명의 스템힘 산출 방법을 수행하기 전에 사용자는 모터구동밸브 패킹의 조임 상태를 제작사가 제공한 자료를 이용하여 최소 조임 상태와 최대 조임 상태를 기준으로 일정하게 10가지 상태로 나누어 설정한다(S601).

또한 사용자는 10가지 상태별로 밸브 패킹 조임 상태를 조정한 후, 각각 밸브 닫힘 행정시험을 수행한다(S602).

위의 과정(S602)을 수행하면, 설비의 데이터베이스에는 10가지 상태에 대응하는 10개의 모터 토크의 데이터가 입력되고, 10가지 상태에 대응하는 10개의 스템에 걸리는 토크와 스템 힘의 데이터가 입력되며, 10가지 상태에 대응하는 닫힘 행정 총시간이 측정되어 입력된다(S603).

여기서, 위의 과정(S603)을 통해 입력되는 모터 토크는 일반적으로 사용하는 전력선 신호분석 방식으로 측정되고, 스템에 걸리는 토크와 스템 힘은 사용자에 의해 설치된 센서로부터 입력된다. 즉, 상기 스템에 걸리는 토크와 스템 힘은 스트레인 게이지를 밸브 스템에 부착하고, 스트레인 게이지에 의해 측정된 데이터를 스트레인 증폭기를 통해 증폭한 후 본 발명의 시스템의 입력으로 한다. 스템힘 측정부(300)는 상기와 같이 종래의 전력선 신호분석에 의해 측정된 모터 토크의 데이터를 밸브 닫힘 행정 시간을 기준으로 적분하여 모터 토크를 구하고, 스트레인 증폭기의 출력을 분석하여 스템에 걸리는 토크와 스템 힘을 산출한다.

스템힘 측정부(300)는 위 과정(S603)을 통해 취득한 10가지 상태별 데이터를 설비의 데이터베이스로부터 읽어들여 임시 저장시킨다(S604).

스템힘 측정부(300)는 임시저장된 데이터 중에서 모터 토크를 10가지 상태별로 순차적으로 선택한 후, 다음의 수학식 6에 대입하여 10가지 상태에 대응하는 스템 팩터를 산출한다(S605).

한편, 본 발명은 상기 임시저장된 데이터가 아닌, 원자력발전소가 보유하고 있는 성능진단시험 데이터베이스를 이용할 수 있다. 상기 성능진단시험 데이터베이스는 밸브별로 정적시험과 동적시험에 대한 결과가 각각 2회씩 총 4회에 대해 저장하고 있다. 이때, 정적시험과 동적시험에서 얻어진 결과는 고정자 자속과 고정자 전류 및 전압성분 및, 스템토크, 스템 힘 및 닫힘행정총시간 등이다. 따라서, 본 발명은 상기 성능진단시험 데이터베이스에 저장된 데이터를 상기 식 (Ⅴ-5)에 대입하여 모터의 토크를 산출한 후, 이를 상기 과정(S605)을 수행하여 스템팩터 산정식을 산출할 수 있다.

$$\text{닫힘 행정에서 스템 팩터} = \text{토크} / \text{스러스트(스템 힘)} \tag{Ⅴ-6}$$

위 과정(S605)후에, 스템힘 측정부(300)는 상기 수학식 6을 통해 산출한 10가지 상태별 스템 팩터를 비선형 회귀분석방법에 적용하여 모터구동밸브의 특성을 고려한 스템 팩터 산정 공식을 산출한다. 스템 팩터 산정식을 산출하는 과정을 보면, 우선 스템힘 측정부(300)는 상기 수학식 6에 의해 계산된 10가지 상태별 스템 팩터가 다음의 수학식 7과 같이 상관 관계가 있다고 정의한다(S606).

$$SF_i = \frac{I_i^b}{T_i^a} \tag{Ⅴ-7}$$

위에서, i는 1, 2, 3, ⋯, 10으로서, 밸브 패킹 조임 상태를 나타낸다.

그러므로, SF_i는 i번째 밸브 패킹 조임 상태로 계산된 스템 팩터이고, T_i는 i번째 밸브 패킹 조임 상태로 측정된 닫힘 행정시간이며, I_i는 i번째 밸브 패킹 조임 상태로 측정된 전력선 신호 분석에 의해 산출된 모터 토크의 적분값이다. 그리고, a와 b는 회귀분석을 통해 구해야 하는 미정계수이다.

스템힘 측정부(300)는 미정계수 a와 b를 구하기 위해 회귀분석을 통해 얻어진 미정계수 a와 b에 대한 다음의 식 (Ⅴ-8)과 (Ⅴ-9)를 이용한다.

$$a = \frac{\sum XZ \sum YZ - \sum ZZ \sum XY}{\sum YY \sum ZZ - \left(\sum YZ\right)^2} \tag{Ⅴ-8}$$

$$b = \frac{\sum YY \sum XZ - \sum YZ \sum XY}{\sum YY \sum ZZ - \left(\sum YZ\right)^2} \tag{Ⅴ-9}$$

식 (Ⅴ-8)과 식 (Ⅴ-9)는 다음과 같은 회귀분석에 의해 얻어진 것이다. 먼저 식 (Ⅴ-7)의 양변에 자연 로그를 취하여 식 (Ⅴ-10)을 얻고, 최소자승법을 이용하여 식 (Ⅴ-11)을 산출한다.

$$\ln SF_i = - a \ln T_i + b \ln I_i \tag{Ⅴ-10}$$

$$\sum \left(\ln SF_i + a \ln T_i - b \ln I_i\right)^2 = U \tag{Ⅴ-11}$$

$$\sum XY + a\sum YY - b\sum YZ = 0 \qquad (\text{V-12})$$

$$\sum XZ + a\sum YZ - b\sum ZZ = 0 \qquad (\text{V-13})$$

그런 다음, 식 (Ⅴ-12)와 식 (Ⅴ-13)을 미정계수 항으로 정리하여 식 (Ⅴ-8)과 식 (Ⅴ-9)를 얻는다. 스템힘 측정부는 상기 식 (Ⅴ-8)내지 식 (Ⅴ-13)의 과정을 프로그램으로 저장하고 있을 수 있으나, 식 (Ⅴ-8)과 식 (Ⅴ-9)만을 저장하여도 무방하다.

스템힘 측정부(300)는 식 (Ⅴ-8)과 식 (Ⅴ-9)에 10가지 밸브 패킹 조임 상태별 닫힘 행정시간과 토크 적분값을 각각 대입함으로써 미정계수 a와 b를 산출한다(S607). 그리고 스템힘 측정부(300)는 미정계수 a와 b를 식 (Ⅴ-7)에 대입하여 스템 팩터 산정식을 결정하고(S608), 결정한 스템 팩터 산정식을 이용하여 스템 팩터를 산출한다(S609).

그림 Ⅴ-5로 돌아와서, 스템힘 측정부(300)는 그림 Ⅴ-6에 도시된 바와 같이 스템 팩터를 산출하면, 상기 과정(S550)을 통해 산출한 모터 토크와 과정(S560)을 통해 산출한 스템 팩터와, 저장되어 있는 모터구동밸브 제작사에서 제공한 모터 동력변환 효율을 식 (Ⅴ-1)에 대입하여 스템힘을 산출한다(S570).

그림 Ⅴ-7을 참조로 하여 본 발명의 실시예에 따른 전력선 신호를 이용한 모터구동밸브 진단 방법을 설명한다. 그림 Ⅴ-7은 본 발명의 실시예에 따른 전력선 신호를 이용한 모터구동밸브 진단 방법을 설명하기 위한 도면이다.

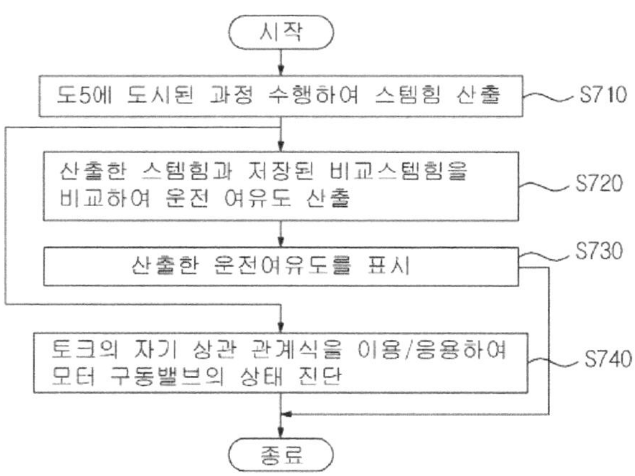

그림 Ⅴ-7 본 발명의 실시예에 따른 전력선 신호를 이용한 모터구동밸브 성능 진단 방법을 설명하기 위한 도면

그림 Ⅴ-7에 도시된 바와 같이, 본 발명의 전력선 신호를 이용한 모터구동밸브 진단 방법은 그림 Ⅴ-5과 그림 Ⅴ-6을 참조로 한 설명과 같이 스템힘을 구한 다음에(S710), 다음의 식 (Ⅴ-14)와 같이 과정(S710)을 통해 구해진 스템힘(이하, '가용한 스템 힘'이라 함)을 저장된 스템힘(이하, '요구되는 스템 힘'이라 함)과 비교하여 운전여유도를 산출한다(S720). 그리고, 산출한 운전 여유도를 사용자가 확인할 수 있도록 표시한다(S730).

그러면, 사용자는 표시된 운전 여유도를 확인하여 설정치 이상이면 건전하다고 판단하게 된다.

운전 여유도 = (구동기의 가용한 스템 힘 - 요구되는 스템 힘) (Ⅴ-14)

위에서 요구되는 스템 힘(Fr)은 밸브 양단에 걸리는 차압으로 인해 추가적으로 밸브 구동기에 요구되는 힘(Fdp), 밸브의 패킹으로 인해 요구되는 힘(Fp)과, 밸브 디스크의 피스톤 효과에 의해 요구되는 힘(Fs)의 합이다. 운전여유도는 모터구동밸브의 성능을 판단할 수 있는 자료로 사용되며, 사용자는 운전여유도를 확인하여 사용에 적합한 모터구동밸브인지를 판단하게 된다.

한편, 과정(S710)을 통해 구한 스템 힘은 정상적인 경우에 밸브의 열림 행정중 안정구간에서는 그림 Ⅴ-8의 a와 같이 변화가 없어야 한다. 그림 Ⅴ-8의 a는 정상적인 모터구동밸브의 토크 파형도로서, 밸브의 상태가 정상적인 경우에는 해머블로우 구간의 끝시점(A1)으로부터 밸브의 완전 열림 시점(A2)까지의 구간에 토크와 스템 힘이 일정하게 유지되고 있음을 보여준다. 상기에서, 안정구간에서의 스템 힘 변화를 모터 토크 파형도로 분석하는 것은 식 (Ⅴ-1)에 도시된 바와 같이 스템 힘이 모터의 토크에 의해 비례하여 결정되기 때문이다. 다시 말해, 스템 힘에 비례하는 스템 팩터, 모터 동력변화 효율과 모터 토크 중에서 스템 팩터와 모터 동력변화 효율은 고정된 값이고 모터의 토크는 가변적인 값이기 때문이다.

그러나, 모터의 토크와 스템 힘이 비정상적일 경우에 모터 토크 파형은 그림 Ⅴ-8의 b와 c에 도시된 바와 같은 파형을 나타낸다. 그림 Ⅴ-8의 b는 스템 축이 휘어 토크 및 스템 힘이 일정 구간에서 크게 증가됨을 보이는 토크 파형도이고, 그림 Ⅴ-8의 c는 웜기어의 치차 부분의 손상으로 인해 맞물림이 불량해진 경우에 나타나는 토크 파형도이다.

따라서, 본 발명은 과정(S710)을 수행하는 중에 얻어지는 모터의 토크 파형을 이용하여 모터구동밸브의 상태를 진단하거나, 또는 과정(S710)을 통해 얻어지는 스템 힘을 이용하여 모터구동밸브의 상태를 진단한다(S740).

모터 토크의 파형을 이용하는 방법과 스템힘을 이용하는 방법은 식 (Ⅴ-15)로 표현되는 상관관계식에 기초한다.

$$R(t) = \int F_a(t+\Delta t)\cdot F_a(t)\,dt \qquad (\text{Ⅴ-15})$$

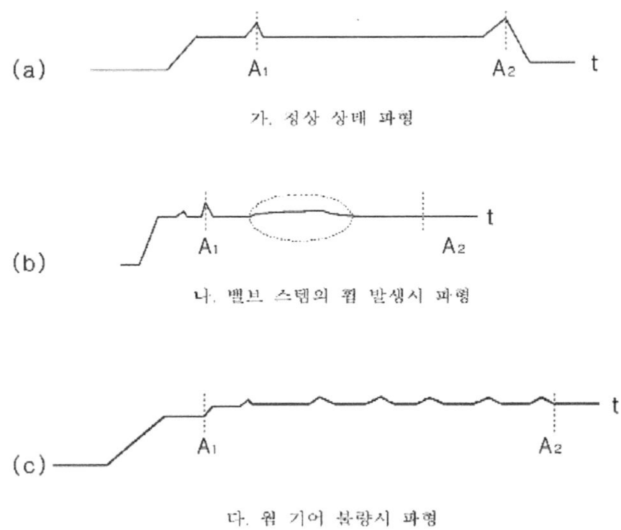

그림 Ⅴ-8 전동기의 상태별 토크 파형의 예

위에서 $F_a(t+\Delta t)$는 원 파형 $F_a(t)$가 Δt만큼 시간축으로 이동한 파형이며, R(t)은 상관 지수로서 파형 $F_a(t+\Delta t)$의 모양이 $F_a(t)$와 일치할 때 최대값이 되며, 근본적인 개념상 -1과 1 사이에서 수렴된다. 식 (Ⅴ-15)와 같이, 원 파형 $F_a(t)$에서 특정 시점의 토크와, 원 파형 $F_b(t)$의 특정 시점으로부터 Δt만큼 지연된 시점의 토크를 곱하여 적분한 결과를 보면, 특정 시점과 지연된 시점의 값이 동일하면 중첩에 의해 상관지수가 1값을 나타내지만, 두 시점의 토크값이 다를 경우에는 1보다 작거나 (-)값을 가지게 된다. 그러므로, 식 (Ⅴ-15)의 상관 지수를 산출하게 되면 토크 파형이 그림 Ⅴ-8의 a와 같은지 또는, 그림 Ⅴ-8의 b와 c 등과 같은지를 알 수 있게 되며, 그에 따라 모터구동밸브의 상태를 판단할 수 있게 된다.

따라서 상술한 상관 관계식을 이용하여 모터구동밸브의 상태를 판단하는 방법을 설명한다.

(1) 모터의 토크 파형도를 이용하는 방법

본 발명은 전력선 신호 인출부(100)를 통해 인출된 3상 전력전류 및 전압 신호 중에서 모터 토크에 해당하는 주파수 대역을 필터링하여 그림 Ⅴ-8에 도시된 바와 같은 모터 토크의 파형을 추출한다. 그런 다음, 닫힘 행정에서 안정적인 구간을 지정하여 해당 구간의 데이터를 식 (Ⅴ-15)에 대입하여 상관지수를 산출한 후, 상관 지수가 1에 수렴하는지 또는 그렇지 않은지를 판단하여 모터구동밸브의 상태를 정상 또는 비정상이라고 판단한다.

(2) 스템 힘을 이용하는 방법

닫힘 행정의 안정적인 구간내에서 소정 시간 간격으로 스템 힘을 산출하고, 산출한 스템 힘을 안정적인 구간의 최초 시점의 스템 힘과 비교한다. 이러한 비교에 의해 비교차가 나오게 되며, 만약 비교차가 0이면 정상이라고 판단하고, 비교차가 발생하는 시간적 분포 형태를 분석하여 비정상 상태중에서도 어떠한 비정상 상태인지를 알게 된다.

여기서, 발명은 모터구동밸브의 정상 상태 및, 각 비정상상태를 설정하여 실험하고, 실험에 의해 얻어진 닫힘 행정의 안정적인 구간내에서 모터 토크의 파형도 정보를 데이터베이스로 저장하고 있다. 또한, 스템 힘에 대해서도 마찬가지로 데이터베이스화되어 있다. 따라서, 비정상 상태의 종류는 상기 실험에 의해 얻어진 데이터베이스로부터 판단된다. 모터구동밸브의 상태 진단은 스템힘 측정부(300)에 의해 판단되는 것이 바람직하다.

이상에서 본 발명에 대한 기술사상을 첨부도면과 함께 서술하였지만 이는 이 발명의 바람직한 실시예를 예시적으로 설명한 것이지 발명을 한정하는 것은 아니다. 또한 이 기술분야의 통상의 지식을 가진 자라면 누구나 본 발명의 기술사상의 범주를 이탈하지 않는 범위 내에서 다양한 변형 및 모방이 가능함은 명백한 사실이다.

V.5 발명의 효과

이 발명은 모터구동밸브의 특성을 고려하여 스템 힘을 산출함으로써 오차가 적고, 운전 여유도를 사용자가 확인할 수 있는 효과가 있다. 또한 이 발명은 전력선 신호를 이용함으로써 측정이 용이하고, 고장시 고장 부위를 알 수 있게 하는 효과가 있다.

찾아보기

ㅂ

ㅅ

ㅇ

ㅈ

ㅊ

ㅋ

ㅌ

ㅍ

ㅎ

A

B

C

D

E

F

G

H

I

J

L

M

N

P

R

S

T

V

W

Z

인공지능 시대의 회전기기 진단
(전원신호 분석 기법을 활용)

2020년 2월 20일 초판 인쇄

2020년 2월 29일 인쇄 발행

저　　자　정재천

발 행 인　송기수

발 행 처　도서출판 GS인터비전

편 집 처　도서출판 GS인터비전

인 쇄 처　GS인터비전

등록번호　제 25100-2016-000050 호

I S B N　979-11-5576-321-6(93560)

주　　소 서울 은평구 증산로 15길 69 2층

전　　화 02-976-7898

팩　　스 02-6468-7898

홈페이지 gsintervision.co.kr

E-Mail gsinter7@gmail.com

정 가　35,000원